Klaus Fröhlich

Religion - Philosophie - Wissenschaft - Recht

Anregungen

Ethik - Wahrhaftigkeit - Weisheit

Wahrheit ist eine Illusion,
die uns die Wahrhaftigkeit vergessen lässt.

Gewidmet meinem Vater, der mir die Kraft und Sicherheit gegeben hat, meinen eigenen Standpunkt zu entwickeln und zu vertreten.

Gewidmet meiner Mutter, die bei mir das Interesse für Religion und Philosophie geweckt und mir religiöse Leitlinien auf den Weg gegeben hat.

Gewidmet meinen Lehrern, die bei mir Begeisterung für die Wissenschaften geweckt und erforderliches Wissen vermittelt haben.

Gewidmet allen, an deren Gedanken ich teilhaben darf.

Impressum
© 2012 Lulu, Klaus Fröhlich
Alle Rechte vorbehalten. All Rights Reserved.

Autor:
Klaus Fröhlich

Illustration:
Klaus Fröhlich

Herstellung und Verlag:
Lulu Enterprises, Inc. / 3101 Hillsborough St. / Raleigh / NC 27607-5436 / USA

ISBN 978-1-4717-0137-5

Persönliches Inhaltsverzeichnis

Im Mittelalter mussten Bücher abgeschrieben werden. Beim Abschreiben wurden die Texte mit Kommentaren (Glossen) versehen. Diese Kommentare waren teilweise wichtiger als der ursprüngliche Text und wurden beim nächsten Abschreiben mit übernommen. Im folgenden Verzeichnis kann notiert werden, welche Seiten im Buch mit eigenen Kommentaren versehen wurden.

Sätze unterstreichen, Absätze farbig markieren, Randbemerkungen machen, besonders wichtige Kapitel im Inhaltsverzeichnis mit einem Stern* markieren, ausgeschnittene Zeitungsartikel einkleben (Wurde es aus der Bibliothek ausgeliehenen ist es angebracht einen Bleistift zu verwenden.)

Tabelle 1 Persönliches Inhaltsverzeichnis

Stichwort	Seite
Wachstumsmodell *	156

Danksagung
Für vielfältige Hinweise, Anregungen und Korrekturen danke ich Ilse Fröhlich, Dirk Sarnes, Dieter-Felix Fröhlich, Kerstin Fröhlich, Eleonore Fröhlich, Kai-Uwe Fröhlich, Hans Gohde, Janna Fröhlich, Felix Fröhlich, Maria Rosentreter, Reinhold Rosentreter.
Norbert Dragon danke ich für konstruktive Kritik.

Inhalt

0 Einführung

Die Menschen stehen seit Urzeiten einer Welt voll rätselhafter, verwirrender und bedrohlicher Ereignisse gegenüber. Um sich behaupten zu können, müssen sie in der Lage sein, Ereignisse in die gewünschte Bahn zu lenken oder, wenn das nicht möglich ist, ihre Folgen zu bewältigen.

Zur Lebensbewältigung haben die Menschen sehr erfolgreiche Methoden entwickelt und über die Jahrtausende perfektioniert: Religion, Philosophie, Wissenschaft, Recht. Alle diese Ansätze versuchen auf unterschiedliche Weise, die Ereignisse der Welt zu erfassen, zu erklären und zu lenken:

1. **Die Religion** durch Gebet, Meditation, Riten, Gottesbilder, Gleichnisse, Moralvorstellungen, Verhaltensregeln, ...
2. **Die Philosophie** durch logisches Nachdenken und daraus abgeleitete Weltbilder, Moralvorstellungen, Verhaltensregeln, ...
3. **Die Naturwissenschaften** durch Naturbeobachtung, Experiment, Theoriebildung, Modell, kritische Prüfung, Anwendung, ...
4. **Das Recht** durch Sammeln von Lebenserfahrungen, Traditionsbildung, Diskussion, Gesetzgebung, Untersuchung, Rechtsprechung, Vollzug, ...

Die unterschiedlichen Welterklärungsmodelle und die daraus resultierenden Handlungsanleitungen stehen häufig im Widerspruch zueinander, obwohl sie sich doch alle auf ein und dasselbe beziehen.

Diesen Konflikt trage ich auch in mir selber aus und versuche, damit umzugehen. Mehr als dreißig Jahre lang habe ich darüber nachgedacht, wie man Religion, Philosophie, Wissenschaft und Recht miteinander vereinen kann.

Warnung:
In meinen eigenen Überlegungen habe ich immer wieder Widersprüche und Denkfehler gefunden, und auch dieser Text ist mit Sicherheit nicht frei davon.

Naturgesetze und Prinzipien

Modellvorstellung:
Prinzipien bilden die Grundlage unserer Welt. Die in den Naturgesetzen wirkenden Auswahlmechanismen lassen nur Gesetze übrig, die wichtigen Prinzipien folgen.

Prinzipien? Etwa solche wie Freiheit - Gleichheit - Brüderlichkeit?

Es mag überraschen, dass die Naturgesetze auf Prinzipien basieren sollen. Aber dem ist so. Ausgehend von dem Prinzip der Gleichheit hat Faraday den Generator konstruiert (Gleichwertigkeit von Magnetismus und Elektrizität) und Albert Einstein die Relativitätstheorie entwickelt (Gleichwertigkeit bewegter Systeme). Auch das kopernikanische Planetenmodell beruht auf dem Gleichheitsprinzip, wie auch viele Schlussfolgerungen in Philosophie und Wissenschaft.

Das Prinzip der Wissenschaften
Das Prinzip der Wissenschaften ist in der Praxis angewandte Wahrhaftigkeit. Um das Prinzip erfolgreich in der Praxis zu verwirklichen, haben Wissenschaftler im Laufe der Jahrhunderte etliche Methoden entwickelt. Diese Methoden beruhen auf dem "Mechanismus der Wissenschaft". Dieser Mechanismus wird für die verschiedenen Anwendungen unterschiedlich benannt:

In Worten der Wissenschaft:
Aufstellen eines Modells - Prüfung des Modells - Veröffentlichung des Modells

In der Alltagssprache:
Freiheit der Wahl - Bewährung in der Praxis - Weitergabe von Erfahrungen

In Worten der Philosophie:
Freiheit - Wahrhaftigkeit - Liebe

In Worten der Biologie:
Mutation - Selektion - Vermehrung

Interessanterweise ist der Evolutionsmechanismus eine Variante der Mechanismen der Wissenschaft: Die Mutation entspricht dem Entwickeln eines Modells und die Selektion dem Prüfen des Modells. Die gemachten Erfahrungen werden bei der Vermehrung bzw. durch Veröffentlichungen weitergegeben. Auch bei der Weitergabe der Erfahrung findet eine Selektion statt. Die Evolution bringt Entsprechendes zustande wie die Wissenschaft: Modelle (Erkenntnis) und Technik (Innovationen).

Für die beständige Wirkung von Naturgesetzen und Substanzen ist sowohl Stabilität wie auch die Weitergabe von Erfahrungen unabdingbar. Bei beiden findet eine Selektion statt. Auch in der Elementarphysik und in der *Quanten*physik findet man den beschriebenen Mechanismus:

In Worten der *Quanten*physik:
Zufall - Resonanz - kopierbare Information

Der Mechanismus der Wissenschaft ist von Bedeutung bei
- der Entstehung und dem Erhalt von Naturgesetzen und Materie (Substanz)
- der Entstehung des biologischen Lebens und der Entwicklung der Lebewesen
- der Entwicklung unserer Wahrnehmung, unseres Fühlens und unseres Denkens
- der Entwicklung von Sprachen
- der kulturellen Entwicklung

Lebewesen, Naturgesetze und Materie (Substanz) entstehen in evolutionären Prozessen nach dem Mechanismus der Wissenschaft. Der Zufall tritt dabei weit in den Hintergrund. Er hat hier etwa die gleiche Bedeutung wie der Zufall in den Versuchsreihen der Wissenschaftler. Auf lange Sicht setzen sich Prinzipien durch. So unterliegen die Naturgesetze vergleichbaren Grundsätzen wie die Philosophie. Eingebunden wird dieser Ansatz in das Konzept des lebendigen Geistes und der Einheit der Natur.

Tabelle 2 In der Wissenschaft gebräuchliche Werkzeuge: Kriterien

	Bezeichnung	**Beschreibung**	**Prinzip**
K2	kopernikanisches Prinzip	Für jeden gelten die gleichen Naturgesetze, auch für den Beobachter.	Prinzip der Gleichheit (vor dem Gesetz).
K3	Russels Huhn	Modelle sollen Zusammenhänge erklären.	Verständnis (Russels Huhn hat dieses nicht)
K4	Ockhams Rasiermesser	Modelle sollen von möglichst wenigen Annahmen ausgehen, ohne simplifizierend zu sein. (Simplifizierend heißt, etwas zu erklären, ohne das Wesentliche zu berücksichtigen. ->K3)	Prinzip der Einfachheit (auch Sparsamkeitsprinzip der Wissenschaften genannt)
K5	"geprüft"	Modelle sollen sich in der Praxis vielfältig bewähren.	Prinzip der Bewährung (Erfahrung, Wiederholbarkeit)
K6	"wissenschaftlich"	Nur Aussagen, die vom Ansatz her widerlegbar sind, sind wissenschaftlich.	Prinzip der Wahrhaftigkeit

Konzept der Einheit der Natur
- Streben nach Verständnis
- Bemühen um Klarheit
- Kernidentität der Modelle von Wissenschaft, Philosophie und Religion
- Kernidentität der Modelle von Bewusstsein, Logik, Mathematik, Mechanik
- Kernidentität der Modelle von Geist und Materie
- Wandelbarkeit des Geistes
- Erklärbarkeit der Welt (Modellvorstellungen)
- Individuen als handelnde Einheiten
- Bedeutsamkeit des Alltagslebens

- Durch Lebenserfahrung zur Weisheit
- Durch Wissenschaft und Philosophie zu relativem Wissen (Modellvorstellungen)
- Durch Religion über die Grenzen hinaus (Metamodell)
 (Metamodelle betrachten Modelle gedanklich von außen.)

Im Konzept der Einheit der Natur wird nach einer Einheit von Religion, Philosophie, Wissenschaft, Recht unter Berücksichtigung der Erfahrungen des Alltagslebens auf der Basis von Prinzipien gesucht. Das daraus abgeleitete Modell ist an der untersten Ebene monistisch und auf den darauf aufbauenden Ebenen pluralistisch. (Dies Konzept wird weiter unten im Text ausführlich besprochen.)

Konzept des lebendigen Geistes
- Streben nach Harmonie
- Prinzip der Liebe
- Prinzip der Freiheit
- Prinzip der Wahrhaftigkeit
- Prinzip der Verantwortung
- Prinzip des Rechts

Ein bedeutendes Prinzip ist das Prinzip der Liebe. Es ist das Prinzip des Lebens und bildet die Grundlage für den Erhalt der Materie (Substanz) und die Gültigkeit der Gesetze im Universum. Das wussten die weisen Männer und Frauen zu allen Zeiten, ohne den zugrunde liegenden Mechanismus zu kennen. Darüber wird in diesem Buch nachgedacht. Eine neue Definition des Begriffs "Leben" soll dabei helfen.

1 Leben als Grundprinzip der Natur

Definition des Begriffes "Leben":
"Basis jeglichen Lebens ist das Prinzip der Liebe. Leben ist da, wo dieses Prinzip herrscht (Symbiose)." (D1)

Mit den Worten der Biologie: Basis und Kennzeichen jeglichen Lebens ist die Symbiose. Dies ist eine Partnerschaft, bei der jeder Partner aktiv zum Vorteil des anderen Partners tätig ist.

Kurz und prägnant: "Was liebt, das lebt."

Andere Definition
Neue Definitionen eicht man an vorhandenen Definitionen. In vielen Biologiebüchern findet man etwa folgende Definition für den Begriff "Lebewesen":
Lebewesen haben eine Begrenzung, einen Stoffwechsel, wachsen und vermehren sich. Sie können Informationen aufnehmen, speichern, verändern und senden. Sie erhalten ihre innere Ordnung, indem sie angemessen auf innere und äußere Einflüsse reagieren.[1]
(Lebewesen haben somit die Eigenschaften eines vermehrungsfähigen und veränderlichen offenen Systems.)

Tabelle 3 Vergleich der Definitionen

Qualitätskriterien für Definitionen	Biologiebuch (technische Definition)	Prinzip der Liebe (Symbiose)
Es gibt eine Definition.	Lebewesen haben eine Begrenzung, einen Stoffwechsel, wachsen und vermehren sich. Sie können Informationen aufnehmen, speichern, verändern und senden. Sie erhalten ihre innere Ordnung, indem sie angemessen auf innere und äußere Einflüsse reagieren.	Was liebt, das lebt.
Einleuchtend	Diese Definition ist nachvollziehbar, aber nicht unmittelbar einleuchtend.	Diese Definition leuchtet unmittelbar ein. (Liebe findet man nur bei Lebewesen!)
Das Wesentliche wird erfasst.	Zu technisch.	Ja, genau das ist es.
Einfachheit: So wenig Voraussetzungen wie möglich, ohne simplifizierend zu sein. (Ockhams Rasiermesser)	Zu kompliziert.	Eine einzige Voraussetzung.
Innere Widerspruchslosigkeit	Ja (vermutlich).	Ja.
Konsens	In den verschiedenen Biologiebüchern findet man viele unterschiedliche Variationen der technischen Definition.	Eindeutig.
Ausmaß "Fruchtbarkeit"	Gering. Die Definition beschreibt das uns bekannte, irdische Leben.	Weit. Leben als Grundprinzip der Natur: Es umfasst alle bekannten biologischen Lebensformen, aber auch beispielsweise die Kultur oder Elementarsysteme als Lebensformen.
Verständnis (Russels Huhn)	Ja, diese Definition kann viele Eigenschaften von Lebewesen erklären.	Ja, denn man kann zeigen, dass Liebe eine erforderliche Voraussetzung für das Leben ist, und erklären, wie Liebe es schafft, Leben zu erhalten und höhere Lebensformen zu erschaffen.
Exaktheit (u.a. Gleichheit vor dem Gesetz: Kopernikanisches Prinzip)	Es lässt Spielraum für Interpretationen. Was ist, wenn nicht alle Kriterien erfüllt werden?	Es muss lediglich ein Kriterium geprüft werden. Es gibt keine Ausnahmen.
praktikabel (u.a. Bewährung)	Ja, mit den genannten Einschränkungen.	Ja, Symbiosen sind der Wissenschaft geläufig.
Bedeutung	Basis für ein technisches Modell des biologischen Lebens.	Basis für ein wissenschaftlich - philosophisches Modell des Lebens.

Zu ergänzen ist die emotionale Ebene. Die neue Definition passt nicht nur zu dem, was wir im Alltag als "Leben" bezeichnen, sondern es entspricht auch dem, was wir als "Leben" empfinden.

---

[1] Meine Zusammenstellung und Formulierung.

Teilweise wird die Meinung geäußert, man könne den Begriff Leben nicht definieren. Dann sollte man auch so konsequent sein, diesen Begriff (in philosophischen Diskussionen) nicht zu verwenden.

In der Chemie wurden wichtige Begriffe, wie z.B. "Oxidation" oder "Säure", im Laufe der Jahrhunderte neu definiert. Dabei wurde das Verständnis der Zusammenhänge wie auch der Geltungsbereich erweitert.

Auch die neue Definition des Begriffs "Leben" weitet den Geltungsbereich aus: Leben ist Grundprinzip der Natur. Die Vielfalt der Lebensformen ist größer als bei der traditionellen Definition. Er reicht vom Einfachen zum Komplexen und fasst z.B. auch die Kultur als eine Lebensform auf. Die Komplexität hängt vom Grad der Symbiosen ab.

Die Definition hilft darüber hinaus zu verstehen, worauf die Stabilität der Materie und die Gültigkeit der Naturgesetze beruht, und zwar auf dem Prinzip der Liebe (biologisch: Symbiose, physikalisch: Symmetriebildung, Verschränkung, Resonanz). Alle stabilen Elementarsysteme unterliegen diesem Prinzip. In einem darauf aufbauenden Modell besteht die Welt aus einem Geflecht von Beziehungen. Weiterhin verändert sich das Verständnis der Zusammenhänge: Die Bildung des biologischen Lebens aus chemischen Verbindungen erscheint in einem anderen Licht. Ursache ist das Prinzip der Liebe (biologisch: Symbiose, chemisch: Hyperzyklen).

Und wenn Elementarsysteme das Merkmal des Lebens besitzen, dann ist das biologische Leben nicht aus lebloser, sondern aus lebender Materie entstanden.

Über Liebe

Wir beobachten:
- "Die Natur ist rot an Klauen und Zähnen."
- "Die Natur ist voller Schönheit und Güte."

Zitat 1: Verbreitete Meinungen

Eine korrekte Beschreibung unserer Welt umfasst beide Seiten. Das Prinzip der Liebe ist dafür geeignet, denn die Liebe umfasst beide Seiten.

Der hier verwendete Begriff der Liebe ist in beliebigen ihrer Formen gemeint: Eigenliebe, Nächstenliebe, Elternliebe, Partnerliebe, sexuelle Liebe, Brüderlichkeit, Freundschaft, Menschlichkeit, wechselseitige Liebe, einseitige Liebe usw.

Mit Liebe ist hier nicht das gemeint, was in kitschigen Happy-End-Romanen vorgegaukelt wird, aber auch nicht die sezierte Liebe, wie sie in der Biologie mit dem Begriff Altruismus bezeichnet wird. Es ist eher die Art der Liebe, wie sie etwa bei Shakespeare oder im Nibelungenlied dargestellt wird, oder besser: die alltägliche Liebe.

Liebe ist eine durchaus problematische Sache. Sie ist wählerisch und parteiisch. Liebe kann auch mit negativen Emotionen und Handlungen verbunden sein: Liebeskummer, Verlustangst, Eifersucht, Neid, Schmerz, Trauer usw. Oft ist Liebe nach innen mit Abkapselung, Egoismus und Hass nach außen verbunden. Auch innerhalb einer Partnerschaft treten Probleme auf. So kann sich beispielsweise ein Partner vom liebenden Symbionten zum egoistischen Schmarotzer wandeln. Wir sollten auch die guten Eigenschaften nicht vergessen, weder bei der Beschreibung unserer Welt, noch hier. Liebe beinhaltet Glück, Freude, tätige Hilfe, Schönheit usw. (Schön ist das, was wir als schön empfinden, also das, was wir lieben: Es ist für uns schön und wertvoll.)

Anmerkung: Anders als in der Physik, wo auf jeden Wellenberg ein Wellental folgt, besteht keine Zwangsläufigkeit zwischen den verschiedenen Aspekten der Liebe.

Liebe und Wahrnehmung

In einer Symbiose ist es erforderlich, dass die Partner einander wahrnehmen und sinnvoll auf einander einwirken. Wahrnehmung ist kein passiver, sondern ein aktiver Vorgang, der unsere Reaktion auf Umwelteinflüsse einschließt. Wahrnehmung ist zugleich Handlung.

Auf *Quanten*ebene geht die Wahrnehmung einher mit dem Entstehen von neuer Information (Substanz). Der Vorgang der Informationsentstehung wird gesteuert (Wille und Logik) von vorhandenen Informationen. (s.u.)

Gemeinsame Wurzel

Symbiosen nach dem Prinzip der Liebe bilden den Ausgang für viele Vorgänge in unserer Welt: Gesetz, Stabilität (Materie), Schönheit, Wert, Recht, Wahrnehmung, Erkenntnis, Wissen (Technik) und der Sinnfrage.

Parallele Definitionen

In Mathematik, Wissenschaft und Philosophie erleichtern parallele Definitionen die Arbeit.

"Was liebt, das lebt."
Diese Definition bildet den Ausgangspunkt für weitere Überlegungen. (s.u.)

"Was liebt, ist real."
Diese Definition unterstreicht in der Seinsfrage die Bedeutsamkeit des Alltagslebens. (s.u.)

"Was liebt, nimmt wahr."
Die Annahme einer innern Wahrnehmung und eines Bewusstseins bei jedem einzelnen Lebewesen macht es möglich, die Funktionsweise des Bewusstseins im Rahmen des wissenschaftlichen Weltbildes zu erklären und zu zeigen, weshalb Sprache eine Wirkung besitzt. (s.u.)

"Was man liebt, ist schön und wertvoll."
Diese Folgerung dehnt die Überlegungen auf die Ethik aus. (s.u.)

P.S.

Ich habe gerade von einer weiteren Definition von Lebewesen gelesen. Danach sind Lebewesen sich selbst kopierende Informationsspeicher (Replikatoren). Ich überlasse es dem Leser, die Qualität dieser technischen Definition anhand der obigen Kriterien zu prüfen und sie mit der Biologiebuch-Definition, in deren Zentrum die Verarbeitung und Veränderung von Informationen steht (Wachstum, Reaktion, Evolutionsfähigkeit), zu vergleichen.

1.1 Evolutionstheorie

Die Evolutionstheorie ist die Grundlage der modernen Biologie. Sie erklärt, auf welche Weise sich die technisch sinnvollen komplexen Strukturen der Natur gebildet haben, und ermöglicht ein Verständnis von Zusammenhängen in den verschiedensten Bereichen der Biologie.

Bei der Diskussion über die Evolutionstheorie geht es um die Frage der Erklärbarkeit unserer Welt: Welche Denkweise ist angemessen, die der Wissenschaft oder die magisch - mythische Weltsicht?

Daher eine kurze Darstellung und Bewertung der Evolutionstheorie:

- Ein Fisch legt 10.000 Eier. (Vermehrung)
- Durch Veränderungen im Erbgut (Mutation) besitzen die Eier unterschiedliche Eigenschaften. (Variation)
- Von den 10.000 Nachkommen überleben ca. 2-3 ihre Kindheit. Die Überlebenden sind besser an die Umwelt angepasst als die anderen. (Selektion)

Ausführlich (mit Bewertung):
- Die uns bekannten biologischen Lebewesen bestehen aus Zellen. (abgesichert)
- Zellen vermehren sich durch Zellteilung. (abgesichert)
- Jede Zelle enthält eine Bau- und Betriebsanleitung, Gen genannt. (abgesichert)
- Wachstum und Vermehrung werden durch Gene in Wechselwirkung mit den Zellstrukturen gesteuert. (abgesichert)
- Gene benutzen als „Buchstaben" chemische Verbindungen. (abgesichert)
- Gene können verändert werden: Mutation. (abgesichert)
- Veränderungen der Gene führen zu Veränderungen der Lebewesen. (abgesichert)
- Lebewesen bekommen viele Nachkommen, von denen etliche früh sterben. (abgesichert)
- Gut an die Umwelt angepasste Lebewesen sterben statistisch gesehen seltener als schlecht angepasste: Selektion. (abgesichert durch Statistik)
- Nur die Überlebenden vermehren sich. (abgesichert)
- Viele kleine Veränderungen der Gene im Laufe der Generationen führen mit sehr viel größerer Wahrscheinlichkeit zu einer Verbesserung als eine einzige große. (abgesichert durch Statistik)
- Grundlage der Evolutionstheorie bilden logisch - mathematische Überlegungen. (abgesichert)

Die Evolutionstheorie erklärt sehr viele früher unverstandene Zusammenhänge. Sie ist in sich logisch und verständlich ("Russels Huhn"). Sie kommt mit wenigen Annahmen aus, ohne simplifizierend zu sein ("Ockhams Rasiermesser"). Jeder Teilschritt beruht auf einfachen, logischen Folgerungen. Es wurde sehr oft erfolglos versucht, sie zu widerlegen ("geprüft"). Die Evolutionstheorie kann daher als gut abgesicherte Theorie gelten.

Aber noch mehr: Man kann Evolution künstlich nachmachen. Das geschieht bei der Pflanzen- und Tierzucht und im Rahmen der Gentechnik. (plausibel)

Viele Diskussionen beschäftigen sich mit der Frage, wie neue Arten entstehen können. Zu einer Art gehören per Definition alle Lebewesen, die miteinander Nachkommen haben können. (Die Einteilung in Arten ist ein menschlicher Ordnungsversuch, bei der innerhalb eines Kontinuums willkürlich Grenzen gezogen werden.) In der Natur findet man Übergangsformen zwischen zwei verschiedenen Arten, also Lebewesen, die gleichzeitig zwei verschiedenen Arten angehören und mit Vertretern beider Arten Nachkommen bekommen können, wie z.B. bei den Möwen (abgesichert). Vermutlich stammen beide Arten von der gleichen Ausgangsart ab (plausibel). Im Experiment kann man diesen Schritt nachvollziehen: Es ist z.B. bei Buntbarschen und Insekten gelungen, neue Arten zu züchten (abgesichert). Auch unter natürlichen Bedingungen entstehen heute neue Rassen und Arten, z.B. resistente Pflanzen auf mit Schwermetall belasteten Halden (beobachtet).

Für die Evolution ist vermutlich die Entstehung von neuen Arten von untergeordneter Bedeutung. Vermutlich ist es eher die Bildung und Vermischung von Rassen, die zur Entwicklung neuer Fähigkeiten führt (plausibel).

Zufall und Selektion werden erfolgreich bei technischen Entwicklungen eingesetzt. Eine Steuerung von außen ist dabei nicht erforderlich (abgesichert).

In der Technik hat sich die Baukastenmethode bewährt, bei der erprobte Bauteile neu kombiniert werden. (abgesichert)
Dies ist auch im Bereich der Biologie sinnvoll (plausibel).

Computersimulationen unterstützen die Annahme, dass die Mechanismen der Evolution ausreichen, um ohne Eingriffe von außen hochentwickelte Lebewesen entstehen zu lassen. (plausibel)
Es gibt Bemühungen von Biologen, alle wesentlichen Aspekte der Evolution in mathematische Modelle zu fassen, wie beispielsweise das Modell der evolutionär-stabilen-Strategien (interessanter Ansatz).

Mit kleinen Schritten kann man von einem Ort (oder Zustand) zu einem anderen Ort (Zustand) gelangen, wenn zwischen ihnen eine Verbindung besteht und alle Hindernisse mit kleinen Schritten überwunden werden können. Wenn diese Bedingung erfüllt ist, ergeben sich Makromutationen ohne Zusatzbedingungen aus Mikromutationen (mathematisch abgesichert). Einschränkung: In der Evolution können, bedingt durch die Selektion, nicht alle "Wege" beschritten werden. Im Bild der Bergwanderung können nur waagerechte oder aufwärts gerichtete Wege genutzt werden (plausibel).

Durch Symbiosen nach dem Baukastenprinzip können unterschiedliche Fähigkeiten kombiniert werden (plausibel, beobachtet).

In der technischen Entwicklung führten Basisinnovationen in kurzer Zeit zu grundlegenden Umwälzungen (vielfach beobachtet). Entwicklungssprünge in der Evolution, wie bei der „kambrischen Explosion", werden mit Basisinnovationen erklärt (begründet).

Die Biologen gehen davon aus, dass alle irdischen Lebewesen miteinander verwandt sind: Menschen, Tieren, Pflanzen, Pilzen, Bakterien usw. Dies wird aus ihrer genetischen und biochemischen Ähnlichkeit abgeleitet (plausibel, mathematisch hochwahrscheinlich).

Wir wissen nicht, wie der Ablauf der Evolutionsgeschichte war, und werden dies auch in Zukunft nicht wissen. Stammbäume und Erläuterungen von Entwicklungen (z.B. des Auges) sind begründete Erklärungsversuche für einen denkbaren Weg. Die Begründungen sind für einige Bereiche qualitativ und quantitativ hochwertig, für andere Bereiche liegt kaum Material vor (vermutet, z.T. begründet und z.T. spekulativ).
Der vermutliche Stammbaum des Menschen wird von Biologen wie folgt beschrieben: Aus einfachen Einzellern entwickelten sich einzellige Pflanzen und daraus einzellige Tiere. Aus diesen entwickelten sich über viele Zwischenschritte die Fische. (Den Schritt vom Wassertier zum Landtier kann man bei der Entwicklung der Kaulquappe zum Frosch beobachten.) Auch Reptilien, Nagetiere, Affen und Urmenschen waren einige der vielen Vorfahren der Menschen. Physiker und Chemiker ergänzen diese Entwicklungslinie von den Elementarsystemen über die chemischen Elemente und Verbindungen bis hin zum Einzeller (begründet).

In folgenden Abschnitten wird auf diese Fragen eingegangen:

- In der Evolution finden bedeutende Entwicklungsschritte sehr schnell statt, so schnell, dass man keine Übergangsarten findet. So entstanden z.B. in der Kambrischen Explosion vor 500 - 600 Millionen Jahren in wenigen Millionen Jahren fast sämtliche Tierstämme. Wie war das möglich?
- Wie können neue Tierfamilien mit völlig neuen, komplexen Eigenschaften, wie z.B. dem Sehen, entstehen?
- Haben neue Arten bessere oder schlechtere Eigenschaften?
- Die biochemischen Vorgänge in Einzellern sind sehr komplex. Wie konnten sie entstehen?
- Ist ihre Entstehung nach den Regeln der Wahrscheinlichkeitsrechnung möglich?
- Wille, Wahrnehmung, Fühlen, Denken, Bewusstsein, wie können sie sich in der Evolution entwickelt haben?

- Beruht Evolution nur auf Zufall? Oder beruht sie neben dem Zufall auf komplexen oder sogar intelligenten Prozessen wie Lernen oder Informationsverarbeitung?
- Wie ist das biologische Leben entstanden?

Die Evolutionstheorie ist, wie dargestellt wurde, eine sehr gut belegte Theorie. Sie ist deutlich besser abgesichert als die meisten Gesetze der Physik.

Es gibt aber noch einen weiteren wichtigen Aspekt: Die eigene Vorstellung. Kann man sich vorstellen, dass Einzeller sich zu Fröschen entwickeln? Dass aus Würmern Vögel werden? Dass Fische sich zu Elefanten entwickeln? Schwer vorstellbar, aber viele Entwicklungen kann man in der Natur direkt beobachten: Man kann beobachten, wie sich aus einer Raupe ein Schmetterling entwickelt. Man kann beobachten, wie aus einer befruchteten Eizelle ein Frosch wird. Man kann neuerdings sogar bei einem im Fruchtwasser schwimmenden Elefantenembryo beobachten wie der Rüssel wächst.

Unsere Vorstellungskraft reicht kaum aus, um die Veränderungen in der Natur, die wir selbst beobachten, erfassen zu können.

1.1.1   Prinzipien und Mechanismen *

Was aber sagen das eigene Gefühl zu der Vorstellung, dass der Zufall Blumen, Schmetterlinge oder Vögel erschaffen haben soll? Um die Evolutionstheorie emotional zu verstehen, ist es hilfreich, sie auf der Basis von Prinzipien zu betrachten.

Prinzip der Wissenschaften

Betrachtet man die Vorgänge in der Natur als einen wissenschaftlichen Erkenntnis- und Innovationsprozess, so wird deutlich, wieso die Natur technische Meisterleistungen und auch intelligentes Handeln hervorgebracht hat. Eine Mutation entspricht hier dem Entwickeln eines Modells ("du überlebst") und die Selektion dem Prüfen dieses Modells. Der Zufall tritt dabei weit in den Hintergrund. Er hat hier etwa die gleiche Bedeutung wie der Zufall in den Versuchsreihen der Wissenschaftler. Auf lange Sicht setzen sich Prinzipien durch.

- Entwickeln des Modells (= Mutation): "Mit dieser Mutation wird die Chance erhöht, lange zu überleben und sich erfolgreich fortzupflanzen."

- Überprüfung des Modells (= Selektion): Wenn das Lebewesen lange genug überlebt und sich erfolgreich fortpflanzen kann, ist das betreffende Modell bestätigt worden.

- In Veröffentlichungen (= Fortpflanzung) werden die gemachten Erfahrungen (Modellvorstellungen) weitergegeben.

Der Mechanismus der Evolution gleicht dem Mechanismus der Wissenschaft. Deshalb kann die Evolution als wissenschaftlicher Erkenntnis- und Innovationsprozess aufgefasst werden.

Folgerung:
- Die Evolution hat eine Richtung hin zu mehr Wissen (Modelle) und besserer Technik (Innovationen).
- Die Evolution ist, wie die Wissenschaft, ein künstlerisch - kreativer Prozess. Ihre Produkte sind nicht nur technische Höchstleistungen, sondern auch schön (z.B. elegant wie Flugzeuge oder Vögel).
- Auch die Vielfalt in der Natur (Variation) hat hier ihre Wurzeln.
- Alle Lebewesen besitzen die Eigenschaften von Funktionsmodellen ihrer Umgebung.
- Unsere angeborenen Vorstellungen von Raum, Zeit, Materie, Temperatur usw. entsprechen den Modellvorstellungen der Wissenschaft.
- Entsteht etwas Neues, so entstehen auch neue Naturgesetze.
- Das neue Wissen ist in den Naturgesetzen gespeichert.
- Naturgesetze unterliegen den Regeln der Geschichtlichkeit.
- Evolution ist ein andauernder Prozess
- Das Prinzip der Wissenschaftlichkeit ist in der Praxis angewandte Wahrhaftigkeit
(Bewertung: Theorien, die auf Prinzipien beruhen, besitzen ein besonderes Gewicht.)

Prinzip des Wandels

Der Evolutionsprozess beruht auf der Möglichkeit des Wandels. Er ist nicht aufgesetzt, sondern ergibt sich und sorgt dafür, dass sich vergleichsweise stabile, komplexe Strukturen herausbilden, denn im Wechselspiel von Mutation und Selektion reichern sich langlebige Objekte an. Die übrig bleibenden langlebigen Objekte besitzen die Eigenschaften einer Information: Sie haben eine Wirkung, können sich vermehren und sie unterliegen Gesetzen.

- Objekte können andere Objekte verändern (Wirkung). Dabei kann es vorkommen, dass ein Objekt ein anderes Objekt so verändert, dass es ihm selbst gleicht. Mit anderen Worten, der Informationsinhalt kann von einem Objekt auf das andere kopiert werden. (Substanz)

- Die Art und Weise, wie ein Objekt ein anderes ändert, kann nach Regeln erfolgen. Dies sichert, anders als der Zufall, die Stabilität. (Naturgesetze)

Der Mechanismus der Evolution ist geeignet, Materie und Gesetze hervorzubringen, wenn bestimmte Voraussetzungen vorhanden sind. Vor einer Überinterpretation möchte ich aber warnen: Die Evolutionstheorie ist nicht die TOE (Theorie of everything - Theorie von allem), die alle Vorgänge im Universum erklären kann. So etwas gibt es nicht. Die hier vorgestellten Theorien beschreiben nur einen winzigen Teil unserer Wirklichkeit. Und auch für unsere Universums-Suppe fehlen noch einige wichtige Zutaten. Fügen wir nun eine ganz besondere Zutat hinzu: Liebe.

Prinzip der Liebe

In der Beurteilung der Evolutionstheorie wird der Schwerpunkt oft einseitig gesetzt: Im Mittelpunkt der Erklärungsversuche steht allein die Selektion. Aus diesem Blickwinkel ist es verwunderlich, dass so etwas wie Blumen und Schmetterlinge entstehen konnte. Die chinesische Philosophie des Taoismus sagt, dass zu jeder dunklen eine helle Seite gehört. Wird nur einer der beiden Aspekte betont, erhält man ein zu negatives bzw. ein zu positives Bild von der Natur. Und auch in der Evolution gibt es, aus menschlicher Sicht, dunkle Seiten:
Erbkrankheiten (schädliche Mutationen) und Tod (Selektion).
Und helle Seiten:
Die Zusammenarbeit zum wechselseitigen Nutzen (Symbiose).

Das Wechselspiel von Mutation und Selektion ist die antreibende Kraft der Evolution, aber die Symbiose, also das Prinzip der Liebe, ihr Erfolgsgeheimnis. Der Mechanismus der Evolution selektiert erstens beim Überleben und zweitens bei der Vermehrung. Zwei Typen der Liebe helfen, Schwierigkeiten zu überwinden, die Freundschaft und die Elternliebe.

Ausgangspunkt ist die kleinste Einheit der Liebe: die Eigenliebe. Im Rahmen des Evolutionsprozesses sprießt und gedeiht sie und wird immer umfassender. Dass Liebe auch wissenschaftlich weit mehr ist als wechselseitiger Egoismus, kann man daran erkennen, dass Lebewesen bereit sind, für andere ihr eigenes Leben zu opfern (biologisch: Apoptose).
Wie Liebe es schafft, das biologische Leben zu erschaffen, wird im entsprechenden Kapitel erläutert.

Das Prinzip der Liebe spielt nicht nur in der Biologie eine entscheidende Rolle, sondern auch in der Physik. Die für die Stabilität erforderlichen Eigenschaften erlangen die Elementarsysteme durch eine Symbiose mit ihrem Partnersystem nach dem Prinzip der Liebe. So erhalten beispielsweise Elementarsysteme wie Elektron und Positron ihre Stabilität im Rahmen von Erhaltungssätzen wie dem Drehimpulserhaltungssatz oder dem Ladungserhaltungssatz. (s.u.)

Jeder Zusammenschluss von Teilsystemen zu einem komplexeren System, setzt eine Zusammenarbeit zum gegenseitigen Nutzen voraus. Die Biologen sprechen bei lebenden Systemen von Symbiose oder von wechselseitigem Altruismus, der letztendlich auf Egoismus beruht. Diese Überlegungen sind richtig, aber sie erfassen nur die halbe Wahrheit. Nur Systeme, die auf dem Prinzip der Liebe basieren, sind stabil. Systeme, die lediglich auf gemeinsamen egoistischen Interessen basieren, sind nicht geeignet, Krisen zu überstehen. (Man denke z.B. an das Versagen der Toleranz im Nationalsozialismus.)

Häufig geht der Zusammenschluss nach innen aber mit Egoismus und Aggression nach außen einher. Diese Aggressionen werden überwunden, wenn sich die Systeme zu einem größeren, in sich stabilen System zusammenschließen.

Ein Kind der Liebe ist die Schönheit. Symbiotische Partner versuchen beim miteinander Sprechen eine besondere Eleganz zu entwickeln. Diesen Vorgang findet man in beliebigen Sprachen: Bei Worten, Tönen, Düften, Farben, Bewegungen usw.

Leid und Tod

Mutationen entsprechen dem Vorstürmen der Soldaten auf unbekanntes Terrain. Und so sieht es auf den "Schlachtfeldern" der Evolution aus: Die Fahnenträger der Evolution sterben meist bereits im Mutterleib oder in jungen Jahren. Sie und Menschen mit Erbkrankheiten sind die voranstürmenden Helden der Evolution. Ihre Behinderungen sind ein Opfer für das Gemeinwohl der ganzen Art.

1.1.2   Strebt die Evolution ein Ziel an?

Entelechie

Aristoteles war der Auffassung, dass alles in der Natur auf ein Ziel (gr. "telos") hinarbeitet (Teleologie). Ein Samen hat das Ziel, eine Pflanze zu werden, ein Ei das Ziel, ein Vogel zu werden und auch der Kosmos hat das Ziel, sich zu entfalten. Dieses Ziel trägt der Kosmos in sich (Entelechie von gr. entelecheia: Das Ziel in sich selbst tragen.)
Aristoteles hat Recht, der Samen wird eine Pflanze, das Ei wird ein Vogel und auch der Kosmos entfaltet sich. Er schafft Atome und Moleküle, Sterne und Planeten, Pflanzen und Tiere, Sinne und Emotionen. Aber strebt er Ziele an? Oder handelt es sich hier um einen menschlichen Umkehrschluss?

Lebewesen

Im Gen und in den Zellstrukturen eines Samens ist alles gespeichert, was zur Entwicklung der Pflanze bis hin zur Blüten- und Samenbildung erforderlich ist. Wie Aristoteles erkannt hat, folgt die Entwicklung eines einzelnen Lebewesens einem Plan.

Evolution

Die Biologen haben bei einzelnen Lebewesen den Plan gefunden, den Aristoteles gesucht hat, das Gen. Auch im Bereich der Evolution sind sie fündig geworden, doch statt eines Planes haben sie einen Mechanismus entdeckt, der zu der Entwicklung von Augen, Ohren, Beinen, Flügeln usw. geführt hat:

In Worten der Biologie:
Mutation - Selektion - Vermehrung

In Worten der Wissenschaft:
Aufstellen eines Modells - Prüfung des Modells - Veröffentlichung des Modells

In der Alltagssprache:
Freiheit der Wahl - Bewährung in der Praxis - Weitergabe von Erfahrungen

In Worten der Philosophie:
Freiheit - Wahrhaftigkeit - Liebe

Da ein Mechanismus von einem Ausgangspunkt zu einem Ergebnis führt, liegt der Keim für das Anstreben von Zielen bereits in ihm. Ein Mechanismus besitzt aber nicht das Verständnis für das, was er tut. Deshalb ist es nicht angemessen zu sagen, er strebt ein Ziel an.
Evolution hat, wie die Wissenschaft, eine Richtung: Erkenntnis, Modellbildung und Innovation. Und auch der Keim für Wille und Ziel, für Handlung und Tat, für Egoismus und Eigennutz, für Eigenliebe und Liebe, für Recht und Gesetz befindet sich bereits in ihr.

Die Biologie kann, ohne anzunehmen, dass die Evolution bewusst ein Ziel anstrebt, mit Hilfe eines Mechanismus erklären, wie sich neue Arten bilden, wie die technischen Höchstleistungen in der Natur zustande kommen und wieso Lebewesen intelligent handeln können. (Aber die Vorgänge sind ein wenig komplizierter, denn Lebewesen können planvoll handeln und tun dies auch.)
Die Frage nach einem Ziel darf uns eines nicht vergessen lassen: Die Evolution und ihre Ergebnisse beziehen sich auf Vorgänge in der Vergangenheit.

Der Kosmos erkennt sich selbst

Lebewesen sind in der Lage, die Umwelt zu erkennen. Damit ist ein Teil des Kosmos in der Lage, sich selbst zu erkennen.
Lebewesen sind in der Lage, Emotionen zu empfinden. Damit ist ein Teil des Kosmos in der Lage, zu fühlen.
Lebewesen sind in der Lage, sich Ziele zu setzen und diese anzustreben. Damit ist ein Teil des Kosmos in der Lage, Ziele anzustreben.

Evolution der Evolutionsfähigkeit
Beim Forschen verändern Wissenschaftler ihre Versuchsabläufe. Dies geschieht teilweise planvoll, teilweise mit geplantem Zufall (Versuchsreihen) und teilweise ungeplant (Zufallsentdeckungen). Auch bei Mutationen in einer Zelle finden wir Entsprechendes.

Mutation
Zellen können, wie alle Lebewesen, lernen. Zellen können Erlerntes vererben (in Form von Strukturen und durch Epigenetik). Zellen können ihr eigenes Erbgut verändern (direkt: Gentechnik; indirekt: Beeinflussung der Mutationsrate mit Hilfe der Reperaturgene oder der Epigenetik). Und da Zellen wie alle Lebewesen in der Lage sind, ein Ziel anzustreben, sind sie auch in der Lage, gezielt Einfluss auf ihre Evolution zu nehmen. Achtung: Zellen verfügen weder über menschliche Intelligenz noch über ein Verständnis der Zusammenhänge!

Mutationen, also die Veränderung des Erbgutes, findet statt durch
- zufällige oder gesetzmäßige Ereignisse (radioaktive Strahlung, Chemikalien usw.)
- methodisches Vorgehen der Zellen (Veränderung der Mutationsrate insgesamt oder für einzelne Genabschnitte, Korrektur von Fehlern mit Hilfe von Regeln, die Rechtschreibregeln oder Grammatikregeln entsprechen, Crossing-over, Inversion, springende Gene, Vervielfältigung und Kombination von Funktionseinheiten nach der Baukastenmethode,...)
- planvolles Vorgehen von außen (z.B. Viren)
- menschlichen Eingriff (Gentechnik)

Selektion
Lebewesen können weiterhin gezielt in die Selektion eingreifen. So spielen die Väter von Wölfen mit ihrem Nachwuchs. Die Wolfskinder, die bestimmte Verhaltensweisen (z.B. Demutsverhalten) nicht zeigen, werden von ihren Vätern getötet.
Die Selektion, also das Überleben der Nachkommen, wird beeinflusst durch
- zufällige oder gesetzmäßige Ereignisse (Steinschlag, Wetter, Ebbe und Flut ...)
- planvolles oder methodisches Verhalten der Lebewesen (Risikobereitschaft, Neugierde, Lernbereitschaft, Lernstrategien)
- planvolles oder methodisches Verhalten anderer Lebewesen (Kinder füttern, Revier verteidigen, Konkurrenz, Jagd)
- menschlichen Eingriff (Zuchtwahl)

In der Evolution finden wir im Bereich der Mutation wie auch im Bereich der Selektion Zufall, Regelmäßigkeiten, Methoden, Prinzipien und auch planvolles Vorgehen.

Der Weg ist das Ziel.
Evolution ist wie Geschichte ein Prozess, der sich vollzieht. In beiden Bereichen finden wir Zufall, Prinzipien und planvolles Vorgehen. Und in beiden Bereichen fehlt den Handelnden der Überblick. Das begrenzt ihre Fähigkeit, sich erreichbare Ziele zu setzen. Deshalb setzen sich auf Dauer Prinzipien durch.

Auf Grundlage von Prinzipien
- hat die Evolution mehrfach Augen entwickelt, mit denen Tiere ihre Umwelt erkennen können.
- hat die Evolution mehrfach Flügel entwickelt, mit denen Tiere sich in die Luft emporschwingen können.
- hat die Evolution mehrfach Stacheln entwickelt, mit denen sich Pflanzen und Tiere schützen.
- usw.
Vor der Entwicklung der Augen (Flügel, Stacheln, ...) waren weder ihre Funktionsweise noch ihr Nutzen absehbar. Ganz offensichtlich können Prinzipien, ohne ausdrückliche Zielformulierung, hoch komplexe, gut funktionierende Strukturen erzeugen. Da die Naturgesetze auch auf anderen Planeten im Weltall gelten, vermuten viele Biologen, dass es auch dort Lebewesen mit Augen, Ohren, Beinen, Flügeln, Stacheln usw. gibt.

1.1.3 Evolutionstheorie und Bibel *

Babylonien war im 6. Jahrhundert v. Chr. ein Zentrum der Wissenschaft. Die dort herrschenden Vorstellungen sind erstaunlich modern: Grundlage ist das Wort (heute: Naturgesetz / Prinzip). Aus dem Urzustand der Materie, dem Chaos (heute: *Quanten*physik), entwickeln sich Sterne und Erde. Aus dem Urzustand der Erde (heute: anorganische Substanzen) entwickelt sich, nachdem sich das Meer gebildet hat, Schritt für Schritt Leben, in der Reihenfolge Pflanzen - Fische - Vögel - Landtiere - Mensch (heute: siehe Stammbaum). Es folgt die Kulturentwicklung bis zu dem babylonischen Gemeinwesen. Diese Vorstellungen decken sich in vielen Bereichen mit denen der modernen Wissenschaft.

Welche Voraussetzungen sind aus der heutigen philosophisch - wissenschaftlichen Sicht erforderlich, dass das Universum sich entwickelt?

"Es werde Licht."

Weitere Voraussetzungen sind nicht erforderlich.
(werde -> Wandel, Licht -> etwas, was dem Wandel unterworfen ist)

Materie, Energie, Gefühle, Wille, Ziel, Gesetz, Liebe und Leben finden hier ihren Ursprung. Das weitere ergibt sich aus den damit verbundenen Mechanismen, Prinzipien und Gesetzen. Die schöpferische Kraft, die Sterne, Planeten und das biologische Leben erschafft, geht dabei insbesondere von dem Prinzip der Liebe aus.

In drei wichtigen Punkten steht die Vorstellung der damaligen Zeit jedoch im Widerspruch zu den Vorstellung der heutigen Zeit, und zwar bei der Beurteilung der Vorgänge:

1.) In Vorzeit und frühem Altertum wurde die Welt durch die Wirkung geistiger Kräfte erklärt, die nicht mit dem materiellen Ursache- Wirkungsprinzip verbunden sind. Diesen Ansatz bezeichnet man als magisch. Der wissenschaftliche Ansatz der Informationstheorie geht dagegen von der Kernidentität von Geist und Materie aus.

2.) Denker jener Epoche deuteten die Entwicklung zeitlich von der Gegenwart zurück zur Vergangenheit, sie waren also der Meinung, dass die Entwicklung ein Ziel angestrebt hat.
Wissenschaftler der heutigen Zeit deuteten die Entwicklung dagegen von der Vergangenheit zur Gegenwart, sie sind der Meinung, dass die Entwicklung den Naturgesetzen folgt.
Über ein transzendentes Ziel (Teleologie) macht die Wissenschaft keine Aussagen. Sie urteilt nicht darüber, ob es Gottes[2] Wille war, dass sich in der Evolution Menschen entwickelt haben.

3.) Als die Bibel niedergeschrieben wurde, gingen die Menschen davon aus, dass Gott sehr häufig direkt in die Ereignisse der Welt eingegriffen hat.
Die Gemeinschaft der Wissenschaftler lehnt aber jeden Einfluss aus der Transzendenz, der einen Verstoß gegen die Naturgesetze voraussetzt, ab. Auch Wunder, im Sinne von Magie, sind mit ihnen nicht vereinbar.

---

[2] Chiffre im Sinne des philosophischen Glaubens

Evolution und Theologie

Die Bibel kann unterschiedlich interpretiert werden. Viele Theologen sind der Überzeugung, dass Bibel und Evolutionstheorie im Einklang miteinander stehen, andere verneinen dies:

Kreationismus (Schöpfungslehre):
Die Bibel ist Wort für Wort richtig. Gott hat die Welt und alle Arten in sechs (normalen, irdischen) Tagen erschaffen. Es hat keine Evolution stattgefunden.
Der dabei zugrunde liegende Grundgedanke lautet: Alle wissenschaftlichen Modelle, die nicht in Einklang mit den eigenen Gottesmodellen stehen, sind falsch.

Intelligentes Design (ID):
Es hat eine Evolution stattgefunden, aber die Evolution ist kein Ergebnis des Zufalls. Gott hat bei jedem Evolutionsschritt lenkend eingegriffen. Die Naturgesetze wurden dabei außer Kraft gesetzt oder umgangen.

Es gibt Mischformen von beiden Modellen, in denen einige Teile der Evolutionstheorie übernommen, andere dagegen abgelehnt werden.

Prinzipien helfen bei der Entscheidung für ein Erklärungsmodell

Es wird häufig angenommen, dass die Entscheidung für oder gegen ein Modell in erster Linie von Beobachtungen oder Experimenten abhängt. Es ist aber anders. Solche Entscheidungen werden auf Grundlage von Prinzipien (unter Berücksichtigung der Beobachtungen) getroffen.

Beispiel zur Erläuterung:
Galileo hat mit dem Fernrohr die Bewegungen und Drehungen von Planeten und Monden beobachtet und beschrieben. Kopernikus hat, mit Hilfe einfacher Prinzipien und im Einklang mit Beobachtungen, die Bewegungen der Planeten erklärt. Wir sprechen heute vom kopernikanischen Weltbild und nicht vom galileischen.
Das wichtigste Prinzip von Kopernikus war die Aussage, dass alle Himmelskörper, auch der eigene, den gleichen Naturgesetzen unterliegen.
Auch die Entscheidung für und gegen die Evolutionstheorie fällt nicht auf Grundlage von bestimmten Fossilienfunden oder einzelnen Genanalysen, sondern aufgrund von religiösen, philosophischen und wissenschaftlichen Prinzipien (unter Berücksichtigung der Beobachtungen).

Tabelle 4 Meine Kriterien, um Aussagen und Handlungen zu prüfen

Für die Religion	Für die Philosophie	Für den Alltag
Hochachtung vor Gott[3]	Wahrhaftigkeit	Prinzip der Wissenschaft
Liebe zu Gott	Liebe + Verständnis (Ethik)	Recht als Prinzip
Religiöse Praxis	Lebenserfahrung	Lebenspraxis
Weisheit		

Lebenspraxis
Wie Menschen miteinander umgehen, hat einen wesentlichen Anteil am Ergebnis ihres Handelns. Wissenschaftlichkeit heißt hier, Menschen mit anderen Anschauungen, ihre Fragen und Argumente ernst zu nehmen und nicht lächerlich zu machen. Zugleich kann man Qualitätsstandards einfordern.

Prinzip der Wissenschaft
Die Ablehnung der Evolutionstheorie aus religiöser Sicht ist im Kern eine Ablehnung der wissenschaftlichen Denkweise.

---

[3] Chiffre im Sinne des philosophischen Glaubens

Überlegungen zum Kreationismus (Schöpfungslehre):
Der Kreationismus steht eindeutig im Widerspruch zu nahezu allen Bereichen der Wissenschaft: Biologie, Medizin, Geologie, Chemie, Thermodynamik, Kernphysik, Astronomie, Optik, Sozialwissenschaften, Geschichte usw. Es ist zu bedenken, dass das Prinzip der Wissenschaft zugleich das Prinzip der angewandten Wahrhaftigkeit ist.

Überlegungen zum Intelligenten Design (ID):
Die Vorstellungen des Intelligenten Designs stehen mit keinem Teilbereich der Wissenschaften im Widerspruch. Aber sie stehen im Widerspruch zu den philosophischen Grundlagen der Wissenschaft:

Variante 1: Die Naturgesetze wurden außer Kraft gesetzt.
- Die Gemeinschaft der Wissenschaftler lehnt jeden Eingriff von außen ab, bei dem die Naturgesetze außer Kraft gesetzt werden.

Variante 2: Die Naturgesetze wurden umgangen.
- Die Gemeinschaft der Wissenschaftler bezeichnet diese Vermutung als unwissenschaftlich, da sie nicht durch Experimente überprüft werden kann.

Beide Varianten fußen auf einem magischen Weltbild.

Philosophische Überlegungen
Die Philosophie stellt mit Wahrhaftigkeit und Ethik klare Qualitätskriterien für Modelle. Sie gelten für wissenschaftliche, gesellschaftliche, aber auch für religiöse oder religiös motivierte Modelle.
Die sogenannten wörtlichen Interpretationen beruhen, wie man im historischen Rückblick sehen kann, wesentlich auf dem jeweils herrschenden Zeitgeist. Es ist in Bezug auf die Schöpfungsgeschichte ausgesprochen zweifelhaft, ob die heutigen "wörtlichen" Ausdeutungen der Intention des Schreibers entsprechen. Viele Philosophen sehen deshalb die historisch-kritische Analyse als die angemesse Umgangsweise mit religiösen Texten.
Beim Lesen von kreationistischen Schriften bin ich zu der Überzeugung gelangt, dass in der Schöpfungslehre im Mittelpunkt der Überlegungen Gottesmodelle und nicht philosophische oder wissenschaftlich - biologische Modelle stehen. Es ist deshalb sinnvoll, sich eingehend mit Gottesmodellen zu beschäftigen. (Sie werden ausführlich in einem eigenen Kapitel diskutiert.)

Religiöse Prinzipien
Welche Vorstellung, der Kreationismus, das Intelligente Design oder die Evolutionstheorie, stimmt am ehesten mit zentralen religiösen Prinzipien überein?
In kreationistischen Ansätzen werden Gott menschliche Eigenschaften zugeordnet, die ins Unermessliche gesteigert werden. Dieses Modell führt zu inneren logischen Widersprüchen und ungelösten ethischen Problemen.
Diese Annahme wirft u.a. folgende Frage auf: Betrachtet man die Natur, so findet man neben wunderschönen Singvögeln auch eklige Organismen, die andere Lebewesen bei lebendigem Leibe von innen auffressen, widerliche Krankheiterreger und vieles Scheußliche mehr.

Das wissenschaftliche Modell beinhaltet einen Verzicht auf problematische Gottesmodelle. Die Vorstellung, dass sich unsere Welt auf der Grundlage von Prinzipien wie dem Prinzip der Liebe, nach dem Mechanismus der Wissenschaft entwickelt hat, steht nicht im Konflikt mit dem Prinzip der Hochachtung vor Gott[4] oder dem Prinzip der Liebe zu Gott. Die Evolutionstheorie steht somit im Einklang mit religiösen Prinzipien.

Fazit: Es gibt keinen Gegensatz von Biologie und Religion, sondern einen Gegensatz zwischen der Biologie als Wissenschaft und dem Glauben an Magie.

---

[4] Chiffre im Sinne des philosophischen Glaubens

1.2 Leben und das Prinzip der Liebe

Diese Beobachtung ist für die folgenden Überlegungen von besonderer Bedeutung: Ein Mensch besteht aus vielen lebenden Zellen und ist zugleich ein einzelnes Lebewesen.

1.2.1   Entstehung des biologischen Lebens *

In der Biologie gab es mehrfach Entwicklungen, die etwas grundsätzlich Neues hervorgebracht haben:
- Die Entstehung von Sozialwesen und Kulturen.
- Der Übergang vom höheren Einzeller zum Vielzeller.
- Der Übergang vom einfachen zum höheren Einzeller (Eukaryonten).
- Die Entstehung des biologischen Lebens.

Allen diesen Entwicklungen ist etwas gemeinsam, ihnen liegt eine Zusammenarbeit zum wechselseitigen Nutzen zugrunde: Eine Symbiose.

Symbiosen sind von naturwissenschaftlicher Bedeutung:
- Einfache Systeme schließen sich zu einem komplexen System mit neuen Eigenschaften zusammen (Innovationen).

Symbiosen sind logisch-philosophisch von Bedeutung:
- Der Zusammenschluss geht mit einem Entwicklungssprung in der Erkenntnis einher.

Symbiosen sind ethisch-philosophisch von Bedeutung:
- Voraussetzung für die Entstehung des Lebens ist die konsequente Anwendung eines Prinzips, das wir auf emotionaler Ebene "Liebe" nennen.

Auch in der Physik gibt es Vorgänge, die etwas grundsätzlich Neues hervorbringen:

- Die Bildung der chemischen Elemente aus Elementarsystemen.
- Die Bildung der Elementarsysteme aus Photonen.
- Die Bildung der Substanz (Informationen) und der Naturgesetze.
- Die Bildung der Materie (*Quanten*informationen).
- Die Hervorbringung des Bewusstseins.

Auch diesen Entwicklungen liegen Symbiosen zugrunde (s.u.). Diese Überlegungen führen zu der folgenden Definition von Leben: "Basis jeglichen Lebens ist das Prinzip der Liebe. Leben ist da, wo dieses Prinzip herrscht (Symbiose)."

Der Anfang des biologischen Lebens
Es wird angenommen, dass es chemische Reaktionen waren, die zur Entstehung des biologischen Lebens führten. Das Zusammenwirken verschiedener chemischer Reaktionen wird als Hyperzyklus bezeichnet. Nach der hier vorgestellten Definition von Leben gehören Zyklen zur Chemie und komplexe Hyperzyklen zur Biologie. Die Grenze zwischen Chemie und Biologie bildet damit ein Vorgang von naturwissenschaftlicher und philosophischer Bedeutung. Es ist die Symbiose, also das Zusammenwirken zum wechselseitigen Nutzen.

Zusammenwirken bedeutet aber, dass das biologische Leben nicht nur eine, sondern mehrere Wurzeln hat.
(Da alle wichtigen biochemischen Grundbausteine auf unterschiedliche Weise aus anorganischen Substanzen entstehen können, kann man den tatsächlichen Verlauf der Evolution nicht rekonstruieren, sondern lediglich mögliche Abläufe beschreiben.)

- Energie-Stoffwechsel und Bildung einfacher organischer Verbindungen aus Wasserstoff und Kohlendioxid nach dem Wood-Ljungdahl-Weg (mit Hilfe von Eisensulfit?)
- Bildung und Anreicherung von Aminosäuren und Proteinen (in Schichtsilikaten?)
- Bildung und Anreicherung von langkettigen Zuckerverbindungen (an Kristallen?)
- Gene / RNA (im Eiswasser?)
- Fett-Stoffwechsel (in Tonmineralien?)
- usw.

Unabhängig voneinander entstandene Prozesse finden in einer Symbiose zusammen und verstärken sich wechselseitig (Hyperzyklus).

Auf der Erde finden wir eine Vielzahl von unterschiedlichen natürlichen chemischen Laboratorien: Schwarze Raucher, Weiße Raucher, hydrothermale Quellen, kalte Quellen, Fumarolen, Schlammtöpfe, Methanquellen, eingetrocknete Tümpel, Salzwüsten, Erzlager, Kristalle, Meereseis, Gletschereis, ... in vielfältigen Kombinationen.

Nichtzellulare Lebensform

Die (vermutlich) ersten Schritte zur Entstehung des biologischen Lebens kann man noch heute beobachten: Im Erdboden unter der Tiefsee, im Bereich vulkanischer Aktivität mischt sich das in den Meeresboden eindringende Meerwasser mit aufsteigendem Wasser, das mit Mineralien und Gasen gesättigt ist. Im Meeresboden befinden sich sehr viele Hohlräume, die durch Spalten miteinander verbunden sind. In diesen Hohlräumen reagieren die chemischen Stoffe miteinander. Alle diese Hohlräume kann man als chemische Labore ansehen, in denen jeweils etwas andere Bedingungen herrschen. An ihren Wänden lagern sich feste und schleimige Stoffe ab, die die chemischen Reaktionen beschleunigen (Katalysatoren). Dieser Prozess, den man chemische Evolution nennt, kann heute in der Natur und im Labor beobachtet werden.

Aus biologischer Sicht könnte man dieses System aus katalytischem Schleim in einem Hohlraum (nach der technischen Definition von Leben) als Lebewesen ansehen:
Die chemischen Stoffe ("Nahrung") gelangen durch Poren in winzige Hohlräume (Begrenzung). Dort fanden und finden chemische Reaktionen statt. Katalysatoren beschleunigen die Vorgänge (Stoffwechsel). Teilweise führen solche Vorgänge zu einer Vervielfältigung der Katalysatoren, der sog. Autokatalyse (Wachstum). Je nach Menge und Form (Information) der Katalysatoren läuft die Autokatalyse langsamer oder schneller ab. Die neu gebildeten Katalysatoren können in andere Hohlräume gelangen und dort wirken (Vermehrung). Katalysatoren aus verschiedenen Hohlräumen können sich mischen (Sexualität). Die Stoffe, die bei der Reaktion entstehen, können ausgeschieden werden ("Urin") oder Ausgangspunkt für einen weiteren chemischen Prozess sein.
Da am Ende der Reaktionen der Katalysator wieder frei wird, nennt man den Vorgang einen Zyklus. Stoffe, die in einem Zyklus entstehen, können in einem anderen Zyklus verwendet werden. Die Stoffe, die bei einer chemischen Reaktion entstehen (z.B. CH_4), wirken meist hemmend auf die Bildung von identischen Stoffen (CH_4). Deshalb bilden die miteinander verbundenen Zyklen ein Regelsystem (Selbstregulation).

Es wird vermutet, dass die Bausteine des Gens (DNA/RNA) und die Proteine, die in Zellen das Gen ablesen und vermehren, sich zunächst jeweils unabhängig voneinander autokatalytisch gebildet haben: Im Meereseis befinden sich winzige mit salzigem Eiswasser gefüllte Hohlräume. In diesen Hohlräumen kann sich aus einfachen chemischen Stoffen RNA bilden. RNA ist ein autokatalytischer Stoff, der sich selbst kopieren kann. (Zyklus)
Die RNA kann durch Diffusion in den Hohlraum im Meeresboden gelangen. Dort können RNA und Eiweiße wechselseitig ihre Bildung beschleunigten bzw. regulieren. (Hyperzyklus)

An den Wänden des Hohlraumes lagern sich Produkte des Stoffwechsels wie z.B. Fette (Lipide) ab. Sobald die Ablagerungen alle Wände des Hohlraumes vollständig bedecken, kann man von einer primitiven Zellwand und damit einer primitiven Zelle sprechen.
Zellen mit Zellwänden haben zwei wesentlichen Vorteile: Erstens können sie über ihre Poren die Stoffzufuhr regulieren, und dafür sorgen, dass Nahrung, nicht aber schädliche Stoffe in die Zelle gelangen. Urin wird ausgeschieden, nützliche Stoffe verbleiben hingegen in der Zelle.

Zweitens sind Zellwände die Voraussetzung dafür, die winzigen Hohlräume zu verlassen und größere Spalten zu besiedeln. (Auffallend ist, dass die möglicherweise ältesten bekannten Lebewesen, die Cyanobakteria ("Blaualgen"), Schichten aus Kalkstein mit kleinen Hohlräumen bilden können (Stromatoliten).) Möglicherweise waren es ursprünglich Ausscheidungsprodukte im Urin, die sich vor der Öffnung absetzten und neue Hohlräume bildeten.

Die Beschreibung der Vorgänge zeigt, wie einfach der Ablauf gewesen sein könnte (Ockhams Rasiermesser).

Die Hyperzyklustheorie zwingt uns zum Umdenken in zwei wichtigen Punkten:
1. Grundlage für das Leben ist weniger ein "egoistisches Gen", sondern viel mehr ein symbiotisches Gen (vermenschlicht: ein liebendes Gen).
2. Die Gene enthalten nur einen Teil unserer Erbinformationen. Die übrigen Teile der Zellen mit ihren chemischen Verbindungen und Strukturen sind nicht weniger wichtig und nicht weniger alt als die Gene. Auch sie wurden, ohne Unterbrechung, weitervererbt. Ihre Informationen stecken u.a. in den Formen, in den Stoffkonzentrationen, in der räumlichen Verteilung.

Chemische Reaktionen laufen spontan ab. Die Bildung eines stabilen Systems aus zwei oder mehreren Hyperzyklen benötigt hingegen bei annähernd gleichbleibenden Umweltbedingungen eine gewisse Zeit, damit die beteiligten Partner sich aufeinander einstellen können. Eine stetige Entwicklung und nicht ein einmaliges Ereignis hat demnach zur Entstehung des Lebens auf der Erde geführt. Je mehr Hyperzyklen sich zusammenschließen, desto mehr Zeit benötigt dieser Vorgang. Da sich die Hyperzyklen aber gleichzeitig an vielen Orten auf der Erde bilden und sich untereinander zusammenschließen konnten, wurde durch massive Parallelentwicklung die Entwicklung des Lebens stark beschleunigt. Es ist daher verständlich, wenn auch erstaunlich, dass kurze Zeit nach Abkühlung der Erde und Bildung der Ozeane Lebewesen existierten.

Diese Überlegungen decken sich mit dem zeitlichen Ablauf des Evolutionsvorgangs: Bis zur Bildung von Zellen hat es vermutlich lediglich hundert Millionen Jahre gedauert. Aber bis zu einer inneren Partnerschaft dauerte es lange, sehr lange: tausend Millionen Jahre. Einige hundert Millionen Jahre später bildete sich die Lebensform Organismus. Noch einmal einige hundert Millionen Jahre später findet man die Lebensform Sozialwesen, dann taucht Kultur als Lebensform auf.

Ist Leben mehrfach entstanden?
Da der oben dargestellte Mechanismus zur Entstehung von biologischem Leben sehr einfach ist, vermuten viele Biologen, dass auch auf anderen Planeten ähnliche Vorgänge biologisches Leben hervorgebracht haben. Da sehr viele "Erfindungen" der Evolution mehrfach stattgefunden haben, vermuten sie, dass es dort Lebewesen gibt, die schwimmen, gehen oder fliegen können. Unsere Kenntnisse reichen nicht aus, um diese Vermutung zu beantworten.

Entwicklung von Denken und Fühlen
Bei jedem Schritt der Evolution findet gleichzeitig eine materielle und eine geistige Entwicklung statt:

- Die chemischen Substanzen, die in den Hohlraum einströmen, sind für die Zellen nicht nur Baustoffe und Energieträger, sondern auch Informationsträger. Sie tragen u.a. die Information: "Hier ist Nahrung."

- Der Hyperzyklus kann materiell als chemische Reaktion aufgefasst werden, geistig als Informationsverarbeitung. Dieser Vorgang kann beispielsweise als Schmecken im weitesten Sinne bezeichnet werden.

Bei Einzellern löst die Nahrungsaufnahme eine große Zahl von inneren und äußeren Aktivitäten aus. Ihr Verhalten ist sinnvoll und kann mit dem Begriff "logisch handeln" bezeichnet werden.
Auf der menschlichen Zunge löst Zucker eine chemische Reaktion aus, die zu einer Erregung der Geschmacksnerven führt. Im Gehirn wird eine Emotion erzeugt: "Süß!"

(Das Verständnis der chemischen Evolution hilft uns zu verstehen, warum wir essen müssen, wieso Medikamente, Drogen und Hormone wirken.)

Das hier vorgestellte Modell geht von der Belebtheit der Natur aus, unterscheidet sich aber in einem wesentlichen Punkt vom traditionellen Animismus. Jede Lebensform besitzt individuelle Eigenschaften, die sich auf andere Formen nicht übertragen lassen. Eine Vermenschlichung ist nicht möglich. Im traditionellen Animismus werden Tieren, Pflanzen, Gebirgen, Steinen, Sternen, Wolken usw. typisch menschliche Gefühle, Denk- und Handlungsweisen unterstellt. (Eine Parallele dazu findet man bei vielen traditionellen Gottesvorstellungen.)

1.2.2 Vitalismus

In der Antike gab es die Vorstellung, dass Gott Zeus eine Seele aus einem Tontopf nahm und sie einem leblosen Körper einpflanzte, um ihn zum Leben zu erwecken. Im Moment des Todes verließ die Seele den Körper. Der Körper verging, die Seele dagegen war unsterblich. Sie konnte nun zurück in den Tontopf gelegt oder in einen anderen leblosen Körper eingepflanzt werden und diesen "beseelen" (Seelenwanderung).

Für die Griechen waren materielle Dinge vergänglich, geistige dagegen unvergänglich und ewig. Seelen waren für sie nicht materieller, sondern rein geistiger Natur - unveränderlich und ewig.

Im 18. Jahrhundert versuchte der Vitalismus, diese antiken Vorstellungen mit den wissenschaftlichen Vorstellungen der damaligen Zeit zu verbinden. Es wurde nach einer materiellen Substanz gesucht, die die Lebenskraft enthält. Sie sollte in der Lage sein, tote Materie zum Leben zu erwecken. Bei allen Substanzen und Energien, die man als Quelle der Lebenskraft auszumachen meinte, stellte man fest, dass sie auch außerhalb der biologischen Lebewesen vorkommen: Organische Chemikalien, Elektrizität, Licht, Magnetismus. Dies kann man negativ oder positiv werten:

- Es gibt keine spezielle Substanz, die die Lebenskraft enthält.
- Die Stoffe der Natur tragen bereits alles in sich, was das Leben benötigt.

Die Suche nach einer Substanz oder Energie, die zu Beginn in den Körper einströmt und ihn im Moment des Todes verlässt, ist ein Schwerpunkt des Vitalismus. Eine solche Substanz wurde trotz intensiver Suche nicht gefunden. (Die Vorstellung von einem experimentell nicht nachweisbaren Energiefluss ist unwissenschaftlich). Und: Zu welchem Zeitpunkt beginnt Leben? Bei der Verschmelzung von Ei- und Samenzelle? Bei einer Zellteilung? Bei der Geburt?

- Bei der Vereinigung von Ei- und Samenzelle fusionieren zwei Lebewesen. Dabei entsteht ein neues Exemplar mit den Eigenschaften beider. Aber entsteht auch neues Leben?
- Bei einer Zellteilung teilt ein Lebewesen seine Stoffe auf. Aus einer Zelle werden zwei. Aber entsteht dabei neues Leben?
- In der Embryonalentwicklung wird aus einer Zelle ein Organismus. Ein Organismus ist eine Lebensform. Diese Entwicklung vollzieht sich über einen längeren Zeitraum.
- Bei der Geburt findet ein Ortswechsel statt: Ein vollkommenes Kind verlässt den Mutterleib. Entsteht in diesem Augenblick neues Leben?

Aus biologischer Sicht ist Leben vor sehr langer Zeit entstanden und hat sich seitdem ausgebreitet und entwickelt. Leben ist ein stetiger Prozess. Alle Lebewesen müssen regelmäßig mit Energie und Baustoffen (Nahrung) versorgt werden. Auch dies zeigt, dass Leben etwas Stetiges ist.

Biologie und Seele

Die antike Vorstellung, dass Gott Zeus eine Seele aus einem Tontopf nahm und sie einem leblosen Körper einpflanzte, um ihn zum Leben zu erwecken, ist mit der modernen Biologie nicht in Einklang zu bringen.

Nicht im Widerspruch zur modernen Biologie steht dagegen die Seelenvorstellung als einem Schiff mit Tiefgang. Die Entwicklung der befruchteten Eizelle zum Kleinkind und der weitere Lebensweg des Menschen entsprechen in diesem Bild einem Schiff, das beim Beladen immer mehr Tiefgang bekommt. Hier hinterlässt das Leben, anders als bei der griechischen Vorstellung, Spuren in der (veränderlichen) Seele[5]. Damit trägt man Verantwortung nicht nur in unserer Welt, sondern auch in der Transzendenz[5].

Leben und Tod

Vor dem Hintergrund der Vielfältigkeit des Lebens ist es schwer, den Begriff des Todes genau zu fassen. Eine einzelne Zelle, ein Organismus, ein Sozialwesen, eine Kultur und alle Lebewesen sind sterblich. Der Organismus opfert einzelne Zellen, um zu überleben. Im Bienenstaat sterben Bienen, um ihren Staat zu erhalten; Bienen sterben, andere schlüpfen und der Bienenstaat besteht weiter. Das Leben geht weiter!

Grundlage von allem sind die Zellen, sie leben. In unserem Körper entstehen ständig neue Zellen, andere sterben und wir leben weiter. Bei Unfällen kann es vorkommen, dass einige Organe eines Organismus sterben, andere nicht. Daher kann man auch lebende Organe verpflanzen.

In der Medizin wird der Tod technisch, nach praktischen Gesichtspunkten, bestimmt. (Das Ausstellen eines Totenscheines ist ein juristischer Vorgang, der Rechtssicherheit schaffen soll). Mit dem technischen Fortschritt hat sich auch der angegebene Todeszeitpunkt geändert. Früher war ein Mensch, der nicht atmete und sich nicht bewegte, tot. Dann wurde der Zeitpunkt am Herzschlag festgemacht. Wird heutzutage kein Hirnstrom gemessen, so gilt der Mensch als tot. Es wird aber bereits keine Hirnaktivität mehr festgestellt, wenn das Organ Hirn noch lebt (scheintot). Und Menschen, die nach ihren eigenen Aussagen „tot" waren, hatten lediglich zeitweilig stark beeinträchtigte Hirnfunktionen. Aus biologischer Sicht waren sie nicht tot. Falsch ist auch der Begriff der Wiederbelebung (Reanimation). Er ist zu ersetzen durch den Begriff "Aktivierung". Die reanimierten Menschen waren nicht tot. Und auch Menschen, die, wie sie berichten, dass sie das Gefühl hatten, gestorben zu sein, waren aus medizinischer Sicht nicht tot.

In uns entstehen täglich Zellen und sterben Zellen. Täglich werden Menschen geboren und sterben. Pflanzen und Tiere werden und vergehen. Tod ist etwas Natürliches, Normales, Alltägliches. Ich halte es nicht für angemessen, den Tod zu einer Schreckensvorstellung zu machen. (Die Evolution hat die Todesangst als Mittel zum Zweck entwickelt, und zwar zu dem Zweck, den Lebenswillen zu stärken und so das Überleben zu sichern.)

Bei der Diskussion über den Wert des Lebens ist es erforderlich, auf Begriffe wie „unendlich" zu verzichten. Die Verwendung dieses Begriffs führt zu logischen Widersprüchen und unmoralischen Folgerungen.

---

[5] Chiffre im Sinne des philosophischen Glaubens

1.2.3   Vielfältige Lebensformen

Menschen sind jeweils ein Lebewesen. Aber erstaunlicherweise bestehen wir aus einer Vielzahl von Zellen, also aus einer Vielzahl von einzelnen Lebewesen. Den Aufbau, dass Lebewesen aus Lebewesen bestehen, findet man nicht nur einmal, sondern vielfach. Im Folgenden werden zunächst vielfältige Lebensformen vorgestellt und dabei gezeigt, wie mehrere Lebewesen sich zu einem höheren Lebewesen zusammenschließen können.

Definition des Begriffes "Lebewesen"
Was liebt, das lebt.
Basis jeglichen Lebens ist das Prinzip der Liebe. Leben ist da, wo dieses Prinzip herrscht (Symbiose).

Mit den Worten der Biologie: Basis und Kennzeichen jeglichen Lebens ist die Symbiose, also die Zusammenarbeit zum wechselseitigen Nutzen.
Nach dieser Definition ist Leben Grundprinzip der Natur. Es tritt in vielfältigen Formen auf:

Vielfältige Lebensformen
Symbiosen findet man

- zwischen allen Lebewesen eines Biotops (Klimax)
- in Kulturen
- bei Sozialwesen (z.B. Bienenstaat)
- bei Partnerschaften (z.B. Flechte)
- Innerhalb einer Art
- bei Organismen (Vielzeller)
- bei höheren Einzellern (Endosymbiose)
- bei Einzellern
- bei nichtzellulären Lebensformen (Chemie / Autokatalyse)
- in den Atomen der Chemie (in Hülle und Kern)
- bei den Elementarsystemen (z.B. Photon, Elektron, Proton)
- bei der Materie (Gleichgewicht der Kräfte)

Nach der neuen Definition, wie auch nach der traditionellen biologisch-technischen Definition können sie als Lebensformen betrachtet werden.

Keine Symbiosen findet man
- bei von außen erzeugten Zusammenballungen (Artefakte)
Artefakte können aus Lebewesen bestehen, bilden jedoch keine gemeinsame höhere Lebensform.

Einzeller als Lebensform
Einzeller sind Lebewesen, denn sie erfüllen alle in der biologisch- technischen Definition von Lebewesen festgelegten Kriterien und auch, wie wir später sehen werden, die der neuen Definition.

Art als Lebensform

Die Wissenschaftler Frank Madeo und Kai-Uwe Fröhlich haben einen Vorgang entdeckt, der biologisch und philosophisch von großer Bedeutung ist: Einzeller (z.B. Hefe) können zum Vorteil der eigenen Art Selbstmord begehen (Apoptose). Wenn die Nahrung knapp wird, können einzelne Hefezellen sterben und ihren Körperinhalt ihren Artgenossen, die ein sehr ähnliches Gen besitzen, zur Verfügung stellen. Dabei zerfließen sie nicht, sondern zerlegen sich in „appetitliche Häppchen".

Dass Einzeller sich für ihre Artgenossen opfern, bedeutet, dass man nicht nur einzelne Lebewesen, sondern auch eine Art als Lebensform bezeichnen kann:

Zu einer Art gehören alle Lebewesen, die durch eine Vereinigung (Sexualität) miteinander Gene, Zellplasma und Organellen austauschen können. Die Erbinformationen (Gene, Zellplasma, Organellen usw.) einer Art sind auf viele Zellen verteilt, bilden aber durch häufigen wechselseitigen Austausch eine Einheit. Daher kann man die Art als eine Lebensform ansehen. Der Stoffwechsel einer Art findet in verschiedenen Räumen (Zellen) statt. Bei der Vereinigung zweier Zellen mischen sich die am Stoffwechsel beteiligten Stoffe.

Alle Lebewesen als Lebensform

Alle Lebewesen auf der Erde kann man als eine Lebensform ansehen: Sie bilden einen Superorganismus, der wechselseitig das Leben der einzelnen Individuen ermöglicht. (Beispiel: Pflanzen erzeugen Sauerstoff, Tiere verbrauchen ihn.)
Alle biologischen Lebensformen der Erde sind, beispielsweise mit Hilfe von Viren, in der Lage, Gene miteinander auszutauschen.
Das ist eine sehr weitgehende Definition. Es gibt Zwischenformen:

Organismus als Lebensform

Ein Organismus (z.B. ein Hund) besteht aus einer großen Anzahl von lebenden Zellen. Diese Zellen teilen die verschiedenen Aufgaben untereinander arbeitsteilig auf. Jeder Organismus entsteht aus einer befruchteten Eizelle, die sich teilt und den Körper mit seinen Organen (z.B. Herz, Niere, Lunge, Geschlechtsorgane, Nervensystem) hervorbringt. Die Zellen der einzelnen Organe verändern sich dabei und werden zu Spezialisten. Alle Zellen eines Körpers haben einen gemeinsamen Stoffwechsel: Sie nehmen arbeitsteilig Stoffe auf, verändern sie in wechselseitiger Unterstützung und scheiden sie arbeitsteilig aus. Die Informationen über diesen Vorgang sind im ganzen Organismus verteilt. Voraussetzung, dass ein Organismus Bestand hat, ist die Bereitschaft der einzelnen Zellen, zum Vorteil des Ganzen eigene Nachteile hinzunehmen. Diese Bereitschaft geht so weit, dass Zellen sich selbst opfern (Apoptose).
Die Entwicklung einer befruchteten Eizelle eines Hundes bis hin zum ausgewachsenen Hund geht einher mit einer zunehmenden Zellvermehrung, einer zunehmenden Komplexität und einem zunehmenden Grad an Symbiosen. Die Lebensform Organismus entwickelt sich fließend aus der Lebensform Einzeller. Eine klare Grenzziehung ist nicht möglich.

Partnerschaft als Lebensform

Flechten sind aufgebaut wie ein Organismus, bestehen aber aus Pilzzellen und Algenzellen. Die Zellen arbeiten zusammen und teilen sich die Aufgaben.

Innere Partnerschaft als Lebensform (Endosymbiose)

In jeder Zelle unseres Körpers leben viele kleine Zellen, die arbeitsteilig als Spezialisten vielfältige Aufgaben bewältigen. Wie ist diese Symbiose entstanden?

Vor 2 Milliarden Jahren erforderte eine riesige Umweltkatastrophe, nämlich die langsame Ausbreitung des Giftes Sauerstoff, das Zusammenwirken von mehreren Arten. Sie bildeten eine innere Partnerschaft, d.h. innerhalb einer großen Zelle leben mehrere kleine Zellen. Jede dieser Zellen war ein Spezialist. Gemeinsam konnten sie nicht nur dem Gift Sauerstoff standhalten, sondern es sogar zur Energiegewinnung nutzen. Von diesen neu entstandenen höher entwickelten Zellen, den sogenannten Eukaryonten, stammen wir Menschen ab. Sie haben sich so gut an den für andere Lebewesen giftigen Sauerstoff angepasst, dass von uns Menschen Sauerstoff als Lebenselixier bezeichnet wird.

In jeder menschlichen Zelle leben andere Zellen!

So könnten Eukaryonten entstanden sein:
Archaea-Bakterien besitzen teilweise eine mehrschichtige Zellwand. Dadurch sind sie besonders gut gegen schädliche Umwelteinflüsse geschützt. Bei einigen Arten trennt und schützt eine der Zellwände das Erbgut aus DNA, indem es sie wie eine Kugel umschließt.
Einige Archaea-Bakterien haben eine neue Fressweise entwickelt: Sie nehmen die Nahrung in sich auf und verdauen sie in einer Blase, die aus der Zellwand gebildet wird. Um sich nicht selbst zu verdauen, haben sie einen Schutzmechanismus entwickelt. Er verhindert, dass die Kugel, in der sich die eigene DNA befindet, weder verdaut noch ausgeschieden wird.
Für andere Einzeller war es ein Überlebensvorteil, den „Magen" des Archaea-Bakteriums lebendig durchwandern zu können. Möglicherweise erhielten einige Proteobakterien und einige Cyanobakteria ("Blaualgen") durch Genaustausch über die Artengrenze hinweg das wertvolle Schutzgen gegen Selbstverdauung.
Diesen Prozess kann man auch heute beobachten: Archaea-Bakterium und auch Wimpertierchen nehmen Cyanobakteria ("Blaualgen") auf und behalten sie zeitweilig in ihrem Körper, ohne sie zu verdauen.

Zwar war bei dem Archaea-Bakterium das Erbgut im Zellkern geschützt, aber der Sauerstoff war immer noch für die Zelle des damals lebenden Archaea-Bakteriums giftig. Sie brauchte einen Helfer, der das Gift aus der Zelle entfernen konnte. Proteobakterien, die möglichen Vorfahren der Mitochondrien, hatten ein Verfahren entwickelt, den Sauerstoff zu verbrennen. Sie gewannen sogar Energie daraus.
Vor ca. 2 Milliarden Jahren nahm eine große Archaea-Bakterium-Zelle kleine Proteobakterien (evtl. Rickettsiales) in sich auf. Dadurch wurde der giftige Sauerstoff vernichtet, und das Archaea-Bakterium erhielt zusätzlich Energie. Im Gegenzug versorgte es die Proteobakterien mit allen lebenswichtigen Stoffen. Die Proteobakterien entwickelten sich zu den Mitochondrien. (Sauerstoff ist nach Fluor und Chlor das drittgiftigste nichtmetallische Element. Da alle Gifte reaktionsfreudig sind, eignen sie sich auch für viele nützliche Reaktionsabläufe. Viele Nahrungsmittel haben sich daher aus Stoffen entwickelt, die für die Ahnen der heutigen Lebewesen giftig waren.)
Vor ca. 2 Milliarden Jahren wurden auch einige kleine Cyanobakteria ("Blaualgen") dauerhaft in eine große Archaea-Bakterium-Zelle aufgenommen. Sie entwickelten sich zu den Chloroplasten. Dieser Vorgang hat sich vermutlich mehrfach abgespielt und zu unterschiedlichen Pflanzengruppen (Rotalgen, Braunalgen, Grünalgen) geführt.

Bakterien und Archaean sind die Superchemiker unseres Planeten. Es gibt sehr viele spezialisierte Bakterien, die jeweils ein spezifisches Arsenal von wirksamen Chemikalien besitzen. Im Rahmen von Symbiosen können sie ihr Arsenal vergrößern, wobei jedes seine spezifischen Fähigkeiten beisteuert. Daher gibt es auf Bakterienebene viele Symbiosen und Zusammenschlüsse zwischen unterschiedlichen Bakteriengruppen. Die Eukaryonten sind nur ein Beispiel unter vielen.

Sozialwesen als Lebensform

Gemeinsam wird im Bienenstaat Nahrung beschafft, es wird gefüttert, gebaut, geputzt und vieles mehr. Dabei werden Informationen ausgetauscht (Bienensprache).

Kultur als Lebensform

Die Menschen einer Kultur verfügen über gemeinsame Informationen, beschaffen gemeinsam Nahrung, fördern Rohstoffe, bauen Fabriken usw. Bei Kulturen ist es schwer, Grenzen zu erkennen: Kulturen verschmelzen miteinander bis hin zu einer Weltkultur (Globalisierung). Innerhalb einer Kultur entstehen und vergehen Subkulturen (Organe).

Die menschliche Kultur ist eine Lebensform, die erst im Begriff ist zu entstehen, denn das Prinzip der Liebe wird noch nicht durchgängig angewandt. (Für mich ist der Prozess der Menschwerdung abgeschlossen, wenn dieses Prinzip fest verankert ist.)

Erläuterung:
Kulturen können herzlos, aber auch liebend sein:
Kapitalismus - soziale Marktwirtschaft mit fairerem Handel

Kulturen können Aggressionen fördern oder dämpfen:
brutale Diktaturen und kriminelle Organisationen - Rechtsstaat
aggressive Eroberer - friedliche Nationen

Kulturen können Verantwortung wegnehmen oder zuweisen:
Zahnrad in der Bürokratie - verantwortlicher Fachmann in der Verwaltung.

(Das moderne Militär wurde zutreffend als Bürokratie mit Waffen bezeichnet. Sehr deutlich wird dies, wenn man das Training der Soldaten betrachtet, die so für den Einsatz von Atomwaffen ausgebildet werden, dass sie anschließend wie Rädchen in einer Maschine funktionieren. Eine effektive Verteidigung ist aber auch anders möglich. So steht bei der Bundeswehr das Prinzip der Verantwortung über dem Gesetz von Befehl und Gehorsam. Kriegsverbrechen sind ausdrücklich verboten. Die geschichtliche Erfahrung zeigt, dass Soldaten, die Verantwortung übernehmen, nicht schlechter, sondern besser kämpfen.

Wir Menschen sind, entgegen unserem Ruf, von Natur aus recht friedliche Wesen: Bei Naturvölkern kommt es, bis auf Bluttaten im Affekt, die hinterher meist bitter bereut werden, selten zu schweren Verbrechen. Ich will die angeborenen Aggressionen nicht wegreden, aber es kommt wesentlich auf die Kultur an, in der man lebt, denn wir Menschen sind als soziale Wesen leicht lenkbar, und als Mitglied einer Gemeinschaft begehen Menschen oft schwere Verbrechen:
Es ist nur im Rahmen der Gemeinschaft erklärbar, dass Menschen sich einen Sprengstoffgürtel umhängen und sich selbst und andere umbringen. Es ist bekannt, dass viele Menschen, die in Lagern gefoltert und gemordet haben, außerhalb der Lager nicht ein einziges Verbrechen begingen.
Es gibt andererseits auch vielfältige Beispiele dafür, dass Menschen in der Gemeinschaft großartige Leistungen erbringen.

Nichtzellulare Lebensform (chemische Reaktionen / Autokatalyse)

Im Bereich vulkanischer Aktivität finden in winzigen Hohlräumen chemische Reaktionen statt. Eine Vielzahl von chemischen Reaktionen (komplexe Hyperzyklen) fördern und regeln sich wechselseitig. Katalysatoren (Information) beschleunigen die Vorgänge (Stoffwechsel). Dies kann man als primitive, nicht zellulare Lebensform ansehen. Aus dieser Lebensform haben sich vermutlich die heute lebenden Zellen mit Zellplasma, Chromosomen (Gene) und Zellwänden entwickelt.

Viren

Viren haben außerhalb der Wirtszellen keinen Stoffwechsel. Innerhalb der Wirtszelle nehmen sie am Stoffwechsel teil. Viren können als Organe der Zellen, die sich zeitweilig außerhalb der Zellen befinden, aufgefasst werden. Wie andere Organe der Zellen (Mitochondrien, Chloroplasten, Zellplasma, Zellkern usw.) kann der Virus als Lebensform aufgefasst werden.

Das Organ Virus transportiert Erbinformationen von einer Zelle zu einer anderen. Diese Informationen können nützlich oder schädlich sein. Gut angepasste Zellen wehren den Befall von schädlichen Viren ab oder überleben ihn, schlecht angepasste sterben. Dies hat in einem evolutionären Prozess zu einer höheren Leistungsfähigkeit der Zellen geführt.

Bei einer hohen Besiedlungsdichte treffen die Viren auf viele Zellen, es werden viele Viren produziert und viele Zellen sterben. Dies verhindert eine gefährliche Übervölkerung, die zum Sterben aller Zellen führen könnte. (Krankheitserreger tragen wesentlich zur Artenvielfalt in der Natur bei, da sie kleine Populationen weniger dezimieren als große.)

Physikalische Lebensformen (Elementarsysteme)

Symbiosen findet man bei
- den Atomen der Chemie (Hülle und Kern)
- den Elementarsystemen (z.B. Elektron und Positron)
- der *Quanten*information (Gleichgewicht der Kräfte)

Die Stabilität und damit die Existenz der Materie im Universum beruht auch hier auf Symbiosen nach dem Prinzip der Liebe. Damit können sogar Elementarsysteme als Lebensform betrachtet werden. Komplexes Leben entsteht aus einfachem Leben. Die Lebewesen der Biologie sind damit keineswegs aus lebloser Materie entstanden.

Die QED, eine anerkannte physikalische Theorie, geht seit vielen Jahrzehnten davon aus, dass Elementarsysteme wie beispielsweise Elektronen nur dann stabil sind, wenn sie in alle Richtungen Strahlung aufnehmen und abgeben können. Strahlung kann als Energie wie auch als Materie aufgefasst werden. Damit besitzen Elementarsysteme einen Stoffwechsel, was für die technische Definition des Lebens von Bedeutung ist:

"Lebewesen haben eine Begrenzung, einen Stoffwechsel, wachsen und vermehren sich. Sie können Informationen aufnehmen, speichern, verändern und senden. Sie erhalten ihre innere Ordnung, indem sie angemessen auf innere und äußere Einflüsse reagieren."

Die technische Definition des Lebens muss aber leicht variiert werden: Der Vorgang von Wachstum und Vermehrung wird ersetzt durch ein Wechselspiel von Entstehen und Zerfallen, bei dem nur symbiotische Systeme mit geeigneten Eigenschaften übrig bleiben. Das Ergebnis gleicht weitgehend dem einer Vermehrung, da gleichartige Systeme entstehen. Dieser Mechanismus ermöglicht sogar eine Anpassung an eine sich ändernde Umwelt, ohne dass Erbinformationen weitergegeben werden: Sind in einer veränderten Umgebung andere Elementarsysteme stabil, so findet man nach kurzer Zeit vermehrt diese Formen. Es entstehen in den Beschleunigern (z.B. CERN) je nach Ausgangsbedingungen unterschiedliche Elementarsysteme.

Nach beiden Definitionen kann man Elementarsysteme als Lebensformen betrachten.

Anmerkung:
Da Evolution ein wissenschaftlicher Erkenntnis- und Innovationsprozess ist, besitzen alle Lebewesen und ihre Organe die Eigenschaften von Funktionsmodellen ihrer Umgebung. (Auge als Modell des Lichtes, Vogel als Modell der Luft, Elektron als Modell der Photonen.) Da beispielsweise Elektronen die Eigenschaften eines Funktionsmodells ihrer Umgebung besitzen, ist es möglich, sie mit Hilfe eines physikalischen Modells zu beschreiben. Beide Modelle besitzen unterschiedliche Sprachen, die sich ineinander übersetzen lassen. Dies ist die Begründung für die Möglichkeit, die Welt mit Hilfe von mathematischen Gleichungen angemessen darstellen zu können.

Lebewesen in Lebewesen

Die Lebensform Elementarsysteme schließt sich mit anderen Elementarsystemen zur Lebensform der chemischen Atome zusammen. Diese schließen sich zu nichtzellulären Lebensformen und zu Einzellern zusammen. Einzeller leben in anderen Einzellern und bilden in großer Zahl einen Organismus. Viele Organismen bilden die Lebensform der Kultur.

Kommunikation mit anderen Lebensformen

Basis jeder Lebensform ist eine Symbiose. Bei jeder Symbiose findet ein Informationsaustausch zwischen den Partnern statt. Im Laufe der Symbiose entwickeln sie eine eigene Sprache:
- Den genetischen Code
- Hormone
- Emotionen
- Tiersprachen (Gesang, Federkleid, Tanz, Duft, ...)
- Die menschlichen Sprachen (einschließlich der Mathematik, Kunst, Musik)
- Die Wechselwirkungen der Physik

Jede Lebensform hat somit eine ihr eigene Sprache. (Sprache ist eine innere Eigenschaft einer Lebensform!) Ist es möglich, mit anderen Lebensformen wie z.B. Einzellern oder Kulturen zu kommunizieren? Haben Zellen oder Firmen Emotionen? Haben sie ein Bewusstsein?

Biochemiker haben herausgefunden, wie Zellen mit Hilfe von chemischen Stoffen miteinander kommunizieren. Die Wirkung und somit die Bedeutung vieler chemischer Stoffe ist inzwischen bekannt. Durch Zugabe dieser Stoffe und Beobachtung der Reaktionen ist es möglich, sich mit den Zellen zu "unterhalten". In Ansätzen kann man sogar verstehen, wie Zellen "denken". Wir sind beispielsweise in der Lage, mit Bananen zu sprechen. Bläst man das Gas Ethylen auf unreife Bananen, so verstehen sie diesen Hinweis und werden reif. Für Bananen hat Ethylen die Bedeutung: "Es ist Zeit, reif zu werden."

Wir Menschen können in Ansätzen auch verstehen, wie Sozialwesen "denken" und "sprechen". Wie "denkt" z.B. eine Firma?
Eine Firma produziert beispielsweise Autos. Die Denkstrukturen dieser Firma wurden in Form von bürokratischen Anweisungen festgelegt. Menschen, Akten, Computer und Maschinen führen sie aus. Da wir Strukturen analysieren, mit Menschen sprechen, Akten lesen und Computer abfragen können, sind wir in der Lage, mit dem Sozialwesen "Firma" zu sprechen. In Untersuchungen kann festgestellt werden, wie gut das "Betriebsklima" einer Firma ist, welche ethischen Grundsätze sie hat, welche Strategien sie verfolgt, wie sie Probleme löst.

Unsere eigenen Emotionen sind nicht der Ausdruck einer einzelnen Zelle, sondern eher das "Betriebsklima" aller Zellen im Organismus Mensch. Auch das menschliche Bewusstsein entsteht aller Wahrscheinlichkeit nach erst durch das Zusammenwirken vieler Zellen.

Emotionen und Bewusstsein können von außen nicht nachgewiesen werden. Wie, sie technisch gesehen, entstehen, ist nicht bekannt. Wir können die Frage nach einem Bewusstsein oder nach Gefühlen von Zellen oder Firmen nicht beantworten. Ich bin aber davon überzeugt, dass eine innere Wahrnehmung bei allen Lebensformen vorhanden ist. Ich halte dies für eine grundlegende Voraussetzung dafür, dass sie auf ihre Umgebung reagieren können. (s.u.)

1.3 Schein und Wirklichkeit als Problem von Religion, Philosophie und Wissenschaft

Was wir als Schein und was als Wirklichkeit ansehen, hängt wesentlich von unseren Annahmen ab. Ein Modell hat dabei eine besondere Bedeutung erlangt:

1.3.1 Das idealistische Modell

Aus dem Bestreben heraus, die Welt zu ordnen, haben Philosophen zunächst Gegensatzpaare gebildet und diese dann miteinander verbunden:

1. Geist - Materie (Information)
2. beständig - veränderlich (Wirkung)
3. wahr - falsch (Logik)
4. gut - böse (Ethik)

" Geistiges ist unveränderlich und ewig, absolut gut und absolut wahr."

" Materie unterliegt der Veränderung und ist damit dem Verfall unterworfen. Sie ist verdorben und sündig, nicht wahr, sondern Schein und Illusion."

Diese Aussagen bilden den Kern vieler Denkrichtungen des Idealismus und haben einen großen Einfluss auf Christentum, Hinduismus, Buddhismus und Taoismus. Für die Wissenschaft stellt sich die Frage, ob diese Einteilung der Welt zutrifft oder falsch ist.

Alltagswelt

Nach Parmenides von Elea (510 - 440 v. Chr.) sind im Reich der Ideen keine Veränderungen möglich. Aus idealistischer Sicht ist unsere sich ständig verändernde Welt nicht mehr als eine Illusion.

Hinduisten und Buddhisten glauben, dass nichts in der Welt beständig ist. Alles in der Welt entsteht und vergeht. Das gilt für Gefühle, Worte, Gedanken und logische Schlussfolgerungen, für Dinge, Ereignisse und Lebewesen. Es ist eine Illusion ("Maya") zu meinen, dies alles existiere wirklich, denn es sind nur Produkte unseres Verstandes. Für den Buddhismus ist nur das real, was unveränderlich und somit ewig ist: Die alles umfassende Weltseele (Dharmakaya). Die Vorgänge der Alltagswelt sind nach dieser Vorstellung von untergeordneter Bedeutung oder letztlich sogar bedeutungslos.

Judentum, Christentum und Islam glauben, dass die Welt Gottes Schöpfung und damit real sei. Umstritten ist, ob diese Realität geistiger oder materieller Natur ist. Alle Teile, alle Vorgänge, alle Lebensformen, alle Handlungen der Schöpfung sind bedeutsam. Dies gilt auch für Gefühle wie Liebe, Freude, Trauer oder Schmerz.

Der Realitätsbegriff der Wissenschaft unterscheidet sich deutlich von Realitätsvorstellungen, die sich direkt aus der Wahrnehmung ergeben und diese mit der Wirklichkeit gleichsetzen. Unsere alltäglichen Beobachtungen und Vorstellungen werden als Modellvorstellungen in das System der Wissenschaften eingeordnet und nicht wie beim Idealismus als Täuschung verworfen.

"Ich"

Viele Juden, Christen und Moslems glauben, dass es ein unsterbliches "Ich" gibt, die Seele. Dieses "Ich" muss sich vor Gott bewähren. Von einigen Theologen wird die Seele als unveränderlich, von anderen als wandelbar angesehen.

Dagegen glauben Buddhisten, dass es kein "Ich" gibt. Wir sind Teil der alles umfassenden, unveränderlichen und ewigen Weltseele. Das "Selbst" ist nur eine Täuschung. Es verändert sich bei der Entwicklung vom Kind zum Greis und ist genauso vergänglich wie alles in unserer Welt.

Die Vorstellung, dass es kein "Ich" gibt, wird im Buddhismus nicht als Glaube, sondern als Wissen bezeichnet. Von diesem Wissen überzeugt zu sein, ist Voraussetzung für die Erleuchtung und damit Erlösung vom Kreislauf der Wiedergeburten.

In der Wissenschaft erhält das "Ich" seine Bedeutung dadurch, dass es Teil einer Modellvorstellung ist. Diese wird aus Beobachtungen abgeleitet. Die Wissenschaft definiert das beobachtete, veränderliche Objekt als "Du" und überträgt diese Definition auf das "Ich" als wahrnehmendes Objekt. Jedem "Du" billigt man die Eigenschaften eines "Ich" zu. Grundlage dafür ist das Prinzip der Gleichheit. (Kopernikanisches Prinzip).

Logik

Im Christentum findet man ein bivalentes Verhältnis zur Logik. Die Logik wird einerseits als Geschenk Gottes angesehen und ausdrücklich als Mittel zur Wahrheitsfindung akzeptiert, andererseits werden ihre Folgerungen abgelehnt, wenn sie mit tradierten Glaubensvorstellungen kollidieren.

Die Sophisten in Griechenland stellten die Wahrheit von logischen Aussagen und Folgerungen in Frage. Nach Xeniades (5. Jhd. v. Chr.) gibt es überhaupt keine wahren Aussagen. (Skeptizismus)

Grundlage des Buddhismus sind vielfältige logische Überlegungen, die unter anderem zu dem Schluss kommen, dass die Logik nur eine Täuschung ist. Sie stellen damit die eigenen logischen Schlüsse in Frage. Der Buddhismus lehnt daher die Verwendung der Logik ab und setzt auf das Erleben. Im (spirituellen) Erleben soll man zur Erkenntnis der absoluten Wahrheit (Erleuchtung) gelangen. Gleichzeitig werden aber zwei Urerlebnisse des Menschen, das Ich-Erlebnis und das Fühlen unserer dinglichen Umwelt unter Einsatz der Logik, als Täuschung (Maya) klassifiziert. (Zwiedenken)

Aus wissenschaftlicher Sicht trifft die Aussage der griechischen Sophisten zu, dass es nicht möglich ist, absolute Wahrheiten zu formulieren.
Die weitergehenden Folgerungen der Buddhisten beruhen auf der Verwendung von Begriffen, die nicht im Einklang mit den Regeln der Logik verwendet werden können: "unveränderlich", "ewig", "absolut". Die Begründung für die Annahme, Logik sei eine Täuschung, fällt damit in sich zusammen. Eine Alternative zur grundsätzlichen Ablehnung der Logik ist es, nach ihren Grenzen zu suchen und sie nur im Rahmen der gefundenen Grenzen zu verwenden. Logik besitzt in der Wissenschaft die Eigenschaften eines Modells und wird weder als Wahrheit, noch als Täuschung betrachtet. Die Begriffe Realität, Existenz, Sein, Selbst haben dann eine andere, viel bescheidenere Bedeutung. Sie sind gebunden an die Grenzen von Logik, Raum und Zeit.

Kann man die Welt durch die Bildung von Gegensätzen erklären?

In Idealismus, Taoismus und Dialektik werden Gegensatzpaare gebildet und davon ausgehend Schlussfolgerungen gezogen.

Persönliche Wertung:
- Die Bildung von Gegensatzpaaren ist ein willkürlicher Akt.

- Die Bildung von Begriffspaaren, die einen absoluten Gegensatz ausdrücken sollen, überschreitet die Grenzen der Logik.

- Auch die Verbindung von verschiedenen Gegensatzpaaren ist ein willkürlicher Akt.

(Die Reihe von Gegensatzpaaren lässt sich nach Belieben erweitern, beispielsweise so: "ewig, gut und männlich" und " vergänglich, sündig und weiblich". Aus dieser unsinnigen Verknüpfung wurden unsinnige Schlussfolgerungen gezogen, die im praktischen Alltag eine große Bedeutung erlangt haben: Frauen besitzen demnach keine Seele und kommen nur in den Himmel, wenn der Mann sie mitnimmt. Männer (da gut) dürfen und müssen demnach Frauen (da sündig) knechten und schlagen. Usw.
Anmerkung: Biologisch gesehen ist das Weibliche die ursprüngliche Form, aus der die männliche Form sich entwickelt hat. Männer könnte man also als eine besondere Gruppe von Frauen ansehen. Männer und Frauen bilden für einen Biologen keinen Gegensatz. Und im Bereich des Fühlens und Handelns findet man sogar einen fließenden Übergang zwischen "typisch männlichen" und "typisch weiblichen" Eigenschaften.)

Mathematik und Logik lassen sich nicht auf Gegensatzpaare reduzieren. Abhängig von den gewählten Axiomen entstehen unterschiedliche mathematische bzw. logische Konstrukte:
- Ja/Nein - Aussagen (Boolesche Algebra / Aussagenlogik)
- Abstufungen (Algebra: Ganze Zahlen)
- Kontinuierliche Übergänge (Algebra: Rationale Zahlen / Geometrie)
- Relationen (Bei ihnen hängt das Ergebnis vom gewählten Ausgangspunkt ab.)
- Komplexe Gebilde (Unvollständigkeitssatz)

Aus wissenschaftlicher Sicht besitzen Modelle, die auf der Bildung von Gegensatzpaaren beruhen, eine geringe Qualität. Außerdem werden in Idealismus, Taoismus und der neuzeitlichen Dialektik bei der Anwendung dieser Modelle die Modellgrenzen nicht beachtet und unhaltbare Schlüsse gezogen (unwissenschaftlich).
In unserer alltäglichen Welt verändert sich das Geistige (Gefühle, Gedanken). Eine Gleichsetzung von geistig und unveränderlich ist daher nach den Gesetzen der Logik nicht möglich.

Anmerkung:
Im Idealismus mischen sich unterschiedliche Bereiche: (Geist und Materie), (Dynamik und Statik), (Logik und Spiritualität). Da die Verknüpfung dieser Bereiche rein willkürlich ist, wird in diesem Text jeder Bereich für sich betrachtet.

Persönliche Wertung des idealistischen Weltbildes:
Diese wahre, ewige Welt ist statisch, leblos und langweilig. Handlungen und damit auch moralische Handlungen sind nicht möglich. Ein ewiges Leben in einer Welt der Ideen ohne jegliche Veränderung ist eine öde Vorstellung. (Der Idealismus beschreibt ein lebloses Reich.) Diese Überlegungen sind nicht neu, schon Homer (um 700 v. Chr.) hat die Bedeutung des Schicksals in seinen Epen dargestellt.
Die Welt ist mehr als ein ewiges, statisches Reich der Ideen. Auch Vielfalt, Fantasie und Schönheit sind Grundprinzipien der Natur. Zugleich sind in einer endlichen Welt des Wandels Werden und Wachsen zwangsläufig mit Tod und Zerfall verbunden, worauf Siddharta Gautama ("Buddha") hinweist.
Es ist weniger der Wandel, als vielmehr die Liebe, die uns Probleme bereitet. Trauer und Schmerz empfinden wir dann, wenn etwas vergeht, das wir lieben. Zugleich ist es aber auch die Liebe, die unsere Welt schön und wertvoll macht.

Probleme des (hier skizzierten) idealistischen Weltbildes:
- Angebliche Bedeutungslosigkeit unseres Alltagslebens. (Interessanterweise wurde und wird der idealistische Ansatz dazu benutzt, um Menschen ganz praktisch zu unterdrücken und auszubeuten.)
- Der Idealismus ist als Grundlage der Ethik ungeeignet.
- Geeignet, um Ungerechtigkeiten im Alltagsleben zu rechtfertigen.
- Steht im Konflikt mit der Logik.
- Idealistische Vorstellungen lassen sich leicht missbrauchen, da ihnen das Regulativ der Logik fehlt.
- Der Idealismus ist der wissenschaftlichen Methode (Wahrhaftigkeit) nicht zugänglich.
- Der Idealismus bildet die Grundlage für magisch-mythische Weltbilder.

Dazu im Vergleich das wissenschaftliche Weltbild:
- Die Wissenschaft beschreibt die Welt des Wandels.
- In der Wissenschaft sind die Vorgänge des Alltagslebens bedeutsam.
- Die Wissenschaft steht mit den Erfahrungen des Alltagslebens und den Beobachtungen der Forschung im Einklang.
- Spuk und Magie sind mit der Wissenschaft nicht vereinbar.

Wissenschaftliche "Erkenntnisse" beruhen auf Beobachtungen. Deshalb beruht die Wissenschaft auf einem anderen Realitätsbegriff als der Idealismus. Im Folgenden wird eine Definition von real vorgestellt, die auf dem Alltagsleben basiert, die Gesetze der Logik beachtet und dem Prinzip der Wissenschaft folgt.

1.3.2 Definition des Begriffs "real" *

Definition: "Was liebt, ist real."

Der Realitätsbegriff der Wissenschaft und der Realitätsbegriff des Idealismus stehen sich diametral entgegen:

Unveränderliches hat, nach dem Erkenntnisstand der Wissenschaften, keine Wirkung und kann nicht wahrgenommen werden. Es hat für unser Alltagsleben keine Bedeutung.

Tabelle 5 Vergleich der Definitionen

Qualitätskriterien für Definitionen	"Was unveränderlich und ewig ist, ist real."	"Was liebt, ist real."
Einleuchtend	Diese Definition leuchtet unmittelbar ein.	Diese Definition leuchtet unmittelbar ein.
Das Wesentliche wird erfasst.	? Was ist das Wesentliche?	? Was ist das Wesentliche?
	Paradigmenwechsel!	
Verständnis (Russells Huhn)	Ja - Im Rahmen des spezifischen philosophischen Systems des Idealismus. Nein - Unveränderliches hat nach den Modellen der Physik keine Wirkung und damit kann ihm auch keine Existenz zugeschrieben werden.	Ja - Im Rahmen von Alltag, Wissenschaft und Logik (Philosophie). Ja, denn man kann erklären, wie Liebe es schafft, Materie (kopierbare Informationen) zu erschaffen und zu erhalten.
Einfachheit: So wenig Voraussetzungen wie möglich, ohne simplifizierend zu sein. (Ockhams Rasiermesser)	Eine einzige Annahme (Gleichsetzung) als Voraussetzung.	Der Mechanismus der Wissenschaft als einzige Voraussetzung.
Exaktheit	Ja.	Ja.
Ausmaß "Fruchtbarkeit"	Hemmend! Ablehnung der Logik, Probleme mit der Wahrhaftigkeit. Alltag, Ethik und Leben sind in diesem Modell bedeutungslos.	Ja. Grundlage für das Streben nach Harmonie und die Bewältigung der Anforderungen in Alltag, Ethik und Logik, Recht und Wissenschaft.
Innere Widerspruchslosigkeit	Ja, wenn keine Schlüsse gezogen werden. Nein, bei Verwendung der Logik. Nein, als Teil einer Philosophie.	Ja.
praktikabel (u.a. Bewährung)	Nein. Regeln für Alltagsleben und Ethik sind nicht ableitbar. Ablehnung der Wissenschaft.	Ja.
Bedeutung	Basis für viele Philosophien und Religionen. Entwertung des Alltagslebens. Wurde häufig missbraucht.	Basis für ein philosophisch - ethisch - wissenschaftlich - praktikables Modell der Welt.
Konsens	Nein	

P.S.

Einstein, Podolsky und Rosen (EPR) haben im Rahmen der Diskussionen über die Quantenphysik, eine Definition von "real" aufgestellt: "Eine physikalische Größe, deren Wert mit Sicherheit vorhersagbar ist, ohne das System, an dem sie gemessen wird, zu stören, ist ein Element der physikalischen Realität."

Zitat 2: A. Einstein, B. Podolsky, N. Rosen; Phys. Rev. 47 (1935), S. 777

Diese Definition hat wichtige Denkanstöße gegeben und u.a. zur Aufstellung der Bellschen Ungleichung geführt.
Ich überlasse es dem Leser, die Qualität dieser Definition anhand der obigen Kriterien zu prüfen.

1.3.3   Geist und Materie

Seit mehr als zwei Jahrtausenden tobt ein mehr oder minder heftiger Streit darüber, was wirklich sei:

- Nur Materie ist wirklich (Materialismus).
oder
- Der Geist ist wirklich, die Materie ist eine Illusion (Idealismus).

Zwei weitere philosophische Schulen billigen beiden einen Anspruch auf Wirklichkeit zu:

- Materie (Substanz) und Geist (Informationsinhalt) bilden eine Einheit und unterliegen den gleichen Gesetzen. (Monismus / Kernidentität)
oder
- Materie und Geist existieren unabhängig voneinander und unterliegen jeweils eigenen Gesetzen (Dualismus)

(Eliminativer) Materialismus
These:
Nur Materie ist wirklich.

Persönliche Wertung:
- Es gibt keine Materie ohne Gesetze. (Der Materialismus entspricht somit nicht dem Stand der Wissenschaft.)

- Information, Gedanken, Emotionen, Ideen usw. sind ein Hauptthema der Philosophie und bilden eine wichtige Grundlage der Ethik. Im Materialismus sind wertende ethische Aussagen wie "schön", "gut", "böse" usw. nicht möglich. (Der Materialismus leugnet somit einen wesentlichen Teil der Philosophie und der Lebenswirklichkeit.)

Anmerkung: In der Philosophie werden Begriffe manchmal sehr unterschiedlich verwendet. So ist z.B. der Dialektische Materialismus nach der hier vorgenommenen Einteilung ein dualistisches Modell.

Dualismus
These:
Materie und Geist existieren unabhängig voneinander und unterliegen jeweils eigenen Gesetzen (Dualismus)

Persönliche Wertung:
- Die Aussage, "unabhängig von der Materie existiert der Geist", kann nicht in Experimenten überprüft werden. Idealismus und Dualismus sind nicht wissenschaftlich. (Die Wissenschaft macht keine Aussagen über die Transzendenz[6] und somit nur eingeschränkt Aussagen über den Idealismus als philosophische Denkrichtung.)
- Da im Dualismus beide Bereiche keine Wirkung aufeinander haben, entstehen zwei unabhängige Weltbilder, in dem das andere jeweils eliminiert werden kann.

Darstellung:
Der dualistische Ansatz bildet unter anderem die Basis der Atomhypothese:
Um Veränderung bei gleichzeitiger Dauerhaftigkeit zu ermöglichen, hat Demokrit von Abdera (460-370 v. Chr.) versucht, Idealismus und Materialismus zu vereinigen. Unveränderliche Atome (=Ideen) bewegen sich im leeren Raum, verbinden oder trennen sich. Mit anderen Worten, unveränderliche Ideen verbinden sich mit anderen unveränderlichen Ideen zu etwas Neuem. Die Atomhypothese bildet heute die philosophische Grundlage vieler Erklärungen der Quantenphysik. Bereits Gottfried Wilhelm Leibniz (1646-1716) weist in diesem Zusammenhang in seiner Monadentheorie auf ein ungelöstes Problem hin: Wenn Atome unveränderliche Ideen sind, wie können sie sich dann mit anderen Atomen verbinden? Dieser Ansatz ist daher philosophisch unbefriedigend.

Das Problem, die geistige Welt, hier die Welt des Denkens und Fühlens, mit der materiellen Welt in Einklang zu bringen, stellte sich auch für René Descartes (1596-1650). Er hatte erkannt, dass es nicht möglich ist, ausgehend vom eigenen Denken (res cogitans) absolut sichere Schlüsse über die äußere materielle Welt (res extensa) zu ziehen, da unsere Sinne uns täuschen können. Es gelang ihm auch nicht, eine kausale Beziehung zwischen beiden "Welten" herzustellen.

Wird der Dualismus zur Erklärung von konkreten Vorgängen verwendet, so findet man eine unüberbrückbare Teilung in zwei Bereiche. (z.B. Quantenphysik, Erklärung des Bewusstseins).

Persönliche Wertung:
- Die Einteilung der Welt in verschiedene Kategorien ist ein Produkt der Organe und Sinne des Menschen, die unterschiedliche Erfahrungen hervorbringen. Dualistische Vorstellungen entstehen, wenn Modelle, die jeweils nur einen Teilaspekt erklären können, zu einem Modell zusammengefasst werden. Es ist offensichtlich nicht möglich, unsere Welt auf der Basis eines dualistischen Modells zu erklären, da bei diesem Ansatz die Teilbereiche nicht miteinander verbunden werden können.

Um den Dualismus zu retten, suchen einige Denker Hilfe außerhalb der Philosophie und zwar in der Religion. Sie zwingen damit der Religion die eigenen philosophischen Methoden auf und müssen logische Schlüsse in der Transzendenz ziehen. In der Transzendenz gelten die Gesetze der Logik nicht. Wendet man sie trotzdem an, so verlässt man die Grundlagen der Philosophie und gelangt zu unsinnigen oder sogar unmoralischen Folgen.

Persönliche Wertung:
Der religiöse Dualismus missachtet die Grundlagen der Philosophie, vergewaltigt die Religion und führt vielfach zu ethisch inakzeptablen Schlussfolgerungen.

---

[6] Chiffre im Sinne des philosophischen Glaubens

Zwiedenken

Dualistische Erklärungsmodelle stehen in der Gefahr, in „Zwiedenken" abzugleiten. Zwiedenken nennt George Orwell in seinem Buch „1984" das Phänomen, „... gleichzeitig zwei einander ausschließende Meinungen aufrecht zu erhalten, zu wissen, dass sie einander widersprechen, und an beide zu glauben".

Zitat 3: George Orwell; 1984, S. 48

Zwiedenken tritt besonders dann auf, wenn Menschen gezwungen werden oder sich selber zwingen, etwas Bestimmtes zu glauben - etwa durch Ideologien.

Zwiedenken kann Organisationen oder einzelne Personen betreffen.
Besonders gefährdet sind zum einen Organisationen, die für sich in Anspruch nehmen, ein allumfassendes, geschlossenes Weltbild anbieten zu können, und zum anderen ihre überzeugten Anhänger, die meinen, alle vorgegebenen "Wahrheiten" glauben zu müssen, um gute Anhänger zu sein. Gegen Zwiedenken ist niemand gewappnet. Man kann aber versuchen, ehrlich gegenüber sich selbst zu sein und sich seine eigenen Grenzen bewusst machen.

Eliminativer Monismus

Identität
Ziel des eliminativen Monismus ist es, alle Objekte letztlich auf ein Objekt zurückzuführen. Nach der Identitätslehre von Leibniz sind zwei Objekte (Aussagen) miteinander identisch, wenn sie in beliebigen Situationen durch einander ersetzt werden können, ohne dass sich etwas (der Wahrheitswert) verändert. Eines der beiden Objekte kann demnach durch das andere Objekt ersetzt werden.

Elimination
Der eliminative Materialismus reduziert Objekte auf die Materie, der eliminative Idealismus auf den Geist. Beide Ansätze bezeichnen sich als monistisch.
Der Dualismus sieht hingegen keine Identität von Geist und Materie und erklärt sie unabhängig voneinander.

Methodischer Monismus *

Reduktion
Anders als im eliminativen Monismus wird hier unter methodischem Monismus eine bestimmte Herangehensweise an philosophische und wissenschaftliche Fragestellungen aufgefasst: Es beschreibt das Bemühen, die unterschiedlichen Vorgänge in unserer Welt mit jeweils dem gleichen Modell zu beschreiben. (Statt zu versuchen ein Wellenmodell mit einem Teilchenmodell zu verbinden, werden alle Beobachtungen beispielsweise mit Hilfe eines Systemmodells erklärt.) Im methodischen Monismus gibt es keine unüberwindbaren Brüche wie im Dualismus.

Tabelle 6 Monismus und Dualismus

Dualistische Modelle	Monistische Modelle
Welle - Teilchen	Systeme - Systeme
	Sprachen - Sprachen
	Prinzipien - Prinzipien
Geist - Materie	Informationen - Informationen
	Wissenschaft - Wissenschaft
	Prinzipien - Prinzipien
Gefühle - Wirkungen	Sprachen - Sprachen
	Prinzipien - Prinzipien
Es kann keine Verbindung zwischen den Bereichen hergestellt werden.	Die Verbindung der Teilbereiche ergibt sich aus der Sache.

34

Kernidentität und Vielfalt

In diesem Ansatz wird der Monismus verbunden mit dem Konzept des lebendigen Geistes. In diesem Konzept sind Individuen die handelnden Einheiten unserer Welt. Individuen besitzen Gemeinsamkeiten, sind aber nicht völlig identisch miteinander (Pluralität). Eine Elimination ist nicht möglich.

Anders als bei vielen monistischen Vorstellungen geht dieser Ansatz nicht von der Identität, sonders von der Kernidentität aus. Die Kernidentität lässt eine Trennung von miteinander verbundenen Bereichen zu. So wird die Verbindung von Papier und Text beim Vorlesen zur Verbindung von Schallwellen und Text.

Kernidentität und Ununterscheidbarkeit

Im Konzept des methodischen Monismus führt Kernidentität zur Ununterscheidbarkeit der Objekte in Bezug auf die jeweiligen Eigenschaften. (So bleibt beim Vorlesen die Bedeutung des Textes erhalten.)

Kernidentität und Freiheit

Die Kernidentität schränkt die Freiheit der einzelnen Teilbereiche ein, aber beseitigt sie nicht.

Zahnradmodell

Die Zahnräder einer Uhr greifen immer Zahn in Zahn und drehen sich deshalb gemeinsam (Kernidentität). Jedes Zahnrad hat seine Aufgabe (Individuum). Fällt es aus, funktioniert die Uhr nicht mehr (keine Elimination möglich). In diesem Modell ist es möglich, dass ein Zahnrad sich umformt und einen weiteren Zahn ausbildet (Freiheit). Die mechanischen Gesetze (Kernidentität) sind nicht davon betroffen. Deshalb kann das Objekt, wenn gewünscht, seinen Namen ändern oder behalten ("zwölfzähniges Zahnrad").

Die Kombination von Freiheit und Aufgabe gibt jedem Lebewesen eine Einzigartigkeit, eine Bedeutung, einen Wert.

Kernidentität -> Möglichkeit zur Freiheit -> Individuen als handelnde Einheiten -> Bedeutsamkeit des Individuums.
Keine Reduktion bzw. Elimination möglich.

Kernidentität und Wandel

Freiheit zu denken und zu handeln geht mit der Wandelbarkeit des Geistes und der Materie einher.

Individualität und Einheit

Eigenverantwortliche Individuen schließen sich zusammen und bilden im Zusammenschluss eine Einheit.

Tabelle 7 Konzept des lebendigen Geistes und der Einheit der Natur

Bereich	*Konzept des lebendigen Geistes*	Konzept des Idealismus
Ethik	- Streben nach Harmonie - Prinzip der Liebe - Prinzip der Freiheit - Prinzip der Wahrhaftigkeit - Prinzip der Verantwortung - Prinzip des Rechts	- Geistiges ist absolut gut. - Materielles ist verdorben und sündig.
Wert	- Bedeutsamkeit des Alltagslebens - Grundlage für die Ethik	- Wertlosigkeit des Alltagslebens.
Wandel	- Wandelbarkeit des Geistes - Individuen als handelnde Einheiten	- Geistiges ist unveränderlich und ewig. - Wandel ist eine Illusion.
Erklärbarkeit	- Kernidentität von Geist und Materie - Kernidentität von Wahrnehmung und Bewusstsein - Erklärbarkeit der Welt - Bemühen um Klarheit - Logik, Mathematik, Wissenschaft und Philosophie	- Geistiges ist absolut wahr. - Materielles (Außenwelt) ist Schein und Illusion. - Das "Ich" (Innenwelt) ist Schein und Illusion. - Logik ist eine Täuschung. - Nebulöse Vorstellungen. - Welt als Mysterium.
Erkenntnis	- Durch Lebenserfahrung zur Weisheit. - Durch Wissenschaft zu relativem Wissen (Modellvorstellungen). Durch Religion über die Grenzen hinaus (Metamodell).	- Durch Erleuchtung zur absoluten Wahrheit.

1.3.4   Innenwelt und Außenwelt

Gibt es eine Sicherheit in der Erkenntnis?

Der Philosoph René Descartes (1596-1650) hat sich intensiv mit der Frage beschäftigt, wie man ohne Spekulation, nur unter Verwendung der Logik erkennen kann, was in der Welt real ist. Ausgangspunkt war die Erkenntnis, dass nicht nur das Denken, sondern alle Sinneserfahrungen in ihm selber stattfinden. Alle Schlüsse, auch in Bezug auf die Welt der Sinne und auf das Denken anderer Menschen, gehen von ihm selber aus. Er schließt also stets von der eigenen Innenwelt auf die Außenwelt. Nur wenn die Innenwelt real ist, ist es auch die Außenwelt.

Und da er denkt, muss ja irgendetwas sein, das denkt. Deshalb war Descartes sich seiner Selbständigkeit im Denken und seiner Selbstgewissheit unzweifelbar gewiss: "Cogito ergo sum." (Ich denke, also bin ich.)

Zitat 4: Descartes, René

Diese Aussage enthält das Wort „ergo" (also), dessen Anwendung voraussetzt, dass die Gesetze der Logik gelten. Da diese Voraussetzung falsch sein kann, kann man aus Descartes´ Überlegungen keine Sicherheit über unser Sein und auch keine Sicherheit über die Wirklichkeit unseres Innenlebens ableiten. Ich ändere daher für mich diese Aussage:
"Ich glaube, dass ich bin, weil ich fühle und denke.
Ich glaube, dass ich bin, weil ich mich in den Handlungen von Mitmenschen wahrgenommen sehe (kopernikanisches Prinzip).
Ich glaube, dass ich bin, weil ich beobachte, dass ich mich verändere.
Ich glaube, dass ich bin, weil ich beobachte, dass ich handle und die Umwelt verändere.
Ich glaube, dass ich bin, weil ich liebe und geliebt werde."

Auch Descartes sah diesen Schwachpunkt in seiner Argumentation und versuchte, sie mit der Feststellung „Gott täuscht uns nicht" (und zwei Gottesbeweisen) zu untermauern. Seine Argumentation bestärkt mich in meiner Überzeugung, dass in der Aussage das Wort „glaube" passend ist.
Die Verwendung des Wortes „glaube" macht deutlich, dass ich mir nicht sicher bin und andere Möglichkeiten durchaus in Betracht gezogen habe. Es macht aber auch deutlich, dass ich gefühlsmäßig davon überzeugt bin, dass meine Annahme richtig ist.
Die Verwendung des gleichen Wortes mit der gleichen Bedeutung in Philosophie und Religion soll helfen, parallele Gedankengänge zu entwickeln.

Dass man ernsthaft Zweifel an der eigenen Existenz und seiner Selbständigkeit im Denken haben kann, zeigen auch die in ihrer Mythologie begründeten Vorstellungen der australischen Aboriginis: Das, was wir zu erleben glauben, ist in Wirklichkeit der Traum eines Schläfers, der kurz vor dem Erwachen ist ("Traumzeit").

Auch der chinesische Philosoph Tschuangtse (um 300. v. Chr.) dachte über Traum und Wirklichkeit nach: Er träumte, dass er ein Schmetterling sei. Was ist er? Ein Schmetterling, der träumt, oder ein Mensch, der träumt?
Der Philosoph Tschuangtse erkannte, dass er keine Antwort auf die Frage fand, ob er der Schmetterling ist, der träumt, oder der Mensch, der träumt. Er konnte keine Situation finden, in der es einen Unterschied macht, ob er ein träumender Schmetterling oder ein träumender Mensch war.

Provokativ behaupten die Solipsisten: „Ich allein existiere. - Alles andere, also andere Menschen, Gegenstände usw. sind nur Teil meiner Gedanken und existieren nicht wirklich."

Da ich die Wahrheit nicht kenne, antworte ich mit zwei neuen Annahmen:
„Ich glaube, dass es eine Außenwelt gibt."
„Ich glaube, dass zwischen Innenwelt und Außenwelt ein sinnvoller Zusammenhang besteht."

Wissenschaftlich sind nur Aussagen, die überprüfbar sind.

Theorien, die nicht überprüfbare Vorhersagen enthalten, sind nicht wissenschaftlich:
Die Theorie des Solipsismus ist nicht wissenschaftlich und auch die mythologischen Vorstellungen der Aboriginis sind nicht wissenschaftlich (s. Gottesmodelle).

Ganz anders stellt sich das Problem des Philosophen Tschuangtse dar: Nach Erkenntnissen der modernen Biologie ist ein Schmetterlingsgehirn nicht in der Lage, einen derart komplexen Traum zu erzeugen. Für einen Biologen ist es ganz klar, dass Tschuangtse kein Schmetterling ist. Aus Sicht der Philosophie ist dies allerdings nur ein Zirkelschluss, da diese Aussage lediglich vorher gemachte Annahmen (Axiome) bestätigt. Die Wissenschaft kann auch die übrigen Annahmen lediglich im Rahmen von Zirkelschlüssen prüfen. Das ist keineswegs bedeutungslos, denn weil Zirkelschlüsse misslingen können, haben sie für logische Systeme einen hohen Wert.

Ich folgere: Mit der wissenschaftlichen Methode können viele Vorgänge der Natur erkannt, modellhaft beschrieben und erklärt werden.
Ich glaube an das Vorhandensein und die Gültigkeit von Naturgesetzen.

In den folgenden Abschnitten wird das Wort „Wissen" verwendet. Dies ist nur als relatives, vorläufiges Wissen anzusehen. Jede Aussage kann falsch sein.

Die Suche nach der Weltformel (TOE)

Wenn die Philosophie die Wahrheit nicht erkennen kann, so kann das vielleicht doch die Wissenschaft?

Angenommen, man arbeitet sich in vielen kleinen Schritten in der Wissenschaft vorwärts, bis man sie hat, die Weltformel, die TOE (Theorie of everything, Theorie von allem). Alle anderen Theorien sind dann nur noch Spezialformen der TOE. Jede noch so kleine Änderung kann sie nur verschlechtern. Man nähert sich also der Welt der Ideen so nahe an, dass man sie als erreicht betrachten kann.
Bringt uns die Wissenschaft doch noch in den Besitz der Wahrheit?
Oder unterliegen wir wiederum einer Selbsttäuschung?

Werden die normalen Bürger die TOE verstehen oder werden nur wenige Menschen in der Lage sein, sie nachzuvollziehen?
Wird die TOE eine Theorie sein, die mit der normalen menschlichen Logik nachvollziehbar ist, oder wird sie den Regeln der Intuition zuwiderlaufen?
Wird die TOE eine Theorie sein, die durch wissenschaftliche Erkenntnisse oder durch Machtstrukturen innerhalb der wissenschaftlichen Hierarchien geprägt wurde?
Erlischt, sobald wir glauben, die TOE gefunden zu haben, unser wissenschaftliches Interesse?
Werden Wissenschaftler, die an der TOE zweifeln, gefördert oder werden sie kaltgestellt?
Wird die TOE dann zum Dogma?

Mit dem vermeintlichen Besitz der TOE verlässt man den Boden der Wissenschaft.

Die TOE vergisst noch etwas anderes: Den Modellcharakter der Erkenntnis. Deshalb möchte ich der TOE die Vorstellung von Du Bois-Reymond (1872) entgegensetzen: Auch wenn man die Bewegungsgesetze des Weltalls verstanden und die Gesetze der Biologie herausgefunden hat, die letzten Gegebenheiten werden unserem Verständnis immer unzugänglich bleiben.

Zitat 5: Du Bois-Reymond

Im Europa des 20. Jahrhundert wurde gleichzeitig Wissen verbreitet und traditionelles Wissen vergessen. Ist der menschliche Weg der Erkenntnis eine Wendeltreppe, die sich höher und höher windet oder gleicht sie mehr einem Leuchtturm, der mal das eine und mal das andere beleuchtet?

1.4 Evolution als wissenschaftlicher Erkenntnisprozess

Für viele Philosophen in früheren Jahrhunderten war das Erkennen und Denken von vornherein (auf Latein: a priori) vorhanden. Derartigen Fähigkeiten maß man besondere Bedeutung zu: Wissen, das a priori vorhanden ist, ist absolut, unbezweifelbar wahr.

Für die Evolutionstheorie sind diese angeborenen Fähigkeiten nicht von vornherein vorhanden, sondern haben sich in einem Prozess entwickelt und wurden dann weiter vererbt: Lebewesen mit falschen Raumvorstellungen fielen Raubtieren zum Opfer, während Artgenossen mit einer mehr der Umwelt entsprechenden Vorstellung entfliehen konnten. Von diesen Tieren stammen wir ab. Daher haben wir vermutlich eine angemessene Raumvorstellung.
Die Evolution optimiert auf Überleben, nicht auf Erkennen. Wir müssen daher davon ausgehen, dass unsere Raumvorstellungen nicht dem realen Raum (Kant: dem Ding an sich) entsprechen. Wir können aber aufgrund der überaus gründlichen evolutionären Überprüfung ziemlich sicher sein, dass unsere Vorstellungen von Raum und Zeit ein Überleben ermöglichen.

1.4.1 Realität und Empfindungen *

Sokrates erzählte (nach Platon, 427-347 v. Chr.) folgendes Gleichnis: Jemand, der sein ganzes Leben in einer Höhlen verbringt und nur die Schatten sieht, die außen Vorbeigehende auf die Wand werfen, hält die Schatten für die Realität. Wir Menschen sind in der Situation des Höhlenbewohners. Wir sehen nicht die Wirklichkeit, sondern nur ihr Abbild. Nach Sokrates´ Meinung können wir die Wirklichkeit nicht wahrnehmen.

Wir wissen nicht, wie die Realität aussieht. Aber es gibt physikalische Modelle. Die Wissenschaftler glauben im Rahmen ihres Modells verstanden zu haben, was es mit der Temperatur auf sich hat: Moleküle bewegen sich, und zwar um so schneller, je höher die Temperatur ist. Was wir als kalt, kühl, warm und heiß empfinden, sind somit Bewegungen von Molekülen. Sokrates war in seinem Höhlengleichnis eher zu optimistisch, wie stark Realität und Empfindung einander gleichen.
Zugleich war Sokrates aber auch zu pessimistisch, denn unsere Wahrnehmungen und Emotionen sind auch keine Täuschung, sondern hilfreiche Modelle, die das Überleben sichern sollen. Modelle sind keine Projektionen. Sie unterliegen dem Prinzip der Sprache:

Die Zuordnung Temperatur (23°C) => Empfindung (warm) entspricht dem, was wir beim Sprechen tun: Bei der Benennung von Gegenständen werden den Gegenständen Begriffe zugeordnet. Empfindungen sind die Sprache unseres Gehirns. Das besondere der Sprache ist, dass die Zuordnung von Wort und Bedeutung beliebig möglich ist. Dieses Prinzip unterliegt aber Einschränkungen, denn Sprache zielt auf eine Wirkung. Die Zuordnung ist somit nicht völlig beliebig, sondern sinnvoll. So müssen Emotionen Reaktionen erzeugen, die das Überleben sicherstellen, wie z.B. bei unserem Temperaturgefühl (kalt, warm und heiß). Bei einem heißen Gegenstand ist es eine evolutionär sinnvolle Wirkung des Temperaturgefühls, die Hand wegzuziehen.

Tabelle 8 Sprachen

Realer Gegenstand	Deutsch	Spanisch	Englisch
(Bild vom Baum)	Baum	árbol	tree
(Bild vom Berg)	Berg	monte	Mountain
(Bild vom Hund)	Hund	perro	dog

Tabelle 9 Empfindungen

Realer Gegenstand/Ereignis	Empfindung
Bewegung von Teilchen (273°K)	kalt
Bewegung von Teilchen (293°K)	warm
Bewegung von Teilchen (323°K)	heiß
Lichtwelle (400 GHz)	rot
Lichtwelle (500 GHz)	gelb
Schallwelle (440 Hz)	tiefer Ton (a´)
Schallwelle (15000 Hz)	hoher Ton
Verletzung	Schmerzen
Angenehmes Ereignis	Glücksgefühl
Zucker	süß
Berg	inneres Bild

Wir vermuten, dass andere Menschen nahezu die gleichen Empfindungen haben wie wir selbst. Auch bei Affen und Katzen vermuten wir, dass ihr Sehen dem unseren ähnelt, denn der Aufbau des Gehirns ähnelt dem unsrigen. Insekten haben Auge und Hirn unabhängig von den Wirbeltieren entwickelt. Deshalb ist uns unbekannt, welche Empfindungen eine Lichtwelle von 400 GHz bei Insekten auslöst.

Schallwellen nehmen wir Menschen ganz anders wahr als Lichtwellen: Nicht farbig und räumlich, sondern als Töne und zeitlich. Der Unterschied liegt nicht an physikalischen Gegebenheiten, sondern an der Art der Verarbeitung in unserem Gehirn. Es gibt Menschen, die die Wahrnehmung der Töne auch anders verarbeiten (Synästhesie). Bei ihnen lösen Töne nicht nur einen Höreindruck aus, sondern z.B. auch Farb- oder Geschmacksempfindung.

Damit unsere Sinneseindrücke eine Wirkung hervorrufen können, müssen sie verarbeitet werden. Die Art und Weise, wie unser Gehirn Sinneseindrücke verarbeitet, ist nicht zwingend, aber zweckmäßig. Es ist sinnvoll, Töne im zeitlichen Verlauf zu verarbeiten. Es ist sinnvoll, diesen Verlauf nach bestimmten Schallmustern (Knacken eines Zweiges) abzusuchen. Es ist sinnvoll, den Raum nach Farben und Formen abzusuchen. Ein Kreis (Auge), drei Dreiecke (Ohren, Kopf), ein Viereck (Körper) könnten ein Raubtier sein. Bei Fledermäusen, die sich mit Schallwellen orientieren, wäre es beispielsweise sinnvoll, wenn aus den reflektierten Schallwellen ein Bild erzeugt würde, dass unserem Sehen entspricht. Aber selbstverständlich ist dies nur eine von vielen sinnvollen Möglichkeiten.

Bei vielen optischen "Täuschungen" sehen wir mehr, als zu sehen ist. Und dass, was wir mehr sehen, ist unter natürlichen Gegebenheiten häufig auch tatsächlich vorhanden (z.B. vollständiges Raubtier).
Bei Scheinkonturen nehmen wir Linien wahr, die es nicht gibt. Scheinkonturen helfen, einzelne Objekte zusammenzufassen und zu ordnen. (Auch bei einigen Säugetiere und Vögeln wurde in Versuchen festgestellt, dass sie optische "Täuschungen" wie Scheinkonturen vermutlich so ähnlich wie Menschen wahrnehmen.) Das vom Auge aufgenommene Bild wird mit vorhandenem Wissen über die Umwelt verknüpft. Dieses Wissen wurde evolutionär erworben und ist im angeborenen Wahrnehmungsmodell gespeichert. Mit Hilfe dieses Wissens wird das tatsächlich wahrgenommene Bild mit zusätzlichen Informationen angereichert und erhält damit für uns einen größeren Erkenntniswert.

Viele der sogenannten optischen Täuschungen sind besonders hilfreiche Bestandteile unserer Wahrnehmung. Sie besitzen Modelleigenschaften. Sie sind keine Täuschungen und auch nicht die Wirklichkeit, sondern nur eine korrekte Antwort auf die Frage, ob diese Form der Wahrnehmung zum Überleben geeignet sei. Es ist aber eine Selbsttäuschung zu meinen, die Wirklichkeit sei so, wie wir sie sehen!

Modelle

Aus philosophisch - wissenschaftlicher Sicht ist unsere Wahrnehmung von der Umgebung weder absolut wahr und richtig, noch ist sie eine Täuschung und damit völlig falsch. Unsere Wahrnehmung hat den Charakter eines Modells.[7] Modelle sind nicht gleichzusetzen mit der Wirklichkeit, in den Worten Immanuel Kants: „Das Ding an sich bleibt uns unbekannt."

Zitat 6: Immanuel Kant (in: Orthbrandt; Philosophen, S. 307)

Modelle werden im Rahmen eines wissenschaftlichen Erkenntnisprozesses entwickelt. Unsere Wahrnehmung, unsere Sprache, unsere Gefühle, unsere Logik usw. wurden auf dem Wege der Evolution entwickelt. Die Evolution hat die Eigenschaften eines wissenschaftlichen Erkenntnisprozesses, der technische Höchstleistungen und komplexe Modelle hervorgebracht hat.

Die menschliche Wahrnehmung, Logik und Sprache besitzen die Eigenschaften eines Modells. Auch unsere Vorstellungen und Empfindungen von Raum, Zeit, Materie, Temperatur usw. entsprechen den Modellvorstellungen der Wissenschaft.

Der Realitätsbegriff der Wissenschaft unterscheidet sich deutlich von Realitätsvorstellungen, die sich direkt aus der Wahrnehmung ergeben und diese mit der Wirklichkeit gleichsetzen. Unsere alltäglichen Beobachtungen und Vorstellungen werden als Modellvorstellungen in das System der Wissenschaften eingeordnet und nicht wie beim Idealismus als Täuschung verworfen.

Aufbau und Flügel der Vogel und Aufbau und Flügel der Flugzeuge sind nicht grundlos einander ähnlich: Ihre Entwicklung beruht in beiden Bereichen auf dem Mechanismus der Wissenschaft und folglich besitzen beide Modelleigenschaften (Aerodynamik).

Auch unser Körper mit Augen und Ohren, Armen und Beinen, Herz, Lunge usw. wurde auf dem Wege der Evolution entwickelt. Auch unser Körper hat den Charakter eines Modells seiner Umwelt. Diese Eigenschaft besitzen alle lebenden Systeme, bis hinab zu den Elementarsystemen, aus denen unsere Materie besteht. Auch sie haben in Bezug auf ihre Umwelt die Eigenschaften eines Modells. Die Beschreibung der Welt mit Hilfe von Modellvorstellungen ist daher angemessen.

Sprache als Modell

Jede Modellvorstellung besitzt eine passende Sprache - jede Sprache entspricht einer Modellvorstellung. Das Modell der Sprache gleicht in seinen Eigenschaften den Modellen der Wissenschaft.

In der Sprache finden Zuordnungen statt. Die Zuordnung zwischen Begriff und Bedeutung (Semantik) ist prinzipiell beliebig, sofern der Begriff sich in das Modell einfügt, dass der Sprache zugrunde liegt und eine sinnvolle Wirkung auslöst. Wir verfügen nicht nur über die gesprochene Sprache, sondern auch über die Sprache der Gefühle.

Gedanken und Emotionen

Wir fühlen, was die Finger ertasten: rau, glatt, weich usw. Auch Geruch und Geschmack sind Emotionen: süß, bitter, faulig, und auch Töne und Farben (rot, gelb, grün) sind Emotionen. Alle diese Emotionen sind Ausdrücke der Sprache unseres Gehirns.

Die unmittelbaren Wahrnehmungen der Sinne empfinden wir materiell, die logischen Schlüsse dagegen gedanklich und immateriell. Wir neigen daher dazu, die Welt in zwei Bereiche zu teilen, einen materiellen und einen geistigen. Diese Teilung geht mit der Gefahr einher, in Zwiedenken abzugleiten.

Emotionen sind nicht objektiv. Haben wir Hunger, so riecht das Essen lecker, sind wir satt, nicht. Unsere Sinne erzeugen nicht abstrakte Gedanken, sondern Emotionen. Emotionen dienen dem Überleben, nicht in erster Linie der Erkenntnis. Der Evolutionsprozess hat nicht nur die Sinnesorgane hervorgebracht, sondern auch den Steuer- und Auswahlmechanismus. Dieser Mechanismus bestimmt wesentlich mit, was wir wahrnehmen.

---

[7] Dies gilt sogar für die "Wahnvorstellungen" von Geisteskranken. Hier muss zur Deutung des Modells die Krankheitsgeschichte des Patienten mit einbezogen werden. Analog für Träume.

Auch die Arbeit eines Wissenschaftlers beruht auf einer Auswahl. Die Wahl der Messgeräte beruht auf den wissenschaftlichen Interessen des Wissenschaftlers, seinen Kenntnissen und Annahmen.

Einige Wissenschaftler akzeptieren nur Beobachtungen, die direkt, ohne technische Hilfsmittel, durch unsere Sinne entstehen. Wenn sie annehmen, dadurch eine sichere Erkenntnisgrundlage zu haben, so irren sie. Wie man am Beispiel der Temperatur sieht, sind technische Hilfsmittel oft den menschlichen Sinnen überlegen. Außerdem übersetzt man, bei einer direkten Interpretation, die Sprache der Gefühle falsch, denn Emotionen enthalten ein Ziel, eine Absicht: So soll Hitzegefühl uns vor Verbrennungen schützen, das Hungergefühl uns zur Nahrungssuche bewegen, Liebe soll uns motivieren, unsere Brutpflege sorgfältig zu betreiben, Angst soll daran hindern, sich Gefahren auszusetzen.

Auch im Bereich der Wahrnehmung sind Ziele vorgegeben. Wir sollen rechtzeitig die Form des hinter einem Busch lauernden Raubtieres erkennen. Damit wir nicht von anderen Wahrnehmungen, wie etwa den Zweigen des Busches, abgelenkt werden, unterdrückt unser Gehirn diesen Teil der Wahrnehmung. Die Augen sehen zwar den Busch, aber im Bewusstsein tritt er so stark in den Hintergrund, dass wir uns ganz auf das Raubtier konzentrieren können.

Bei den Autisten vermutet man, dass sie Schwierigkeiten haben, aus den ungeheuer vielen Sinneswahrnehmungen nur das im Augenblick Benötigte in das Bewusstsein zu lassen. So gibt es Autisten, die auf einen Blick erkennen, dass 237 Streichhölzer auf dem Boden liegen. In ausgeprägten Fällen sind Autisten vollständig von fremder Hilfe abhängig und ohne sie nicht lebensfähig. Um lebensfähig zu sein, ist es offensichtlich erforderlich, einen Großteil der Sinneseindrücke zu ignorieren. (Eine solche Fähigkeit ist auch für erfolgreiche wissenschaftliche Arbeit erforderlich.)

Froschaugen sind in der Lage, genaue Bilder auf der Netzhaut zu erzeugen. Damit ihr kleines Gehirn nicht überfordert wird, müssen Frösche alles nicht Lebensnotwendige unterdrücken. Sie können nur den Horizont (Orientierung) und sich bewegende Tiere erkennen. Sie unterscheiden große Tiere (Feinde), gleich große (Geschlechtspartner) und kleine (Nahrung). Alles andere gelangt, nach Meinung der Biologen, nicht in ihr Bewusstsein.

Die Frösche ahnen nicht, was ihnen entgeht. Wie ist das wohl bei uns Menschen? Wir können zumindest über diese Frage nachdenken.

Auch unsere Logik ist im Evolutionsprozess entstanden. Doch die Logik ist erstaunlich wenig mit Emotionen verbunden, vermutlich weil sie in zu vielen unterschiedlichen Situationen benutzt wird. Und sie hat sich in einer riesigen Zahl von unterschiedlichen Situationen bewährt: Unsere Vorfahren haben überlebt.

Logik ist zwar nicht gleich Wahrheit, aber Logik ist ein solides Denkwerkzeug, ein hilfreiches Modell.

Die Evolution erreicht nicht das Bestmögliche, sondern nur so viel, wie gerade zum Überleben notwendig ist: Unsere Logik ist sicher nicht die bestmögliche Logik, aber über Jahrmillionen im Evolutionsprozess gut geprüft. Unsere Wahrnehmung ist nicht die Wirklichkeit, aber sie ist gut geprüft und somit keine böswillige Täuschung.

(Die Naturwissenschaften beruhen auf philosophischen Annahmen. Ein Axiom lautete: "Ich glaube, dass zwischen Innenwelt und Außenwelt ein sinnvoller Zusammenhang besteht." Die Biologie bestätigt das Axiom und untermauert es mit anders gearteten Argumenten. Aus Sicht der Philosophie handelt es sich dabei um einen Zirkelschluss.)

Über Evolution

Der Evolutionsprozess kann als wissenschaftlicher Erkenntnis- und Innovationsprozess aufgefasst werden. Im Evolutionsprozess wurden unsere Wert- und Denkstrukturen geschaffen. Dem einzelnen Menschen sind sie angeboren, er erlebt sie als gegeben.

Diese Denkstrukturen und Sinnesorgane haben sich in ständigem Kontakt mit der Umwelt herausgebildet.

Evolution arbeitet stets gegenwartsbezogen und langsam. Sie ist daher stets an die Umweltbedingungen der Vergangenheit angepasst. Nach schnellen Veränderungen brauchen die Lebewesen Zeit, um sich an die veränderte Situation anzupassen.

Die Evolution selektiert nach Überleben und nicht nach Wahrheit oder Moral:
- Passt die Wahrnehmung bei einer Art mit der Wirklichkeit nicht zusammen, so stirbt sie aus. Es reicht aber, dass die Wahrnehmung nur grob die Wirklichkeit abbildet. Fazit: Die Abbildung ist keine Lüge, aber auch nicht die Wahrheit.
- Die Evolution hat beim Menschen moralisches Verhalten wie Elternliebe, Gemeinschaftssinn, Güte, Gnade, Verzeihen, Selbstlosigkeit, Gerechtigkeitssinn usw. hervorgebracht und genetisch fixiert. Unsere genetisch programmierte Ethik reicht aber nicht aus, um unser Überleben in der heutigen Welt zu sichern. Mit dem Tempo der menschlichen Kulturentwicklung kann die Evolution nicht mithalten.
- Die Evolution hat beim Menschen unmoralisches Verhalten wie Aggression, Lüge, Bosheit, Hinterlist usw. hervorgebracht. Diese Verhaltensweisen erhalten in unserer technischen Welt eine Macht, die in der evolutionären Entwicklung nicht berücksichtigt werden konnte.

Die Evolution selektiert auch bei der Weitergabe von Erfahrungen:
- Die Weitergabe / Vererbung von nützlichen Erfahrungen hilft beim Überleben und wird daher vom Evolutionsmechanismus gefördert. (-> wissenschaftliche Veröffentlichungen)
- Geeignete Lügen können Systeme stabilisieren. Diese werden weitergegeben und die Erlangung von korrekten Informationen verhindert. (-> Abschottung, Tabus, Bücherverbrennungen)
- Machtinteressen können die Weitergabe von korrekten Informationen nach außen verhindern. (-> Patente, Geheimhaltung, Desinformation).
Die hier beschriebenen Mechanismen findet man in der Biologie und auch in der Gesellschaft.

Wahrnehmung als Modell

Die Wahrnehmung der Welt mit Hilfe unsere angeborenen Sinneseindrücke besitzt die Eigenschaften eines Modells. Wo liegen nun dessen Grenzen? Wie sähe die Welt in anderen Modellen aus? Antworten sucht die Wissenschaft in ihren Formeln und Modellen. (Beispielsweise ist Licht im physikalischen Modell eine elektromagnetische Welle und besitzt keine Farben.)

Wie wäre es, wenn man Farben schmecken und Tone riechen könnte? Wie wäre die Welt ohne die Wahrnehmung von Raum und Zeit, ohne Vergangenheit und Zukunft, ohne Hier und Da?

Wir Menschen sind in der Lage, die Welt im Rahmen anderer Modelle zu erleben. Dies geschieht beim Träumen, im Drogenrausch, bei Psychosen, in der Ekstase oder in der Meditation. Hier werden einige Hirnprogramme desaktiviert oder auf andere Weise neu verschaltet.

Auch die veränderten Wahrnehmungen besitzen Modelleigenschaften. Es ist eine Täuschung zu meinen, die Welt sei so, wie wir sie wahrnehmen. Es ist auch eine Täuschung zu meinen, dass die anderen Formen der Wahrnehmung die Welt so zeigen, wie sie tatsächlich ist. Sie können zum Nachdenken anregen, aber sie sollten nicht mit der Wahrheit verwechselt werden.

Tabelle 10 Erleben

normales Erleben	verändertes Erleben
Farben sehen	Farben schmecken (Synästhesien)
Geräusche hören	Geräusche farbig sehen (Synästhesien)
Raum	Trennung von fühlen und sehen: Außerkörperliche Empfindung. (Drogen)
Zeit	permanentes jetzt: kein Zeitfluss / stoppen der inneren Uhr (Magnetfeld am Kopf))
ich	ich bin nicht (Meditation, Drogen)
ich	ich bin das Universum (Meditation, Drogen)
nur fühlen	Ekstase
denken auf der Basis von Instinkten	Traumbilder
erleben unabhängig von der Umwelt	Halluzinationen, Wahnvorstellungen,
Sprache	Sprache, ohne Worte zu finden (Amnestysche Aphasie)
Sprache	Sprache ohne Grammatik (Broca-Aphasie/ Agrammatismus)
Sprache	Sprache ohne Sinn (Sensorische Aphasie / Logorrhoe)
Erinnerung	denken ohne Erinnerung (Alzheimer)
Erinnerung	Erleben als Erinnerung (Dejavü)
nur denken	denken, ohne die Umwelt wahrzunehmen (Konzentration)

Jeder ist in der Lage, Geschmack zu sehen! Um den Geschmack, den wir als sauer bezeichnen, farbig zu sehen, benötigen wir ein Hilfsmittel. Dieses Hilfsmittel ist einen handelsüblicher Indikator wie blaues Lackmus. Ein Tropfen Säure färbt es, wie wir deutlich sehen können, rot. Dieses nicht ganz ernst gemeinte Beispiel verdeutlicht, dass die Wahrnehmung nach dem Prinzip der Sprache (freie Zuordnung) funktioniert und andere Zuordnungen möglich sind.

(Im Kapitel über *Quanten*physik wird das Thema Bewusstsein von der Basis her betrachtet.)

1.4.2   Entwicklung des Denkens

Sprache entwickelt sich aus tatsächlichen Vorgängen über Zwischenschritte zu einer abstrakten Form. Bei der Entwicklung der Hormonsprache ist dies deutlich zu erkennen.

1.4.2.1.1   Hormone: Meinungsfreiheit und Demokratie auf Zellebene

Wenn man Einzeller unter dem Mikroskop beobachtet, kann man sehen, wie sie suchen, fressen, ausweichen, fliehen usw. Einzeller können eine Reihe von auftretenden Problemen lösen. Die Fähigkeit, Probleme zu lösen, bezeichnet man als Intelligenz.

Einzeller haben keine Nerven, ihr „Denken" entsteht durch die Vorgänge des Stoffwechsels:
Ein Einzeller schwimmt zur Nahrung. Diesen Vorgang kann man aus "geistiger" Sicht als Reiz, Reizverarbeitung und Reaktion ansehen. Aus "materieller" Sicht handelt es sich um eine Kette von chemischen Reaktionen (Stoffwechsel). Betrachten wir nun ein beliebiges Stoffwechselprodukt, beispielsweise den Urin. Er ist nicht nur eine chemische Substanz, sondern zugleich ein Informationsträger.
Hunde markieren ihr Revier mit Urin. Die Markierung hat hier die Bedeutung von "Ich war da". In dem Urin sind zusätzlich Duftstoffe, die den anderen Hunden Stärke und Geschlecht mitteilen.

Auch Zellen benutzen Urin zum Informationsaustausch. Zellen scheiden die Endprodukte des Stoffwechsels, den Zellurin, aus. Einzeller nutzen dies auf folgende Weise: Sie riechen den Zellurin und schwimmen hin. Das Verhalten beruht auf folgendem Zusammenhang: Dort, wo viel Urin ist, wird viel gefressen. Folglich muss da Nahrung sein. Also lohnt es sich, dahin zu schwimmen. (Im menschlichen Körper informiert der Zellurin im Blut über die Stoffwechselaktivität der Zellen.)

Wenn beide "Gesprächspartner" ein Interesse an der Kommunikation haben, folgt eine neue Stufe der Kommunikation:
Einzeller haben aus chemisch leicht verändertem Zellurin die Hormone entwickelt. Hormone sind Stoffe, die im Körper Informationen übermitteln und so die Lebensvorgänge steuern. Während sich beim Zellurin die Nachricht aus dem Zusammenhang ergibt, kann sie bei Hormonen frei festgelegt werden:

Tabelle 11 Hormone

Stoffwechselprodukt (Stoff = Bedeutung)	Information	Reaktion
Zellurin	Da ist Nahrung	hinschwimmen
Hormon (Sprache)		
Testosteron	Du bist ein Mann.	Bartwachstum, ...
Prolaktin	Du hast ein Baby	Milchbildung, ...
Adrenalin	Du bist in Gefahr	Puls steigt, das Verdauungssystem schränkt die Tätigkeit ein, ..

Auf der Ebene des Stoffwechsels kann man deutlich die materielle Wirkung erkennen, bei den Hormonen tritt der Informationscharakter in den Vordergrund.

Stoffwechselprodukte, Hormone und Gene sind Beteiligte bei Kommunikationsprozessen: Gene und Hormone zwingen uns nicht, sie überreden uns. Ihre Überredungskunst kann aber sehr überzeugend sein. Informationen können auch falsch sein. Beim Stoffwechsel könnte man Gifte als „Lüge" bezeichnen, bei Hormonen die Drogen und bei den Genen destruktive Viren.

Wir denken nicht nur mit dem Gehirn. Denken ist ein ganzkörperlicher Prozess. Letztlich sind alle Zellen daran beteiligt. Einen erheblichen Anteil am Fühlen und Denken haben neben Nerven und Gehirn die inneren Drüsen mit ihren Hormonen. So stellt die Schilddrüse verschiedene Hormone her (z.B. T_3, T_4). Eine Überfunktion führt zu verstärkter Aktivität, leichter Erregbarkeit usw., eine Unterfunktion zu verminderter Aktivität, Gewichtszunahme und Depressionen.

Hormone kann man als "Meinungsäußerungen" (Informationen) der einzelnen Zellen auffassen ("Ich habe Hunger!" - "Ich bin müde!" - "Mir geht es gut!"). Hormone verteilen sich langsam im ganzen Organismus und können auf alle Zellen einwirken. Entscheidend für die Wirkung von Hormonen ist ihre Menge im Vergleich zu anderen Hormonen. Es findet also im Körper eine "demokratische" Abstimmung unter den Zellen darüber statt, was als Nächstes geschehen soll. Da jede Zelle ihre Hormone abgeben kann, also ihre "Meinung" äußern darf, kann man von Meinungsfreiheit auf Zelleben sprechen. Diese Demokratie ist in eine Ordnung eingebunden, die dafür sorgt, dass auf Grundlage der Bedürfnisse der einzelnen Zellen sinnvolle Lösungen erarbeitet werden.

In unserer Gesellschaft wissen Fachleute vor Ort am meisten über die zu lösenden Probleme. Deshalb ist es sinnvoll, sie alle Aufgaben lösen zu lassen, die sie selbständig lösen können. Bei Problemen, die ohne Hilfe nicht lösbar sind, unterstützt eine untere Verwaltungsebene die Fachleute bei ihrer Arbeit. Weiterhin teilt sie ihnen Aufgaben zu, die von der Verwaltung als wichtig erachtet werden. Bei Aufgaben, die von der unteren Verwaltungsebene nicht gelöst werden können, unterstützt die mittlere Verwaltungsebene usw. Den Grundsatz, Aufgaben möglichst auf der niedrigsten Arbeitsebene zu lösen, nennt man Subsidiaritätsprinzip.
Diese Überlegungen gelten auch für Organismen. Auch das Steuerungssystem unseres Körpers beruht auf dem Subsidiaritätsprinzip.
Obere Verwaltungsebene: (Zwischenhirn mit Hormondrüse (Hypothalamus)
Sie erzeugt >>>> Freisetzungshormone
Mittlere Verwaltungsebene: (Hormondrüse (Hypophyse))
Sie erzeugt >>>> Steuerungshormone
Untere Verwaltungsebene: (Hormondrüsen: Schilddrüse, Nebenniere, Langerhanssche Inseln, ..)
Sie erzeugt >>>> Regelhormone
Die Zellen der Organe führen die Arbeiten aus.
Sie erzeugen >>>> Stoffwechselprodukte

Jede Verwaltungsebene erhält und verarbeitet eine Vielzahl von für sie relevanten Informationen. Diese erhalten sie aus dem ganzen Körper durch Stoffwechselprodukte, Hormone und über das Nervensystem.

1.4.2.1.2 Nerven: Fernmeldegeheimnis bei Privatgesprächen

Die Organismen wurden im Laufe der Evolution größer. Sender und Empfänger der Hormone wanderten weiter auseinander. Um die Kommunikation trotzdem sicherzustellen, entwickelten Hormon-Drüsen-Zellen Ausläufer, die einander entgegen wachsen: Nerven. Noch heute berühren in der Regel Nervenzellen einander nicht. Zwischen ihnen ist eine Lücke, in die Überträgerstoffe (Hormone) ausgeschüttet werden. Diese Lücken besitzen den großen Vorteil, dass auch von anderen Organen ausgestoßene Hormone die Nervenaktivität mit regeln können. Jeder Nervenkontakt bietet dadurch die Möglichkeit, logische Entscheidungen unter Berücksichtigung unterschiedlicher Aspekte treffen zu können. (Bei Fliegen, die sehr schnell reagieren müssen, berühren sich die dafür zuständigen Nerven. Dadurch kann der elektrische Impuls sehr schnell übertragen werden. Sie sind aber unflexibel und reagieren stets gleich.)
Man hat herausgefunden, wie zusammengehörige Nerven einander finden: Sie riechen einander. Ein Nerv sendet einen Lockstoff (ein spezifisches Hormon) aus, die zugehörigen Nerven riechen ihn, wachsen dorthin und nehmen Kontakt auf. Dann testen sie, ob das Impulsmuster zu den bereits vorhandenen Verbindungen passt. Wenn die Nerven eine Übereinstimmung feststellen können, festigen sie die neue Verbindung. Die verbundenen Nervenzellen können nun Informationen austauschen, ohne dass andere Zellen davon etwas mitbekommen (Fernmeldegeheimnis).

Auch für eine stabile Gesellschaft ist Datenschutz unabdingbar. (Die Schadensmöglichkeiten sind vielfältig: Wirtschaftliche und finanzielle Verluste durch Betrug, Diebstahl wertvollen Fachwissens, Verlust der Handlungsfreiheit durch Erpressung, Schädigung durch Bloßstellung usw. Die Schädigung kann bis zur wirtschaftlichen oder existentiellen Vernichtung gehen. Es ist darüber hinaus zu bedenken, dass auch nützliche Elemente, wie etwa die Polizei, lokal ein Eigenleben entwickeln können, das nicht im Interesse der Gesellschaft ist. Weiterhin können sie von außen unterwandert oder ausgespäht werden.)

Geraten Informationen an die Falschen, so können sie missbraucht werden. Der Datenschutz im Inneren des Organismus verhindert weitgehend, dass Krankheitserreger oder Schmarotzer den Körper schädigen können.
Es gibt trotz dieser Schutzmaßnahmen, beispielsweise bei Ameisen Schmarotzer, die ihnen befehlen, sich an Grashalmen festzubeißen, wo sie von Kühen gefressen werden können. Wenn es dunkel wird, lassen die Ameisen los und kehren in ihren Bau zurück, um sich füttern zu lassen. Am nächsten Morgen klettern sie wieder auf einen Grashalm und beißen sich fest. (Wenn die Kühe die Ameisen fressen, vermehrt der Schmarotzer sich im Kuhdarm, und seine Eier werden mit dem Dung auf der Ameisenwiese verteilt.)

1.4.2.1.3   Nervenknoten: Parlamente des Körpers

Treffen mehrere Nerven (Synapsen) auf eine Nervenzelle, so entsteht ein Nervenknoten. An einem Nervenknoten können hunderte von Synapsen andocken. Bei der Informationsübertragung geht es ganz „demokratisch" zu: Werden überwiegend hemmende Hormone ausgeschüttet, bleibt die Nervenzelle inaktiv, werden mehr anregende Hormone ausgeschüttet, wird sie aktiv. Auch Hormone, die von entfernten Körperregionen mit dem Blut herantransportiert wurden, sind "stimmberechtigt" und werden berücksichtigt.

Um eine Aufgabe gemeinsam lösen zu können, werden mehrere Nervenknoten miteinander eng verknüpft. Die Verknüpfung mehrerer Nervenknoten miteinander entspricht auf der Informationsseite einem Programm, der "Geschäftsordnung des Parlaments".

Beispiel:
Nervenknoten steuern die Beine eines Tausendfüßlers. Die Beine heben sich wellenförmig von hinten nach vorne. Jedes Beinpaar hat einen eigenen Nervenknoten. Im Tausendfüßler liegt Knoten hinter Knoten (Strickleiternervensystem). Wird ein Beinpaar angehoben, sendet sein Nervenknoten aktivierende Signale an den vor ihm liegenden Knoten und hemmende an den ihm folgenden. Wird nun das letzte Bein gehoben, so hebt sich danach das vorletzte Bein. Dieses aktiviert das davor liegende Bein und sendet hemmende Signale an das dahinter liegende, das sich nun senkt.
Das Signal zum Heben des letzten Beins muss durch andere Nervenknoten ausgelöst werden. Informationen von Augen, Geruchssinn usw. können den Knoten reizen oder hemmen. Dazu werden weitere Nervenknoten benötigt, die alle im Kopf untergebracht sind. Von ihnen gehen beim Tausendfüßler die Nerven des Nervensystems aus.
Ein besonders wichtiger Knoten entscheidet, was der Tausendfüßler anstrebt, ob er z.B. Futter oder einen Schlafplatz sucht. Auch die Würmer und primitive Fische haben Nervenstränge, die von einem zentralen Knoten ausgehen. Daraus haben sich Rückenmark und Hirnstamm entwickelt.

1.4.2.1.4   Hirnstamm

Beim Menschen ist das Rückenmark für die Reflexe zuständig. Es endet im Hirnstamm. Dieser steuert die lebenswichtigen Vorgänge: Herzschlag, Atmung, Körpertemperatur, Wasserhaushalt, Blutzuckerspiegel usw.

1.4.2.1.5 Zwischenhirn und limbisches System

Beim Tausendfüßler können von dem Nervenzentrum im Kopf nur einfache Bewegungen ausgelöst werden. Bei den Fischen sind unterschiedliche Bewegungsabläufe möglich, die miteinander kombiniert werden können. Sie sind durch Verknüpfungen der Nervenzellen im Zwischenhirn festgelegt. Werden diese Nerven elektrisch gereizt, so laufen die Bewegungsabläufe wie Programme nach dem vorgegebenen Muster ab.

Zum Brutverhalten des Stichlings
Der Stichling lebt in einem Schwarm. Im Frühjahr schütten die Geschlechtsorgane Sexualhormone aus. Diese Hormone lösen an verschiedenen Stellen im Körper unterschiedliche Reaktionen aus. Am Bauch wird der „Tarnanzug" durch eine rotes „Hochzeitskleid" ersetzt. Im Gehirn werden vorhandene Programme aktiviert. Das Stichlingsmännchen sucht sich ein Revier und baut ein Nest. Gleichzeitig steigt die Bereitschaft (Appetenz) für aggressives Verhalten. Nähert sich ein anderes Männchen mit einem roten Bauch (Schlüsselreiz), so löst dieser Anblick beim Revierbesitzer ein aggressives Verhalten (Reaktion) aus. Er zeigt als Drohung seinen roten Bauch. Die Stichlinge drohen sich gegenseitig. Die Appetenz sinkt bei beiden Fischen. Beim Eindringling sinkt sie schneller, und fast immer verlässt er das Revier. Der ritualisierte Kampf verhindert, dass die Männchen sich gegenseitig verletzen. Sie beruhigen sich, erst langsam steigt die Bereitschaft für einen neuen Kampf wieder an.
Kurz:
Appetenz + Schlüsselreiz --> Reaktion --> Appetenz sinkt.

Reize und Reaktionen von zwei Partnern lösen sich gegenseitig ab, bis das Ziel, z.B. die Befruchtung der Eier erreicht ist:

Weibchen		Männchen
Erscheint mit dickem Bauch	>-------->	
	<--------<	Zickzacktanz.
präsentiert dicken Bauch	>-------->	
	<--------<	führt zum Nest
folgt	>-------->	
	<--------<	zeigt Nesteingang
schwimmt ins Nest	>-------->	
	<--------<	Schnauzentremolo
laicht ab	>-------->	
		besamt 60 - 120 Eier.

Nach Besamung verliert der Stichling seine rote Färbung und kümmert sich um den Nachwuchs, bis dieser selbstständig ist (Brutpflege).

Diese Programme (Nestbau, Vertreiben von Konkurrenten, Brautwerbung) sind jedem Stichling angeboren (a priori) und ändern sich im Verlaufe des Lebens nicht. Man nennt sie Instinkte. Aber diese Programme waren nicht immer da, sie mussten erst von den Stichlingen, der Art, im Laufe von Jahrmillionen entwickelt werden (a posteriori). Die Vorfahren legten Tausende von Eiern, von denen im Durchschnitt nur zwei besonders gut an die Umwelt angepasste Fische zu geschlechtsreifen Fischen wurden.
Besonders die Herausbildung des Brutpflegetriebes war von großem evolutionärem Vorteil: Heute entwickeln sich von 60 - 120 Eiern zwei Fische zur Geschlechtsreife. Um diesen gewaltigen Vorteil zu erreichen, musste etwas grundsätzlich Neues erfunden werden: Emotionen.
Die verschiedenen im Zwischenhirn gespeicherten Programme (Aggression, Flucht, Werbung, Brutpflege) werden durch ein Nervenzentrum ausgelöst. Dieses Zentrum wägt beispielsweise in einem Kampf ab, ob das Angriffs- oder Fluchtprogramm auszulösen ist. Die Entscheidung fällt durch „Abstimmung" der Nerven.

Wir wissen aus eigenem Erleben, dass Aggression und Furcht Emotionen sind. In unserem Erleben entscheiden wir uns danach, welche von beiden Emotionen überwiegt. Mit der gefühlsmäßigen Entscheidung stimmt die „Abstimmung" der Nerven überein. Wie es das Zwischenhirn schafft, Emotionen zu erzeugen, ist nicht bekannt.

Angst und Schmerzen sind aus Sicht der Evolution nicht „böse und schlecht", sondern nützliche Instrumente, die das Individuum zu dem richtigen, lebensnotwendigen Verhalten lenken sollen.

Emotionen:
Angst, Hass, Schmerz, Furcht, Freude, Liebe, Glück, Mitgefühl, Mitleid, Rechtsgefühl, Moral, Harmonie, Wert, Bedeutung,
rau, weich, hart, nass, warm, kalt, rot, grün, blau, laut, leise, hoch, tief, süß, sauer,
Zeit, Raum,
ich, wir,
Worte, Gedanken, Sinn (Kausalität), Logik, Mathematik

Reizt man elektrisch das Zwischenhirn eines Vogels, so beobachtet man komplexe, den Instinkthandlungen entsprechende Handlungen wie den Angriff auf einen Gegner, Balzen, Fressen, Schlafen. Reizungen des Zwischenhirns lösen keine isolierten Bewegungen aus, wie beispielsweise das Öffnen oder Schließen des Schnabels. Es werden immer Handlungen ausgeführt, die zur Lösung einer Aufgabe erforderlich sind. So führt der Vogel beispielsweise einen komplexen Säuberungsvorgang aus. Dabei hebt er den Flügel, dreht den Kopf nach rechts, öffnet den Schnabel und säubert die Federn. Das Zwischenhirn ist lediglich in der Lage, instinktmäßig vorprogrammierte Abläufe in Gang zu setzen und auf ein Ziel zu lenken.
So wird bei einer Reizung des zur Abwehr von Bodenfeinden zuständigen Hirnbereiches das entsprechende Verhaltensprogramm abgespult (Warnschrei, Drohen, Umkreisen, Warnen, Scheinangriff, Flucht). Es wird von einigen Biologen vermutet, dass der Vogel gleichzeitig das bedrohliche Raubtier vor sich sieht. Das Gespenst, das spukt, ist allem Anschein nach ein Trugbild unseres Zwischenhirns. Es existiert nicht. Aber der Glaube an Gespenster ist in der Wildnis von Vorteil für das Überleben. Man projiziert Bilder in jeden noch so kleinen Schatten, sieht Gespenster und flieht. Es ist besser, hundertmal umsonst vor einem vermeintlichen Gespenst zu fliehen, als einmal zu wenig vor einem echten Raubtier. Auch die Träume und Albträume des Menschen sollen Produkte unseres Zwischenhirns sein.

1.4.2.1.6   Großhirn *

Reizt man elektrisch das Großhirn, so werden einzelne Muskelpartien wie Finger, Zehen oder Augenlid bewegt. Tiere mit einem Großhirn können gezielt den kleinen Finger bewegen. Sie können auch gezielt die Umwelt wahrnehmen: Berührungen der Haut werden Punkt für Punkt im Großhirn abgebildet und genau gefühlt. Im Sehzentrum entstehen Bilder aus unserer Umwelt.

Vorderlappen des Großhirns
Im Vorderlappen des Großhirns kann man keine festgelegten Strukturen erkennen. Elektrische Reizungen haben keinen erkennbaren Effekt. Es wird vermutet, dass er frei programmierbar ist.

Logik
Ameisen besitzen ein winziges Hirn. Trotzdem sind sie in der Lage, erstaunlich komplexe Aufgaben zu bewältigen. Ihre Intelligenz (Informationsbeschaffung, Lösungsstrategien, Informationsverarbeitung) ist teilweise nicht nur als Wissen im Hirn gespeichert, sondern auch in Mechanismen versteckt. Eine Ameise muss nicht wissen, dass auf dem kürzesten Weg die Duftspur am stärksten riecht, weil der auf dem Hinweg hinterlassene Duftstoff auf den längeren Wegen mehr Zeit hatte zu verdunsten. Aufgabe der Ameisen ist es, zu handeln. Die Ameise muss dazu lediglich wissen, dass sie der stärksten Duftspur zu folgen hat.
Ameisen finden den kürzesten Weg, ohne ein individuelles Verständnis der Zusammenhänge zu besitzen. (Logische Zusammenhänge ergeben sich erst auf einer höheren Ebene.)

Auch wir Menschen müssen Zusammenhänge nicht verstehen, wir müssen lediglich das Richtige tun - wie ein Fließbandarbeiter in der Autoindustrie, der auch nur wissen muss, was er zu tun hat, und nicht wissen muss, wie ein Auto funktioniert.
In der Industrie ist das Wissen um den Aufbau eines Autos weit verteilt. Vermutlich kennt keine einzige Person jedes Detail kennt. So gibt es einige Zulieferer von geschlossenen Baugruppen, bei denen lediglich Mitarbeiter der Herstellungsfirma den Aufbau kennen. Menschen können durch Maschinen (ohne ein Verständnis für das Endprodukt) ersetzt werden, die ihre Handlungen ausführen.

„Ich"
„Ich" ist ein Gefühl. Gefühle besitzen die Eigenschaften von Modellen, und aus evolutionärer Sicht verbirgt sich dahinter, wie bei allen Gefühlen, etwas Reales.
Bei allen Emotionen kann es zu Störungen kommen, das gilt auch für die verschiedenen Aspekte des Ichgefühls. Psychische Erkrankungen, Schizophrenie, Epilepsie, aber auch Drogen, Magnetstimulation oder Ekstase können einen Einfluss auf verschiedenste Bereiche des Erlebens und Fühlens, einschließlich des Ichgefühls haben.

- Körpergrenze
Wir sehen unseren Körper immer von außen, trotzdem empfinden wir ihn als eigenen Körper. Auch beim Tasten sind wir in der Lage, zwischen Körper und Umgebung zu unterscheiden. Wenn man mit den eigenen Händen auf eine Trommel schlägt, haben Hören, Sehen und Fühlen den gleichen Ausgangsort. Es ist eine große Leistung des Gehirns, die Informationen von verschiedenen Sinnesorganen (Auge, Hand, Ohr, ...) zusammenzuführen und richtig zuzuordnen. Für diese Leistung soll das Orientierungs-Assoziations-Areal (OAA) zuständig sein. Stimulationen dieses Areals können das Gefühl hervorrufen, man schwebe über dem eigenen Körper. (Trennung des Sehens vom Fühlen.) Die Festlegung der Körpergrenze bestimmt, was man als "Ich" und was als Umwelt empfindet. (Haare / Kleidung / Hand / Prothese, ... Wie ist es wohl bei einer Schnecke im Schneckenhaus oder einem Einsiedlerkrebs im Schneckenhaus?) Experimente deuten darauf hin, dass diese Grenze im Rahmen von Lernprozessen festgelegt wird.

- Raum und Zeit

Verschwindet die Grenze zwischen Innen und Außen, kann das Gefühl entstehen, man sei eins mit dem Universum. Wird die innere Uhr gestoppt, fühlt man sich als Teil der Ewigkeit. Auch derartige Erlebnisse können im Experiment durch Stimulation der entsprechenden Hirnregionen aktiviert werden.

- Eigene Gedanken

Dass wir unsere eigenen Gedanken auch als eigene Gedanken und nicht als fremde Stimmen empfinden, erscheint uns selbstverständlich, ist aber eine hohe Leistung des Gehirns. Werden eigene Gedanken als fremde Gedanken erlebt, so haben die Betroffenen oft das Gefühl, fremde Stimmen im Kopf zu hören, ja teilweise haben sie sogar das Gefühl, in sich ein fremdes Wesen zu haben.
Vor einem derartigen neurobiologischen Hintergrund kann man nur raten, derartige Erlebnisse vorsichtig zu interpretieren. Das, was die "fremde" Stimme sagt, muss nicht zwangsläufig wahr sein. Besonders wichtig ist es, sich bewusst zu machen, dass auch fremde Stimmen im Kopf nicht von der Verantwortung für eigene Handlungen befreien.

Es gibt viele Berichte von spirituellen Erfahrungen, die von derartigen Erlebnissen berichten. Dass auch spirituelle Erfahrungen, wie alle anderen Erfahrungen, eine neurobiologische Basis haben, sagt nichts über den Wert dieser Erfahrungen aus. Werden diese spirituellen Erfahrungen aber mit der Erkenntnis der absoluten Wahrheit gleichgesetzt, so sind aus neurobiologischer wie auch aus philosophischer Sicht erhebliche Zweifel angebracht.

Wir erleben das „Ich" immer lokal, d.h. in uns selber. Da alle Menschen und vermutlich sogar alle Lebewesen mit einem Großhirn ein Ichgefühl haben, gibt es das „Ich" in großer Zahl, also als ein Massenphänomen.

Massenphänomene haben einen Nachteil: Das Ganze hat nur begrenzt Zugriff auf die Informationen seiner Teile.
Das Fühlen, Denken und Wissen der Menschheit ist gestreut auf Milliarden von einzelnen Menschen.

Massenphänomene haben auch einen Vorteil: Das Ganze ist mehr als die Summe seiner Teile. Menschen sind soziale Wesen. Neben dem „Ich" steht das „Wir". Ich bin nicht allein in der Freude, der Trauer und nicht im Denken. Ich profitiere von den Erlebnissen und Erfahrungen anderer Menschen.

Da jeder Mensch aus einer Vielzahl von lebenden Zellen besteht, ist das eigene "Ich" eigentlich ein "Wir".
Die Menschheit hat vermutlich (noch) kein gemeinsames Ichbewusstsein. Die zunehmende Vernetzung durch Sprache, Reisen, Handel, Kongresse, Bücher, Zeitungen, Radio, Fernsehen, Telefon, Internet, Verträge usw. könnte ein Anzeichen für eine Entwicklung in Richtung auf ein gemeinsames Bewusstsein sein.

1.5 Evolution als Innovationsprozess

Die Mechanismen der Evolution entsprechen denen der Wissenschaft. Eine Änderung im Erbgut (Mutation) entspricht dem Entwickeln eines Modells in der Wissenschaft und hat in etwa die Bedeutung: "Mit dieser Mutation kann ich besser überleben und mich stärker fortpflanzen als ohne sie." Die folgende Selektion (fressen und gefressen werden) entspricht der Prüfung dieses Modells. Auch die Ergebnisse sind vergleichbar, wie die technischen Kunstwerke der Natur deutlich vorführen. Wissenschaft ist ein kreativer Prozess, der etwas wirklich Neues hervorbringt, was es vorher nicht gegeben hat.

Neue Entwicklungen verändern die Konkurrenzsituation und üben auf andere Lebewesen einen Druck aus, sich auch zu verändern. Die Geschwindigkeit, mit der die Technik sich verändert, schwankt sehr stark. Jahrhunderte der Stagnation wechseln mit stürmischen Entwicklungen ab. Diesen Wechsel findet man auch im Evolutionsprozess.

In der Evolution eröffnen kontinuierliche Verbesserungen plötzlich und ungeplant völlig neue Möglichkeiten:

Einfache Tiere, wie z.B. Ringelwürmer, haben in ihrer Haut lichtempfindliche Zellen. Sie können hell und dunkel unterscheiden, nicht aber bildhaft sehen (Flachauge).

Kontinuierliche Verbesserung:
Diese Zellen sind empfindlicher als Hautzellen. Als sich als Folge einer Genveränderung an der Stelle, an der die lichtempfindlichen Zellen lagen, eine Vertiefung bildete, waren sie besser geschützt. Viele weitere Genveränderungen folgten und die Einbuchtungen wurden tiefer und tiefer. Der Schutz der lichtempfindlichen Zellen wurde kontinuierlich verbessert.

Ungeplanter Entwicklungssprung:
Die Wände der Vertiefung werfen einen Schatten, der von der Richtung abhängt, aus der Licht kommt. (Grubenauge)

Kontinuierliche Verbesserungen:
Die Würmer haben Schritt für Schritt ihr Nervensystem verbessert, um die neuen Informationen nutzen zu können. Viele kleine Genveränderungen waren erforderlich.
(Plattwürmer haben Grubenaugen.)
Bei einigen Tieren verengte sich zum besseren Schutz der Sinneszellen die Öffnung der Vertiefung.

Ungeplanter Entwicklungssprung:
An den Wänden der Vertiefung entstand ein Bild wie bei einer Lochkamera.

Kontinuierliche Verbesserung:
Die Tiere haben nun Schritt für Schritt ihr Nervensystem verbessert, um die neue Möglichkeit nutzen zu können. Viele kleine Genveränderungen waren erforderlich. (Nautilus hat Lochaugen.)

Verbesserung:
Weitere Genveränderungen führten zu einer durchsichtigen Schutzhaut vor dem Loch, hinter der sich der auch durchsichtige Kristallkörper befindet.

Kontinuierliche Verbesserung:
Die Haut und besonders der Kristallkörper wurden zum besseren Schutz dicker und dicker.

Ungeplanter Entwicklungssprung:
Dies ermöglichte erneut einen Sprung in der Verbesserung des Sehvermögens: Es entstand das Linsenauge.

Kontinuierliche Verbesserung:
Die Tiere haben nun Schritt für Schritt ihr Nervensystem verbessert, um die neue Möglichkeit nutzen zu können. Viele kleine Genveränderungen waren erforderlich. (Fische und alle Wirbeltiere haben Linsenaugen.)

Die Entwicklung von Grubenauge, Lochauge und Linsenauge ergab Basisinnovationen, die jeweils die Entwicklung einer großen Zahl von Tierstämmen eingeleitet haben. Nach einer Basisinnovation beschleunigt sich die Entwicklung und ebbt langsam ab, wenn ihre Möglichkeiten genutzt werden. In der Technik waren beispielsweise die Erfindung des Rades, des Buchdrucks, der Dampfmaschine, des Computers bedeutende Basisinnovationen. (Die bedeutendste Basisinnovation der Neuzeit war übrigens die Entwicklung des wissenschaftlichen Denkens.)

Realisierbare Möglichkeiten

Im griechischen Altertum war folgende Vorstellung verbreitet: Ein Marmorblock enthält alle möglichen Statuen, und der Künstler muss lediglich eine davon herausmeißeln.
Diese Vorstellung ist nicht korrekt, denn der Künstler fügt etwas hinzu: Information. Diese beinhaltet unter anderem sein Wissen, seine Erfahrungen und auch sein handwerkliches Können.
Seinem handwerklichen Können kommt eine besondere Bedeutung zu, denn im Handwerk und auch in der Evolution sind nicht alle potentiellen Möglichkeiten zugleich realisierbare Möglichkeiten. Als zusätzliche Bedingung kommt dazu, dass auch der Weg zum Ziel begehbar ist. Biologen haben zur Verdeutlichung folgendes Modell entworfen: Evolution als Berganstieg, bei der jede neue Entwicklung einem Schritt bergauf entspricht. Sobald eine Erhebung erklommen wurde, tritt ein Problem auf: Die Evolution hemmt Schritte nach unten zurück ins Tal, und folglich können Nachbargipfel nicht erreicht werden. Aber es gibt einen Ausweg: Durch Symbiosen wird dies doch möglich. Die auf vielen Bergen gewonnenen Erfahrungen werden miteinander verknüpft.

Baukastenmethode

Basisinnovationen erfordern im Allgemeinen ein Zusammenwirken von verschiedenen Teilen (Symbiose).

Wenn man eine alte Uhr öffnet, findet man Federn, Zahnräder und viele andere Bauteile, die zusammenarbeiten. Die einzelnen Bauteile wurden vor relativ langer Zeit unabhängig voneinander erfunden und werden seitdem in vielfältigen Anwendungen und Variationen eingesetzt. Mehrere Bauteile bilden eine Funktionseinheit, eine Baugruppe. Die Unruh in der Uhr oder das Getriebe in einem Auto bilden jeweils eine Baugruppe. Auch Baugruppen können in vielfältigen Anwendungen und Variationen eingesetzt werden oder zu größeren Funktionseinheiten zusammengefasst werden.

Diese Vorgehensweise ist in Natur und Technik sehr erfolgreich, wie ein Beispiel zeigt: Als die Menschen den Dieselmotor erfunden hatten, kombinierten sie ihn mit vielen alten Erfindungen: Motor + Kutsche = Auto, Auto + Sense + Dreschflegel = Mähdrescher, usw. Die Motoren wurden jeweils ihrem Zweck angepasst.
(Zum Emergenzbegriff: Ein Mähdrescher ist sinnvoll zusammengesetzt. Wird dies beachtet, so sind die neuen Eigenschaften mit Hilfe einer Bauanleitung aus den Teilen heraus ableitbar. Emergenz enthält in diesem Ansatz keine versteckte Magie.)

Die Bauteile der Zellen sind die Proteine. Sie können in vielfältigen Anwendungen und Variationen gefunden werden. In der Evolution gab es zunächst vermutlich sehr wenige Proteinarten. Zufällig wurden ihre Gene verdoppelt. Von nun an entwickelten sich die beiden Kopien unabhängig voneinander. Sie konnten in unterschiedliche Bauelemente integriert werden. Wir können daher neben dem Stammbaum der Lebewesen auch Stammbäume für Proteine aufstellen. Mutationen können nicht nur einzelne Proteine verändern, sondern mit Funktionseinheiten (Baugruppen) unterschiedlichster Komplexität experimentieren.

Mutationen werden häufig als Fehler bezeichnet und Lebewesen mit Mutationen als Ausschuss betrachtet. Diese Sichtweise ist grundsätzlich falsch. Betrachtet man die Evolution als wissenschaftlichen Erkenntnis- und Innovationsprozess, so ist jedes Lebewesen ein gleichwertiger Teil des Forschungsprozesses. Eine Mutation steht hier für Risikobereitschaft und Mut. Behinderte sind vergleichbar mit Kriegsversehrten, sie und die Verstorbenen sind die Helden der Evolution.

Informationsaustausch

In der Wissenschaft gelangen neue Entdeckungen durch persönliche Kontakte, Veröffentlichungen oder auch durch Spionage zu anderen Wissenschaftlern, die mit den Ergebnissen weiterarbeiten können.

Auch in der Biologie werden Informationen weitergereicht. Von besonderer Bedeutung sind die Erbinformationen. Sie können auf verschiedenem Wege weitergereicht werden:

- Die Nachkommen erhalten es durch Verdoppelung des Erbguts im Rahmen einer Zellteilung.
- Sehr nahe Verwandte, Biologen sprechen von Mitgliedern einer Art, erhalten die Erbinformationen durch eine Vereinigung der Gene (Sexualität). Die Erbinformationen der beteiligten Lebewesen müssen sehr ähnlich sein, da es andernfalls zu Störungen im Stoffwechsel kommt.
- Bakterien können Teile ihres Erbgutes (Plasmidringe) mit Bakterien anderer Arten austauschen. (Dies ist für den Stammbaum der Lebewesen von Bedeutung. Auch nach Abschluss der Artenbildung konnten Bakterien Gene von anderen Arten übernehmen. Die Äste des Stammbaumes sind hier kreuz und quer miteinander verwachsen.)
- Alle Arten können kleinere Erbinformationen mit Hilfe von Viren austauschen.

Arten und Rassen

Für die Entwicklung neuer Fähigkeiten ist ein Wechsel von Rassenbildung und Vermischung der Rassen verantwortlich. Die Bildung von Arten spielt dabei eine untergeordnete Rolle. Es ist wohl eher so, dass in Zeiten des Wandels die Artenbildung für den Fortbestand der vorhandenen Art bedeutsam ist.

Für die Entwicklung neuer Fähigkeiten benötigen wir eine relativ große Population. Diese Population besiedelt einen relativ großen Lebensraum, in dem sich kleinere Gruppen zeitweilig abspalten und dabei neue Rassen oder Arten bilden.

Die abgetrennten kleinen Populationen haben u.a. mit Erbkrankheiten zu kämpfen. Es ist bekannt, dass Menschen mit einer Behinderung besondere Fähigkeiten entwickeln. (So können z.B. Blinde sich mit Hilfe ihres Gehörsinns im Raum orientieren.) Auch lokal spezifische Schwierigkeiten müssen überwunden werden.

Jede Rasse entwickelt so unterschiedliche Spezialfähigkeiten. Treffen (z.B. nach einer Klimaänderung) die verschiedenen Rassen wieder zusammen, mischen sich die entwickelten Fähigkeiten. Diese Symbiose ist der entscheidende Faktor bei der Entwicklung neuer Organe oder Fähigkeiten. Sie geht mit einem Entwicklungsschub einher. Gleichzeitig sinkt die Zahl der Erbkrankheiten, da genügend gesunde Gene vorhanden sind. (Bei Mischlingshunden kann man diesen Vorgang beobachten).

In der Steinzeit schwankte das Klima stark. Dadurch verengte oder erweiterte sich der Lebensraum. In Folge fanden mehrere Schübe von Ausbreitungen und Rückwanderungen statt (zum Teil kleinräumig, zum Teil großräumig).

Auch in der Kulturentwicklung kann man einen vergleichbaren Prozess beobachten. Kulturen blühen durch friedlichen Kontakt mit anderen Kulturen auf.

Gruppierungen, die sich zu neuen Arten entwickelt haben, treten miteinander in Konkurrenzkampf und verstärken damit den evolutionären Druck. Es gibt zwei erfolgreiche Strategien:
1. Um dem Druck standzuhalten, ist es hilfreich, sich noch mehr an den Lebensraum anzupassen. Dies führt zu einer Verbesserung der vorhandenen Organe.
2. Um dem Druck auszuweichen, ist es erforderlich, eine andere ökologische Nische zu erschließen. Dies geht mit der Entwicklung neuer Fähigkeiten einher.

Dieser Prozess wiederholt sich wieder und wieder.
Die Rassenbildung und Rassenvermischung wirkt wie eine Pumpe, die schubweise neue Gene in den Genpool einer Art einbringt.

Komplexität

Von Kritikern der Evolutionstheorie wird teilweise vorgebracht, dass die evolutionäre Entstehung einer komplexen Struktur wie einem Menschenauge, einer Geißel oder einem bestimmtes Eiweiß unmöglich sei. Ihre Argumentation beruht auf einer falschen Verwendung der Wahrscheinlichkeitsrechnung. In einem Argument wird sie verwendet, obwohl es hier nicht möglich ist, und beim zweiten Argument wird sie nicht verwendet, obwohl es hier sinnvoll wäre:

Erstes Argument: Die Wahrscheinlichkeit, dass zufällig dieses Eiweiß entsteht, ist 1:1000000000000000... (es folgen sehr viele Nullen).
Dieses Argument ist eindeutig falsch: Die Evolution zielt nicht auf ein bestimmtes Eiweiß oder auf eine bestimmte Organstruktur. (Es gibt sehr viele Möglichkeiten, Nützliches zu entwickeln.)

Zweites Argument: Es sei unmöglich, dass ein bestimmtes Organ (z.B. eine Geißel) evolutionär entstanden sein kann.
Der Begriff "unmöglich" wird hier ohne sichere Grundlage verwendet. An dieser Stelle ist es sinnvoll, mit der Wahrscheinlichkeitsrechnung zu arbeiten, und man kommt zu dem Ergebnis, dass hier die Aussage "unmöglich" nicht korrekt ist.

Erläuterung:
In der Mathematik ist es viel leichter zu beweisen, dass eine Aussage zutrifft als dass eine Aussage nie zutrifft. Auch hier ist es so. Um mathematisch zeigen zu können, dass die Entwicklung eines bestimmten Organs wirklich unmöglich ist, müssten alle Möglichkeiten geprüft und verneint werden, die dahin führen könnten. Hier ist die oben genannte riesige Zahl von Bedeutung. Alle diese Möglichkeiten müssten in Experimenten oder Gedankenexperimenten geprüft werde. Das ist nicht möglich.

Dagegen ist es mathematisch gesehen durchaus möglich, zu zeigen, dass sich ein bestimmtes Organ auf evolutionärem Wege gebildet haben könnte. Dazu ist es lediglich erforderlich, einen einzigen möglichen Weg zu beschreiben. Diese Weg wird häufig als "Stammbaum des Organs" bezeichnet. Dieser Weg zeigt nicht die tatsächliche Entwicklung, sondern lediglich einen denkbaren Weg und damit die theoretische Möglichkeit einer evolutionären Bildung des Organs.
Bei vielen Organen, wie beispielsweise den Augen, wurde ein möglicher Entwicklungsweg beschrieben. Über viele Zellorgane wissen die Biologen noch zu wenig, um einen möglichen Entwicklungsweg beschreiben zu können.

Nichtreduzierbare Komplexität

Von Kritikern der Evolutionstheorie wird teilweise vorgebracht, dass ein Organ nicht mehr funktionieren könne, wenn man es nur ein wenig veränderte. Zumindest in den genannten Beispielen (z.B. Geißel eines Geißeltierchens) trifft dieses Argument nicht zu, denn es gibt viele unterschiedlich aufgebaute Geißeln bei unterschiedlichen Geißeltierchen. Die Geißeln haben sich mit hoher Wahrscheinlichkeit nicht aus einfacher aufgebauten Organellen entwickelt, sondern aus komplizierten. Im Laufe der Zeit wurden sie einfacher und funktioneller. (Diese Beobachtung kann man auch bei vielen technischen Entwicklungen sehen. Beispiel: Anfangs wurden auf Eisenbahnwaggons hintereinander Kutschen befestigt, was unpraktisch und aufwendig ist.)

Modelle

Modelle werden im Rahmen eines wissenschaftlichen Erkenntnisprozesses entwickelt. Die Evolution hat die Eigenschaften eines wissenschaftlichen Erkenntnisprozesses, der technische Höchstleistungen und komplexe Modelle hervorgebracht hat.

Unsere Wahrnehmung, unsere Sprache, unsere Gefühle, unsere Logik usw. wurden auf dem Wege der Evolution entwickelt. Unsere Wahrnehmung hat den Charakter eines Modells.

Auch unser Körper mit Augen und Ohren, Armen und Beinen, Herz und Lunge usw. wurden auf dem Wege der Evolution entwickelt. Unser Körper hat den Charakter eines Modells seiner Umwelt. Diese Eigenschaften besitzen alle lebenden Systeme, bis hinab zu den Elementarsystemen, aus denen unsere Materie besteht. Alle Lebewesen haben in Bezug auf ihre Umwelt die Eigenschaften eines Funktionsmodells.
Die Beschreibung der Welt mit Hilfe von Modellvorstellungen ist daher angemessen.

Erläuterung:
Das Auge ist ein Modell der reflektierenden Körper und der Optik.
Das Ohr ist ein Modell der Schallquellen und der Akustik.
Der Vogelflügel ist ein Modell der Luft und der Aerodynamik.
Das Elektron ist ein Modell des Photons und der Elementarphysik.

Dass sowohl Kamera und Auge oder Flugzeug und Vogel ähnliche Eigenschaften besitzen, ist kein Zufall: Sie entstanden jeweils in wissenschaftlichen Erkenntnis- und Innovationsprozessen.

1.5.1   Wichtige Innovationen

Viele biologische und kulturelle Entwicklungen haben mehrfach stattgefunden. Die dabei zu lösenden Probleme wurden teilweise auf sehr unterschiedlichen Wegen gelöst:
So wurden Augen zum bildhaften Sehen bei Wirbeltieren (Linsenauge), bei Muscheln (Hohlspiegel-auge) und bei Insekten (Facettenaugen) entwickelt. Fasst man "Sehen" als Wahrnehmung im weites-ten Sinne auf, so findet man weitere Beispiele. Schlangen besitzen neben ihren normalen Augen noch Grubenaugen, die es ihnen ermöglichen, die Wärmestrahlung von Säugetieren zu erkennen. Fledermäuse und Delphine können sich mit Ultraschall im Raum orientieren. Der Zitteraal erkundet seine Umwelt mit Hilfe von elektrischen Feldern. Einige Biologen vermuten daher, dass es auch auf anderen Planeten im Weltall Lebewesen mit Augen gibt.

Tabelle 12 Wichtige Innovationen

"Erfindung"	Beispiel	Anmerkung
Sehen	Würmer	Wahrnehmung hell / dunkel (Tag/Nacht)
	Würmer, Quallen	Flachauge
	Lanzettfischchen	Becherauge (Richtung des Lichteinfalls)
	Gliederfüßler	Facettenauge (geringe Größe, großes Gesichtsfeld)
	Kamm-Muscheln	Hohlspiegelauge (braucht wenig Licht)
	Tiefseekrebs	Hohlspiegelauge
	Nautilus	Lochkamera (einfacher Bau)
	Schnecken	Blasenauge (Lochkamera mit Schutzhaut)
	Tintenfisch	Linsenauge (Sehschärfe)
	Fische	Linsenauge
	Schlangen	Grubenauge (Wärmestrahlung)
	(Fledermäuse)	(Ohren, Stimme: Raumorientierung mit Hilfe von Schall)
	(Delphine)	(Ohren, Maul: Raumorientierung mit Hilfe von Schall)
	(Zitteraal)	(Raumorientierung mit Hilfe von elektrischen Feldern.)
Verständigung (optisch)	Algen	Meeresleuchten
	Glühwürmchen	Leuchten, Blinken
	Tintenfisch	Wechselnde Färbung
	Stichling	Färbung (roter Bauch) + Bewegung (Zickzack Tanz)
Fortbewegung von Einzellern	Geißel	Rückstoß (Euglena)
	Flimmerhärchen	Rückstoß (Pantoffeltier)
	Scheinfüße	fließende Bewegung (Amöbe)

"Erfindung"	Beispiel	Anmerkung
Schwimmen im Wasser	Qualle	Rückstoß
	Tintenfisch	Rückstoß
	Fisch	Flossen
	Delphin	Flossen
	Pinguin	Füße, Flügel
Fortbewegung an Land	Wurm	kriechen
	Schlange	schlängeln
	Gliederfüßler	Beine (Chitinpanzer)
	Amphibien	Beine (Knochengerüst)
Fliegen in der Luft	Pflanzensamen	viele verschiedene Flügel (Zellulose), Windverbreitung
	Spinnen	Faden (Seide), Windverbreitung
	Insekten	Flügel (Chitin)
	Flugsaurier	Flügel (Haut)
	Vögel	Flügel (Federn)
	Fledermäuse	Flügel (Haut)
Zusammenschluss von Bakterien	Eukaryonten	Atmung, Photosynthese, ...
	Mixotricha	Schwimmen, Zersetzung von Zellulose und Lignin
Zellwände	Eubacteria	Zellwände aus unterschiedlichen Stoffen und mit unterschiedlichem Aufbau.
	Archeae	
Hyperzyklen	Stoffwechsel auf Proteinbasis	Unabhängig voneinander entstandene, sich selbst regulierende autokatalytische Prozesse bilden Hyperzyklen.
	Stoffwechsel auf RNA - Basis	
Kulturelle Erfindungen: Schrift	Keilschrift	Sumerer, 3200 v. Chr.: Ideogramme (Bilderschrift) zuerst nur für Objekte, später auch für Tätigkeiten.
		Elam, 2500 v. Chr.: Die Zeichen der Keilschrift entsprechen einzelnen Lauten oder ganzen Silben.
	Hyroglyphen	Ägypten, 3000 v. Chr.: Zunächst Ideogramme (Bilderschrift, ein Zeichen entspricht einem Begriff). Später: Lautschrift
	Zeichen	Indien, 2500 v. Chr.: Harappa-Kultur, Ideogramme (Bilderschrift)
	Zeichen	Amerika, 900 v Chr.: Olmeken / Maja, Ideogramme (Bilderschrift)
	Zeichen	1900 v. Chr. Ideogramme (Bilderschrift) China 400 v. Chr. Vereinheitlichung der Schriftzeichen
	Knoten	Amerika, 1300 n. Chr.: Inka Knotenschrift

"Erfindung"	Beispiel	Anmerkung
Kulturelle Erfindungen: Landwirtschaft Pflanzenzucht, Tierzucht	China, Südostasien	seit 14.000 v. Chr.: Hunde seit 3000 v. Chr.: Wasserbüffel, Seidenraupen Reis, Rispenhirse, Buchweizen, Hülsenfrüchte: Sojabohnen, Adzukibohne,
	Südwestasien, Indien	Reis, Feigen, Hülsenfrüchte: Mungbohne, Urdbohne,
	Kleinasien, Südosteuropa, Nordafrika	seit 11000 v. Chr.: Schafe, Ziegen, Schweine; später Rinder, Esel, Pferd, Kamel seit 8000 v. Chr.: Getreide: Dinkel, Gerste, Emmer, Einkorn, Zwerghirse, Hülsenfrüchte: Kichererbse, Linse Dattelpalmen, Feigen, Olive,
	Tropisches Afrika	Kaffernbüffel, Hülsenfrüchte: Erdbohne, Knollenbohne, Ölpalme,
	Süd- und Mittelamerika	seit 5000 v. Chr. Lama, Kartoffeln, Mais, Amarant, Maniok, Hülsenfrüchte: Gartenbohne, Feuerbohne, Erdnuss, Chayote
Kulturelle Erfindungen: Städte		8500. v. Chr. Jericho 7000 v. Chr. Catal Hürük (Anatolien) 5000 v. Chr. Ur (Sumerer) 3500 v. Chr. Uruk 3000 - 2000 v. Chr.: Babylon, Ninive, Memphis, Theben ??? Knossos 2600 v. Chr. Städte im Industal 2500 v. Chr. Caral in Peru 1900 v. Chr. in China (z.B. Erlitou) 1000 v. Chr. Inkastädte (z.B. Cahal Pech) 800 - 500 v. Chr. Athen, Korinth
Kulturelle Erfindungen: Keramik		China: seit 3000 mehrfarbige Keramik und ab 1400 v. Chr. Porzellan. Indien (Amri-Kultur) Ende 4. Jahrtausend v. Chr. Anatolien / Balkan: ?? ab 6000 - 4000 v. Chr. bemalte Keramik (Hacilar-Kultur , Sesklo Kultur) 3500 v. Chr. Mesopotamien: Töpferscheibe Südafrika: Wilton Kultur 4900 v. Chr. Südamerika
		Die Zeitangaben sind mit Vorsicht zu betrachten.

Nischen als Voraussetzungen für Basisinnovationen

Der Begriff „Nischen" bedeutet, dass ein begrenzter Lebensraum mit einer bestimmten Nahrung vorhanden ist. So suchen Buntspechte in der Baumkrone nach Käfern, Schwarzspechte unter der Rinde der Stämme und Grünspechte im Bodenbereich. Die Spechte haben jeweils für ihre Aufgabe besonders geeignete Schnäbel entwickelt, um Nahrung zu suchen. In einem Wald mit Schwarzspechten werden weder Buntspechte noch Grünspechte an den Stämmen genug Nahrung finden, um zu überleben. Nur in einem Wald ohne Schwarzspechte könnte es sich für sie lohnen, auch an den Stämmen nach Nahrung zu suchen, da ihre Schnäbel dafür weniger geeignet sind.

Da der Evolutionsprozess langsam verläuft, haben vorhandene Arten kaum eine Chance, sich in einer neuen Nische anzusiedeln, wenn diese besetzt ist. Nach jedem Artensterben (z.B. nach der Saurierzeit) wurden Nischen frei und rasch von neuen Lebensformen gefüllt. Dabei findet eine Richtungsänderung in der Entwicklung statt. Sie führt nicht zu einer besseren Anpassung einer vorhandenen Art, sondern zu einer neuen Art in einer anderen Nische.

Die kleinen Insekten und die großen Wirbeltiere leben in verschiedenen Nischen. Daher konnten sie parallel Augen, Beine, Flügel entwickeln.

Es gibt es auf der Erde aber auch Entwicklungen, die nur einmal, ohne Parallelentwicklungen vollzogen wurden: Menschliche Sprache, das Erbgut (DNA), biologisches Leben. Wurden dabei alle „Nischen" besetzt, dass eine parallele Entwicklung keine Chance hatte?

Das Tempo von Genveränderungen variiert stark. Es wird u.a. von den Genen gesteuert. Wenn eine Nische frei wird und auch nach Basisinformationen lohnt es sich, das Mutationstempo zu erhöhen. Mutationen finden dann häufiger statt.

Beispiel: Energie, Licht und Auge

Zu den ältesten Lebewesen, die wir kennen, gehören die Hitzebakterien. Sie leben in der Nähe von Vulkanen und gewinnen ihre Energie aus chemischen Stoffen (z.B. Eisen- und Schwefelverbindungen), die im Wasser der Vulkane vorkommen. ($FeS + H_2S \rightarrow FeS_2 + H_2$ und Energie) Dieser Vorgang wird in der Zelle von Katalysatoren beschleunigt. Die entstehende Energie wird von den Katalysatoren aufgenommen und für weitere Reaktionen verwendet.

Nahe der Wasseroberfläche wurden die Vulkane von der Sonne bestrahlt. Das Sonnenlicht schädigte die Hitzebakterien. Als Schutz bildeten sie rote, blaue und grüne Farbstoffe, die das Licht auffingen und die Zelle schützten.

Wenn Farbstoffe Licht aufnehmen, speichern sie vorübergehend die Energie in ihrem Molekül und geben sie nach einem Bruchteil einer Sekunde wieder ab oder sie reagieren mit anderen Molekülen und bilden eine energiereiche Verbindung. Die so entstandenen energiereichen Stoffe kann die Zelle, genau wie die mit der Nahrung aufgenommenen Stoffe als Energiequelle nutzen: Bei dem grünen Farbstoff kam es zu einer Übertragung der gespeicherten Energie auf die Moleküle, die bereits für die Energieversorgung zuständig waren. Es bildeten sich die Cyanobakterien ("Blaualgen").

Die Produktion von chemischen Stoffen mit Hilfe von Licht kommt in der Natur vielfältig vor:
- In einigen Bakterien fängt der Farbstoff Rhodopsin Sonnenenergie ein.
- Farbstoffe in der menschlichen Haut produzieren Vitamin D.
- Farbstoffe in der Haut lösen die Bräunungsreaktion aus.
- Farbstoffe im Auge lösen Nervenimpulse aus.
- Farbstoffe, die erst nach einer Bestrahlung mit UV-Licht eine Giftwirkung zeigen, werden in der Krebstherapie verwendet.
- Farbstoffe lösen das Erstarren von Kunststoffen, die Polymerisation aus.
- ??? Ich kann mir vorstellen, dass es Lebewesen gibt, die energiereiches Röntgenlicht und andere radioaktive Strahlung nutzen, um Stoffe zu synthetisieren und um Energie zu gewinnen. ???

Von der Blaualge bis zur hochentwickelten Alge wie der Euglena ist es ein langer Weg von vielen, vielen Millionen Jahren.

Euglena hat die Verbindung zwischen Farbstoff und Energieübertragung verknüpft mit Steuerung ihrer Bewegung: Euglena schwimmt in Richtung auf das Licht. Das bedeutet, Euglena kann „sehen" (keine Bilder, sondern hell, dunkel und die Richtung, aus der das Licht kommt.) An der Geißel, die zur Bewegung dient, sitzt der lichtempfindliche Farbstoff. Ein Farbfleck wirft einen Schatten, der es ermöglicht, die Richtung der Lichtquelle zu bestimmen.

1.5.2 Kreativer Freiraum

Wenn der evolutionäre Druck sinkt, dann entsteht ein Freiraum, der kreativ genutzt werden kann. Insbesondere nach dem Aussterben von Nahrungskonkurrenten sowie nach Basisinnovationen vermindert sich der evolutionären Druck erheblich. In den folgenden Zeiträumen findet man eine Vielzahl von Neuerungen, wie beispielsweise bei der kambrischen Explosion oder bei dem Entstehen der Hochkulturen.

Die Freiheit kann beispielsweise genutzt werden, das eigene Aussehen zu verschönern oder musikalische Höchstleistungen zu erbringen. Die Vogelfeder diente ursprünglich als Wärmeschutz und wurde in der folgenden Zeit auch als Schmuck benutzt. Erst später wurden Federn zum Fliegen verwendet. Die Freiheit, kreativ - künstlerisch tätig zu werden, ist eine wesentlicher Faktor im evolutionären Prozess.

Handicap-Prinzip

Ein Sonderfall ist das sog. Handicap-Prinzip. Hier wird die Freiheit genutzt, um unsinnige oder sogar schädliche Leistungen zu erbringen. An sich schädliche Handlungen können in einem Bereich einen evolutionären Vorteil schaffen, wenn es beispielsweise damit gelingt, den Geschlechtspartner, einen Konkurrenten oder einen Fressfeind zu beeindrucken. Für diese sind die unsinnigen oder sogar schädlichen Handlungen ein Zeichen der Fitness. Geschlechtspartner bevorzugen sie bei der Wahl und Gegner geben auf, wenn sie meinen, keine Chance gegen dieses "starke" Individuum zu besitzen.

Ein Vorteil des Handicap-Prinzips ist, dass Angeber und Betrüger es schwer haben, denn es müssen echte Leistungen erbracht werden, die schwer zu imitieren sind. (Aufwendige Signale sind besonders zuverlässig und haben daher eine hohe Wirksamkeit.)

Die Warnfarben eines giftigen Tiers (Feuersalamander) machen es auffällig. Es wird entdeckt und ist leicht zu fressen. Betrüger gehen ein großes Risiko ein. Aber es gibt solche Betrüger: Die gelbgestreiften giftigen Wespen werden von harmlosen Schwebfliegen imitiert (Mimikry).

Kulturelle Fehlentwicklungen, die auf dem Handicap-Prinzip beruhen, sind z.B. das Schnüren der Wespentaille, die Verkrüppelung von Füßen, das Tragen eines Tellers im Mund, die Halsverlängerung mit Halsringen, das Wettsaufen.

Ein anderer Vorteil des Handicap-Prinzips ist es, dass der Nachteil sich selbst begrenzt. So wird beispielsweise nach diesem Prinzip giftiges NO_2 als Nachrichtenstoff für Glücksgefühle verwendet. Die Giftwirkung begrenzt die Dauer und schützt davor, im körpereigenen Glücksrausch zu versinken.

Anmerkung:
Evolutionäre Prozesse muss man grundsätzlich von unten, also von den Replikatoren (Gen, Hyperzyklus, Zellstrukturen, ..) ausgehend erklären. Auch die hier beschriebenen Vorgänge lassen sich (z.B. mit Hilfe der Spieltheorie, s.u.) so ableiten. Erklärungen des Evolutionsprozesses auf der Ebene des Individuums oder der Art decken sich logischerweise meist damit, besitzen aber einen eher spekulativen Charakter.

Tabelle 13 Freie Vielfalt

Freiheit wird genutzt, um ...	
künstlerisch kreativ zu werden	Schmetterlingsflügel (Kunst), Vogelgesang (Musik), Schneckenhäuser (Architektur), Balzrituale (Tanz), Blütenduft, ...
zu forschen	Elstern und Tintenfische sind sehr experimentierfreudig.
Spaß zu haben	Schimpansen spielen miteinander.
sich das Leben schwer zu machen	Hirschgeweih
Schaden zu machen	Mutproben, Saufgelage
Gutes zu tun	Altruismus bis hin zur Apoptose (Opfer)
einem Schmarotzer zu dienen	Sklavenameisen
eine Liebesbeziehung einzugehen	Symbiose (s.u.)

1.5.2.1.1 Warum Liebe?

Der Mechanismus der Wissenschaften selektiert an zwei Stellen: Bei Bewährung in der Praxis und bei der Weitergabe von Erfahrungen. In beiden Fällen hilft Liebe, die Hürden zu überwinden. Daraus ergeben sich zwei unterschiedliche Typen der Liebe.

- Symbiosen helfen beim Überleben. (Freundschaft)

- Eltern geben aus Liebe ihre Erfahrungen an ihre Kinder weiter. (Elternliebe)

Anmerkung:
Der Begriff der Liebe wird hier abstrakt verwendet. Über Selbstwahrnehmung, Bewusstsein und Verständnis wird an anderem Orte nachgedacht.

1. Eigenliebe

Die kleinste Einheit der Liebe ist die Eigenliebe. Auch die Grundeinheit der Evolution ist mit der Eigenliebe verbunden. Materiell lokalisiert ist sie in vermehrungsfähigen Strukturen (Replikatoren) wie beispielsweise in Genen, Zellstrukturen, chemischen Reaktionen (Hyperzyklen), Texten. Der jedem stabilen Objekt eigene Selbsterhaltungsmechanismus hat sich im evolutionären Prozess entwickelt. (Da die Eigenliebe auch viele negative Aspekte besitzt, wird sie in diesen Fällen zutreffend als Egoismus bezeichnet.)

2.1 Verwandtschaftsliebe

Die Eigenliebe breitet sich auf dem Wege der Vermehrung aus. Verwandte besitzen weitgehend identische (Erb-)Informationen. Deshalb unterliegen sie auch den gleichen Mechanismen. Für die (Erb-)Informationen spielt es keine Rolle, welcher der Verwandten sich erfolgreich fortpflanzt. Der Evolutionsmechanismus fördert nun auch Eigenschaften, die es den Verwandten ermöglicht, zu überleben und sich fortzupflanzen.
Anders ausgedrückt, die Verwandten werden in die Eigenliebe mit einbezogen. Die Liebe breitet sich aus, von der Eigenliebe zur Verwandtenliebe. Unabhängig von diesem Mechanismus ist jeder Verwandte als Individuum durchaus in der Lage, eigennützig zu handeln.

(Da die Verwandtenliebe auch viele negative Aspekte besitzt, wird sie in diesen Fällen zutreffend als Vetternwirtschaft bezeichnet.)

2.1.1 Konkurrenz

Um evolutionäre Prozesse besser zu verstehen, versucht man, sie mit Hilfe der Spieltheorie zu erklären. Als Nullsummenspiele bezeichnet man Spiele wie Poker, bei denen die Spieler insgesamt weder etwas gewinnen noch verlieren (das Geld auf dem Tisch bleibt gleich), der einzelne jedoch gewinnen oder verlieren kann (die einzelnen Haufen vor den Spielern verändern sich). Nullsummenspiele bringen das hervor, was man Konkurrenz oder Neid nennt. Hat eine Art (z.B. Zebras) einen begrenzten Lebensraum, so verläuft der Evolutionsmechanismus nach den Regeln des Nullsummenspiels. Innerhalb einer Art mischen sich verschiedene evolutionäre Mechanismen miteinander, so Verwandtenliebe und Konkurrenz.

2.2 Freundesliebe (Symbiose)

Die Symbiose beruht auf den Regeln eines Nicht - Nullsummenspiels. Hier können alle gemeinsam etwas gewinnen oder verlieren. Es haben sich verschiedene "Charaktertypen" herausgebildet, die sich in einem Individuum mischen und je nach Situation zu Tage treten können:

Tabelle 14 Charaktertypen

Der Hilfsbereite	Der Verzeihende	Der Regelhafte
Der Schmarotzer	Der Nachtragende	Der Chaotische

Biologen haben in Computerprogrammen getestet, welche Strategien erfolgreich sind. In der Spieltheorie nennt man sie Evolutionär-Stabile-Strategien (ESS). Besonders beliebt ist das Händlerspiel. Zwei Händler tauschen Waren, die sie preiswert gekauft haben, indem sie diese gleichzeitig an zwei unterschiedlichen Orten bereitstellen, ohne zu wissen, ob auch der andere seine Ware hingestellt hat. Dies erfahren sie, wenn sie anschließend zum anderen Lagerplatz kommen, um die Ware des anderen abzuholen. Wenn die fremde Ware verkauft wird, machen die Händler einen Gewinn.

Das Problem ist, dass die Händler beim Hinstellen der eigenen Ware nicht wissen, ob auch der andere seine Ware hinstellt.

Willkürliches Beispiel:
Kaufpreis: 3 Gold
Verkaufspreis: 5 Gold
Gewinn beim Verkauf: 5-3=2 Gold

Spiel über eine Handelsrunde:
- Beide sind Schmarotzer: 0 Gold Gewinn
- Beide sind ehrlich: 2 Gold Gewinn für beide Händler.
- Einer ist ehrlich und einer ein Schmarotzer: Der Schmarotzer gewinnt 5 Gold, der Ehrliche verliert 3 Gold.

Sinnvolles Konzept für ein Spiel über eine einzige Handelsrunde: Nichts hinstellen. (Also nicht "Goldketten" an Autobahnparkplätzen kaufen, denn hier lohnt es sich für den Verkäufer zu betrügen.)

Nun spielt man sehr viele Runden. Im Computerprogramm lässt man Miniprogramme mit verschiedenen Strategien gegeneinander antreten:
- immer ehrlich
- dreimal ehrlich, dann Schmarotzer
- chaotisch
- erst ehrlich, wird man "betrogen", setzt man nichts mehr hin
usw.

Startkapital für jedes einzelne Miniprogramm: 100 Gold
Ist das Kapital aufgebraucht, wird das entsprechende Miniprogramm gelöscht. Wird das Anfangskapital verdoppelt, wird das Miniprogramm verdoppelt und das Kapital auf beide verteilt.

Ablauf: Zunächst breiten sich die Schmarotzer aus und die immer Ehrlichen verschwinden. Dann haben auch die Schmarotzer keinen Erfolg mehr und verschwinden. Am Ende bleibt ein Programm mit folgenden Regeln in vielen Kopien über:

- Erste Runde ehrlich (Ware hinstellen)
- Alle folgenden Runden das tun, was der Vorgänger getan hat.

Die erfolgreichste Strategie lautet somit: "Wie du mir, so ich dir."

So steht es in vielen Biologiebüchern. Die Sache hat nur einen Haken. Sie enthält zwei Denkfehler. Denkfehler 1: Computerprogramme erzeugen das richtige Ergebnis. (Nein, das Ergebnis hängt von den vorher gemachten Annahmen ab. Mit Vorsicht betrachtet, können sie helfen, über bestimmte Fragen nachzudenken.)

Denkfehler 2: Dieses Spiel bildet die biologische Wirklichkeit ab. (Nein, es fehlt zumindest ein wesentlicher Aspekt: Störungen von außen.)

Regeländerung:
Im abgeänderten Computerprogramm tritt selten und in unregelmäßigen Abständen ein Dieb auf, der alle Waren stiehlt. Die Folge für die Strategie "wie du mir, so ich dir" ist, dass der Handel mit einem gleich gearteten Programm abbricht. Dieses Programm ist nicht versöhnlich genug. Für kurzzeitige Beziehungen ist die Handelsstrategie "wie du mir, so ich dir" die mathematisch beste Strategie, nicht aber für langfristige.

Langfristige Beziehungen beruhen daher auf dem verzeihenden Prinzip der Liebe. Nur echte Liebe ist dazu in der Lage. In der Biologie sind die Zeiträume sehr lang. Wir finden symbiotische Beziehungen, die Milliarden Jahre alt sind.

Der Evolutionsmechanismus fördert alle Eigenschaften, die es den Beteiligten ermöglichen, nicht nur für sich allein, sondern in der Gemeinschaft zu überleben und sich fortzupflanzen.
Anders ausgedrückt, die Freunde werden in die Eigenliebe mit einbezogen. Die Liebe breitet sich aus, von der Eigenliebe zur Freundesliebe.

(Da die Freundesliebe auch viele negative Aspekte besitzt, wird sie in diesen Fällen zutreffend als Gruppenegoismus bezeichnet.)

2.2.1 Schmarotzer
Im normalen Leben hat man nicht nur eine Beziehung, sondern viele. Auch dies soll in unserem Programm berücksichtigt werden.

Regeländerung:
Im abgeänderten Computerprogramm hat das immer hilfreiche Miniprogramm eine weitere Handelsbeziehung und erhält hieraus pro Runde einen Gewinn von 6 Gold. Sogar in einer Umgebung mit vielen Schmarotzern steht es noch gut da, denn auch ein Verlust von 3 Gold pro Runde an einen Schmarotzer wird mehr als ausgeglichen.
Kleine Singvögel sind durch vielfältige symbiotische Beziehungen sehr gut an die Umwelt angepasst. Spieltheoretisch ausgedrückt: Sie erzielen Jahr für Jahr einen hohen Gewinn. Schmarotzer, wie der Kuckuck, nehmen ihnen nun einen Teil des Gewinns ab, indem sie ihre Jungen von den kleinen Singvögeln aufziehen lassen. Anmerkung: Schmarotzer versuchen ihre Opfer bis zum Existenzminimum auszubeuten. Dabei setzen sie erfolgreich zwei Strategien ein: Betrug (die Kuckuckskinder ahmen Singvogelkinder nach) und Gewalt (die Kuckuckskinder töten die anderen Singvogelkinder im Nest).
Pfauenfedern spielen eine wichtige Rolle in der Balz. Diese Federn sehen nicht nur schön aus, sondern sie verbrauchen auch einen wesentlichen Anteil vorhandener "Überschüsse". Damit schützen sie vor einer Ausbeutung durch Schmarotzer. (Überschussgesellschaften haben mit einer ständig wachsenden Zahl von Schmarotzern zu kämpfen. Das können Menschen sein, die "keinen Bock" auf Arbeit haben, oder auch Manager, die sich trotz Verlusten ihrer Firma Millionengehälter einverleiben. Der Einsatz für hilfsbedürftige Menschen, Kranke, Behinderte und Alte ist aus vielfältigen Gründen für die Gemeinschaft von Nutzen. Da dabei überschüssige Ressourcen verbraucht werden, schützt dies auch ein bisschen vor Schmarotzern.)

3. Universelle Liebe
Alle Lebensformen in einem Biotop bilden eine Überlebensgemeinschaft. Auch Raubtiere, Schmarotzer und Krankheitserreger haben darin ihren Platz. Und es gibt ein gemeinsames Ziel: Überleben. Daher arbeitet die Evolution in Richtung auf die universelle Liebe hin.
Um Missverständnisse zu vermeiden: Der individuelle Egoismus besteht dabei weiter: Schmarotzer schmarotzen, Raubtiere jagen usw. Die dem entgegenwirkenden Kräfte verhindern dies nicht, sondern begrenzen es nur.
Universelle Liebe hat hier nicht die Bedeutung von paradiesischen Zuständen, sondern eher die einer Lebensweisheit.

1.5.3   Symbiosen

Der Gewinn in einer Symbiose ergibt sich aus unterschiedlichen Fähigkeiten der Partner. Jeder bringt seine Fähigkeiten mit ein, beide profitieren davon.

Tabelle 15 Symbiosen

Schutz vor Feinden		
Zwischen den giftigen Tentakeln der **Furchenqualle** kann der Krebs sich verstecken.	Der **Kurzschwanzkrebs** lenkt die blinde Qualle wie ein Steuermann durch das Meer und umschifft Fressfeinde.	
Zwischen den giftigen Tentakeln der **Prachtanemone** kann der Clownfisch sich verstecken.	Der **Clownfisch** säubert die Prachtanemone von Schmutz und vertreibt ihre Fressfeinde.	
Ameisen schützen Blattläuse und tragen diese zu frischen Blättern.	**Blattläuse** werden von Ameisen gemolken und liefern einen zuckerhaltigen Saft.	
Einsiedlerkrebse benutzen leere Schneckenhäuser als Wohnung. Zum Schutz und zur Tarnung setzen sie sich eine Schmarotzerseerose auf ihr Schneckenhaus. Wenn die Krebse wachsen, suchen sie sich ein neues Schneckenhaus und pflanzen ihre Seerose auf ihr neues Haus.	**Schmarotzerseerosen** ernähren sich von Nahrungsabfällen des Einsiedlerkrebses.	
Die schlecht sehenden **Pistolenkrebse** bauen Wohnröhren, in denen sie zusammen mit einer Grundel leben.	Die **Grundel** warnt vor Feinden.	
Im Wald leben in unterschiedlichen Baumschichten verschiedene Tierarten Sie warnen mit Rufen vor Feinden in ihrem Sichtbereich. Beispiele: 8 Affenarten im westafrikanischen Urwald (Meerkatzen, Mantelaffen, Stummelaffen) Vögel (wie Eichelhäher) und Säugetiere (wie Eichhörnchen) im deutschen Wald.	Die anderen Tiere hören den Warnruf und können fliehen. Sie warnen ein anderes Mal. (Anmerkung: Für eine Symbiose ist es erforderlich, dass die Partner einander verstehen. So versteht das Eichhörnchen eine "Fremdsprache", nämlich den Warnschrei des Eichelhähers.)	
Ernährung		
Der **Honigdachs** legt mit seinen Krallen Bienenstöcke frei und frisst den Honig.	Der Vogel mit dem Namen **Honiganzeiger** führt durch Rufe den Honigdachs zu Honigstöcken. Er ernährt sich von der freigelegten Brut und Käfern.	
Blattschneideameisen sammeln Blätter und zerkauen sie zu einem Brei. Darauf pflanzen sie Pilze, die sie später essen. Sie pflegen die Pilze, entfernen Schimmel und behandeln sie mit einem Antibiotikum gegen Schlauchpilze. In Körpermulden züchten die Ameisen nützliche Bakterien, die sie mit einem Drüsensekret füttern.	Die **Pilze** (Leucoagaricus) ernähren sich von dem Blätterbrei.	Die **Bakterien** (Pseudonocardia) erzeugen das Antibiotikum.

Menschen züchten Champignons auf Stroh und essen sie.	Die **Champignons** ernähren sich von dem Stroh.	
Wiederkäuer (Kühe) zermahlen Gras zu einem Brei und schlucken es herunter. Im Magen leben Pilze und Bakterien. Ein Großteil von ihnen wird im Darm von den Wiederkäuern verdaut und gegessen.	Die **Pilze und Bakterien** ernähren sich von der Zellulose in dem Blätterbrei.	
Termiten sammeln totes Holz und zerkauen es, aber sie können es allein nicht verdauen. In ihrem Darm leben Geißeltierchen.	Die anäroben **Geißeltierchen (Mixotricha)** verdauen das Holz, soweit sie können. Ihre Exkremente dienen den äroben Termiten als Nährstoffe.	Tausende **Spirochäten** bewegen mit ihren Spirillen das Geißeltierchen. **Stäbchenbakterien** auf dem Geißeltierchen produzieren Lignasen und Cellulasen zur Holzzersetzung.
Größere Organismen bieten Schutz und beschaffen die erforderlichen Nährstoffe. Ihre Untermieter leben zwischen ihren Zellen und sogar in ihren Zellen.	**Kleine spezialisierte Zellen** können vielfältige Aufgaben übernehmen: - Energie gewinnen - chemische Verbindungen herstellen - Fortbewegung	
Der **Tiefsee - Anglerfisch** züchtet in seiner "Angel" Leuchtbakterien.	Das Licht der **Leuchtbakterien** lockt kleinere Fische an, die der Anglerfisch frisst.	
Die **Fadenschnecke** Elysia chloroticia besitzt den Teil des Erbgutes von Algen, der sie in die Lage versetzt, Chloroplasten in sich aufzunehmen.	Die Teile des **Erbguts** der Algen und die **Chloroplasten**, die Photosynthese betreiben, leben in der Fadenschnecke.	
Auch **Feuerquallen, Blumentiere, Riesenmuschel** oder **Fadenschnecken** (Phylodesmium biareum) im Meer bieten Schutz und liefern Nährstoffe.	In ihnen leben **Einzeller**, die Photosynthese betreiben.	
In den Zellen aller **Tiere und Pflanzen**	**Mitochondrien / Proteobakterien**: Zellatmung zur Energiegewinnung	
In den Zellen aller **Pflanzen**	**Chloroplasten / Cyanobakterien**: Photosynthese zur Energiegewinnung	
In den Zellen der **Polychaeten**, die in Schwarzen Rauchern leben	Zoothamnium niveum: Oxidation von Sulfiden zur Energiegewinnung	
Pflanzen (Bäume, Orchideen, ...) liefern Zucker.	**Pilze** (Mykorrhiza) leben in ihren Wurzeln und liefern Wasser und Nährsalze. Einige Pilzarten produzieren sogar Antibiotika, die die Pflanze vor schädlichen Bakterien und Pilzen schützt.	
Pflanzen (Schmetterlingsblütler) liefern Zucker.	**Knöllchenbakterien** in Wurzelhohlräumen produzieren mit Hilfe von Luftstickstoff Nitratdünger, den die Pflanze aufnimmt.	

Lebensraum

Das **Rispengras** Dichanthelium lanuginosum liefert Zucker.	Der **Pilz** Curvularia protuberata lebt in den Wurzeln des Grases und liefert Nährsalze.	Der **Virus** CthTV, (Curvularia thermal tolerance virus), verändert den Pilz so, dass Pilz und Rispengras Temperaturen von 70°C vertragen und in heißen Thermalquellen leben können. (Ohne Virus vertragen beide maximal 38°C.)
In Flechten bilden **Pilze** das schützende Grundgerüst, sammeln Nährsalze und speichern Wasser. Flechten können in extremen Lebensräumen (Hitze, Kälte, Trockenheit) überleben.	**Grünalgen** oder **Cyanobakterien** erzeugen in Flechten mit Hilfe des Sonnenlichts Zucker, den sie ausscheiden. Der Pilz ernährt sich davon (Photosynthese).	

Pflege

Putzerfische bzw. Putzervögel ernähren sich von Parasiten oder Nahrungsresten. Beide werden von Raubtieren nicht gefressen, sogar dann nicht, wenn sie im Maul die Zähne säubern.	Haifische und andere Fische Krokodile, Nilpferde werden gesäubert.

Fortpflanzung

Bienen, Käfer und Schmetterlinge tragen Blütenstaub von Blüte zu Blüte.	Die Blütenpflanzen liefern ihnen Blütenstaub und Nektar.
Vögel und Säugetiere, aber auch Ameisen tragen Samen an andere Orte.	Die Blütenpflanzen liefern ihnen Nahrung wie Früchte oder Nüsse.

Fähigkeiten

Verschiedene Zellen bilden ein Organ, wie beispielsweise das Auge.	Hornhautzellen, Netzhautzellen, Nervenzellen usw. arbeiten arbeitsteilig zusammen.
Mehrere Muskelzellen verschmelzen zu einer gemeinsamen Zelle (Synzytium). Diese Zelle kann mehr leisten als eine einzelne Zelle.	Andere Muskelzellen übernehmen andere Aufgaben.
In Sprosspflanzen verbinden sich mehrere Zellen. Es bilden sich Leitungen (Phoelem) zum Wasser- und Nährstofftransport. Diese Leitungen können aber auch wie Nerven elektrische Impulse weiterleiten.	Andere Zellen übernehmen andere Aufgaben.
Viele DNA - Abschnitte enthalten Gene, die den Stoffwechsel kontrollieren und so das Überleben der Zellen ermöglichen.	Springende Gene (Transposons) nennt man DNA - Abschnitte, die andere Gene aktivieren, hemmen, verändern oder an einen anderen Ort verschieben oder kopieren können. Sie erleichtern damit Innovationen (Baukastenprinzip). Möglicherweise stammen sie von den Retroviren ab.
Über Generationen hinweg streben Wissenschaftler unterschiedlichster Fachrichtungen und verschiedener Völker danach, ein gemeinsames Ziel zu erreichen: Erkenntnis. (Wissenschaft als Basisinnovation der industriellen Revolution.)	Über Generationen hinweg streben Wissenschaftler unterschiedlichster Fachrichtungen und verschiedener Völker danach, ein gemeinsames Ziel zu erreichen: Erkenntnis. (Wissenschaftler fördern sich gegenseitig.)

Symbionten und Schmarotzer

In der Natur kann beobachtet werden, dass Lebewesen auf Kosten anderer leben (Schmarotzer), und es kann beobachtet werden, dass Lebewesen sich wechselseitig helfen (Symbionten). Dabei profitiert allerdings häufig ein Partner mehr als der andere. In beliebigen symbiotischen Beziehungen geht die Tendenz dahin, dass ein Partner sich zunehmend zu einem Schmarotzer entwickelt, der auf Kosten des anderen lebt. Da Symbiosen in beliebigen Lebensbereichen auftreten, ist dieser Vorgang von großer Bedeutung:

- Flechten (Pilze mit Algen)
- Partner einer Ehe
- Händler und Käufer
- Unternehmer und Angestellte
- usw.

Viele grundlegende Neuerungen beruht auf einer Symbiose:
- Die Entstehung des biologischen Lebens (komplexe Hyperzyklen)
- Der Übergang vom einfachen zum höheren Einzeller (Eukaryonten)
- Der Übergang vom höheren Einzeller zum Vielzeller
- Die Entstehung von Sozialwesen und Kulturen

Antrieb für die Symbiose ist der Egoismus: Man ist bereit zu geben, um zu nehmen. (An der Ladenkasse zahlen die Menschen nicht aus Mildtätigkeit.) Obwohl, nein weil beide Partner Egoisten sind, funktioniert die Partnerschaft. Es lohnt sich, für den Partner etwas zu tun, denn wenn es dem Partner gut geht, geht es einem selber auch gut. Funktionierende Symbiosen nützen beiden Partnern oft über lange Zeiträume.
Aber diese Partnerschaft ist in ständiger Gefahr, denn jeder ist in der Regel daran interessiert, möglichst viel für sich herauszuholen. Übertreibt einer es, zerbricht diese Partnerschaft:

- Flechten sterben
- Ehen werden geschieden
- Ladendiebe erhalten Hausverbot
- Unternehmen gehen in Konkurs

Während Symbionten gefördert werden, werden Schmarotzer bekämpft. Die Schmarotzer haben dagegen einige erfolgreiche Strategien entwickelt.

1. Sie tarnen sich und gaukeln vor, Symbionten zu sein:
- Symbiotische Pilze liefern Wasser und Nährstoffe. Im Gegenzug erhalten sie vom Baum Zucker. Schmarotzer erhalten Zucker, ohne etwas zu liefern.
- Ehepartner werden hintergangen.
- Betrug in allen Formen.

2. Sie nutzen Schwachpunkte des Partners (Gewalt):
- Ehepartner dürfen sich nicht scheiden lassen und Gesetze einiger Länder erlauben es, die eigene Frau zu unterdrücken.
- Ausnutzen eines Monopols.
- Bei hoher Arbeitslosigkeit werden die Löhne auf das Existenzminimum gedrückt.
- Mit Streiks werden Firmen zu sehr ungünstigen Abschlüssen gezwungen (Heizer auf Elektroloks).

Gut und Böse aus evolutionärer Sicht
Im Idealismus wird mit absoluten Gegensatzpaaren gearbeitet: "Absolut gut" und "absolut böse". Diese von Philosophen vorgenommene Einteilung der Welt steht nicht mit den Erfahrungen des Alltagslebens überein.
Dies hat unterschiedliche Gründe:

- Im Alltag finden wir fließende Übergänge, die Gutes und Böses beinhalten.
- Was Gut und Böse ist, hängt vom jeweiligen Standpunkt ab.
- Gut und Böse sind menschliche Begriffe. Die (menschliche) Ethik legt fest, was gut und was böse ist. Je nach den moralischen Grundsätzen kann das Urteil sehr unterschiedlich ausfallen.
- Gut und Böse sind Begriffe, die einen Modellcharakter besitzen. Ihre Eigenschaften erhalten sie im Rahmen des Modells.
- Liebe ist nicht deckungsgleich mit dem Begriff "Gut", denn Liebe ist parteiisch. Und da das Prinzip der Liebe eine wesentliche Grundlage für den Erhalt der Materie und des Lebens ist, so kommt es zu Ereignissen, die wir nicht als gut bezeichnen.
- Der Begriff "absolut" steht außerhalb der Logik und darf in logischen Verknüpfungen nicht verwendet werden.

Die Problematik, die mit den Begriffen Gut und Böse umschrieben wird, eignet sich nicht für eine Einteilung in Gegensatzpaare. Die moderne Wissenschaft hat für komplexe Zusammenhänge eine neue Untersuchungsmethode entwickelt, die Metatheorie. Die Meta-Ethik versucht, die Ethik von einer höheren Warte aus zu betrachten. Von der höheren Metaebene aus lässt sich begründen, warum etwas mit gut oder böse bewertet wird:

Eine Löwin tötet ein junges Zebra. Sie frisst und füttert ihr Kind.

Aus Sicht des Löwen und des Löwenkindes: Gut
Aus Sicht des gefressenen Zebras: Böse
(Das Prinzip der Liebe ist nicht objektiv, sondern subjektiv und parteiisch.)

Durch das ständige Bejagen der Zebras haben sich bei beiden Arten leistungsfähige Tiere entwickeln können.

Aus Sicht der Art "Zebra": Gut
Aus Sicht der Art "Löwe": Gut

Aus Sicht eines Evolutionsbiologen ist nicht das Individuum, sondern die Lebensgemeinschaft der Arten (Klimax) entscheidend. Die Gemeinschaft von Jäger und Beute in der Natur kann als eine Beziehung zum wechselseitigen Nutzen gesehen werden.
Aus Sicht eines Philosophen ist das Sterben des Zebras eine tragische Situation. Sie ist tragisch, weil es keinen Ausweg aus diesem Konflikt gibt. Von entscheidender Bedeutung in diesem Zusammenhang ist, dass es durch die Evolutionstheorie nicht zu einer Relativierung der Begriffe Gut und Böse kommt, sondern zu einem Verstehen der Zusammenhänge in einem tragischen Konflikt.

Auch Konflikte zwischen Mitgliedern einer Art dienen dem Überleben der Art, schaden aber auch, wenn durch sie Gegner schwer verletzt oder sogar getötet werden, denn die unterlegenen Tiere sind möglicherweise für andere Situationen besonders gut angepasst. Ein Verlust ihres Erbgutes sollte daher vermieden werden. Im Laufe der Evolution haben sich zwei Lösungen entwickelt:
- Eine innerartliche Aggression wird beendet, wenn das unterlegene Tier sich unterwirft (Demutsverhalten).
- Innerartliche Aggression werden nur als Ritual durchgeführt. Der Unterlegene überlässt dem Sieger Weibchen und Revier, der Sieger lässt den Unterlegenen unbehelligt.

Tierische Aggressionsregeln funktionieren bei den Menschen mit ihren reduzierten Instinkten nicht mehr: Tötungshemmungen können überwunden und Rituale missachtet werden.

Auch die Kombination von menschlichem Verstand und tierischen Aggressionsregeln führt oft zu zweifelhaften Ergebnissen: Es ist unser Verstand, der uns sagt, dass es gut ist, einen Verbrecher an weiteren Untaten zu hindern, indem wir ihn vernichten. Wer ein Verbrecher ist, entscheidet häufig unser "Rudelchef", dessen mündlichen oder schriftlichen Anweisungen wir als soziale Wesen in der Regel folgen. Erklärt er andere Religionen, Rassen oder Völker zu Feinden, folgen ihm meist seine Untergebenen in den Krieg.

Menschliche Aggressionsregeln funktionieren in der technischen Welt nicht mehr: Den Opfern eines Luftangriffes nützt es nicht, Demutsgesten zu zeigen.

Aber im evolutionären Prozess hat sich noch etwas anderes entwickelt, und zwar Gerechtigkeitsgefühl und Recht. Dass viele schwache Lebewesen gemeinsam einen aggressiven Starken abwehren, kann man häufig in der Natur beobachten. Recht, Justiz und Polizei machen nichts anderes.

Da innerartliche Aggression aus Sicht der Evolution sehr nützlich ist, sollten die Aggressionen nicht verboten, sondern in geregelte Bahnen gelenkt werden. Analog zu tierischen Ritualen müssen geeignete Regeln erarbeitet werden. (Beispiele: Wahlkampf, Einstellungen nach Abschlüssen und Leistungen, Soziale Marktwirtschaft, Teilhabe am Gewinn, Mitbestimmung der Angestellten bei wichtigen Entscheidungen.) Das Kriegsvölkerrecht ist ein Vorstoß in die richtige Richtung. Es geht aber einerseits mit seinen Regeln nicht weit genug, andererseits wird diese Vereinbarung von vielen Kriegsparteien missachtet.

1.5.4　Geographie und Biologie

1.5.4.1.1　Aufbau der Erde

Nach der Bildung unseres Sonnensystems vor 4,6 Milliarden Jahren gab es vermutlich mehr Planeten als heute. Einige befanden sich auf instabilen Bahnen und stießen mit anderen Himmelskörpern zusammen. Je nach Größe und Wucht vereinigten sie sich oder zerbrachen. Zwischen Mars und Jupiter liegt der Asteroidengürtel, der vermutlich durch Kollisionen entstanden ist. Auch der Mond könnte aus Bruchstücken eines solchen Zusammenstoßes mit der Erde entstanden sein.

Trümmer dieser Zusammenstöße fallen als Meteoriten auf die Erde und geben Hinweise, wie das Innere der Erde beschaffen sein könnte. Es wird vermutet, dass der Kern der Erde wie Eisenmeteoriten aus schweren Metallen, besonders Nickel und Eisen besteht. Der Kern soll im Zentrum fest und außen flüssig sein. Der Erdmantel hat vermutlich die gleiche Zusammensetzung wie Steinmeteoriten. Er besteht aus geschmolzenen Verbindungen leichterer Metalle wie Silizium und Magnesium.

Noch leichter ist die Erdkruste. Sie besteht, wie Glasmeteoriten, aus Silizium, Aluminium und anderen leichten Metallverbindungen. Die Erdkruste ist unter der Tiefsee nur wenige Kilometer, unter den Kontinenten zwischen 30 und 100 Kilometer dick.

Wasser gibt es nicht nur auf der Erde, sondern auch in Kometen.

Die Erdatmosphäre hat sich seit ihrer Bildung grundlegend verändert. Früher enthielt sie Wasserstoff, Kohlendioxid, Kohlenmonoxid und Stickstoff. Heute enthält sie Stickstoff, Sauerstoff und eine kleine Menge Kohlendioxid.

Plattentektonik und Vulkanismus

Die Kontinente bestehen aus leichten Verbindungen und schwimmen wie Platten auf der Lava des Erdmantels (frei nach Thales von Milet (um 600 v. Chr.)). Durch aufsteigende Lava werden sie in Bewegung gesetzt. In der Saurierzeit hatten alle Kontinente sich für einige Millionen Jahre zu dem Riesenkontinent Pangäa verbunden. Vor etwa 200 Millionen Jahren, zerbrach Pangäa. Aus den Bruchstücken bildeten sich die heutigen Kontinente (frei nach Alfred Wegener (1880-1930)). Die Plattentektonik befördert die in den Sedimenten abgelagerten Stoffe wieder nach oben, wodurch die für das Leben erforderlichen chemischen Elemente in ausreichender Menge zur Verfügung stehen.

In großen Abständen löst sich vom flüssigen Erdkern heiße Lava ab und steigt nach oben. Einige Millionen Jahre später erreicht dieser Lavastrom (Plume) die Erdoberfläche und erzeugt gewaltige Vulkanausbrüche. Auch wenn der Ausbruch vorbei ist, steigt weiter heiße Lava im Erdmantel nach oben. Die Kontinente bewegen sich über diese heißen Stellen (Hot Spots), es entsteht eine Linie von erloschenen Vulkanen, die in einem weiterhin aktiven Vulkan endet. So ist die Inselkette von Hawaii entstanden.

Plattentektonik und Vulkanismus fördern die in den Sedimenten abgelagerten Stoffe nach oben und halten damit den globalen Stoffkreislauf aufrecht. Dieser Vorgang ist eine Grundbedingung für die Entwicklung und den Erhalt von höherem Leben auf der Erde.

1.5.4.1.2　Massensterben

Im Laufe der Erdgeschichte hat es viele Phasen gegeben, in denen eine hohe Zahl von Arten ausgestorben ist. Verschiedene Ursachen haben dies ausgelöst:

Aktivität der Sonne, Bahn der Erde:
Es kommt zu Klimaschwankungen.
Die Änderung der Erdbahn um die Sonne wird als eine Ursache für die Eiszeiten der letzten hunderttausend Jahre diskutiert.

Plattentektonik:
Berge entstehen und verschwinden. Der Meeresboden im Flachwasserbereich hebt und senkt sich. Die Kontinente gelangen in andere Klimazonen. Meeresströmungen (z.B. Golfstrom) entstehen oder verschwinden. Warm-, Kalt- und Eiszeiten wechseln.
Die Entstehung des Golfstroms und die dadurch entstehenden Wolken werden als mögliche Ursache für die Eiszeiten der letzten hunderttausend Jahre diskutiert.

Vulkane, Meteoriten:
Staub verdunkelt den Himmel, giftige Stoffe verpesten Luft und Wasser. Es folgt eine Kälteperiode. Der Ausbruch des Toba Caleda wird als eine Ursache für die letzte Eiszeit diskutiert.

Einwandern neuer Arten (Neophyten):
In Australien verursachen eingeführte Säugetiere ein Aussterben einheimischer Tierarten.

Lebewesen produzieren Gift
Cyanobakteria ("Blaualgen") erzeugen Sauerstoff. (Sauerstoff ist nach Fluor und Chlor das drittaggressivste Element der Nichtmetalle.) Für die meisten vor 1500 Millionen Jahren lebenden Arten war Sauerstoff giftig. Zu diesem Zeitpunkt stieg der Sauerstoffanteil in der Luft stark an und führte vermutlich zu einem Massensterben.

Kosmische Ereignisse
Explosion einer Supernova, Bildung Schwarzer Löcher oder Gammastrahlenausbrüche (GBR) sind kosmische Ereignisse, die noch in großer Entfernung verheerende Wirkung haben können.

Übersicht
In den letzten 500 Millionen Jahren hat es fünf gewaltige Massensterben gegeben:

- Vor 65 Millionen Jahren, am Ende der **Kreide** starb die Hälfte aller Lebewesen aus. Kein Landlebewesen, das schwerer als 25 kg war, überlebte.
- Vor 200 Millionen Jahren, am Ende des **Trias** starb ein Drittel aller Tierfamilien aus.
- Vor 250 Millionen Jahren, am Ende des **Perm** starben mehr als 90 % aller im Meer lebenden Arten und die Hälfte aller Tierfamilien aus. Auch viele Pflanzenarten verschwanden für immer.
- Vor 360 Millionen Jahren, am Ende des **Devon** starb ein Drittel aller Tierfamilien aus.
- Vor 440 Millionen Jahren, am Ende des **Ordoviziums** starb die Hälfte aller Arten aus.

Vermutete Ursachen:
- Am Ende der **Kreide** wurden 1,5 Millionen Quadratkilometer, dass sind zwei Drittel des Indischen Subkontinents, von Magma aus gewaltigen Vulkanausbrüchen überflutet (Dekan Traps).
- Viele Arten waren bereits ausgestorben, als ein Meteorit in Mittelamerika einschlug. Der Krater Chicxulub ist 320 km groß.
- Am Ende des **Trias** hinterließ ein Meteor einen Krater mit einem Durchmesser bis zu 100 km.
- Am Ende des **Perm** wurden in Sibirien 2 Millionen Quadratkilometer von Magma aus gewaltigen Vulkanausbrüchen überflutet.
- Am Ende des **Devon** hinterließ ein Meteor einen 55 km großen Krater. Möglicherweise war die Klimakatastrophe auch hausgemacht: Die großen Wälder brauchten zum Wachstum Kohlendioxid aus der Luft. In Folge des niedrigen Kohlendioxidgehalts der Luft kühlte sich die Erde ab. Während dieser instabilen Lage schlug der Meteorit ein.
- Am Ende des **Ordoviziums** befand sich durch die Plattentektonik der Kontinent Gondwana am Nordpol. Es kam zu einer Eiszeit und zu Schwankungen des Meeresspiegels.
- Am Ende des **Präkambriums** vor 850 - 600 Millionen Jahren war die Erde weitgehend vereist (Schneeball-Erde). Dabei wurden große Mengen an Nährstoffen wie Phospat freigesetzt. Dann wurde sie wärmer. Es gab eine gewaltige Algenblüte, und der Sauerstoffgehalt der Atmosphäre stieg deutlich an.

Folge:
- Nachdem ein Großteil der Tiere und Pflanzen ausgestorben waren, konnten die überlebenden Arten die nun leeren Lebensräume (Biotope) besiedeln. Da auch der evolutionäre Druck abnahm, entstand ein Freiraum, der kreativ genutzt werden konnte. Die Evolution bekam jeweils einen neuen Schub.

1.5.5 Stammbaum des Menschen *

(Vermutet, ohne Verzweigungen)

Bei der Evolution des Menschen wird häufig der Schwerpunkt einseitig auf Denken, Sprechen und Werkzeuggebrauch gelegt. Zentrum der Menschwerdung ist aber ein Prozess des Zusammenschlusses von Individuen zu einer größeren Gemeinschaft nach einem Prinzip, das wir als Liebe bezeichnen. Dieser Prozess hat vor sehr langer Zeit begonnen und ist bis heute nicht zum Abschluss gekommen. Zum jetzigen Zeitpunkt befinden wir uns in der Phase des Übergangs vom Tier zum Menschen. Diese Phase würde ich dann als abgeschlossen betrachten, wenn Menschen dauerhaft friedlich in einer weltumspannenden Gemeinschaft und im Einklang mit der Natur zusammenleben. Begonnen hat dieser Prozess nicht beim Urmenschen, sondern bereits beim Zusammenschluss von Fischen zu Schwärmen. Alle komplexeren Lebewesen befinden sich demnach an einem irgendeinem Punkt im Mensch-Tier-Übergangsfeld.

Wir sind mit allen irdischen Lebewesen (Affen, Vögeln, Bienen, Erdbeeren, Bakterien usw.) verwandt.

Tabelle 16 Stammbaum des Menschen

Zeit (?)	Lebewesen / Lebensform	Neue Fähigkeiten/ -> weitere Nachkommen
vor 5.000 Jahren	(Große Zivilisationen)	Staaten, Schrift, Gesetzbücher, Wissenschaft, Metallherstellung, Bergbau, Technik, ...
5.000 - 10.000	Mensch (Jungsteinzeit - Neolithikum)	Fischer, Hirten oder Bauern, Dörfer, Pflanzen- und Tierzucht, Hacke, Hakenpflug, Rad, Wagen, geschliffene Steinwerkzeuge, Töpferei, Unterricht, Handwerk, Ärzte, Städte,...
40.000 - 10.000	Mensch: Cro-Magnon-Menschen	Spezialisierte Sammler, Fischer und Großwildjäger, Boote, Harpunen, Pfeil und Bogen, Nähnadeln, Kämme, Kalender, Flöten, Werkzeuge zur Feuererzeugung, Kunstgegenstände, Höhlenmalerei, Symbole, Begräbnis mit umfänglichen Grabbeigaben,... weite Ausbreitung und (Rück)-Wanderungen
80.000 - 50.000	Mensch: Blombos-Menschen	geschliffene Messer und Speere aus Stein, durchbohrte Schneckenhäuser, mit geometrischen Ornamenten verzierte Gegenstände, Ocker als Farbstoff
zwischen 30.000 und 140.000	Letzte(r) gemeinsame(r) Vorfahre / Vorfahrin aller Menschen	(Die Zahl seiner / ihrer Nachkommen bis heute beträgt ca. 100 Milliarden.)
200.000	Homo sapiens sapiens	komplexe Sprache, Bau von Unterkünften (Zelte, Hütten), einfache Boote, weite Ausbreitung und (Rück)-Wanderungen, vermutlich Mischung mit archaischen Homo sapiens Rassen
400.000 - 30.000	Archaischer Homo sapiens (Mittelpaläolithikum)	Protosprache (Zungenbein, Mutationen im Sprachgen FoxP2, das zuständig für Grammatik und Artikulation ist), bewusstes Denken, starke Zunahme des Hirnvolumens, Mousterien-Werkzeuge: Speer, Spachteln zur Lederbearbeitung, ... weite Ausbreitung und (Rück)-Wanderungen, vermutlich Mischung mit anderen Rassen des archaischen Homo sapiens

2 Mio. - 250.000	Frühmensch Homo ergaster (Homo erectus)	Entwicklung des kausal - handelnden und des formal - logischen Denkens, Vorläufer der Protosprache (Absenkung des Kehlkopfes), lehren und lernen (?), Jagd mit Waffen, Acheuléen-Werkzeuge: Äxte, Spitzhacken, Faustkeile, Herdstellen, Feuer, ... weite Ausbreitung und (Rück)-Wanderungen, vermutlich Mischung mit anderen Rassen
2,5 - 1,5 Mio.	Homo rudolfensis (Altsteinzeit - Paläolithikum)	Lernen durch Vorbild, Tradition, Oldowan-Werkzeuge: Scharfkantige Abschläge werden als Messer verwendet, Knochen als Grabwerkzeuge, ... Feuer (?), Grillen (?) (Vergrößertes Broca-Areal) Ausbreitung und (Rück)-Wanderungen
4 - 2,5 Mio.	Australopithecus afarensis	aufrechter Gang, ausdauernder Läufer, Hände als Werkzeug, Wachstum des Großhirn-Vorderlappens
8 - 4 Mio.	Aridipithecus	Hominiden (Hominini)
24 Mio.	Menschenaffen (Hominidae)	Komplexes Sozialverhalten (Emotionen, Adoption, gegenseitige Körperpflege, Bildung von Koalitionen, kooperative Jagd, Befähigung zum Tauschhandel, Kriegsführung gegen andere Gruppen, täuschen / lügen, Trauer um Verstorbene, Tanzen beim Anblick eines Wasserfalls, Lautäußerungen geben individuelle Stimmungen wieder, Nachahmung, aufrechter Gang in den Baumästen, Hände als Werkzeug, Verwendung natürlicher Werkzeuge und Heilkräuter, ... -> Bonobo, Schimpanse -> Gorilla -> Orang-Utan -> Gibbons
70 Mio.	Affen und Primaten	räumliches Sehen, Farbsehen (re-)aktiviert, gezieltes Greifen, (Gefühle wie Gerechtigkeitssinn, Mitleid, Trauer) -> Altweltaffen: Meerkatzen, Paviane, Languren, Stummelaffen, .., -> Neuweltaffen: Tamarins, Nacht-, Kapuziner-, Klammer-, Sakiaffen, ... -> Koboldmaki -> Lemuren, Loris, ...
200 Mio.	Ursäuger (Mamalia)	Aufwendige Brutpflege, Milch, Lebendgeburt, Großhirn, Gedächtnis, planendes Denken, Bewusstsein entwickelt sich weiter -> Spitzhörnchen, Riesengleitflieger -> Hase, Maus, Eichhörnchen, Murmeltier, Stachelschwein, Biber, Meerschweinchen -> Hund, Katze, Bär, Robbe, Pferd, Rind, Nilpferd, Wal, Spitzmaus, Igel, Fledermaus -> Elefant, Seekuh, Rüsselspringer -> Gürteltier, Faultier -> Beuteltiere: Känguru, Koalabär, Opossum -> Schnabeltier
350 Mio.	Reptilien	Verhornte Haut, feste Eier, ständiges Leben an Land möglich. -> Eidechse, Schlange, Chamäleon, Schildkröte, Krokodil, Vogel

380 Mio.	Amphibien	Schwimmblase ---> Lunge Flossen ---> Beine; Landleben der ausgewachsenen Tiere, Lautäußerungen als Schlüsselreiz -> Molch, Frosch, Salamander, Blindwühlen
450 - 350 Mio.	Besiedlung des Landes durch Pflanzen und Tiere	
400 Mio.	Knochenfische	Lunge ---> Schwimmblase, Knochen aus Kalk (auch als Minerallager) -> Lungenfisch, -> Quastenflosser -> Lachs, Hecht, Karpfen, Barsch, Aal, ...
440 Mio.	Knorpelfische	schuppige Haut, Zwischenhirn, Instinkte und Emotionen beginnen sich zu entwickeln (Gefühle wie Schmerz, Angst, Freude), Entwicklung des Farbsehens (Gefühle wie "rot", "blau" usw.), Schwarmbildung -> Hai, Rochen
530 Mio.	Urfisch (Kieferlose) (Wirbeltiere)	Rückenmark, Stammhirn, Lochauge / Linsenauge, Gliedmaßen (Flossen),.. -> Neunauge, Schleimaal
560 Mio.	Cordata	Die Neuralleiste bildet viele Organe -> Lanzettfischchen, Manteltiere: Seescheide
600 - 500 Mio.	Entwicklung fast aller Tierstämme	(Es entstehen innerhalb weniger Millionen Jahre mehr als 100 verschiedene Körperbaupläne.)
700 - 500 Mio.	Bilateria ("Würmer")	Die Positionen der einzelnen Zellen im Körper werden durch Hormone bestimmt. Dadurch können einzelne Zellen sich gezielt zu verschiedenen Organen entwickeln, die arbeitsteilig in einer Symbiose zusammenarbeiten. (Basisinnovation) Einteilung des Körpers in unterschiedliche Abschnitte. -> weitere Deuterostomier: Strudelwürmer, Eichelwürmer, Seestern, Seeigel, Seegurke -> Protostomier: Pfeilwürmer, Bärtierchen, Insekten, Spinnen, Krebse, Fadenwürmer, Armfüßler, Weichtiere, Ringelwürmer -> weitere Protostomier: Acoela-Plattwürmer
800 - 600 Mio.	Hohltiere / Radiata	Muskeln, Nerven, Flachauge -> Quallen, Seeanemonen, Korallen -> Rippenquallen
1000 - 750 Mio.	Tierische Vielzeller: Schwämme	verschiedene Zelltypen, Zellurin als Hormon, daraus wurden verschiedenen Hormone entwickelt, Apoptose zur Differenzierung -> Schwämme, -> Placozoa
1000 Mio.	Tierische Einzeller: Kragengeißeltierchen	Koloniebildung -> Kragengeißeltierchen

2000 Mio. (?)	Höhere Einzeller (Eykaryonten)	Große Zellen nehmen kleinere Zellen auf und arbeiten in einer Symbiose arbeitsteilig zusammen. (Basisinnovation) Zellkern, Mitochondrien, Chloroplasten, Sehen, innere Geißeln, Mitose, Meiose... -> Drips -> Pilze: Speisepilze (Ständerpilze), Morcheln (Schlauchpilze), Mykorrrhizapilze, Schimmelpilze, -> Amöben, Schleimpilze -> Pflanzen: Rotalgen, Grünalgen, Volvox, Moose, Farne, Schachtelhalme, Nadelbäume, Blütenpflanzen, ... -> Braunalgen, Eugelena, Radiolarien, Ciliaten, Excavata, ...
3000 - 2500 Mio.	1: Archaea-Bakterien 2: Proteobakterien 3: Cyanobakterien	1: Mehrere Zellwandschichten sowie Fressen durch Aufnahme von organischen Verbindungen in den eigenen Körper (keine Selbstverdauung!) 2: Energiegewinnung mit Sauerstoff 3: Energiegewinnung mit Licht
3600 - 2500 Mio.	Einzeller (Prokaryonten) mit vielfältigen Fähigkeiten.	Beispiel: Durch die Vereinigung von zwei Prokaryonten entstehen Cyanobakterien (Fotosynthese)
3200 Mio.	Einzeller (Prokaryonten)	Erste Spuren von einzelligen Bakterien -> Archaea: Halobacteriales, Thermoproteales, Sulfolobales, ... -> Eubacteria: Proteobakteria, Cyanobakteria, grammpositive B., grammnegative B., ...
3600 Mio. (?)	Einzeller (Stromatolite)	Zellwand, Zellteilung, Gentausch durch Sexualität und über die Artengrenze durch Plasmidaustausch und Viren als Gentransporter (Ein Viertel aller Proteine des Menschen findet man, mit leichten Abwandlungen, in allen irdischen Organismen.)
4000 -3600 Mio.	nichtzellulare Lebensformen (komplexe Hyperzyklen)	1. Verbindung RNA - Protein: Kombination von hochwertiger Informationsspeicherung mit hoher katalytischer Wirkung. 2. Verbindung Protein - Lipide: Verbesserte Regulierung des Stoffaustausches -> alle irdischen Organismen
4000 -3600 Mio.	Hyperzyklen 1: Stoffwechsel auf Proteinbasis 2: Stoffwechsel auf RNA - Basis 3: Lipide und andere Stoffe	1 + 2: Stoffwechsel, Energie aus chemischen Reaktionen, Autokatalyse, Informationsspeicherung, Informationsverarbeitung, Informationsaustausch, Vermehrung 3: Ablagerungen an den Wänden von Poren im Gestein regulieren den Stoffaustausch mit der Außenwelt
3800 Mio.		(älteste bekannte Erd-Gesteine) Bildung von vielfältigen Mineralien
4000 Mio. (?)		(Ozeane bilden sich.) Organische Chemie im Gestein: Kohlenwasserstoffe, Stickstoffverbindungen, Autokatalysatoren, chemische Replikatoren
4600 Mio. (?)		(Entstehung der Erde.) Anorganische Chemie auf der Erde

74

seit 13000 Mio.	erste Moleküle	Chemische Reaktion, Naturgesetze der Chemie Wahrnehmung: schmecken
seit 13500 Mio. Jahren	erste chemische Elemente	(Sterne entstehen, strahlen und explodieren) Im Rahmen von Symbiosen entstehen einfache und komplexe *Atome* sowie weitere Naturgesetze der Kernphysik.
seit 14000 Mio. Jahren	Elementarsysteme	(Ausdehnung und Abkühlung unseres Universums. Aus Licht, also aus den Photonen, bilden sich verschiedene Elementarsysteme.) Aufnahme und Abgabe von Photonen Wahrnehmung: sehen -> Elektronen, Protonen, ...
	Element: Photon	Geist - Materie - Energie Im Rahmen von Symbiosen (Resonanzen, Symmetriebrüche) entstehen Substanz (Information) und die Naturgesetze der Kernphysik (Prinzip der Liebe). Aus Scheinkräften werden echte Kräfte (Relativitätstheorie). Wissenschaft: Evolution als wissenschaftlicher Erkenntnis- und Innovationsprozess. -> Alle Lebensformen im Universum

	PERMANENT*		
	Materie / *Quanten*information	Substanz / Information	*Ständiger Prozess Substanz / Information: - Symbiose (Elternliebe) - Weitergabe von Erfahrungen. - Die Substanz hat die Eigenschaft eines Funktionsmodells der Materie. (Alle Systeme sind Modelle ihrer Umgebung.) -> Elementarsysteme Materie / *Quanten*information: - Symbiose (Freundschaft) - Kräfte halten einander im Gleichgewicht. - Die Materie hat die Eigenschaft eines Funktionsmodells der Prinzipien der Natur. -> *Quanten*-Elementarsysteme *Quanten*-Elementarsysteme bestehen aus *Quanten*-Elementarsystemen.

14000 Mio. (?)	Möglichkeit des Werdens, des Wandels und des Vergehens.	(?Urknall?) (?Chaos?) (?Idee?)
??????????	????????????????? ?	??

Über Stammbäume

- Der Stammbaum strebt keineswegs auf den Menschen zu. Er ist verzweigt, und alle zum jetzigen Zeitpunkt lebenden Lebewesen sind im Augenblick jeweils an der "Spitze" des eigenen Stammbaumes. (Die Darstellung wurde aus Gründen der Übersichtlichkeit gewählt.)

- Zellen vermehren sich durch Zellteilung. Beide Hälften stammen von der Mutterzelle ab und besitzen nahezu gleiche Eigenschaften. Mögliche Unterschiede beruhen auf Veränderungen des Erbgutes (Mutationen) oder Unterschieden des Zellkörpers (Epigenetik). Hier verzweigt sich der Stammbaum.

- Bei der sexuellen Fortpflanzung vereinigen miteinander verwandte Lebewesen ihr Erbgut. Hier wachsen jeweils zwei Äste des Stammbaums zusammen.

- Lebewesen können auch Teile des Erbgutes miteinander austauschen. Die Artgrenze kann dabei überschritten werden. Bei Einzellern wie Bakterien kommt dies häufig vor, und in der Gentechnik wird es praktiziert. Hier wächst im Stammbaum ein dicker Ast mit einem dünnen Zweig zusammen.

- Die einzelnen Gene eines Lebewesens besitzen unterschiedliche Stammbäume. Es gibt rhesusnegative (Rh-) und rhesuspositive (Rh+) Menschen und Rhesusaffen. Die rhesuspositiven Menschen tragen das gleiche Rh+ Gen wie einige Rhesusaffen.

- Der traditionelle Stammbaum ist daher durch eine Vielzahl von Ästen und Zweigen zu ergänzen, die kreuz und quer zusammenwachsen. Besonders viele Verzweigungen findet man bei den Einzellern. Deshalb muss im unteren Teil des Stammbaumes der Stamm gedanklich durch ein Geflecht von Zweigen und Ästen ersetzt werden.

- Stammbäume sind in der Biologie die angemessene Darstellung. In der Kladistik fehlt die Zeitachse. Da Evolution ein wissenschaftlicher Erkenntnisprozess ist, wird damit eine wichtige Information weggelassen. Grafiken der Kladistik können durch Markierung der Wurzel oder durch eine Zeitachse vervollständigt werden.

2 Prinzipien als Grundlage unseres Denkens und Handelns

Erkenntnis *

Wissenschaft ist eine Methode

Wissenschaft ist nicht eine Sammlung von Erkenntnissen, Wissen oder Wahrheiten, wie manchmal fälschlich angenommen. Stattdessen ist Wissenschaft eine Methode, und zwar die Methode, die „Wissen schafft". (Griechisch methodos: Weg zu etwas). Anders ausgedrückt: Wissenschaft ist der Weg, auf dem man zu neuen Erkenntnissen kommen kann, eine Anleitung, der Natur ihre Geheimnisse zu entlocken:

1.0   Genau beobachten,
1.1   die beobachteten Vorgänge erklären,
1.2   überprüfbare Voraussagen (Hypothesen) machen
und dann
2.0   ernsthaft versuchen, die eigene Erklärung zu widerlegen,
2.1   dabei helfen Literaturstudium, Nachdenken, Experimentieren.

Wissenschaft ist eine Gemeinschaftsaufgabe. Auch für die Gemeinschaft der Wissenschaftler gibt es Regeln für erfolgreiches Forschen:
3.0   Meinungsfreiheit und Handlungsfreiheit.
3.1   Eigene Überlegungen, Arbeitsweisen und Ergebnisse anderen mitteilen. (Veröffentlichungen)
3.2   Fremde Fehler benennen, ohne zu beleidigen.

Es ist dabei zu bedenken, dass die Wahl einer Methode falsch sein kann. Ungeheure Erfolge einer Methode können täuschen. Wenden wir diese Überlegung auf die Methode der Wissenschaft an:
Es ist durchaus möglich, dass die Wissenschaft sich ihrem Ziel, Wissen zu schaffen, vorübergehend erfolgreich nähert, dann aber, etwa durch Vernichtung der Menschheit, das gewonnene Wissen vernichtet.
Unverzichtbare Grundlage für einen langfristigen Erfolg der Wissenschaft und ihrer Anwendungen ist daher das Recht.

Wahrhaftigkeit als Weg der Philosophie

Dem Vorgehen der Wissenschaft entspricht in der Philosophie der ernsthafte Versuch, wahrhaftig zu denken und zu handeln. Dazu gehört, dass der Philosoph (griechisch: Freund der Weisheit) wie ein Wissenschaftler seine eigenen Gedankengänge immer wieder kritisch überdenkt. (Wie die Geschichte der Philosophie zeigt, machen es sonst die nachfolgenden Philosophen.)

„Hochachtung vor Gott" als Wegweiser in der Religion

Beten, Meditieren oder Lesen von religiösen Schriften entspricht dem Nachdenken und Diskutieren in der Philosophie und dem Experimentieren, Rechnen, Erklären in der Wissenschaft. Dies sind Arbeitsweisen.

Was entspricht in der Religion der Wahrhaftigkeit der Philosophie?

Das ernsthafte Anliegen, bescheiden vor Gott[8] (der Transzendenz) zu sein, führt zu analogen Gedankengängen, wie das Bemühen um Wahrhaftigkeit:

Hochachtung vor Gott (der Transzendenz) geht einher mit einer selbstkritischen Haltung und steht im Gegensatz zur Selbstüberschätzung des Menschen (Hybris). Für einen religiösen Menschen heißt Hochachtung vor Gott, sich nicht mit Gott auf eine Stufe zu stellen. Hochachtung vor Gott verhindert die Anmaßung zu meinen, man verfüge über die absolute Wahrheit.

Der Anspruch auf den Besitz der absoluten Wahrheit hat häufig Gespräche zwischen verschiedenen Religionen blockiert und sogar der Begründung von Glaubenskriegen gedient.

In Hochachtung vor Gott ist man sich nicht nur bewusst, dass alles, was Menschen denken und glauben, falsch sein kann. Sie ist nicht nur eine verstandesmäßige, sondern auch eine gefühlsmäßige Einstellung.

Hochachtung vor Gott bedeutet nicht, auf kritische Fragen zu verzichten, wie etwa auf die Fragen nach Ungerechtigkeit, Schmerz, Leid, Trauer und Tod in unserer Welt. Dafür macht man sich auch im religiösen Bereich die Beschränktheit der eigenen Vorstellungen, Erkenntnisse und Handlungen bewusst. Man verzichtet darauf, im Namen Gottes zu sprechen oder in seinem Namen Handlungen zu vollziehen.

Diese Grundeinstellung kann für die Religion eine ähnliche Wirkung entfalten wie Wahrhaftigkeit in der Philosophie.

Ethik als Leitlinie des Rechts

Die ideale Wissenschaft kann man als institutionalisierte, praktisch anwendbare Wahrhaftigkeit auffassen, die ideale Justiz als institutionalisierte, praktisch anwendbare Ethik. Es handelt sich jeweils um eine wechselseitige Beziehung. Der Erfolg oder Misserfolg der Justiz hat einen bedeutenden Einfluss auf unsere Moralvorstellungen.

Die heutige Justiz gleicht einer riesigen Baustelle, in der an Natur- und Umweltschutzrecht, Menschenrechten, Völkerrecht, Kriegsvölkerrecht, Zivilrecht, Handelsrecht, Strafrecht usw. gearbeitet wird. Sowohl beim Aufstellen der Gesetze wie auch in der praktischen Umsetzung treten vielfältige Schwierigkeiten auf. Entwicklung und Durchsetzung des Rechts hat für die Menschheit eine ebenso große Bedeutung wie die Entdeckungen der Wissenschaft.

Der Bereich des Rechts umfasst auch das Recht auf Ernährung, Wohnung, Bildung, medizinische Versorgung usw.

Das Rechtssystem mit Gesetzgebung, Justiz und Vollzug steht außerhalb der Wissenschaft. Von Rechtswissenschaft kann man sprechen, wenn das ernsthafte Bemühen um Wahrhaftigkeit und Gerechtigkeit die Grundlage für die Arbeit in diesen Bereichen ist. Auf diesem Wege gelangen Alltagserfahrungen, kulturelle Werte und Wissenschaftlichkeit in die Ethik.

---

[8] Chiffre im Sinne des philosophischen Glaubens

Wahrhaftigkeit *

Ziel der Wahrhaftigkeit ist die Wahrheit. Sind wir uns der Wahrheit gewiss, verlieren wir beides, Wahrheit und Wahrhaftigkeit.

Wahrheit

- Die Scholastik nimmt an, die Wahrheit durch Studium der heiligen Schrift erkennen zu können. (Offenbarung)
- Der Buddhismus nimmt an, die Wahrheit durch spirituelle Erfahrungen erkennen zu können. (Erleuchtung)
- Der Rationalismus nimmt an, die Wahrheit durch Nachdenken erkennen zu können. Von der erkannten Wahrheit ausgehend, zieht er Schlussfolgerungen. (Deduktion)
- Der Empirismus nimmt an, die Wahrheit durch Beobachtungen erkennen zu können. (Induktion)
- Der Skeptizismus nimmt an, die Wahrheit grundsätzlich nicht, nicht einmal in Ansätzen, erkennen zu können. (Selbsttäuschung)
- Die Wissenschaft nimmt an, die Wahrheit weder durch Nachdenken noch durch Beobachtungen erkennen zu können. Sie nimmt an, dass es möglich ist, Naturvorgänge durch Beobachtungen und mit Hilfe von angenommenen Prinzipien und Folgerungen verständlich zu erklären und im Alltag zu nutzen. (Modelle und Funktionsmodelle)

Wissenschaftliche Erklärungen können und dürfen falsch sein

Viele Menschen verwechseln Wissenschaft mit ihren Ergebnissen, den sogenannten wissenschaftlichen Erkenntnissen. Diese können durchaus falsch sein. Und genau dieses Wissen, dass Ergebnisse falsch sein können, ist ein wesentlicher Grund für den Erfolg der Wissenschaften. Alle Ergebnisse können falsch sein, und trotzdem steht die Wissenschaft nicht mit leeren Händen da, sondern ist außerordentlich erfolgreich: Sie präsentiert für fast alle Lebensbereiche nützliche Erklärungen, die man als Grundlage für erfolgreiches Handeln nutzen kann. Der Verzicht auf absolute Wahrheiten macht frei für die Formulierung von vorläufigen Erklärungen, die richtig sein mögen.

Grundsätzlich können Erklärungen, Modelle und vermutete Gesetze weder bewiesen noch widerlegt (falsifiziert) werden. Aber sie können subjektiv bewertet werden. Dabei wird die Qualität der Erklärung im Vergleich mit anderen Modellen sowie die Anzahl und Sorgfalt der durchgeführten Experimente berücksichtigt.

Beispiel: Das Hebelgesetz wurde tausendfach mit verschiedenen „Hebeln" überprüft. Es ist trotzdem möglich, dass es für größere oder kleinere als die verwendeten Hebel nicht gilt. In diesem Falle brauchte nicht das ganze Hebelgesetz verworfen zu werden, sondern seine Grenzen, also sein Definitionsbereich, müsste neu festgelegt werden. Aussagen außerhalb der vorgegebenen Grenzen können nur als Vermutungen gelten und sind keine wissenschaftlichen Erkenntnisse. Die These, Naturgesetze gelten "immer" und "überall" ist unwissenschaftlich.

Nur Aussagen, die vom Ansatz her widerlegbar sind, sind wissenschaftlich.

Modelle

Wissenschaftliche Tätigkeit führt zu zwei sehr unterschiedlichen Ergebnissen: Wissenschaftlichen Erkenntnissen und Technik. Wissenschaftliche Erkenntnisse sind nicht die absolute Wahrheit, aber auch keine Trugbilder oder Illusionen, sondern Modelle.

Modelle sind nicht wahr oder unwahr, sondern hilfreich oder nicht hilfreich. Hilfreich, um Beobachtungen zu erklären, hilfreich um Vorstellungen zu entwickeln, hilfreich um Handlungen zu planen und durchzuführen.

Einige Modelle: Modelleisenbahn, Globus, Drahtmodell vom Bohrschen Atommodell, Gedankenmodelle (Text etwa über das Bohrsche Atommodell, Vorstellung von einer Demokratie), physikalische Formeln ($E=mc^2$), mathematische Formeln (z.B. Satz des Pythagoras), Gesetzeswerke (z.B. Staatsrecht).

Globus und Drahtmodell haben gegenüber anderen Modellen einen großen Vorteil. Ich meine hier nicht ihre Anschaulichkeit, sondern die Tatsache, dass der Modellcharakter einem förmlich ins Auge springt. Bei eher geistigen Modellen besteht die Gefahr, dass man ihren Modellcharakter und damit auch ihre Grenzen nicht erkennt und sie für die Wahrheit hält.

Der Evolutionsprozess hat den Charakter eines wissenschaftlichen Erkenntnisprozesses. Unsere Gefühle (z.B. Wärmegefühl, Freude, Liebe, Trauer, Schmerz) wie auch unsere Vorstellungen von Raum und Zeit könnten als Modelle aufgefasst werden, die im Rahmen der Evolution entwickelt wurden. Auch die menschliche Sprache und die menschliche Logik und Mathematik besitzen Modelleigenschaften.

Da sich Lebewesen im Rahmen des evolutionären Erkenntnisprozesses entwickeln, besitzen auch sie Modelleigenschaften in Bezug auf ihre Umwelt. Dies gilt auch für Elementarsysteme wie das Elektron.

Auch Naturkonstanten und Naturgesetze können als Modelle aufgefasst werden, die von Elementarsystemen auf analoge Weise entwickelt wurden.

Technik

Wissenschaftliche Modelle geben dem Techniker die Möglichkeit (die Macht), eine Vielzahl von Problemen zu lösen bzw. angestrebte Ziele zu erreichen. Wissenschaftler und Techniker sind zugleich kreative Künstler, die die Freiheit besitzen, aus einer Vielzahl von (deterministischen) Naturgesetzen auszuwählen, um ihr Werk zu erschaffen. Die Vielfalt der Brückenkonstruktionen oder die sehr unterschiedlichen Lösungen zur Verwirklichung des Ziels, sich in der Luft fortzubewegen, verdeutlichen dies.

Wissenschaftler und Techniker, aber auch Mathematiker und Philosophen sind kreative Künstler, die geistige und technische Werke erschaffen. Vielleicht mit Ausnahme der Architekten wird ihre künstlerische Tätigkeit von der Bevölkerung nicht wahrgenommen, ja sie wird ihnen sogar häufig abgesprochen. Die Schönheit ihrer Werke ergibt sich insbesondere aus ihrer Klarheit und Funktionalität.

Man kann Evolution als einen wissenschaftlich - technischen Erkenntnis- und Innovationsprozess auffassen, aber auch als einen kreativ - künstlerischen Akt betrachten. In dieses Bild fügt sich unser Verständnis von der Schönheit der Natur ein. Wir empfinden sie in der Regel als Schönheit um der Schönheit willen und nicht als gelungene Lösung eines technischen Problems.

Es wundert daher nicht, dass Lebewesen nicht nur eine majestätische Schönheit ausstrahlen, sondern auch technische Wunderwerke sind. Und auch die Naturgesetze werden oft für ihre Klarheit und Eleganz gepriesen.

Viele bedeutende Künstler (Maler, Musiker, Schriftsteller u.a.) folgten bei ihrer Arbeit dem Grundprinzip der Wissenschaft, also dem konsequenten Streben nach Wahrhaftigkeit.

Wissenschaft und Technik sind fundamentale Bestandteile jeder Kultur. Sie treiben den Wandel voran und überwinden geistige wie auch räumliche Grenzen, die vorher die bestehenden Kulturen vor äußeren Einflüssen und Veränderungen bewahrt haben. Sehr starke Veränderungen führen vielfach zu der Auflösung von bestehenden Kulturen, wie wir zurzeit weltweit beobachten können.

Wissenschaft

Die Wissenschaft ist von ihrem Selbstverständnis her ein wahrhaftigkeitsbasiertes System. In der praktischen Arbeit ist man aber darauf angewiesen, die vorhandenen Erkenntnisse und Modelle als gegeben hinzunehmen. Dies geschieht täglich mit großem Erfolg. Durch den Erfolg sind Wissenschaftler stets in Gefahr, besonders erfolgreiche Modelle für "wahr" zu halten und entsprechend zäh zu verteidigen. Wissenschaftliche Außenseiter beklagen häufig, dass sie bei Veröffentlichungen, Stellenvergaben und Geldmitteln für ihre Forschung benachteiligt werden. Meinungsfreiheit und die Bereitschaft, ernsthaft über andere Meinungen nachzudenken, ist aber ein wesentlicher Bestandteil wissenschaftlichen Arbeitens. Die Wissenschaft beschreitet einen schmalen Pfad zwischen wahrheits- und wahrhaftigkeitsbasierten Systemen. Da beide Systeme eng miteinander verwoben sind, befinden die Wissenschaftler sich einmal mehr, einmal weniger auf der einen oder der anderen Seite.

Verzicht auf absolute Wahrheiten in der Philosophie

„Ich weiß, dass ich nichts weiß" sagte Sokrates um 400 v. Chr. Dieser sich selbst widersprechende (paradoxe) Satz führt uns die Grenzen unseres Wissens vor Augen. Auch in der Philosophie schafft der Verzicht auf absolute Wahrheiten ein solides Fundament. In der Philosophie besteht nicht die Möglichkeit, mit Experimenten die vorhandenen Theorien zu überprüfen und, falls notwendig, zu korrigieren. Ein Grund mehr, vorsichtig mit seinen Aussagen zu sein. Werden aber die Grenzen der Logik eingehalten und mit der nötigen Bescheidenheit interpretiert, so bietet die Philosophie viele interessante und nützliche Denkansätze.

Da philosophische Lehrgebäude Denken und Handeln der Menschen verändern, haben sie einen bedeutenden Einfluss auf die Lebenswirklichkeit. Hier ist die Philosophie in einer ähnlichen Position wie die Wissenschaft mit ihren Produkten: Kluge Ideen können eine verheerende Wirkung haben.

Wir Menschen können nur relative Wahrheiten formulieren. Dabei müssen wir uns bewusst machen:

Relative Wahrheiten beruhen auf unbewiesenen Annahmen (Axiomen), von denen aus weitere Schlussfolgerungen gezogen werden.

Relative Wahrheiten können in einer Situation richtig, in einer anderen falsch sein.

Relative Wahrheiten können zugleich richtig und falsch sein.

Relative Wahrheiten können lange erfolgreich eingesetzt und erprobt sein, sich dann aber doch als falsch herausstellen.

Relative Wahrheiten können richtig und zugleich unmoralisch sein.

Verzicht auf absolute Wahrheiten in der Religion

Alle Religionen unserer Zeit sind, soweit ich das übersehe, wahrheitsbasierte Systeme. Ist es sinnvoll und möglich, sie als wahrhaftigkeitsbasierte Systeme neu zu orientieren? Vieles spricht dafür. Voraussetzung ist die Bereitschaft, auf alle Vorstellungen zu verzichten, die sich als falsch erweisen. Wie in der Wissenschaft, prüft man seine eigenen religiösen Vorstellungen so intensiv wie möglich. Diese Prüfung sollte alle Facetten der Religion berücksichtigen, sie darf sich daher keineswegs auf den Bereich der Logik beschränken, sondern muss auch die Bereiche Ethik, Gefühl und religiöses Empfinden mit einbeziehen.

Entscheidend aus Sicht der Wahrhaftigkeit ist es nicht, ob das, was wir glauben, wahr ist, sondern ob wir es wirklich glauben:

Glaube, was du glaubst.

Glaube nicht, was du nicht glaubst.

Der Weg ist sehr schmerzhaft, da man von überkommenen Vorstellungen Abschied nehmen muss. Die Psychologen sprechen von Trauerarbeit. Im Nachhinein wird man feststellen, dass man lediglich Ballast abgeworfen hat und die eigenen zentralen religiösen Vorstellungen klarer werden.

Eine Ursache für Glaubenskrisen beruht darauf, dass man etwas glaubt, von dem man gleichzeitig sicher ist, dass es nicht wahr sein kann (Zwiedenken). Der erste Schritt ist die Erkenntnis: "Dieses glaube ich nicht wirklich." Der zweite Schritt ist wesentlich schwerer: Von diesem Glaubensinhalt emotional Abschied zu nehmen.

Es ist sicher nicht sinnvoll, die eigenen religiösen Vorstellungen Stück für Stück zu zerschlagen. Erfolgversprechender als ein andauernder Abbauprozess ist ein Aufbau. Man macht sich bewusst, was der Kern der eigenen religiösen Vorstellung ist, und prüft ihn: Steht er im Widerspruch zur Wissenschaft? Steht er im Widerspruch zu allgemein akzeptierten oder eigenen Moralvorstellungen? Geht er eigenen Gefühlen gegen den Strich? Passt er zum eigenen religiösen Erleben und Empfinden? Glaube ich dies wirklich?

Besteht der Kern der eigenen religiösen Vorstellung diese Prüfung, dann hat man einen Bereich, von dem aus man weiter denken kann.

Gleichzeitig wird der Blick frei auf ein anderes Ziel als die Suche nach ewigen Wahrheiten, es ist das Streben nach Weisheit. Religiöse Texte bekommen häufig eine ganz andere Bedeutung, wenn man sie nicht unter dem Blickwinkel ihres Wahrheitsgehaltes betrachtet, sondern in ihnen nach Weisheit sucht.

Recht

Bei der Entwicklung der Gesetze im Rechtsstaat und der Naturgesetze findet man Parallelen. Sie entstehen auf eine vergleichbare Weise und besitzen ähnliche Eigenschaften. Einen wesentlichen Unterschied findet man aber im Grad der Bewährung. Die menschlichen Gesetze sind komplex, verfehlen häufig ihr Ziel und sind manchmal in sich widersprüchlich.

Recht ist Teil des alltäglichen Lebens. Wahrhaftigkeit bedeutet hier, das geltende Recht an der Lebenspraxis zu messen. Es ist mit Sicherheit unmöglich, alle Aspekte zu erfassen, aber es ist möglich, sich um eine bewusste Wahrnehmung des alltäglichen Lebens zu bemühen.

Menschen, denen Unrecht geschieht, pflegen dies zu sagen. Man muss ihnen daher die Gelegenheit geben, das tun zu können. Meinungsfreiheit und Pressefreiheit sind daher wichtige Grundlagen für ein wahrhaftiges Recht.

Recht ist parteiisch, denn es unterstützt eine Gruppierung gegen die andere. Die Gleichheit vor dem Gesetz reicht nicht aus, denn Gesetze wirken auf verschiedene soziale Gruppen sehr unterschiedlich. Viele, vermutlich sogar alle Rechtssysteme stärken die Macht und die finanziellen Interessen von einzelnen Gruppierungen. Wahrhaftigkeit heißt, darüber nachzudenken und es laut auszusprechen, wem das geltende Recht oder auch geplante Gesetzesänderungen nützen.

Wir wachsen in einer Gemeinschaft auf. Dabei lernen und verinnerlichen wir ihre Normen und Gesetze. Diese Gesetze müssen nicht zwangsläufig gut sein: So wurden beispielsweise im 19. Jahrhundert in Großbritannien Eltern, die etwas gestohlen hatten, um ihre hungernden Kinder zu ernähren, zum Tode verurteilt und hingerichtet. Die Richter urteilten in voller Überzeugung, Recht zu sprechen. Es ist nicht einfach, sich von verinnerlichten Normen zu lösen und eine gewisse innere Freiheit zu erlangen. Ein Vergleich mit anderen Gesellschafts- und Rechtssystemen in Gegenwart und Vergangenheit kann dabei helfen.

In einem wahrhaftigen Rechtssystem ist die wiederkehrende Überprüfung und Korrektur des jeweils gültigen Rechts ein Prinzip.

Auch dabei muss mit Bedacht vorgegangen werden, denn Rechtssysteme müssen von den Menschen der jeweiligen Gemeinschaft akzeptiert werden, um ohne Gewalt erfolgreich durchgesetzt werden zu können. Da das Rechtsempfinden von Menschen wandlungsfähig ist, können nach umfänglichen Diskussionen auch Gesetze erlassen werden, die nicht den Traditionen folgen. Aber: Auch "gute" Gesetze können Schaden anrichten.

Kulturen werden wesentlich von ihrem Rechtssystem geprägt. Recht ist ein Kulturgut, dass alle Bereiche durchzieht. Am besten ist es, wenn man es nicht spürt.

Recht ist nicht ein Fremdkörper der Kultur, sondern ein Teil von ihr. Es entsteht im Rahmen der Kultur und prägt sie. Dies ist ein Grund dafür, dass Rechtssysteme nur schwer auf andere Kulturen übertragen werden können.

In einem Gespinst aus Lügen und Ausflüchten die Wahrheit zu finden, ist die Aufgabe, vor der ein Richter steht. Welche Voraussetzungen helfen, diese Aufgabe zu erfüllen, welche erschweren oder verhindern es?
- Rechtsempfinden des Richters und der Gesellschaft. (Kultur)
- Unabhängigkeit des Richters (institutionell, finanziell, persönlich)
- Können des Richters und des Justizpersonals. (Ausbildung)
- Gesetze, die das Ziel haben, Recht und Gerechtigkeit durchzusetzen (Rechtsstaat).
- Gesetze, die von der Bevölkerung akzeptiert werden. (Tradition)
- Schutz des Rechtssystems (Verfassung und Grundrechte, Institution und Mitarbeiter)
- Durchsetzung des Rechts (Machtstrukturen)
- usw.

Die Suche nach der "Wahrheit" ist schwer und häufig vergeblich. Dass es sehr häufig zu Fehlurteilen kommt, ist in Justizkreisen bekannt. Diese Erkenntnis ist sehr wichtig und wird in vielen Gesetzen und Urteilen berücksichtigt. So gilt die Unschuldsvermutung immer, auch nach dem Urteil (mögliches Fehlurteil).

Es besteht eine Parallele zur Wissenschaft, die berücksichtigen muss, dass ihre Beobachtungen und Modelle falsch sein können.

Es gibt keinen einfachen Weg. Ich glaube, wir Menschen tragen als Einzelne, wie auch in der Gemeinschaft die Verantwortung für unser Handeln. Auch mit Berufung auf höhere Mächte kann man sich dieser Verantwortung nicht entledigen. Bei den sogenannten Gottesurteilen und Hexenproben versuchten die Richter, sich um ihre Verantwortung zu drücken, und gaben vor, sie Gott zuschieben zu können. Insbesondere im Falle eines Fehlurteils beinhaltete das angebliche Gottesurteil eine schwere Gotteslästerung[9].

Das Grundproblem der Hexenprozesse war die Überzeugung der Richter, etwas Gutes zu tun, wenn sie eine vermeintliche Hexe zum Tode durch Verbrennen verurteilten.

Zum einen meinten die Richter, das Richtige für die Allgemeinheit zu tun, denn sie waren überzeugt, dass eine böse Hexe auch aus einem Kerker heraus ihren Schadenszauber wirken lassen könne.

Zum andern meinten die Richter, das Richtige für die Hexe zu tun, denn sie waren überzeugt, dass die Seele der Hexe durch die Verbrennung gereinigt und damit gerettet würde.

Zusammenfassung

Die "Wahrheit" leuchtet zu oft ein (Newtonsche Physik, Hexenglaube, Gesellschaftsstrukturen). Auch die feste Überzeugung, dass etwas wahr sei, sollte einen nicht dazu verleiten, es zur Wahrheit zu erklären.

In einem geschlossenen Denksystem / Weltbild ist das Gegenteil nicht vorstellbar. Die Bereitschaft, sein eigenes Denksystem zu verlassen, eröffnet die Möglichkeit, Fehler innerhalb des Systems zu erkennen und zu beseitigen. (Physik und Christentum gibt es noch heute, obwohl viele für wahr gehaltene Vorstellungen heute nicht mehr für richtig gehalten werden.)

Justizirrtümer kann man nicht grundsätzlich ausschließen. Menschlichkeit, Milde, Gnade und Barmherzigkeit sind zentrale Grundprinzipien jeder moralisch vertretbaren Rechtsprechung.

Systeme

Wahrheitsbasierte Systeme

Wir benötigen als Grundlage unseres Denkens und Handelns Wissen. Dieses Wissen strukturieren wir und erzeugen ein System, dem wir geneigt sind, einen Wahrheitsgehalt zuzuschreiben. (Die Gesetze der Physik bilden ein derartiges System.)

In einem perfekten wahrheitsbasierten System stützen die einzelnen Erkenntnisse einander. Erweist sich ein Teilbereich als falsch, so zeigt dies, dass auch andere Teile falsch sein könnten. Handelt es sich gar um eine zentrale Aussage des Systems, so erweist sich das ganze System als falsch.

Wahrheitsbasierte Systeme sind somit stets in Gefahr, durch eine einzelne Niederlage zum Einsturz gebracht zu werden. Den Zusammenbruch eines wahrheitsbasierten Systems und dessen Ersetzung durch ein anderes wahrheitsbasiertes System nennt man einen Paradigmenwechsel.

Anhänger eines wahrheitsbasierten Systems sind bestrebt, ihr System zu erhalten. Das hat vielerlei negative Folgen: Das Ignorieren von Kritik führt zu einer Erstarrung. Der Versuch, erkannte Fehler vor sich selber zu rechtfertigen, führt zu Zwiedenken, Selbstlüge und inneren Konflikten. Der Abwehrkampf nach außen wird dann nicht mit ehrlichen, sondern mit Scheinargumenten geführt. Das kann, um ein System zu schützen, bis zur Gewaltanwendung gehen. Wahrheitsbasierte Systeme neigen zu Intoleranz gegenüber anderen Überzeugungen.

"Die Partei, die Partei, die Partei hat immer recht!"

Zitat 7: Lied

Dieser Satz verdeutlicht den Geist eines wahrheitsbasierten Systems.

Wahrheitsbasierte Systeme beanspruchen für sich häufig den Begriff "wissenschaftlich" im Sinne von "wir besitzen die Wahrheit", also exakt im gegenteiligen Sinne der Bedeutung des Begriffes. (Nur Aussagen, die widerlegbar sind, sind wissenschaftlich.)

---

[9] Chiffre im Sinne des philosophischen Glaubens

Unwahrhaftigkeit wird in wahrheitsbasierten Systemen sogar genutzt, um treue Anhänger bzw. gehorsame Untertan zu erkennen. Je offener und dreister die Lügen sind, desto zuverlässiger der Test. Anhänger und Gegner lassen sich exakt voneinander trennen:
"Wer nicht für uns ist, ist gegen uns."

Zitat 8: Propaganda

Problematisch wird es insbesondere in brutalen Diktaturen und kriminellen Systemen, da hier häufig unmoralisches Handeln als Glaubens- bzw. Gehorsamsbeweis verlangt wird.
Da Lügen, Informationskontrolle und aggressives Verhalten wahrheitsbasierte Systeme stabilisieren, nisten sie sich in diesen Systemen gehäuft ein.
Aussteiger aus einem wahrheitsbasierten Systeme werden häufig massiv bekämpft: Ausstoß aus der Gemeinschaft (teilweise dürfen sogar Familienmitglieder nicht mehr mit ihnen reden) oder Todesdrohungen sind typische Kennzeichen für wahrheitsbasierte Systeme.

Wahrhaftigkeitsbasiertes System
Wahrhaftigkeit ist eine Einstellung, eine Haltung. Das ernsthafte Prinzip, sich um Wahrhaftigkeit in beliebigen Lebensbereichen zu bemühen ist die Grundlage des wahrhaftigkeitsbasierten Systems. Wahrhaftigkeitsbasierte Systeme beruhen auf Methoden, die geeignet zu sein scheinen, neue Erkenntnisse zu gewinnen. Erkenntnisse, aber auch Methoden sollen in diesem System immer wieder auf Richtigkeit und Wirksamkeit hin überprüft und, wenn erforderlich, durch andere Erkenntnisse und Methoden ersetzt werden.
Wahrhaftigkeitsbasierte Systeme eilen von Erfolg zu Erfolg: Erweist sich bei einer Prüfung eine Methode oder Erkenntnis als richtig, so ist dies ein Erfolg, erweist sie sich dagegen als falsch, ist dies keineswegs eine Niederlage, sondern im Gegenteil eine Bestätigung des wahrhaftigkeitsbasierten Systems. Denker, die Wahrhaftigkeit als oberstes Ziel verfolgen, versuchen daher, Fehler zu finden.

Beide Systeme bieten keine Gewähr, dass ihre Ergebnisse moralisch sind, und auch keine Gewähr, dass sie in der Lebenspraxis positiv wirken. Zeigen sich negative Wirkungen, so sind wahrhaftigkeitsbasierte Systeme eher bereit, Fehler zu akzeptieren und Änderungen vorzunehmen. Sie sind tolerant gegenüber anderen Überzeugungen. In wahrhaftigkeitsbasierten Systemen sind Meinungsfreiheit und Meinungsvielfalt Grundprinzipien.
Ein wahrhaftigkeitsbasiertes System muss, um vom Dauer zu sein, seine Prinzipien verteidigen ("wehrhafte Demokratie", "wehrhafter Rechtsstaat"). Aber Vorsicht! Wird Wahrhaftigkeit als "Waffe" in Auseinandersetzungen verwendet, so verliert sie, wie auch Wahrheit und Moral, ihre Bedeutung und kann sich sogar in das Gegenteil umwandeln. Das Gleiche gilt auch für das Recht.

"Wahrheit unerwünscht!"
Es gibt systematische Hemmnisse, die der Erkenntnis entgegenstehen. Hier einige Beispiele:

Ausbreitungsmechanismen
Mechanismen, die dazu dienen, ein Gedankensystem zu verbreiten (siehe Virenprogramme). Diese Mechanismen entwickeln leicht ein Eigenleben.

Gruppeneffekte
Gruppeneffekte sind Mechanismen, die den Erhalt eines Systems stabilisieren. Auch diese Mechanismen entwickeln leicht ein Eigenleben. Die Mechanismen dienen beispielsweise dazu, die Gruppe nach außen abzugrenzen oder die inneren Machtstrukturen zu erhalten. Sie besitzen eine hemmende Funktion und verhindern, dass neue Erkenntnisse gewonnen werden. Teilweise wird dafür vorhandenes Wissen verheimlicht und Unwahrheiten verbreitet.

Eine Kenntnis dieser Mechanismen hilft auch bei der Beantwortung der Frage: "Was verhindert bzw. fördert ein Aufeinanderzugehen der Religionen?"
Eine Kenntnis dieser Mechanismen hilft bei der Beantwortung einer weiteren Frage: "Was gehört (nicht) in die Religion / Philosophie / Wissenschaft?"
So sind beispielsweise Aussagen einer beliebigen Religionsgemeinschaft, die nicht auf Prinzipien beruhen und zugleich eine stark gemeinschaftsbildende Wirkung besitzen, von ihrem Wahrheitsgehalt aus gesehen, mit Skepsis zu betrachten.

Ethik *

Religion

Ein wesentlicher Bestandteil der Religion ist die Liebe zu Gott[10]. Sie und in Folge die Liebe zu Gottes Geschöpfen können die Grundlage der Nächstenliebe und des friedlichen Miteinanders bilden.
Verbunden mit der Liebe zu Gott ist der Glaube an Gott. Der oft aus der Glaubensgewissheit abgeleitete Anspruch, man verfüge über das Wissen von der absoluten Gerechtigkeit, war und ist allzu oft eine Ursache für irdische Ungerechtigkeit. Der Glaube an bestimmte Glaubensinhalte entbindet nicht von der moralischen Verantwortung des Handelnden in jedem Einzelfall. Wenn der Glaube, der ja auch ein Irrglaube sein könnte, unmoralische oder sogar verbrecherische Handlungen verlangt, so dürfen diese nicht ausgeführt werden.

Philosophie

Philosophie ist die Suche nach dem Wesentlichen. Zentrum der Philosophie ist die Ethik, die nach Werten sucht und diese miteinander in Beziehung setzt. Jede Wertfestlegung eröffnet der Philosophie ein neues Feld: Wahrheit, Wahrhaftigkeit, Gerechtigkeit, Weisheit, Liebe, Schönheit, ...

logisch-philosophisch

wissenschaftlich-philosophisch

praktisch-philosophisch

ethisch-philosophisch

schöpferisch-philosophisch

...

Die Ethik beruht auf einem eigenen System von Annahmen (Axiomen). Die Regeln der Logik müssen Forderungen der Ethik (z.B. Wahrhaftigkeit, Klarheit, ...) folgen. Dagegen lassen sich die Annahmen der Ethik nicht direkt aus den Regeln der Logik ableiten. Aber es gibt eine Verbindung: In der Praxis müssen sich beide, Ethik und Logik, bewähren. Auf Dauer überstehen nur Strukturen diese Prüfung, die ethischen und logischen Prinzipien folgen. Diese Prüfung beruht auf dem Prinzip der Wissenschaft. Damit ist es möglich, gezielt an einer Weiterentwicklung der Ethik zu arbeiten.

Dabei sollte die Bedeutung der Logik nicht überbewertet werden. Moral, d.h. Gerechtigkeit, Anstand, Aufrichtigkeit usw. sind in hohem Maße Sache des Gemüts. So bildet etwa die Liebe zur Natur, von der der Mensch ein Teil ist, in der Philosophie einen Ausgangspunkt, um Moralvorstellungen zu erarbeiten. Die „Vernunft" kann helfen, einen Regelkodex zu erstellen. Dabei muss man sorgsam vorgehen, um ihren Missbrauch zu vermeiden.

Recht

Das Recht der modernen westlichen Staaten beruht u.a. auf den Gedanken des Humanismus. Im Humanismus geht es um den Wert des einzelnen Menschen und die Möglichkeit, menschengemäß zu leben. Andere Lebensformen müssen einbezogen werden (Tierschutz, artgerechte Haltung, Schutz des Lebensraumes, ...).
Den Kerngedanken des Humanismus kann man wie folgt formulieren: Wir Menschen tragen als Einzelne wie auch in der Gemeinschaft auf der Grundlage des Prinzips der Liebe die Verantwortung für unser Handeln.
Verantwortung kann man nicht abgeben. Auch mit Berufung auf höhere Mächte kann man sich seiner Verantwortung nicht entledigen. Aber es ist möglich, sich helfen zu lassen. So ist beispielsweise der Chef für den Strahlenschutz seiner Firma verantwortlich. Da er keine Fachkenntnisse besitzt, stellt er einen Fachmann ein, der nun die Verantwortung für diesen Bereich übernimmt. Der Chef behält aber weiterhin seine volle Verantwortung (Verantwortungsmehrung) und muss ihr auch weiterhin durch ergänzende Maßnahmen gerecht werden (Genehmigung von Fortbildungen, Anforderungen von externen Kontrollen).

---

[10] Chiffre im Sinne des philosophischen Glaubens

Wissenschaft ist neutral, der Wissenschaftler nicht

Die Methode der Wissenschaft ist nicht geeignet, moralische Aussagen wie gut / böse zu machen. Wissenschaftler dagegen können moralisch gut oder moralisch verwerflich handeln. Viele Wissenschaftler haben sich entschlossen, ihr Handeln auf moralische Grundlagen zu stellen. Viele - aber nicht alle.

Hinweise darauf, was gut ist, geben uns die Religion und die Philosophie. Beide können den Wissenschaftlern Richtlinien für verantwortungsvolles Handeln geben. Das reicht aber nicht aus; zusätzlich braucht die Wissenschaft einen rechtlich verbindlichen Rahmen.

So sind Tier-, aber auch Menschenversuche aus wissenschaftlicher Sicht hilfreich, bestimmte Fragen zu beantworten. Ob man unter diesen Umständen besser auf mögliche Erkenntnisse verzichten sollte, ist keine wissenschaftliche, sondern eine moralische Entscheidung.

Häufig allerdings kann man erst im Rückblick sagen, welche Wirkung eine wissenschaftliche Entdeckung hat.

Beispiel: Ein Wissenschaftler experimentiert mit Steinen, die ein für das Auge unsichtbares Licht aussenden. Als er zwei Steine zusammenschiebt, leuchten sie, wie die Messinstrumente anzeigen, heller. Diese erstaunliche Beobachtung sowie die chemische Zusammensetzung des Gesteins teilt er, wie unter Wissenschaftlern üblich, sofort anderen Wissenschaftlern mit.

Das Licht, das diese Steine aussenden, ist unsichtbares Röntgenlicht, denn die Steine enthalten Uran. Der Wissenschaftler Otto Hahn hat, ohne es zu wissen, eine Kernspaltung beobachtet. Man schreibt das Jahr 1938. Im Jahre 1945 zerstören auf der Grundlage dieser Erkenntnis zwei Atombomben Hiroshima und Nagasaki.

Weisheit *

Philosophie

Es gibt zwei philosophische Welten, die wenig Berührungspunkte miteinander haben: Im Elfenbeinturm findet man Kultur in sublimierter Form und auf dem Markt die Lebensphilosophie. Leben folgt nicht starren Gesetzen, es ist wild und verwirrend zugleich. Individuelle Schicksale berühren uns. Gefühle leiten uns.

Die Philosophie erhält ihre Kraft aus dem Streben nach Weisheit. Verliert sich die Philosophie in spitzfindigen Streitigkeiten, dann suchen die Menschen nach anderen Wegen, zur Weisheit zu gelangen. So wandten sich am Ende des Altertums die Menschen von der Philosophie ab und widmeten sich der Religion.

Religion

Die Religion bildet in vielen Kulturen das Zentrum des kulturellen Lebens. Sie ist Kraft- und Inspirationsquelle für künstlerisches Schaffen aller Kunstrichtungen. Alle Aspekte des Menschseins werden, ob gefühlsmäßig oder geistig, erfasst. Alle Bevölkerungsgruppen werden einbezogen.

Im Laufe der Jahrhunderte rückte in den Mittelpunkt der meisten Religionen das Verteidigen von "ewigen Wahrheiten". Diese Ausrichtung ging auf Kosten des Strebens nach Wahrhaftigkeit und Weisheit. Ab dem 17. Jahrhundert kann man in Europa ein Abwenden von der Religion und eine Hinwendung zu Philosophie und Wissenschaft beobachten.

Wird das Suchen und Verteidigen von ewigen Wahrheiten ersetzt durch das Streben nach Weisheit, so hat das Einfluss auf alle Bereiche des religiösen Denkens und Handelns:

Man sucht in Heiligen Büchern nach Weisheit und nicht nach ewigen Wahrheiten. Man sucht das Gespräch mit Anhängern anderer Religionen und nicht den Konflikt. Für Menschen aller Glaubensrichtungen bietet das Streben nach Weisheit eine gemeinsame Basis und ein gemeinsames Ziel.

Wissenschaft

Die große Anziehungskraft, die die Wissenschaft heutzutage auf den Menschen ausübt, beruht nicht allein auf ihren technischen Erfolgen, sondern auch auf der geistigen Kraft, die von ihr ausgeht. Die Wissenschaft strebt zwar nur nach Erkenntnis und nicht explizit nach Weisheit, aber das Bemühen der Wissenschaft um Wahrhaftigkeit ist ein Weg, der zur Weisheit führen kann.

Recht

Die ideale Justiz könnte man als institutionalisierte, praktisch angewandte Ethik auffassen, aber wir kennen keine ideale Justiz. In der Praxis erzeugt Rechtsprechung nicht nur Recht und Ordnung, sondern zwangsläufig auch Unrecht.

Deshalb: Über dem Recht steht die Gnade, Gnade nicht als Willkürakt, sondern als Prinzip.

2.1 Modelle als Lebenshilfe

2.1.1 Aus der Praxis: Wissenschaft, Forschung und Unterricht

Beobachtungen und Messungen

Beobachtungen und Messungen sind die Grundlage jeder wissenschaftlichen Tätigkeit. Wir beobachten mit Sinnesorganen, die, wie Sokrates lehrte, nicht die Wirklichkeit erkennen können. Wir messen mit Messgeräten, die ungenau arbeiten. Wir stören mit unseren Beobachtungen das, was wir beobachten wollen: Wir schleichen näher und näher - der Vogel fliegt weg. Wir können bestimmte Vorgänge beobachten nicht, weil die Beobachtung zu stark stört.

In der *Quanten*physik taucht ein ganz anderes Problem auf: Die gemessenen Eigenschaften existieren vor der Messung nicht und entstehen erst während der Messung. Welche Eigenschaft entsteht, hängt von der Wahl der Messgeräte ab. Wie sieht nun die Welt aus, wenn keiner hinsieht? Bekannt ist dies vom Hühnerhof. Wenn der Bauer hinsieht, scharren und picken alle Hühner im Sande. Wenn aber keiner hinsieht, so wird behauptet, tanzen die Hühner Polka. Wir wissen also weder vom Hühnerhof noch von den Vorgängen der *Quanten*physik, was dann passiert. In beiden Fällen gibt es Gründe anzunehmen, dass alles seinen gewohnten Gang nimmt. So geht die Dekohärenz - Theorie davon aus, dass alle Wechselwirkungen der Materie untereinander den gleichen Effekt hervorrufen wie die Messung.

Vor einer Beobachtung entscheiden wir uns, bewusst oder unbewusst, dafür, was wir beobachten wollen. Entscheidet man sich dafür, den Vogel zu beobachten, so nimmt man den Baum, auf dem er sitzt, kaum wahr. Das Ergebnis der Beobachtung hängt somit wesentlich von der eigenen Wahl ab. Auch die Auswahl des Hilfsmittels, z.B. Richtmikrophon oder Fernglas, beeinflusst das, was man beobachtet.
Für genaues Beobachten eines schon bekannten Vorganges ist die bewusste Entscheidung des Wissenschaftlers ausreichend. Wenn man auf bisher unbekannte Phänomene stößt, spricht man von Zufallsentdeckungen. Diese Zufallsentdeckungen sind allerdings keineswegs völlig zufällig: Sie wurden fast immer von Handwerkern, Wissenschaftlern und Technikern gemacht, die ein großes Wissen hatten, systematisch arbeiteten und gleichzeitig offen waren für Neues. Zufallsentdeckungen sind zwar nicht planbar, aber man kann die Umstände so gestalten, dass eine höhere Wahrscheinlichkeit dafür entsteht, eine "Zufallsentdeckung" zu machen.
Mit Sicherheit gibt es in der Welt noch große Geheimnisse, von denen wir nicht die geringste Ahnung haben.

Beispiel aus der Unterrichtspraxis
Die Schüler erhitzen Wasser. Sobald das Wasser kocht, sollen sie elfmal alle 30 Sekunden die Temperatur mit billigen Thermometern messen. Der Lehrer beobachtet die Arbeit. Eine Gruppe notiert jedes Mal 100°C. Alle Gruppen, bis auf diese, sollen ihre Brenner ausschalten.
Ein Schüler der Gruppe liest als erster seine Ergebnisse vor: "100°C, 100°C, 100°C". Die Lehrerfrage, wer denn wisse, bei wie viel Grad Wasser kocht, kann ein anderer Schüler dieser Gruppe beantworten: „Das weiß ich schon lange, natürlich bei hundert Grad."
Der Lehrer beobachtet, wie eine andere Gruppe ihr Ergebnis durchstreicht und durch jeweils 100°C ersetzt. Er wartet, bis sie fertig ist, und lässt die Gruppe, die 100°C gemessen hat, gemeinsam mit ihm die Temperatur erneut ablesen: Es sind genau 102°C.

Er notiert an der Tafel:
Messfehler
Er macht den Schülern bewusst, dass Vorwissen die Beobachtung verfälschen kann und notiert an der Tafel
: Vorwissen

Dann muss die Gruppe vorlesen, die ihre Ergebnisse durchgestrichen hat. In der Schule ist es üblich, Fehler zu korrigieren. Dagegen nennt man in der Wissenschaft nachträglich veränderte Messergebnisse schlicht Betrug. Diese Messung ist nicht wissenschaftlich.
: Betrug

Nun liest die nächste Gruppe vor. (102,4°C, 101,1°C, 103,5°C, ...)
Es wird besprochen, warum die Messung schwankt: Es kann sein, dass die Temperatur sich wirklich ändert.

Es kann aber auch sein, dass man falsch abgelesen hat. Der Lehrer demonstriert an einem großen Thermometer, dass die Messung sich jeweils um etwa 1,5°C ändert, wenn man statt in gleiche Höhe von oben oder unten auf die Skala sieht.
: Beobachtungsfehler

Nun liest die nächste Gruppe vor. (98,3°C, 99,1°C, 97,5°C, ...)
Es kann sein, dass das Thermometer schlecht ist. Zeigen die Thermometer wirklich die gleiche Temperatur an? Alle Thermometer kommen in ein Glas mit Wasser. Nach einer Weile wird abgelesen. Sie zeigen verschiedene Temperaturen an!
: Messinstrument

Ein Schüler vermutet "Dreck" als Ursache. Auch diesem Vorschlag wird nachgegangen. Ein Schüler schüttet drei Löffel Erde in das Wasser. Das Wasser wird zum Kochen gebracht und es wird gemessen. (112,3°C). Schmutz könnte den Versuch verfälschen.
: Schmutz

Nun liest die nächste Gruppe vor. „Wir haben ein komisches Ergebnis." (202,3°C, 201,1°C, 201,5°C, ...)
Der Lehrer erklärt dieser Gruppe die Skala. Die Gruppe, die ihre Ergebnisse gefälscht hat, macht hämische Bemerkungen. Der Lehrer stellt fest: „In der Wissenschaft darf man Fehler machen. Auch große Fehler sind erlaubt. Aber man muss bereit sein, aus Fehlern zu lernen."

Er notiert an der Tafel:
In der Physik enthalten alle Messungen Fehler.

Es wird besprochen, dass es sich hier um ein grundsätzliches, philosophisches Problem handelt. Die Messergebnisse in der Physik sind meist sehr genau und reichen in der Regel für die jeweiligen praktischen Anwendungen aus. So ist beispielsweise die Physikalisch - Technische Bundesanstalt (PTB) in der Lage, die Zeit auf 15 Stellen genau zu messen, und zwar über Jahre hinweg.

Er notiert an der Tafel:
Arbeitet man sorgfältig, dann ist man in der Lage, genaue Messergebnisse zu erhalten.

Es wird besprochen, dass es schlecht ist, wenn Wissenschaftler aus Angst davor, sich lächerlich zu machen, ihre Ergebnisse verheimlichen. In der Wissenschaft muss deshalb, wie in der Klasse, eine Atmosphäre der gegenseitigen Achtung herrschen.

Nun wird überlegt, wie Fehler zu vermeiden sind. Die Schüler machen Vorschläge: „Man muss das richtig machen." - " Man muss sich Mühe geben." - „Man braucht ein teures Thermometer und nicht so einen Schrott."

Der Lehrer erläutert den Schülern ein häufig verwendetes Verfahren, den Durchschnitt. Er bespricht mit den Schülern, welche Ergebnisse vermutlich am schlechtesten sind. Es sind die größten und die

kleinsten Messergebnisse. Das größte und das kleinste Ergebnis werden eingeklammert. Die anderen 9 Ergebnisse werden addiert und durch 9 geteilt. Das Ergebnis ist eine Zahl mit vielen Stellen hinter dem Komma. Der Lehrer macht den Schülern klar, dass dieses Ergebnis eine zu hohe Messgenauigkeit vortäuscht. Wir runden nur grob auf eine Stelle hinter dem Komma.
Alle Gruppen berechnen für sich den Mittelwert. Dann wird der Mittelwert für alle Gruppen der Klasse berechnet.

Messfehler
: Vorwissen
: Betrug
: Beobachtungsfehler
: Messinstrument
: Schmutz

In der Wissenschaft enthalten alle Messungen Fehler. Durch sorgfältiges Arbeiten sind die Wissenschaftler oft in der Lage, diese sehr klein zu halten.

Gegenmaßnahmen
: Aus Fehlern lernen
: Fachkenntnis (hier: richtig ablesen)
: Sorgfalt
: gute Messinstrumente verwenden
: viele Messungen
: Messungen durch verschiedene Gruppen
: stark abweichende Ergebnisse nicht verwenden (nicht immer möglich)
: Durchschnitt nehmen (nicht immer möglich)
: nur grob runden
: Wissenschaftler achten andere Wissenschaftler
(Die Beispiele entspringt echten Unterrichtsverläufen.)

Qualitätsstandard
Beobachtungen werden in der Wissenschaft weder zur Wahrheit erklärt noch ignoriert. Um Beobachtungen einordnen zu können, werden Qualitätsstandards aufgestellt:

- Beobachtungen und Messungen sollen unabhängig vom Beobachter bzw. dem Messinstrument sein (Objektivität). Ist dies nicht möglich, so muss der Beobachter in die Deutung einbezogen werden.
- Messungen sollen unter gleichen Bedingungen gleiche Ergebnisse hervorbringen (Reproduzierbarkeit oder Reliabilität). Ist dies nicht möglich, so muss dies bei der Deutung berücksichtigt werden.
- Messungen sollen die Eigenschaft messen, die man messen will und nicht irgend eine andere (Validität). Dieses ist das entscheidende Kriterium. Es baut auf den anderen beiden Kriterien auf.

Umgang mit Fehlern in Wissenschaft und Technik
Technik muss fehlerfrei funktionieren. Techniker müssen in der Lage sein, fehlerfrei zu arbeiten. Sie müssen ihr Handwerk verstehen.
Fehler sind in der Wissenschaft Teil des Erkenntnisprozesses. Wissenschaftler müssen in der Lage sein, aus Fehlern zu lernen. Wissenschaftler müssen einfallsreich sein.

Lehrbetrieb, Schule und Hochschule legen ihren Schwerpunkt darauf, junge Menschen auszubilden, die in der Lage, sind fehlerfrei zu arbeiten. Also z.B. Handwerker, Ingenieure, Ärzte, Sachbearbeiter. Wenn man einen Handwerker bestellt, möchte man, dass dieser fehlerfrei arbeitet. Die Ausbildung trägt dem Rechnung: Machen die Lehrlinge in ihrer Ausbildung Fehler, so werden sie durch schlechte Noten bestraft. Die jungen Menschen lernen, Fehler zu vermeiden oder zu vertuschen. Diese Strategie lässt sich nicht nur in der Ausbildung, sondern auch im Beruf "erfolgreich" anwenden.
Auch angehende Wissenschaftler müssen zunächst das angesammelte Wissen und den Umgang mit den erforderlichen Techniken lernen. Angehende Wissenschaftler werden somit zunächst zu Technikern ausgebildet.

Zufallsentdeckung

Ein Schüler stellt fest: "Das Drahtnetz ist beim Erhitzen von unten schwarz geworden." Das es zu dieser Zufallsentdeckung gekommen ist, liegt daran, dass die erforderlichen Voraussetzungen erfüllt waren:
- Es wurde mit einem technischen Hilfsmittel (Gasbrenner) gearbeitet, dass den beobachteten Effekt erzeugt hat.
- Es wurde aufmerksam beobachtet.

Aufmerksames Beobachten ist eine typische Eigenschaft von Kindern. Genauso typisch ist es, dass Kinder Fragen stellen: "Warum wird das Drahtnetz in der Flamme schwarz?" Und Kinder haben Fantasie beim Finden von möglichen Erklärungen oder, anders ausgedrückt, beim Aufstellen von Theorien.

Systematische Suche

Zufällige Entdeckungen stehen am Anfang von wissenschaftlichen Entdeckungen. Ihnen folgt eine Phase des Probierens. Dabei werden häufig viele weitere neue Beobachtungen gemacht.
Wenn es gelingt, die beobachteten Vorgänge zu erklären, können gezielt Experimente durchgeführt werden. Nachdem man beispielsweise ein Modell entwickelt hatte, in dem Licht als eine elektromagnetische Welle aufgefasst wurde, konnte man systematisch alle experimentell zugänglichen Wellenbereiche untersuchen. Aufgrund von theoretischen Überlegungen wurde gezielt versucht, das Bose - Einstein - Kondensat herzustellen und nachzuweisen, was auch gelang. Vorrangiges Ziel der Wissenschaft ist daher das Aufstellen von Modellen.

Entwickeln von Modellvorstellungen

Wissenschaftler sind in keiner anderen Lage als die Kinder. Über das Aufstellen einer Theorie sagte der Physiker Karl R. Popper: „Wir wissen nicht, wir raten."

Zitat 9: Karl R. Popper (in: Genz; Naturgesetze, S. 31)

Demzufolge sind nicht nur mathematische Axiome, sondern auch wissenschaftliche Theorien, wie Albert Einstein meint, Produkte der menschlichen Fantasie. Anders ausgedrückt: Theorien müssen nicht zwingend so sein, wie sie es sind. Es sind mehr oder minder hilfreiche Modellvorstellungen. Aber in der Wissenschaft herrscht auch keine Beliebigkeit, denn sie beruht auf philosophischen Prinzipien:

Bedeutsam ist das Gleichheitsprinzip, das auch kopernikanisches Prinzip genannt wird. Es fordert die Gleichheit vor dem Gesetz: Gesetze gelten für jeden, auch für den Beobachter. Kopernikus hat sich auf Grundlage dieses Prinzips von der Vorstellung, dass die Erde der Mittelpunkt des Universums sei, verabschiedet.
(Gegen den Grundsatz der Gleichheit vor dem Gesetz verstoßen die Vorstellungen des Solipsismus, das Modell Wigners Freund und das sog. starke anthropologische "Prinzip", dass kein Prinzip ist).

Das Sparsamkeitsprinzip der Wissenschaften (Ockhams Rasiermesser) hilft, sich für ein Modell (eine Theorie) zu entscheiden. Wilhelm von Ockham (1285-1349) war der Überzeugung, dass man bei mehreren möglichen Erklärungen, diejenige auswählen sollte, die von jeweils weniger Annahmen ausgeht, ohne simplifizierend zu sein. (Simplifizierend heißt, etwas zu erklären, ohne das Wesentliche zu berücksichtigen.)

Karl R. Popper hat aufgezeigt, wie man wilde Spekulationen von wissenschaftlichen Theorien (Modellen) unterscheiden kann: Nur Aussagen, die vom Ansatz her widerlegbar sind, sind wissenschaftlich. Ja, Popper geht noch einen Schritt weiter: Nur solche Aussagen haben, wissenschaftlich gesehen, einen Sinn.

Durch Messungen versucht man, ein Gemeinsames zu erkennen. So kann man z.B. eine regelmäßige Wiederholung feststellen und sucht nach einem Modell, das erklärt, warum es zu der Wiederholung kommt (Induktion). Modelle sollen aber nicht nur dazu dienen, Vorhersagen zu machen, sondern sollen helfen, Zusammenhänge zu verstehen. Es reicht nicht aus, Vorhersagen zu machen, die sich immer wieder als richtig erweisen, denn solange man die Ursachen für ein bestimmtes Ereignis nicht kennt, kann man nicht sicher sein, dass es auch in der Zukunft weiter so abläuft. Bertrand Russell hat dies so verdeutlicht: Ein Huhn kommt freudig angelaufen, wenn der Bauer kommt, weil es Tag für Tag von ihm gefüttert wurde. Heute will der Bauer es aber schlachten. Hätte es gewusst, was es erwartet, hätte es in Angst gelebt und wäre geflohen. (Russels Huhn)

Henning Genz führt die babylonische Astronomie als Beispiel für nicht verstandene Ursachen an: Die Astronomen konnten einen genauen Kalender aufstellen, Sonnen- und Mondfinsternisse vorhersagen und Planetenstellungen berechnen. Sie hatten Regelmäßigkeiten erkannt, kannten aber nicht die Ursachen. Sie sahen die Sterne als Gottheiten an und ihre Bewegungen als Ausdruck des göttlichen Willens. Erst griechische Philosophen vermuteten, dass Sterne glühende Felsbrocken sein, die sich auf Kreisbahnen bewegen.

Auch heutige Modelle (Theorien) vermögen zwar richtige Voraussagen zu machen, trotzdem kann die Erklärung der Zusammenhänge falsch sein.

Ein wissenschaftliches Modell erklärt erstens die beobachteten Vorgänge und macht zweitens überprüfbare Voraussagen.

Wenn man die Zusammenhänge nicht versteht und die Beobachtungen auf unterschiedliche Ursachen hindeuten, wechselt man erneut in das Stadium der Beobachtungen. Nun versucht man, möglichst alle unbekannten Ursachen bis auf eine einzige auszuschließen, und beobachtet erneut (Experiment).

Beispiel aus der Unterrichtspraxis
Lehrer: „Heute wollen wir einige Geheimnisse der Natur entschlüsseln. Dazu beobachten wir eine Kerzenflamme." Die Schüler stöhnen: „Die kennen wir doch alle." Lehrer: "Ich vermute, ihr habt noch nie richtig hingesehen."
Die Schüler beobachten und zeichnen eine Kerze. Ihre Bilder werden verglichen: Flammen wurden rund, spitz oder unregelmäßig dargestellt. Die Schüler diskutieren über die Bilder und entscheiden sich im erneuten Vergleich für die spitze Form.
Das Innere der Flamme wurde von den meisten einfarbig gelb gezeichnet. Einige Schüler haben sie außen gelb und innen blau dargestellt. Alle Schüler stimmen der zweifarbigen Flamme zu.
Auch der Ort der Flamme wurde unterschiedlich dargestellt:
An der Spitze des Dochtes, um den Docht herum und direkt an der Kerze. Die Darstellung der Flamme um den Docht herum wird gewählt.

Ein Schüler zeichnet die Kerze an die Tafel. Dann werden die Beobachtungen zusammengetragen:

Die Kerzenflamme

(Bild)

Beobachtungen
: Die Flamme flackert.
: Die Flamme ist spitz.
: Die Flamme ist außen gelb und in der Mitte dunkler.
: Die gelbe Flamme schwebt über und neben dem Docht.
: Der Docht ist schwarz.
: An der Spitze glüht der Docht.
: Das Wachs der Kerze ist unten fest.
: Das Wachs der Kerze ist oben flüssig.

Dann formulieren die Schüler Fragen.

<u>Fragen</u>
: Warum flackert die Flamme?
: Warum ist die Flamme spitz?
: Warum ist die Flamme gelb und nicht rot?
: Warum ist die Flamme in der Mitte nicht gelb?
: Wozu braucht man den Docht?
: Warum ist das Wachs unten fest und oben flüssig?

Der Lehrer wählt eine Frage aus und schreibt sie auf die Nachbartafel:

<u>Frage</u>
: Wozu braucht man den Docht?

Schüler: „Weil sie sonst nicht brennt."

<u>Vermutung (Theorie):</u>
: Die Kerze braucht einen Docht, weil sie sonst nicht brennt.

Es wird überlegt, wie man das überprüfen kann. Die Schüler schlagen vor, eine Kerze ohne Docht anzuzünden. Der Lehrer holt ein Stück Wachs, eine Tiegelzange und einen Gasbrenner.

<u>Experiment:</u>
: Wir versuchen, eine Kerze ohne Docht mit einem Gasbrenner anzuzünden.

Der Versuch wird durchgeführt.

<u>Beobachtung</u>
: Das Wachs schmilzt, brennt aber nicht.

<u>Ergebnis:</u>
Unsere Vermutung wurde bestätigt. Wir formulieren unsere Frage neu:

<u>Frage</u>
: Welche Aufgabe hat der Docht?

<u>Vermutung (Theorie)</u>
: Der Docht brennt.
: Der Docht besteht aus einer Art Zündschnur.

(Es wird nun mit verschiedenen Dochten experimentiert: Zündschnur eines Chinaböllers, Wollfaden, Holzstab, Schwamm, Glaswolle)

<u>Experiment (Glaswolle):</u>
: Wir halten Glaswolle in die Flamme. (1)
: Wir versuchen, eine Kerze mit einem Docht aus Glaswolle anzuzünden. (2)
: Wir versuchen, eine Kerze mit einem Docht aus mit Wachs getränkter Glaswolle anzuzünden. (3)

<u>Beobachtung</u>
: Glaswolle brennt nicht. (1)
: Eine Kerze mit einem Docht aus Glaswolle brennt nicht. (2)
: Eine Kerze mit einem Docht aus mit Wachs getränkter Glaswolle brennt. (3)

<u>Ergebnis:</u>
Der Docht muss nicht brennen.
Der Docht muss keine Zündschnur sein.
Unsere Theorien sind falsch. - Die Frage bleibt bestehen.

Welche Aufgabe hat der Docht?

Die Schüler notieren die Ergebnisse. - Stundenende.

Die Schüler versuchen in der nächsten Stunde, durch eigene Experimente die Antwort herauszubekommen.

(Dieses Beispiel entspringt einem echten Unterrichtsverlauf, in Anlehnung an Michael Faradays Naturgeschichte einer Kerze.)

Wenn in den Naturwissenschaften Schülerfragen und ihre Lösungsvorschläge im Mittelpunkt stehen, werden Experimente durchgeführt, die selbst den Lehrer überraschen. So wurde von Schülern der Vorschlag gemacht, mit Hilfe von Geruchsproben herauszufinden, was in der Mitte der Flamme einer Kerze bzw. eines Gasbrenners sei. Mit einer Glasspritze wurden Proben genommen: Oben roch es nach Aussage der Schüler nach "Autoabgasen" und weiter unten nach "Benzin". Interessant waren auch die folgenden Fragen: "Kann man aus Wachs Benzin herstellen und kann man damit reich werden?" (Wirtschaftlicher Aspekt der Chemie)
Auch die Assoziation von Farbe der Flamme und der Farbe der Sonne führte zu interessanten Experimenten. (Flammenfärbung, Bau eines Spektrometers aus einem Schuhkarton und einer CD nach einer Anleitung aus dem Internet.)

Beweis

Die aus der Theorie abgeleiteten Voraussagen müssen nun in Experimenten überprüft werden (Deduktion). Das heißt messen, messen, messen. Da man als Wissenschaftler nicht in der Lage ist, alle möglichen Messungen durchzuführen, ist es nicht erlaubt zu sagen, eine Aussage sei wahr (verifiziert). Es könnte ja eine Messung geben, deren Ergebnis nicht mit den anderen übereinstimmt.

Stellt man fest, dass eine Messung nicht mit der Erklärung übereinstimmt, geht man davon aus, dass diese falsch ist (falsifiziert). Da auch Messungen falsch sein können, hat sich auch die Feststellung, eine Theorie sei falsch, schon als Irrtum herausgestellt.

Fazit: Ein Beweis ist grundsätzlich nicht möglich. Daher können wir auch nicht von den Gesetzen Newtons und Maxwells als „ewige Wahrheiten" sprechen.

Sind wir aber bescheidener, so können wir die Feststellung treffen, dass eine Theorie gut begründet und durch Versuche gut untermauert ist.

Modelle im Wettstreit

Zunächst haben die Menschen versucht, komplexe Vorgänge als Ganzes zu verstehen und zu erklären. Mehr und mehr erkannten sie, dass dies nicht möglich ist. Erfolgreich war dagegen ein anderer Weg: Man zerlegte die komplexen Vorgänge in einfachere und diese wiederum in einfachere Vorgänge, bis man auf eine Ebene gelangte, auf der man die Abläufe verstand. Dann konnte man sich von unten nach oben Schritt für Schritt hocharbeiten. Dabei stellten die Wissenschaftler fest, dass Gesetze, die in einem Bereich gelten, in anderen Bereichen nicht gelten.

Ein Problem der Wissenschaft ist die Unsicherheit, ob ein scheinbar grundlegendes Gesetz nicht in Wirklichkeit durch das Zusammenwirken von zwei unbekannten Gesetzen entsteht.
Beispiel:
Aristoteles beobachtete, dass Feder und Stein verschieden schnell fallen. Er erklärte dies zum Gesetz. Tatsächlich wirken aber zwei verschiedene Gesetze bei dem Vorgang mit: Die Erdanziehung und die Reibung. Im luftleeren Raum fallen Feder und Stein gleich schnell.
Auf der Erde treten Gravitation und Reibung stets gleichzeitig auf. Daher erkannte man die Wirkung dieser beiden Gesetze lange Zeit nicht. Erst als Toricelli das Vakuum entdeckte, war es möglich, die beiden Gesetze getrennt zu untersuchen.

Wenn im Universum zwei Naturgesetze stets gleichzeitig auftreten, so neigen wir dazu, diese Kombination als ein Gesetz ansehen. Das ist für die Erkenntnis nachteilhaft, aber für die Praxis nicht von Belang, da das Kombinationsgesetz zuverlässig funktioniert.

Das Gesetz des Aristoteles ist auch nicht falsch, sondern benötigt nur eine neue Grenze: Es gilt nicht im luftleeren Raum.
Es hat sich in der Vergangenheit gezeigt, dass häufig gut untermauerte physikalische Gesetze eine neue Begrenzung benötigen. Man spricht von einem Paradigmenwechsel. Innerhalb ihrer Grenzen gelten sie weiter. Religiöse und philosophische Modelle brechen aber bei einem Paradigmenwechsel meist vollständig in sich zusammen: Etwa die Vorstellung der Babylonier, die Planeten sein Götter.

Die Ablösung von den alten Vorstellungen verläuft oft gegen heftige Widerstände: Der Verlust der vermeintlichen Wahrheit ist ein schmerzhafter Prozess.

Wir können diesen Erkenntnisprozess in vielen Bereichen miterleben. Besonders spannend ist es in der Medizin, der *Quanten*physik und der Kosmologie. Umstritten sind weniger Erklärungen der zugrundeliegenden Vorgänge als vielmehr die des Gesamtvorganges.

Für die Wissenschaft ist jede neue, noch so seltsame Idee eine Bereicherung. Entscheidend ist nicht, ob eine Theorie skurril ist, sondern ob die wissenschaftliche Methode angewandt wird oder nicht:

Genau beobachten,
versuchen, die beobachteten Vorgänge zu erklären,
überprüfbare Voraussagen machen und
ernsthaft versuchen, die eigene Erklärung zu widerlegen.

Werden komplizierte Vorgänge durch sehr einfache Modelle erklärt?
Wird vermieden, überprüfbare Aussagen zu machen?
Werden nach Belieben Naturgesetze ausgewählt oder verworfen, wie man sie braucht?
Wehrt man sich dagegen, dass das eigene Modell, soweit möglich, wissenschaftlich überprüft wird?
Ist dies mit einem Hochmut gegenüber „den Wissenschaften" verbunden?

Die wissenschaftlichen Erkenntnisse stehen zwischen zwei Extremen: Dem Versuch, sie zur Wahrheit zu erklären, und dem Versuch, sie als beliebig darzustellen.

Noch einmal kompakt:
Wissenschaftliche Erkenntnisse, können falsch sein, aber es sind die am besten untermauerten Erkenntnisse, die wir haben. Sie erklären viele Zusammenhänge in unserer Welt, nicht aber die der Transzendenz[11].

---

[11] Chiffre im Sinne des philosophischen Glaubens

2.2 Information: Geistige Beweglichkeit und Naturgesetze *

Bei einem Holzstuhl kann man Jahresringe sehen (und daraus das Alter des Baumes bestimmen), man kann auf ihm sitzen und man kann ihn verbrennen.
Geist - Materie - Energie, drei Kategorien, wie sie unterschiedlicher nicht sein können, und dennoch beziehen sie sich auf ein und dasselbe.

Für die Relativitätstheorie sind Materie (Substanz) und Energie ein und dasselbe.
Für die Informationstheorie sind Geist und Materie ein und dasselbe.

Die Einheit von Nachricht (Geistigem) und Trägermedium (Materiellem) wird als Information bezeichnet. Der Informationsbegriff soll in der Physik die Grenze zwischen Naturgesetzen auf der einen und Substanz auf der anderen Seite auflösen. In der Biologie soll er helfen, eine Verbindung herzustellen zwischen Emotionen und Bewusstsein auf der einen Seite und den biochemischen Vorgängen auf der anderen. Der Informationsbegriff hilft zu erklären, warum Sprache eine Bedeutung und eine Wirkung besitzt.

Grundgedanke:
- Kernidentität von Geist und Materie

Begriffe:
- Information (Objekt)
- Informationsspeicher (Medium / Substanz / Energie)
- Informationsverarbeitung (Kommunikation / Stoffwechsel / Energieumwandlung)
- Informationsinhalt (Nachricht / Bedeutung / Wirkung)
- Informationsmuster (Form / Ausdruck /Ausgangsbedingungen)
- Informationscode (Vereinbarung / Naturgesetz)

Beschreibung:
1. Informationen (Objekte) können andere Informationen (Objekte) ändern: Informationsverarbeitung (Wirkung).
2. Die Wirkung bestimmt die Bedeutung der Information, also den Informationsinhalt.
3. Es gibt Regeln, wie Informationen andere Informationen ändern. Sie werden in der Informatik "Informationscode" und in der Physik "Naturgesetze" genannt.
4. Diese Regeln sind als Muster / Form / Ausdruck in den Informationsspeichern (Medium / Substanz) der aufeinander einwirkenden Informationen (Objekte) gespeichert. (Sie kommen nicht von außen.)
5. Diese Regeln sind in einem geschichtlichen Prozess nach dem Prinzip der Sprache entstanden.

Erläuterung:
Zu 1. und 2.) Informationen enthalten ihre Bedeutung im Rahmen einer Symbiose. Die Wirkung auf den Partner bestimmt die jeweilige Bedeutung einer Information.

Zu 3. und 4.) Es gibt Regeln, wie Objekte andere Objekte ändern. Sie werden in der Informatik "Informationscode" und in der Physik "Naturgesetze" genannt. Diese Regeln kommen nicht von außen, sondern sind als Muster / Form / Ausdruck in den Informationsspeichern (Medium / Substanz) der aufeinander einwirkenden Informationen (Objekte) gespeichert. Sie sind Teil eine Symbiose.

Zu 5. Diese Regeln sind in einem geschichtlichen Prozess nach den Regeln der Sprache entstanden (s.u.). Mit der Entstehung neuer Formen (Informationen) entstehen auch neue Regeln, also neue Naturgesetze. Komplexe Sprachen bauen auf vorhandene einfache Sprachen auf. Deshalb stehen neue Naturgesetze mit den vorhandenen Gesetzen in Einklang.

Bei Zahnrädern kann man die Regeln mit eigenen Augen sehen. Dreht man ein Zahnrad mit 10 Zähnen einmal herum, so dreht sich das benachbarte Zahnrad mit 5 Zähnen zweimal andersherum. (1•10 = 2•5)
Die Wirkung ergibt sich aus den Formen der beteiligten Objekte, wie hier insbesondere von der Anzahl der Zähne beider Zahnräder.

Die Form bestimmt die Wirkung. Die Wirkung bestimmt die Bedeutung.

In einem Getriebe arbeiten mehrere Zahnräder zusammen. Ein Getriebe ist ein auch ein Informationsspeicher. Er beinhaltet u.a. die mathematischen und physikalischen Regeln, denen die Zahnräder gehorchen.
Substanz ist nicht nur ein Wissensspeicher sondern Substanz ist gespeichertes Wissen. Bei Wissen handelt es sich um etwas Geistiges. Es besteht eine Kernidentität von Geist und Materie.

Baugruppen kann man mit anderen Baugruppen kombinieren und so zu neuen Funktionen gelangen. (Das Getriebe kann, zusammen mit anderen Bauteilen, in einem Auto verwendet werden.) Wissen kann man mit anderem Wissen kombinieren und so zu neuem Wissen gelangen.

- Man verwendet den Begriff "Substanz", wenn man die Speicherfähigkeit betrachtet.
- Man verwendet den Begriff "Energie", wenn man die Fähigkeit betrachtet, etwas zu verändern.
- Man verwendet den Begriff "Information", wenn man die Wirkung betrachtet.
- Man verwendet den Begriff "Bewusstsein", wenn man die Wahrnehmung betrachtet.
- Man verwendet den Begriff "Geist", wenn man die Bedeutung betrachtet.

Alle Modelle beziehen sich auf das Selbe:

Substanz <=> Energie <=> Information <=> Bewusstsein <=> Geist

Der Informationsbegriff beinhaltet eine klare Absage an die Magie: Geist kann ohne die Verbindung mit Materie nichts bewirken. Gespenster, die spuken, gibt es nicht.

Zu 1 und 2) Materielle Veränderungen sind zugleich geistige Veränderungen:
Die Aussage, Objekte können andere Objekte ändern, ist gleichbedeutend mit der Aussage, Informationen können andere Informationen ändern.
In der Physik bezeichnet man diesen Vorgang als Wirkung, in der Informatik als Informationsverarbeitung und in der Sprachwissenschaft als Kommunikation.

Bei mechanischen Rechenmaschinen kann man sehen, wie mit Hilfe von Zahnrädern Multiplikationsaufgaben gelöst werden. Man kann hier gut erkennen, dass eine physikalische Wirkung zugleich eine Informationsverarbeitung ist. Mit anderen Worten: Materielle Vorgänge sind zugleich geistige Vorgänge.

Folge:
- Informationen haben die Fähigkeit, Materie zu ordnen und zu gestalten. (Baupläne eines Hauses, Strickmuster, Gene von Lebewesen, Naturgesetze.)

Die Wirkung bestimmt die Bedeutung der Information, also den Informationsinhalt. Deshalb ordnet man Objekten entsprechend ihrer Wirkung Eigenschaften zu (Masse, Ladung) und klassifiziert sie nach ihrer Wirkung (Räder drehen sich, Schlüssel schließen, Lampen leuchten).
Damit bestimmt auch die Umgebung, welche Bedeutung eine Information besitzt. Eine Veränderung der Umwelt kann zu einer Bedeutungsänderung führen.

<u>Zum Grundgedanken:</u>
Der Informationsbegriff ermöglicht es, ausgehend von der Kernidentität von Geist und Materie zu erklären, weshalb der Geist eine Wirkung auf die Materie hat und warum materielle Vorgänge auf den Geist einwirken können.

Informationen unterliegen zu jedem Zeitpunkt den Naturgesetzen, denen auch ihr Medium unterliegt. (Bücher können verbrennen.) Gleichzeitig verfügt die geistige Seite über eine gewisse Unabhängigkeit, da Informationsinhalte die materiellen Träger wechseln können. Und bei jedem Wechsel von Medium zu Medium ändern sich auch die Naturgesetze, denen sie unterliegen.
Diese Eigenschaft ist für die Beweglichkeit und Lebendigkeit der geistigen Seite verantwortlich und suggeriert eine scheinbare Unabhängigkeit der geistigen von der materiellen Seite. (Die sogenannte materielle Seite ist zugleich geistig.)

Naturgesetze sind nicht nur eine Einschränkung, sondern stehen auch für die Schaffenskraft der Natur. Jedes Medium hat besondere Möglichkeiten: Bücher können gelesen werden, ohne dass der Text verschwindet. Schallwellen können sich im Raum ausbreiten und von vielen gehört werden. Chemische Verbindungen wie Hormone können Reaktionen auslösen.

Weil Informationsinhalte vervielfältigt werden können, besitzen sie eine wesentlich höhere Lebensdauer als ein einzelnes materielles Objekt. So erzählen die Aborigines in Australien seit Generationen die alten Mythen ihres Volkes ihren Kindern. Und auch die Bibeltexte sind älter als das älteste davon erhaltene Schriftstück. Einige Genabschnitte sind vermutlich Hunderte von Millionen Jahren alt. Ihre Lebenszeit ist viel länger als die der einzelnen Lebewesen.
(Voraussetzung ist sorgfältiges Kopieren und anschließendes Korrigieren des kopierten Textes. Dabei helfen bestimmte Regeln wie Rechtschreibung und Grammatik.)

Philosophische Überlegungen (Geist, Materie, Seele[12])

Ein Stück Zucker kann man schmecken (süß), tasten (fest), sehen (weiß). Drei Wahrnehmungen, wie sie unterschiedlicher nicht sein können, und dennoch beziehen sie sich auf ein und dasselbe. In welchem Verhältnis stehen Geist und Materie?

Nach der Informationstheorie sind Geist (Informationsinhalt) und Materie (Substanz) ein und dasselbe (Monismus / Kernidentität). Die Erscheinungsformen von Geistigem und Materiellem sind vielfältig:

- Materie, Substanz, Substrat, Stoff, Baustoff,

- Raum, Zeit,

- Wirkung, Bewegung, Welle, Energie, Kraft, Feld, Information,

- Prinzip, Methode, Gesetz, Naturgesetz, Regel, Grundsatz,

- Sprache, Logik, Mathematik, Modell, Theorie, Postulat,

- Geist, Vernunft, Intellekt, Idee, Ordnung, Erkenntnis, Informationsinhalt,

- Bewusstsein, Gedanken, Emotionen, Charakter, Freude, Liebe, Angst, Schmerz,

- Empfehlung, Rat, Richtlinie, Verhaltensrichtlinie,

- Gegenstände, Eigenschaften, Prozesse.

---

[12] Chiffre im Sinne des philosophischen Glaubens

Kernidentität bedeutet: die hier aufgezählten Erscheinungsformen bezeichnen dasselbe - aus unterschiedlichen Perspektiven. In den Kapiteln über Biologie und Physik wird auf einzelne Bereiche genauer eingegangen.

Wirkung - Ziel - Entscheidung
In der Physik gilt das Prinzip von Ursache und Wirkung. Beide sind über Naturgesetze miteinander verknüpft, ohne dass eine Wahlmöglichkeit besteht. Lebewesen und Systeme können aber planvoll handeln und Ziele anstreben. Wie ist das möglich?

- Die Physik ist handlungsbezogen. (Wirkung)
- Die Logik ist zukunftsbezogen. (Ziel)
- Die Emotionen sind wertbezogen. (Entscheidung)

Die Logik kann Schlüsse aus der Vergangenheit ziehen. Sie kann, aus dem Wissen um die Wirkung, Ursachen hervorrufen, die eine bestimmte Wirkung haben. Auf diesem Wege kann die Logik in der Zukunft ein angestrebtes Ziel erreichen.
Parallel zu der Zukunftsbezogenheit der Logik gibt es die autokatalytischen Vorgänge:
Eine Kerze kann ohne Hitze nicht brennen. Brennt sie, so entsteht Hitze. Die Hitze des Feuers hält die Kerze am Brennen:
Von nun an ist das Feuer seine eigene Ursache.

Autokatalytisch bedeutet, dass der Prozess sich selber (griechisch autos = selbst) fördert (griechisch Katalyse = Auflösung). In der Organischen Chemie gibt es viele Stoffe, die ihre eigene Bildung fördern. Autokatalytische Reaktionen sollen zur Entstehung des biologischen Lebens beigetragen haben (siehe Evolution).

Autokatalytische Prozesse werden als Regelkreis bezeichnet. Dieser Begriff ist nicht korrekt, da es sich nicht um einen Kreis, sondern um eine Spirale handelt, bei der Ereignisse der Vergangenheit die zukünftigen Ereignisse steuern. (Die Kerze wird entzündet, wird kleiner und geht aus, sobald alles Wachs verbraucht ist.)

Auch in der Logik ist das Anstreben von Zielen letztlich in vergangenen Ereignissen begründet, und auch unser Werturteil (Moral) bezieht sich auf vergangene Erfahrungen. Logik, Ethik (und auch Leben und Denken) stehen damit im Einklang mit dem Prinzip von Ursache und Wirkung. Gleichzeitig sind sie jeweils etwas grundsätzlich Verschiedenes mit eigenen Gesetzmäßigkeiten.

Bereiche können eine Einheit bilden, auch wenn sie grundlegend verschieden sind. Die Gesetze aller Bereiche werden dabei eingehalten.

Information und Transzendenz
Ich bin davon überzeugt, dass Geist und Stoff nur zwei Facetten der Wirklichkeit sind. Wie wir bei einem Schiff nur den aus dem Wasser herausragenden Teil sehen können, so erfassen wir nur Teile der Wirklichkeit: Ich glaube an eine Transzendenz[13].

Die Gesetze der menschlichen Logik sind gebunden an Raum und Zeit. Sobald wir versuchen, die dadurch vorgegebenen Grenzen zu überschreiten, geraten wir in Widersprüche. Daher folgere ich, dass die Gesetze der Immanenz (Begriffe, Logik, Mathematik, Naturgesetze, Moral) keine uneingeschränkte Gültigkeit in der Transzendenz haben.

---

[13] Chiffre im Sinne des philosophischen Glaubens

Obwohl der geistige Anteil eigenen Gesetzen unterliegt, findet jeder geistige Vorgang stets im Einklang mit den Naturgesetzen der Materie statt. So stelle ich mir auch das Verhältnis unserer Welt (Immanenz) zur Transzendenz vor: Grundsätzlich verschieden, doch stets im Einklang miteinander. Anders ausgedrückt: Auch wenn die Gesetze der Immanenz (Begriffe, Logik, Mathematik, Naturgesetze, Moral) keine Gültigkeit in der Transzendenz haben, stehen die Gesetze der Immanenz und die "Gesetze" der Transzendenz im Einklang miteinander. Damit steht mein Glauben an das Vorhandensein und die Gültigkeit von Naturgesetzen nicht im Widerspruch zu dem Glauben an eine Transzendenz.

Information und Magie

Wenn "Vorgänge" in der Transzendenz nicht mit einem Verstoß gegen die Naturgesetze einhergehen und eine Kernidentität von Geist und Materie besteht, ergibt sich als Schlussfolgerung: Es gibt keine Magie, keine Gespenster, keine Dämonen (F8).

Wissenschaftler haben jahrhundertelang ernsthaft nach magischen Vorgängen gesucht. Jeder bekannte Zauberspruch, jeder Fluch, eine Vielzahl von Sternenkonstellationen und Hunderte von angeblich magischen Artefakten wurden wieder und wieder auf eine magische Wirkung hin untersucht. Die Wissenschaftler haben zigtausend Experimente durchgeführt, und nicht in einem einzigen Fall ist eine magische Wirkung eingetreten. Nach dem Stand der Wissenschaft kann man eindeutig sagen: Es gibt keine Magie. Übrigens, der Wissenschaftler James Randi bietet demjenigen eine Millionen US-Dollar, der unter Bedingungen, die einen Betrug vermeiden sollen, nachweislich zaubert.

Information und Seele

Aus dem Einklang von Immanenz und Transzendenz ergibt sich die Bedeutsamkeit unseres Alltagslebens auch für die Transzendenz.

Ich glaube, dass unser Denken, Fühlen und Handeln einen größeren Tiefgang hat, als wir wahrnehmen: Sie haben nicht nur eine Wirkung in unserer Welt, sondern auch in der Transzendenz. Sind diese Überlegungen richtig, so trägt man die Verantwortung für sein Denken, Fühlen und Handeln nicht nur in der Immanenz, sondern auch in der Transzendenz.

Die antike Vorstellung, dass Gott Zeus eine Seele aus einem Tontopf nahm und sie einem leblosen Körper einpflanzte, um ihn zum Leben zu erwecken, ist mit dem modernen Informationsbegriff nicht in Einklang zu bringen.
Die Vorstellung von einem Schiff mit Tiefgang kann auf die Seelenvorstellung übertragen werden und steht nicht Widerspruch zum Informationsbegriff.

Anmerkung: Die Begriffe Seele, Transzendenz, Wirkung in der Transzendenz, Gesetze der Transzendenz, Verantwortung in der Transzendenz usw. werden als Chiffren im Sinne des philosophischen Glaubens verwendet. (Siehe dort)

Wissenswertes zum Thema Information

Informationen brauchen einen Sender, ein Transportmedium und einen Empfänger, die jeweils aus Materie bestehen:

Beispiele für Sender: Ampel, Computer, Regentropfen, Menschen, Tiere, Schilddrüse, Gen, ...
Beispiele für Transportmedien: Stromkabel, Bildschirm, Luft, Buch, Nerv, Blut, ...
Beispiele für Empfänger: Menschen, Tiere, Computer, Maschinen, Zellen, Proteine, ...

Der Informationsinhalt braucht für eine Vervielfältigung nicht verstanden zu werden, aber ein Empfänger muss sie verstehen. (Es reicht, wenn der Kopierapparat "verstanden" hat, was hell und was dunkel ist.)

Eine Information wirkt, indem sie den Empfänger verändert: der Empfänger verhält sich anders als ohne die Information.

Auch Sender, Transportmedien und Empfänger von Informationen kann man als Informationen auffassen. Somit ändern Informationen andere Informationen. Dabei entstehen neue Informationen. Dies geht stets mit einem physikalischen Vorgang einher.

Sender und Empfänger werden auch mit Objekt (Sender) und Subjekt (Empfänger) bezeichnet. Subjekt und Objekt sind demnach beide jeweils als Einheit von Geist und Materie aufzufassen.

Informationen werden nicht immer mit Absicht erzeugt.
So fressen Buchdruckkäfer Gänge in die Borke. Die Gänge können Informationen über das Verhalten der Käfer liefern.

Informationen sind vieldeutig. Der Satz „Die Ampel ist grün", kann bedeuten: "Sie leuchtet grün" oder "Du kannst losfahren" oder "Du Idiot hast geträumt", ...

Informationen können missverstanden werden.

Wenn Sender und Empfänger über den gleichen Code verfügen, können sie Informationen gleich deuten.

Informationen können unwahre Aussagen enthalten.

Informationen müssen für einen Empfänger nicht unbedingt sinnvoll sein:
dsfvb5rdffkuz65tgbfghghjztreoterfdvcx.

Bei der Übertragung von Informationen können äußere Einflüsse sie verändern. Um Fehler zu erkennen, kann man Informationen mehrfach (redundant) senden.

Die Veränderung der Information durch Fehler bei der Übertragung mindert in der Regel ihren Wert. In Einzelfällen wird die Information dadurch aber auch wertvoller. (Dies spielt bei den Genen im Rahmen des Evolutionsprozesses eine große Bedeutung.)

Energie entsteht durch einen Symmetriebruch: Es entsteht gleich viel positive wie negative Energie. Wenn eine Information entsteht, entsteht gleichzeitig eine damit verschränkte Information. Neu entstandenen Informationen sind eingebettet in die bereits bestehenden. Informationen sind Teil eines Masseneffektes (wie Temperatur, Ordnung, Protropie, Entropie).

Das mengenmäßige Maß der Information ist die Anzahl der Zustände, die möglich sind. Die Einheit der Informationsmenge heißt Bit. Wenn man einen Text ins Dualsystem übersetzt, so entspricht das Bit der Anzahl der Ziffern (101101: > 6 Bit).
Im Dualsystem entspricht ein Bit zwei möglichen Zuständen, 0 oder 1 genannt. (6 Bit haben $6^2 = 64$ mögliche Zustände).

Das Maß für den Informationsgehalt ist der Grad der Ordnung, die ein Text oder eine Struktur enthalten. Der Begriff der Ordnung wird hier über die statistische Häufigkeit des Auftretens definiert. Je seltener eine Struktur auftritt, desto höher ist ihre Ordnung. (Beim Würfelspiel fallen selten fünf Sechsen.)

Die Informationsmenge ist nicht identisch mit der Qualität der Information. Informationen, die für den einen wertlos sind, sind für einen anderen möglicherweise sehr wertvoll. Die subjektive Qualität der Information hängt von dem verwendeten Wertmaßstab des jeweiligen Senders bzw. Empfängers ab.

Viele griechische Denker meinten, in einem Marmorblock seien alle möglichen Statuen enthalten und der Künstler brauche lediglich eine davon heraushauen. (Wirklichkeit und Möglichkeit) Der Künstler fügt aber doch etwas dazu: Informationen.

Wichtiger Informationsträger: Das Gen

Gene sind Beteiligte eines Kommunikationsprozesses: Gene zwingen uns nicht, sie überreden uns. Die Überredungskunst kann aber außerordentlich überzeugend sein.

Die Zellen aller Lebewesen enthalten einen Bauplan sowie eine Bau- und Betriebsanleitung. Diese Informationen einer Zelle bezeichnet man als Genom, eine einzelne Anweisung als Gen. Als ein Gen bezeichnet man traditionell den Teil des Erbgutes, der den Bauplan für ein Protein trägt. Ein Gen für sich allein kann nichts bewirken, aber in Wechselwirkung mit anderen Informationsträgern, den Proteinen, sind die Gene in der Lage, die Lebensvorgänge der Zelle zu steuern:

... -> Gen 1 startet die Produktion von Protein 1.
-> Protein 1 schaltet Gen 2 und Gen 5 und Gen 7 an.
-> Gen 2 startet die Produktion von Protein 2,
 Gen 5 startet die Produktion von Protein 5,
 Gen 7 startet die Produktion von Protein 7.
-> Protein 2 transportiert Zucker,
 Protein 5 baut eine neue Zellwand,
 Protein 7 schaltet Gen 1 aus und Gen 6 an,
-> Gen 6 ...

An diesem Beispiel ist zu erkennen, wie Informationen (z.B. Proteine) auf andere Informationen (z.B. Gene) einwirken und sie ändern (an- oder ausschalten).

Informationsverarbeitung

Die Hoffnung einiger Gentechniker, man brauche lediglich das Erbgut (Genom) eines Lebewesens zu entschlüsseln, um seine Lebensvorgänge zu verstehen, wurde herb enttäuscht. Die Gleichung ein Gen = ein Protein = ein Lebensvorgang stimmt nicht, denn die Informationen des Gens werden in mehreren Zwischenschritten verändert. Deshalb können aus einem Gen (oder DNA-Abschnitt) mehrere unterschiedliche Produkte entstehen, die verschiedene Lebensvorgänge aufrechterhalten.
Bei zwei Übersetzungen (DNA/RNA und RNA/Protein) ändert sich die Wirkung. Diesen Vorgang bezeichnet man auch als Informationsverarbeitung. Die sich aus der Veränderung der Eigenschaften ergebenen Möglichkeiten werden von den Lebewesen genutzt. In Lebewesen ermöglicht die Informationsverarbeitung eine Anpassung der starren Informationen des Genoms an die vielfältigen Lebensvorgänge.

Beispiel 1: DNA (Gen) -> Übersetzung in Boten-RNA -> Übersetzung in Protein.

Beispiel 2: Gesprochene Sprache -> Übersetzung in Radiowellen -> Übersetzung in Schriftsprache -> Übersetzung in Computerdateien.

Beispiel 3: Gezeichneter Konstruktionsplan -> Übersetzung in eine Maschine

In diesen Beispielen findet ein Wechsel von Medium und Sprache statt. Jedes Medium hat besondere Eigenschaften und lässt sich auf eine andere Art und Weise verarbeiten.
- Schriftsprache und DNA sind sehr stabil und ändern sich über lange Zeiträume wenig. Sie lassen sich ohne inhaltliche Veränderungen vervielfältigen.
- Radioübertragungen und Boten-RNA verbreiten Informationen rasch und weiträumig.
- Proteine haben in einer Zelle die Eigenschaften von Maschinenbauteilen oder sogar ganzen Maschinen. Sie besitzen, wie auch Computerprogramme, die Fähigkeit, eine große Wirkung auszuüben, also etwas anderes zu verändern, ohne sich selbst wesentlich zu ändern.
- Computerdateien, Boten-RNA und Konstruktionspläne lassen sich einfach verändern.

Die Lebewesen übersetzen nicht starr die DNA, sondern sie nutzen in jedem Zwischenschritt die vorhandenen Möglichkeiten, die Produkte den aktuellen Bedingungen anzupassen und zu verändern.

Was ist ein Gen?
Die traditionelle Beschreibung lautet:
"Ein Gen ist ein Bauplan für die Erstellung eines Proteins."

Sie wird ersetzt durch den Satz:
"Ein Gen ist eine Arbeitsanweisung für die Erstellung eines Proteins."
Dies trifft nicht alle Aufgaben des Gens. Etwas allgemeiner ist besser:

"Ein Gen ist eine Arbeitsanweisung."
Das trifft es noch nicht ganz.

"Ein Gen ist eine Arbeitsanweisung für die Erstellung einer Arbeitsanweisung."
Oder sogar:

"Ein Gen ist eine Arbeitsanweisung für die Erstellung einer Arbeitsanweisung die wiederum eine Arbeitsanweisung erstellen kann."

Die Mehrstufigkeit ist Voraussetzung für die außerordentlich große Wirksamkeit der Gene. Bei der Erstellung jeder Arbeitsanweisung können äußere Umwelteinflüsse berücksichtigt werden.

Noch besser:
Ein Gen enthält Informationen, die gespeicherte Erfahrungen beinhalten. Diese Informationen werden im Rahmen von Symbiosen innerhalb des Lebewesens genutzt, um die Lebensfunktionen aufrecht zu erhalten.

Vermehrung
Die Informationen (Gene und Proteine) einer Zelle können auf unterschiedliche Weise weitergegeben werden:

- Zellteilung
Vor einer Zellteilung wird das Genom verdoppelt und an beide Tochterzellen weitergereicht. Jede Tochterzelle erhält etwa die Hälfte der Proteine. Beide Tochterzellen tragen nun die gleichen Informationen, es sei denn, bei dem Kopieren der Gene ist ein Fehler aufgetreten. Fehler bei der Verdoppelung eines Gens nennt man eine Mutation.

- geschlechtliche Vereinigung
Eine Zelle kann ihr gesamtes Genom an eine andere Zelle übertragen. Dies findet bei der geschlechtlichen Vereinigung zweier Zellen statt.

- Plasmidring
Eine Zelle kann den Teil ihrer Informationen, der sich auf einem gesonderten Genstrang (Plasmidring) befindet, an eine andere Zelle weitergeben. Auf dem Ring befinden sich beispielsweise Informationen, wie die Zelle Gifte vernichten kann. In der Medizin werden gegen Krankheitserreger Gifte (Antibiotika) eingesetzt. Ist eine Zelle unempfindlich gegen ein Antibiotikum, so kann ein Krankheitserreger diese Information von ihr erhalten und wird von dem Medikament nicht mehr bekämpft.

- Viren
Informationen können auch mit Hilfe von Viren verbreitet werden: Eine Zelle umhüllt Geninformationen mit einer stabilen Eiweißhülle und setzt sie frei. Andere Zellen nehmen diese Viren auf und produzieren weitere Viren. Unserer Gene enthalten einen erheblichen Anteil an Resten von Virus - DNA.

2.2.1 Verbreitung von Informationen durch Viren

In Analogie zu den biologischen Viren spricht man von Computerviren und Gedankenviren. Alle Virentypen haben ähnliche Mechanismen zur Übertragung von Informationen und eine ähnliche Problematik.

Informationen von biologischen Viren nennt man Gene,
Informationen von Zellkern und Plasmidring heißen auch Gene,
Informationen von infektiösen Eiweißen (Prionen) heißen Proteine,
Informationen von Computerviren nennt man Byte und
Informationen von Gedankensystemen nennt man Meme.

Viren lassen sich im Vergleich mit einem Buch gut verstehen:
- Beide transportieren Informationen, im Buch in menschlicher Sprache, im Virus in der Sprache der Gene.
- Beide haben eine Schutzhülle, das Buch den Buchdeckel, das Virus die Eiweißhülle.
- Beide haben außen eine Beschriftung, das Buch Autor und Titel, das Virus verschiedene Proteine. (Eines von ihnen gibt z.B. an, wer das Virus produziert hat.)
- Beide haben einen Bereich zum Öffnen. Das Buch kann aufgeblättert werden, das Virus kann andocken. Dann gelangt durch eine Röhre die genetische Information in die Zelle.
- Bücher und Mitteilungen können sehr unterschiedlich umfangreich sein. Das ist auch bei Viren so. Die kleinsten Viren haben ca. 10 Gene, das entspricht 10 Wörtern. Das größte bekannte Virus hat 500 Gene.

Viruserkrankungen
Virus heißt auf Latein giftiger Schleim. Viren sind die Erreger vieler gefährlicher Krankheiten bei
- Menschen: Pocken, Tollwut, Herpes-simplex, Aids, Grippe, Röteln, Masern, Mumps, Windpocken, Gürtelrose, Gelbfieber, Kinderlähmung, Ebola und viele (ca. 100) andere Krankheiten
- Tieren: Kuhpocken, Tollwut, Pferdestaupe, Maul- und Klauenseuche, Schweinepest, Geflügelpest, Myxomatose, Papageienkrankheit usw.
- Pflanzen: Blattrollkrankheit, Kräuselkrankheit usw.
- Einzellern: Erkrankung von Milchsäurebakterien durch Bakteriophagen
- Viren, die von Viren befallen werden: Der Mamavirus vom Sputnikvirus

Angesichts der Gefährlichkeit der hier aufgezählten Krankheiten sollte man vermuten, dass es sich bei Viren um aggressive Angreifer handelt. Das ist aber nicht der Fall: Viren sind passiv, von ihnen geht (nahezu) keine Aktivität aus. (Die Aktivität eines Virus ist vergleichbar mit der Aktivität eines Buches.)
Wegen der Passivität der Viren müssen es die Lebewesen sein, die aktiv dafür sorgen, infiziert zu werden. Alle Lebensformen, unabhängig ob Menschen, Tiere, Pflanzen oder Einzeller, betreiben einen erheblichen Aufwand, um Viren aufzunehmen und zu aktivieren. Was ist die Ursache dafür?

Wissen ist Macht!
"Mein Wissen macht dich mächtig!" lautet das Motto eines Virus. "Ich transportiere Informationen, die für dich von großem Wert sind."

Sind diese Informationen wirklich von großem Wert oder lösen sie eine Krankheit aus, die möglicherweise sogar zum Tode führen kann? Diese offene Frage führt zu einem zwiespältigen Verhalten der Lebewesen gegenüber den Viren: Zum einen betreiben sie einen erheblichen Aufwand, infiziert zu werden, zum anderen werden Viren massiv bekämpft.
Diese Ambivalenz spiegelt einen aufwendigen Prüfungsprozess wider: die im Virus gespeicherten Informationen werden auf ihren möglichen Nutzen oder Schaden hin getestet.
Im Körper: Das Immunsystem prüft mit Hilfe von Antikörpern und zerstört Viren, die als Krankheitserreger erkannt wurden.
Auf Zellebene: Nur Viren mit den richtigen Proteinen an der Außenhülle können andocken.
In der Zelle: Es gibt es Enzyme, die Viren-DNA zerstören können. Die Zelle kann sie nach Bedarf produzieren.

Irren ist menschlich

Streben wir Menschen nicht auch nach Wissen, das uns erfolgreich und mächtig macht? Besteht hier eine Parallele zu Viren? Aber Viren sind doch Krankheitserreger! Können menschliche Gedanken so etwas wie Krankheiten auslösen?

Ja, auch menschliche Gedanken können Krankheiten auslösen, sogar solche, die zum Tode führen. Sie können Raub, Mord, Selbstmord und Massenmord auslösen. Eine sehr gefährliche Gedankenkrankheit heißt Antisemitismus, eine andere religiöser Wahn. Diese Krankheiten verbreiten sich etwa so wie Viren, und sie lassen sich auch fast so wie Viren bekämpfen.

Im Folgenden soll anhand von
- biologischen Viren
- Computerviren und
- Gedankenviren
der Mechanismus beschrieben werden, mit dem Viren sich ausbreiten, und was sie bewirken können.

Medium und Verbreitung
- Biologische Viren
Sie werden durch Blut, Speichel, Fäkalien, Kontakt, Luft usw. verbreitet. Ihre Informationen werden in chemischer Form (RNA oder DNA) gespeichert.

- Computerviren
Ihre Informationen werden auf elektronischem Wege (Disketten, CD, Email, Internet, Handy) übertragen.

- Gedankenviren
Sie werden durch Gespräche, Vorträge, Bücher, Massenmedien usw. verbreitet. Ihre Informationen werden auf akustischem (Worte, Lieder, Radio, Handy) oder optischem Wege (Beobachtetes, Bilder, Filme, Bücher, Zeitungen) übertragen.

Von den Viren geht bei der Verbreitung (nahezu) keine Aktivität aus, auch nicht bei der Infektion.

Infektion
- Biologische Viren
1.) Ein Mensch nimmt bewusst oder unbewusst Kontakt mit einem Kranken auf. Das Virus gelangt dadurch, z. B. durch eine Wunde, in den Körper. (Die Aktivität, die zur Infektion führte, geht oft vom Infizierten aus.)
2a.) Im Körper prüft das Immunsystem das Virus. Wenn es als gefährlich klassifiziert wird, versucht der Körper, es zu vernichten.
2b.) Der menschliche Blutkreislauf transportiert die nicht als gefährlich angesehenen Viren zu einer Zelle. Diese Körperzelle dockt an dem Virus an, wenn das Virus die passenden Proteine an der Außenseite trägt. Diese Proteine wurden von der früheren Wirtszelle produziert. Dann holt die Zelle aktiv das Virusgen durch eine Öffnung in der Zellwand in das Innere.
3a.) In der Zelle wird das Gen auf seine Gefährlichkeit hin getestet. Wird das Virusgen als gefährlich klassifiziert, wird es vernichtet, anderenfalls lesen Zellproteine das Virusgen und setzen die dort gespeicherten Informationen um: Sie produzieren weitere Viren.
3b.) Das Erbgut der Retroviren benutzt einen anderen Gencode als unser Körper. Damit das Virus aktiv werden kann, muss der Code erst von dem Protein Transcriptase in unseren Gencode übersetzt werden. Dieses Protein wird von der Zelle produziert.
3c.) Teilweise ändern Viren sogar das Verhalten des Infizierten, um sich besser verbreiten zu können. So produzieren tollwütige Tiere große Mengen an infektiösem Speichel und beißen wild um sich.

- Computerviren
1.) Man steckt das Computerkabel in die Telefonbuchse. Dann klickt man auf "Email abholen". Der Computer wählt sich ins Internet ein ...
2.) ... und kopiert die Email auf die Festplatte. (Computerviren gelangen nicht von allein in den eigenen Rechner.)
3.) Sobald man auf den als Auslöser bestimmten Text klickt, kopiert der Computer die Email mit dem Computervirus und sendet sie an andere.

- Gedankenviren
1.) 1935: Jemand geht zu dem Vortrag "Die Juden - ein Unglück für die Welt" und ...
2.) ... hört zu. (Zuhören ist ein aktiver Vorgang.) Die vorgetragenen Gedanken merkt er sich. Das Gleiche hat er auch schon in der Zeitung gelesen, und auch sein Nachbar ist davon überzeugt. Informationen, die über viele Kanäle auf einen einströmen, werden leichter aufgenommen. Wichtig ist auch, von wem die Informationen stammen. Hält man den Nachbarn für unglaubwürdig, nimmt man seine Gedanken nicht ernst.
3.) Er denkt über das Mitgeteilte nach. Von besonderem Interesse ist, welche Auswirkungen es für ihn haben könnte: Kann er einen Konkurrenten ausschalten? Steigt er gesellschaftlich auf? Kann er sich über den Juden stehend fühlen? Lohnt es sich, selber antisemitische Reden zu halten? (Stellung am Stammtisch, Beförderung, ...)
Wenn er von Richtigkeit und / oder Nutzen der Gedanken überzeugt ist, verbreitet er sie weiter. Er wird sich dabei anstrengen, neue und schlagkräftigere Argumente zu finden.

Kommt er hingegen zu dem Schluss, die Argumente seien Lügen und Menschen, die antisemitische Propaganda betreiben, verachtenswerte Geschöpfe, so wird er nicht an diesem Gedankenvirus erkranken.

Behandlung
- Biologische Viren
1.) Hygiene verhindert eine Infektion.
2.) Impfen (gegen Krankheiten) erzeugt Antikörper im Blut, die dazu beitragen, Viren im Blut zu zerstören.
3.) Stärkung des Immunsystems durch gesunde Lebensweise.
4.) Pflege, Medikamente, Isolierung.

- Computerviren
1.) Vorsicht beim Umgang mit Internet, Email usw.
2.) Antiviren-Programm installieren und aktualisieren.
3.) Datenmüll und überflüssige Programme löschen.
   4.) Bei Befall Computer vom Netz trennen und Viren löschen.

- Gedankenviren
1.) Geistige Hygiene: Verantwortung für die eigenen Gedanken übernehmen. Distanz halten zu suspekten Ideologien.
2.) Aus der Geschichte lernen. (Der Holocaust hat viele Menschen zum Nachdenken angeregt und dadurch unbeabsichtigt die Demokratie gestärkt.) Aktive Auseinandersetzung mit gefährlichen Ideologien.
3.) Bildung, Menschenrechte, Demokratie, soziale Sicherheit. (Menschen, die für sich keine Zukunftschancen sehen, sind besonders anfällig für Gedankenviren jeglicher Art.)
4.) Entnazifizierung, Förderung von Aussteigern, Gesetze gegen das Verbreiten von kriminellen Ideologien, Einsperren von besonders aggressiven Hetzern.

Schaden und Nutzen

Viren können harmlos sein, aber auch ein Schadensprogramm enthalten. Viren verändern im Laufe der Zeit ihren Charakter. Gerade besonders nützliche Viren können, aufgenommene Schadensprogramme sehr erfolgreich zu verbreiten.

- Biologische Viren

Die Vielfalt von Krankheitserregern ist unübersehbar. So starben an Pocken im 20. Jahrhundert ca. Dreihundertmillionen Menschen. Aber gibt es auch nützliche Viren? Dass Lebewesen einen komplexen Mechanismus entwickelt haben, um Viren in sich aufzunehmen, deutet darauf hin, dass es auch nützliche biologische Viren gibt. Ich halte es für möglich, ja sogar für wahrscheinlich, dass die Mehrzahl aller Viren nützlich oder sogar lebenswichtig sind. Diese These wird durch die Erkenntnis untermauert, dass fast alle krankheitserregenden Viren erst in jüngerer Vergangenheit von Nutztieren auf den Menschen übertragen wurden.

Man hat im menschlichen Erbgut Viren entdeckt, die genauso wie andere Gene weiter vererbt werden. (Etwa 10 % der Gene des Menschen stammen von Viren.) Bei Bakterien können Viren mit Bakteriengenen gefüllt werden und deren Informationen an andere Zellen übertragen. Und auch bei Menschen übertragen einige Viren Gene, wie beispielsweise die adeno assoziierten Viren. Sie können sich selbst nicht vermehren und benötigen andere Viren zur Vermehrung. Es ist nicht bekannt, dass sie Krankheiten erzeugen.

Auch zur Regulation von Zellaktivitäten könnten Viren erforderlich sein. Künstlich kann man beispielsweise mit Hilfe der Gentechnik leere Virenhüllen mit einem Gen füllen, das Körperzellen verjüngt, indem sie diese in Stammzellen zurückverwandelt.

(Bisher hat man Viren an ihren Krankheitssymptomen erkannt. Bald wird man auch in den Genen einer Zelle nach nützlichen Viren zu suchen können.)

- Computerviren

Computerviren sind Programme, die von Computer zu Computer verbreitet werden. Sie sind in der Regel harmlos, können aber ohne Schwierigkeiten mit Schadensprogrammen verknüpft werden. Diese Programme löschen beispielsweise die Festplatte oder stehlen Kennwörter.

Nach obiger Definition kann man alle Computerprogramme als Viren im weiteren Sinne auffassen, auch die nützlichen wie z.B. ein Textverarbeitungssystem. (Arbeitet es zuverlässig, empfehlen wir es weiter.)

- Gedankenviren

Goethes Buch "Die Leiden des jungen Werthers" führte nach 1774 zu einer Selbstmordwelle.

Der antisemitische Gedankenvirus ist Jahrhunderte alt. Perioden der Ruhe wechselten mit Perioden der Diskriminierung und Zeiten, in denen es zu Pogromen kam.

Gedankenviren können aber auch nützlich sein. Die Idee von der universellen Gültigkeit der Menschenrechte ist ein nützlicher Gedankenvirus.

Die Auswirkungen eines Virus können von den Betroffenen oft nicht eingeschätzt werden. Ob ein Virus nützlich oder schädlich oder beides zugleich ist, kann oft nur von außen oder im Rückblick beurteilt werden. Ist beispielsweise der Gedankenvirus "Kommunismus" nützlich (Ziel: Wohlstand und Menschenrechte für alle) oder schädlich (80-100 Millionen Tote)?

2.3 Systeme schaffen Gesetze *

Um die Funktionsweise von Firmen, Staaten, Fabriken, Lebewesen, Zellen, Elementarsystemen usw. besser zu verstehen, kann man sie als Systeme betrachten. Ein solches Modell ermöglicht es, nicht nur Strukturen (Formen) zu erkennen, sondern auch den Sinn einzelner Abläufe wie auch des Ganzen zu verstehen.

Auch die technische Definition des Begriffs Leben, die in vielen Biologiebüchern verwendet wird, beruht auf der Systemtheorie:

Lebewesen haben eine Begrenzung, einen Stoffwechsel, wachsen und vermehren sich. Sie können Informationen aufnehmen, speichern, verändern und senden. Sie erhalten ihre innere Ordnung, indem sie angemessen auf innere und äußere Einflüsse reagieren.[14] (Lebewesen haben in dem zugeordneten Modell die Eigenschaften eines vermehrungsfähigen offenen Systems.)

Grenzen

Systeme grenzen sich nach außen ab. Das ist eine Voraussetzung für ihre Stabilität (Firmenangehörigkeit, Staatsgrenzen, Gebäudemauern, Haut, Zellwände). Die Grenzen werden vom System selbst erzeugt und aufrechterhalten.

Kontakt zur Umwelt

Die Systemtheorie greift die Gedanken der Monadenlehre von Gottfried Wilhelm Leibniz auf, unterscheidet sich von ihr aber in einem wesentlichen Punkt: Die Systeme der Systemtheorie sind offene Systeme, das heißt, sie stehen über die Grenze hinweg in Wechselwirkungen mit der Umwelt. Im Modell der Thermodynamik tauschen sie mit ihrer Umgebung Energie und Materie, im Modell der Informationstheorie Informationen aus: Geld, Waren, Abfall, Wärme, Nahrung, Bücher, Menschen usw. Die Biologie bezeichnet diesen Vorgang als Stoffwechsel.

Werden die Einflüsse von außen zu stark begrenzt, so verkümmert das System und bricht zusammen. Werden zu viele Einflüsse hereingelassen, so entstehen chaotische Zustände, die zu einer Veränderung oder Zerstörung des Systems führen. Systeme versuchen, die Folgen zu beeinflussen, die Wirkungen von außen auf ihr Inneres haben.

Selbstregulation

Lebewesen sind nur dann in der Lage zu überleben, wenn sie ihren inneren Zustand selbst regulieren können. Es gibt einen minimalen und einen maximalen Wert für jeden lebenswichtigen Stoff (z.B. Kochsalz), der nicht unter- bzw. überschritten werden darf, weil sonst das Lebewesen stirbt. Das innere Gleichgewicht wird einerseits dadurch hergestellt, dass verstärkende und hemmende Einflüsse einander begrenzen; ...

Regulation der äußeren Einflüsse:

... und anderseits dadurch, dass die wechselnden äußeren Einflüsse reguliert oder sogar aktiv verbessert werden. Die Möglichkeiten der Reaktion durch ein Lebewesen sind vielfältig: Öffnungen verschließen, vor Räubern fliehen, Rivalen verjagen, Beute suchen, Partner anlocken usw.

---

[14] Meine Zusammenstellung und Formulierung.

Innere Regeln

Der Kern eines Systems ist sein eigenes Regelwerk. Die Grundregel, nach dem Systeme auf Einflüsse aus der Umwelt reagieren, ist immer gleich: Verstärkende und hemmende Einflüsse begrenzen einander (viel X -> viel Y; viel Y -> wenig X).

Bei Jäger-Beute-Beziehungen kann dieser Mechanismus gut beobachtet werden: Auf ein gutes Mäusejahr folgt ein Jahr, in dem die Fressfeinde sich stark vermehren (viele Mäuse -> viele Eulen). Die vielen Eulen fressen viele Mäuse, sodass die Zahl der Mäuse abnimmt (viele Eulen -> wenige Mäuse).

Die Zahl der Mäuse schwankt stark, erholt sich aber immer wieder. (Analog zu den Gesetzen der Wellenlehre.) Dynamische Gleichgewichte sind gegen Störungen von außen recht unempfindlich. Gibt es nach einem besonders harten Winter wenige Mäuse, so sinkt rasch auch die Zahl ihrer Feinde.

Auch das innere Gleichgewicht anderer Systeme (Firmen, Zellen) wird dadurch hergestellt, dass verstärkende und hemmende Einflüsse einander begrenzen.

Information und Stoffwechsel:

Alle am Stoffwechsel teilnehmenden Stoffe sind Träger von Informationen. Man kann daher den Stoffwechsel als Informationsverarbeitung ansehen.

Informationsverarbeitung und Stoffwechsel bilden eine Einheit (Kernidentität).

Systeme sind Informationsspeicher. Der Kern eines Systems (sein Regelwerk) ist etwas Geistiges. Damit das Regelwerk wirken kann, muss es materiell sein (Menschen, Maschinen, Waren, Gene usw.). Seine materiellen Bestandteile können ausgetauscht werden, ohne dass die vorhandenen Informationen zerstört werden. (Wassermoleküle in unserem Körper können durch andere Wassermoleküle ersetzt werden.)

Nach der QED müssen Elementarsysteme wie Elektronen ständig in allen Richtungen andere Elementarsysteme aufnehmen und abgeben. Dies könnte als Stoffwechsel aufgefasst werden.

Prinzip von Ordnung und Gesetz

Systeme sind ständig äußeren Einflüssen ausgesetzt, durch die sie sich verändern. In einem stabilen System beseitigt das Regelwerk diese Veränderungen, und nach einer kurzen Zeit ist der ursprüngliche Zustand wieder hergestellt. Systeme sorgen für Ordnung. Diese Ordnung kann so stabil sein, dass sie von uns als unveränderliches Gesetz betrachtet wird. Systeme erhalten die Ordnung auf allen Ebenen, vom Elementarsystem bis zum Staatensystem. Ich vermute, alle beobachtbaren Gesetze, auch die Gesetze in der Physik (Naturgesetze), beruhen auf der Wirkung von Systemen.

Prinzip des Rechts

Das Prinzip des Rechts ist in der Praxis angewandte Ethik (Liebe und Verständnis).

Jedes Mitglied des Systems beeinflusst durch sein Handeln die Systemeigenschaften und trägt damit einen Teil der Verantwortung für das Gesamtsystem. Werden viele Mitglieder ihrer Verantwortung nicht gerecht, so zerfällt das System.

Stabile Systeme haben Gesetze, die dem Einzelnen helfen, seiner Verantwortung auf der Grundlage von Liebe und Verständnis gerecht zu werden. Die im Universum gültigen Naturgesetze fördern Symbiosen unter Beachtung der Logik (Beispiel: Erhaltungssätze).

Wir erleben menschliche Gesetze und auch die Naturgesetze als geschichtliche Ereignisse. Die Vergangenheit legt die Gegenwart fest. (Die Physiker nennen historische Gegebenheiten "Anfangsbedingungen", Sprachwissenschaftler "Vereinbarungen" und Informatiker "gespeicherte Dateien".)

Sprache als innere Eigenschaft von Systemen.
Die Teilsysteme eines Systems tauschen miteinander Informationen aus. Aus materieller Sicht handelt es sich um Wechselwirkungen von Materie und Energie, aus geistiger Sicht um Sprache.

Sprache ist eine innere Eigenschaft von Systemen.
- Menschliche Sprache, Mimik und Gestik sowie Kunst und Musik sind innere Eigenschaften des Systems Kultur.
- Gefühle und Gedanken sind die Sprache des Systems Mensch.
- Naturgesetze sind die Sprache der Elementarsysteme.

Kommunikation mit der Umgebung betrachten wir als Wahrnehmung, innere Kommunikation als Selbstwahrnehmung. Sie ist die Grundlage zur Ausbildung eines Bewusstseins und in beliebigen Systemen vorhanden.

Informationsaufnahme und Informationsverarbeitung
Systeme können Informationen aufnehmen und so zu Wissen über ihre Umgebung gelangen, und sie können dieses Wissen logisch verarbeiten.

Körperliche Kontinuität eines Lebewesens
Ein Mensch wird mit drei Jahren, dreißig Jahren bzw. sechzig Jahren als ein und dieselbe Person betrachtet, obwohl sich seine Zellen nach jeweils ca. 7 Jahren erneuern. Was macht die körperliche Kontinuität eines Lebewesens aus? Aus Sicht der Systemtheorie sind es die Systemeigenschaften, die für die Kontinuität sorgen. Bei jedem Lebewesen (Mensch, Hund, Rose) bleiben die wesentlichen Systemeigenschaften ein Leben lang erhalten, zumindest ist es stets möglich, einen historischen Bezug herzustellen. (Selbstverständlich können Lebewesen nicht auf ihre Systemeigenschaften reduziert werden.)

Selbst
In einem System kann die wechselseitige Beobachtung der Teilsystemen als "Selbstwahrnehmung" bezeichnet werden.

Systeme ändern sich
Systeme können die eigenen Regeln verändern. (Firmen, Staaten, Religionen, Menschen, Zellen usw. ändern sich.) Systeme, die sich durch Änderung ihrer inneren Regeln an ihre Umwelt anpassen können, sind besonders stabil.

- Die Katholische Kirche existiert sehr lange. Ihre Mitglieder wechseln von Generation zu Generation. Die Lehren haben sich gewandelt.
- Das Erbgut der Lebewesen ändert sich (Mutationen). Diese Änderungen führen dazu, dass die Lebewesen besser an eine sich ändernde Umwelt angepasst sind.

Das innere Regelsystem kann sich derart verändern, dass das Gesamtsystem stabiler wird. Mit anderen Worten, Systeme sind in der Lage zu lernen. Dieser Vorgang ist Voraussetzung für die Evolution. Der Prozess des Lernens und die daraus folgernde Veränderung bedeuten auch: Systeme können altern.

Systeme vereinigen sich (Fusion)

Es gibt noch eine andere Form des Lernens, lernen durch Aufnahme von vorhandenem Wissen. Von einem System können komplexe Strukturen zu einem anderen System gelangen. Voraussetzung ist, dass die Strukturen sich in das andere System einpassen lassen.

- Große Firmen können kleine Firmen schlucken. Die Fusion scheitert oft, wenn sich die Strukturen der übernommenen Firma zu sehr von den eigenen Strukturen unterscheiden.
- Gedankensysteme können von einer Kultur in eine andere wandern (wie z.B. das Christentum oder die Ideen der französischen Revolution).
- Eizelle und Samenzelle können sich vereinigen. (Sexualität). Die in beiden Zellen vorhandenen Gene kommen zusammen.
- Erkrankt eine Zelle gleichzeitig am Vogelgrippevirus und am normalen menschlichen Influenzavirus, können die Erbinformationen sich mischen und ein neuer Virus entstehen, der gefährlich ist, wie der Vogelgrippevirus und Menschen so leicht infiziert, wie der Influenzavirus.

Systeme teilen sich (Vermehrung)

Wachstum heißt, es werden über einen längeren Zeitraum mehr Stoffe aufgenommen als abgegeben. Wachstum schafft die Voraussetzung für eine Vermehrung:

- Firmen gliedern Teilbereiche als Tochterfirmen aus. Diese Tochterfirmen können der Muttergesellschaft ähneln, aber auch einen abweichenden Aufgabenbereich besitzen.
- Zellen können sich teilen. Mitose: Beide Tochterzellen besitzen (nahezu) das gleiche Erbgut. Meiose: Beide Tochterzellen besitzen ein unterschiedliches Erbgut.
- Aus der katholischen Kirche haben sich verschiedene evangelische Kirchen abgespalten. Die verschiedenen evangelischen Kirchen unterscheiden sich mehr oder weniger stark von der katholischen Mutterkirche.

Teilungen können im Streit stattfinden (Scheidungen). Teilungen können aber im gegenseitigen Einvernehmen und zum beiderseitigen Vorteil stattfinden (Vogelkinder werden flügge).
Wenn bei einer Teilung eine Symbiose zerstört wird, spricht man von "unteilbar". "Unteilbar" hat hier die Bedeutung von "nicht zerstörungsfrei teilbar". Teilbar und nicht teilbar sind daher in der Systemtheorie keine echten Gegensätze.

Systeme schließen sich zusammen (Symbiose)

Je größer ein Computerchip wird, desto mehr Kapazitäten braucht er für innere Vorgänge. Es gibt eine Chipgröße, die die maximale Leistung erbringt. Systeme umgehen diese Grenze, indem mehrere Systeme sich zusammenschließen. So arbeiten Bienen in einem Bienenstaat zusammen. Hunderte von Bienen sind leistungsfähiger und sammeln mehr Honig als eine Riesenbiene es könnte. Der Bienenstaat ermöglicht Leistungen, die eine einzelne Biene nicht vollbringen kann, und sichert damit das Überleben der einzelnen Bienen. In der Biologie nennt man den Zusammenschluss zum wechselseitigen Nutzen Symbiose. Besonders erfolgreich sind Symbiosen, in denen sich Systeme mit verschiedenen Fähigkeiten zusammenschließen, da diese nun allen Beteiligten zur Verfügung stehen.

Den Zusammenschluss verschiedener Systeme im Rahmen einer Symbiose findet man bei:
- Sozialwesen und Kulturen
- Firmen verschiedener Gewerke
- Vielzellern
- höheren Einzellern (Eukaryonten)
- allen Lebewesen.

Die Aktivität bei einem Zusammenschluss geht stets von unten aus, also von den Teilsystemen, die sich zusammenschließen. Der Begriff der Selbsterschaffung (Autopoiesis) ist daher nicht zutreffend. Das höhere, neu gebildete System hat sich nicht selbst erschaffen, sondern es wurde und wird von seinen Teilsystemen geschaffen und erhalten. Richtig sind aber die dahinter stehenden Gedankengänge, die aussagen, dass sich das neue System ohne planvollen Eingriff von außen, bildet.

Der Begriff des "Selbst" sagt etwas anderes aus, nämlich dass man das neu entstandene System von außen als Individuum betrachten kann und dass es sich von innen als ein "Ich", ein "Selbst" betrachten könnte.

- Vom Ich zum Wir: Viele Systeme (Individuen, Ichs) finden sich zusammen und bilden eine Gemeinschaft, ein Wir.
- Vom Wir zum Ich: Auf der nächsthöheren Ebene versteht sich dieses Wir wieder als ein Ich. (Mehr dazu im Kapitel über Symbiosen.)

Prinzip der Liebe

Die Systemtheorie beschreibt, wie Systeme sich zum gegenseitigen Nutzen zusammenschließen, um dem Zerfall zu trotzen (Prinzip der Liebe). Systeme, die lediglich auf gemeinsamen egoistischen Interessen basieren, sind nicht geeignet, Krisen zu überstehen. Komplexe Systeme, deren Teilsysteme nicht dem Prinzip der Liebe folgen, zerfallen.

Es ist aber, wie die Biologen festgestellt haben, der Egoismus, der zum Zusammenschluss und zur Ausbildung der Liebe führt. Der Egoismus wird dabei auf den Partner bzw. auf das übergeordnete System übertragen und ändert dabei so grundlegend seinen Charakter, dass man ihn kaum noch erkennen kann.

Häufig geht der Zusammenschluss nach innen mit Egoismus und Aggression nach außen einher. Diese Aggressionen werden erst dann überwunden, wenn sich die Systeme zu einem größeren System zusammenschließen.

Systeme bestehen aus Systemen

Grundprinzipien:
- Systemtheorie: Systeme bestehen aus Systemen, die aus Systemen bestehen, usw.
- Es gibt keine unendliche Folge von Systemen (infiniter Regress).
- Die einfachsten Systeme besitzen einen Regelkreis und können 1 Bit an Informationen speichern.
- Alle Systeme haben vergleichbare Eigenschaften, auch die auf der untersten Ebene.

Modell:
Auf der untersten Ebene bedingen sich die offenen Systeme wechselseitig: Elementarsysteme.

Alle Systeme bestehen aus Systemen. Die Basis bilden *Quanten*-Elementarsysteme. *Quanten*-Elementarsysteme bestehen wechselseitig aus *Quanten*-Elementarsystemen.

Elementarsysteme besitzen vermutlich genau ein Regelsystem (einen Freiheitsgrad) und können daher genau eine einzige Information (1 Bit) speichern.

Höhere Systeme, die aus Untersystemen bestehen, können mehrere Informationen speichern und besitzen mehr Möglichkeiten zu reagieren. Komplexe Systeme besitzen sehr viele Möglichkeiten, um zu agieren. (Menschen in einer Firma, Maschinen in einer Fabrik, Zellen im Körper, Organellen in einer großen Zelle)

Die Untersysteme werden vom Gesamtsystem einerseits in ihrer Freiheit eingeschränkt, andererseits erhalten sie aber auch viele Möglichkeiten, die sie außerhalb des Systems nicht hätten. (Menschen in der Gesellschaft)

Passen die Untersysteme sich ihrer neuen Umgebung sehr stark an, so verlieren sie die Fähigkeit, außerhalb des Gesamtsystems überleben zu können. (Einzelne Zellen einer Hydra sind allein lebensfähig, einzelne menschliche Zellen dagegen nicht.)

Ein System hat Eigenschaften, die seine Teile nicht besitzen. Bei der Bildung eines Systems entsteht somit etwas Neues. Das System insgesamt unterliegt anderen Gesetzen und hat neue, vorher nicht vorhandene Eigenschaften.

Aber die neuen Eigenschaften leiten sich aus den vorhandenen Möglichkeiten ab. Die Teile des Systems agieren stets nach den ihnen eigenen Gesetzen. Ihre (Teil-) Gesetze werden nicht aufgehoben, sondern die Gesetze des Systems als Ganzes stehen mit ihnen in Einklang. Die neuen Eigenschaften höherer Systeme haben Grundlagen in Eigenschaften der Teilsysteme.

Wille und Ziel

Systeme haben ein Bestreben, bestimmte Werte (Regelgröße) anzunehmen. Bestreben ist die Grundlage des Willens. Aber mit dem Begriff des Willens verbinden wir mehr als das reine Bestreben, ein Ziel zu erreichen, nämlich das Verständnis der Zusammenhänge. Deshalb spricht man nur bei intelligenten Systemen von einem Willen. Man kann somit zwar sagen, ein Heizungssystem habe das Bestreben, eine bestimmte Temperatur zu halten, man kann jedoch nicht sagen, es habe den Willen, dies zu tun. Aber in jedem System ist das Bestreben, also die Grundlage des Willens, vorhanden.

Einfache Systeme versuchen lediglich, die in ihrem Bauplan festgelegten und von den Naturgesetzen vorgegebenen Ziele zu erreichen. Das hat wenig mit Freiheit zu tun. Voraussetzung für die Freiheit ist die Möglichkeit der Wahl. In einem komplexen System konkurrieren eine Vielzahl von möglichen Zielen darum, verwirklicht zu werden. Hier findet im Einklang mit den Naturgesetzen ein Auswahlverfahren statt, in dem das System seine eigenen Ziele festlegt. Anders als die Naturgesetze ist das Auswahlverfahren nicht völlig determiniert. Das öffnet einen schmalen Freiheitsspalt.

Pyramide des Wollens: An der Basis die Prinzipien, darüber die Naturgesetze und die in einem System gespeicherten, angestrebten Ziele, an der Spitze die aktuell angestrebte Handlung / Reaktion. Wille und Willensfreiheit beruhen auf Prinzipien.

(Der Ausdruck "Willensfreiheit" entspricht einem Gefühl, wie wir uns selber im Alltag erleben. Er ist aber philosophisch problematisch und mit Vorsicht zu verwenden. Der Ausdruck "absolute Willensfreiheit" steht durch den Zusatz "absolut" sogar außerhalb der Logik.)

Wille (Anstreben eines Ziels) und Logik (Informationsaufnahme und Informationsverarbeitung) werden im Rahmen der Systemtheorie rein mechanisch erklärt und nicht als Funktion des Bewusstseins. Die innere Wahrnehmung, sie hat primär die Funktion, etwas zu erschaffen, verbindet sich mit Wille und Logik zum Bewusstsein und lässt ihn in einer Handlung zur Realität werden.

2.3.1.1.1   Philosophische Überlegungen

In Hinduismus und Buddhismus wird die Entstehung des Individuums durch Abspaltung vom Ganzen erklärt.

Nach der Systemtheorie hat jedes Individuum (Exemplar) die Eigenschaft eines komplexen Systems. Es entsteht durch den Zusammenschluss von einfachen Systemen. Dieses Individuum kann sich wiederum mit anderen Individuen zusammenschließen und ein größeres, noch komplexeres Individuum bilden. In der Systemtheorie schreitet somit die Entwicklung vom Einfachen zum Komplexen, vom Einzelnen zum Umfassenden.

In der Systemtheorie geht jeder Zusammenschluss stets mit einer Abgrenzung nach außen einher. Diese Abgrenzung ist aber keine Abspaltung, sondern ganz im Gegenteil eine Einbettung der Teilsysteme in eine größere Gemeinschaft.

Die fernöstlichen Religionen und die Systemtheorie beschreiben somit entgegengesetzte Entwicklungsrichtungen. Noch deutlicher wird der Gegensatz, wenn man das Ziel der Entwicklung betrachtet:

Siddharta Gautama ("Buddha") sah in Wandel und Zerfall die Ursache allen Leidens. Alles, was schön ist, wird früher oder später zerfallen. Um dieses Leiden zu beenden, muss das Individuum seine Abspaltung vom Ganzen beenden und wieder Teil des Ganzen werden.

Die Systemtheorie beruht nicht auf dem Prinzip der Abspaltungen, sondern auf dem des Zusammenschlusses. Im kulturellen Bereich geht dieser Zusammenschluss mit einem Zusammengehörigkeitsgefühl einher, das wir Liebe nennen.

Aus der Systemtheorie kann folgender philosophischer Ansatz abgeleitet werden: Das Einswerden mit dem Kosmos setzt nicht die Selbstaufgabe, sondern eine allumfassende Liebe voraus. Strebt man nach dieser Einheit, so gelangt man früher oder später zu dem Problem, auch seine eigenen Feinde in seine Liebe mit einbeziehen zu müssen, also Wut, Hass und berechtigten Zorn dem Prinzip der Liebe unterzuordnen. Das hat ganz praktische Auswirkungen in Ökologie (Unkräuter, Schädlinge), Medizin (Krankheiten), Recht (Kriminalität), Staaten (Krieg) usw. So führt beispielsweise ein solcher Ansatz vom Kapitalismus nicht zum Klassenkampf, sondern zur sozialen Marktwirtschaft.

Verstand und Vernunft werden, anders als im Buddhismus, in der Systemtheorie nicht als Täuschung aufgefasst, sondern als Mittel, Zusammenhänge zu verstehen. Damit wird u.a. die Voraussetzung geschaffen, sich zu größeren Systemen zusammenzuschließen. Dies ist aber nur im Einklang mit einer wachsenden emotionalen Reife möglich, denn für die Stabilität von sozialen Systemen ist auch die Gefühlswelt ihrer Mitglieder von entscheidender Bedeutung. Die Systemtheorie beinhaltet somit weder eine Ablehnung noch eine einseitige Fixierung auf den Verstand.

Die Systemtheorie baut auf der Informationstheorie auf und steht, wie diese, im Gegensatz zu Dualismus, Materialismus und Idealismus. Die Systemtheorie zeigt, dass geistige Phänomene wie Fremd- und Selbstwahrnehmung, Bewusstsein, Zielstrebigkeit, Wille und Liebe auf Mechanismen basieren, die von Systemen erzeugt werden. Die Informationstheorie zeigt, dass diese im Einklang mit den Naturgesetzen stehen. Die Vorstellung, dass diese materiellen, gefühlsmäßigen und gedanklichen Vorgänge mit Vorgängen in der Transzendenz[15] in Einklang stehen, steht nicht im Widerspruch zur Informationstheorie und wird in der Philosophie Monismus genannt.

Vom Chaos zur Ordnung: Systemtheorie

Sonne und Planeten unseres Sonnensystems sollen aus einem chaotischen Wirbel aus Staub und Gas entstanden sein. Massen haben sich angezogen und zusammengeballt. Zwischen den Planeten entstand leerer Raum. Johannes Kepler (1571 - 1630) erkannte, dass der Abstand zwischen den Planeten mathematischen Gesetzen entspricht. Die Systemtheorie erklärt die Entstehung des leeren Raumes zwischen den Planeten wie folgt:

Die Materie, die sich zwischen zwei Planeten befand, wurde einmal von dem einen und einmal von dem anderen Planeten angezogen und bewegte sich chaotisch durch das Sonnensystem, bis sie auf die Planeten stürzte. War aber der Abstand zwischen zwei Planeten sehr groß, so bildete sich zwischen ihnen ein Bereich, in dem die anziehenden Wirkungen der Planeten sich gegenseitig aufhoben. Hier sammelte sich Materie, und hier konnte sich ein neuer Planet bilden.

Aus dem Chaos ist somit ohne Einwirkung von außen Ordnung entstanden. Die Bezeichnung dieses Vorgangs als "Selbstorganisation" ist problematisch, denn die Aktivität ging von den Teilsystemen aus, (in unserem Beispiel den Staubpartikeln), die Ordnung entstand aber auf der höheren Ebene (dem Sonnensystem). Das "Selbst", also die höhere Ebene, wird von den unteren Ebenen erschaffen und erschafft sich nicht selbst. Richtig ist, dass sich die Teilsysteme ohne (planvollen) Eingriff von außen organisieren.

Unsere Erde ist, wie man aus Klimadaten der Vergangenheit schließen kann, seit Milliarden Jahren auf ihrer Bahn geblieben. Sie wird, nach den Gesetzen der Systemtheorie, von den Nachbarplaneten (und auch dem Mond) stabilisiert, da die Erde sich dem Bereich befindet, in dem die Wirkungen von Venus und Mars einander aufheben. Diese stabilisierenden Wirkungen sind häufig nicht bekannt. (Die Klimamodelle, in deren Rechnungen ein Schmetterlingsschlag in China ein Unwetter in Amerika auslösen kann, berücksichtigen derartige stabilisierende Faktoren nicht.)

Eine Besonderheit der Ordnung, die aus dem Chaos entsteht, ist, dass neu gebildete Strukturen in verschiedenen Größenordnungen fast gleich aussehen (Selbstähnlichkeit). So sieht der Jupiter mit seinen Monden fast so aus wie ein kleines Sonnensystem. Spiralgalaxien haben zwischen ihren Spiralen, die aus vielen Sonnensystemen bestehen, leere Räume.

Selbstähnliche Strukturen sind in der Natur weit verbreitet, z.B. bei Blumenkohl und Bäumen, Blutgefäßen, Wolken, Herzrhythmen usw. In der Mathematik können selbstähnliche Strukturen (Fraktale) unendlich klein oder groß sein. In der Physik gibt es Unter- und Obergrenzen. So negieren z.B. die Gesetze der Quantenphysik unendlich kleine Wirkungen. (Dies muss auch in den Modellen der Chaostheorie, wie beispielsweise beim angeblichen Schmetterlingseffekt, berücksichtigt werden.)

---

[15] Chiffre im Sinne des philosophischen Glaubens

Von der Ordnung zum Chaos: Chaostheorie
Die Welt folgt den Naturgesetzen. Es gilt das Kausalitätsprinzip:

Gleiche Ursachen haben gleiche Wirkungen.

Die Gültigkeit des Kausalitätsprinzips bildet eine Grundlage der Wissenschaft und wird auch von der Chaostheorie nicht in Frage gestellt. Da die Anfangsbedingungen (Ursachen) nur annähernd und nicht exakt bekannt sind, können die Wissenschaftler nur dann Wirkungen berechnen, wenn das „starke Kausalitätsprinzip" gilt:

Ähnliche Ursachen haben ähnliche Wirkungen.

Das starke Kausalitätsprinzip gilt nicht immer.

Beispiel: Wer 5 Minuten später zur Arbeit geht, kommt 5 Minuten später an. Diese Regel gilt fast jeden Tag, aber es gibt Ausnahmen:
-   An der Straßenecke trifft man auf einen Kollegen, der einen mit dem Auto mitnimmt. Daher kommt man 20 Minuten eher an.
-   Man wird in einen Unfall verwickelt. Daher kommt man drei Wochen später an.

Bereits winzige Änderungen (wenige Sekunden) können sehr große Wirkungen (Unfall) haben. Für diese Ereignisse gelten die Regeln der Chaostheorie:

Ähnliche Ursachen können völlig verschiedene Wirkungen haben.

Um zu zeigen, wie gering der Unterschied der Ursachen bei weitreichenden Folgen sein kann, wird simplifizierend ein Zusammenhang zwischen dem Flügelschlag eines Schmetterlings in China und einem Unwetter in Amerika konstruiert. (Simplifizierend heißt, etwas zu erklären, ohne das Wesentliche zu berücksichtigen.) Richtig ist: Das Unwetter in Amerika hat ungeheuer viele Ursachen, so viele Ursachen, dass man sie nicht mehr überschauen kann. Dies, und nicht die Suche nach versteckten Ursachen wie Schmetterlingen, ist der Kern der Chaostheorie.
Chaos bedeutet: Ursachen sind nicht erkennbar. Wirkungen sind nicht vorhersehbar. Die Welt ist nicht berechenbar. Die Zukunft ist nicht vorhersagbar. Der Blick in die Vergangenheit ist verschwommen.
Es ist umstritten, ob die Basis der Naturgesetze Zufall (echtes Chaos) oder Gesetz (deterministisches Chaos) ist.

In unserer Welt gibt es stabile Zustände, in denen das starke Kausalitätsprinzip gilt (Normaler Arbeitstag).
Und es gibt Ereignisse, die es außer Kraft setzen: Verkehrschaos, Katastrophen, Revolutionen, Kriege, Wirtschaftskrisen, Chemieunfälle, Krankheiten, aber auch Geburten, Hochzeiten, Berufswechsel, Lottogewinne usw.
Sind diese Ereignisse überwunden, so gelangt man wieder in einen stabilen Zustand. Der neue Zustand kann sich stark von dem vorher herrschenden Zustand unterscheiden. Er kann besser oder schlechter als der vorherige sein.

Ich fülle Wasser mit einem Trichter in eine Flasche. Dabei brauche ich nicht genau zu zielen, denn alles Wasser, das in den Trichter trifft, gelangt in die Flasche. Man darf nur nicht daneben gießen. Im übertragenen Sinne könnte man sagen, die Trichterfläche entspricht einem Bereich, in dem das starke Kausalitätsprinzip gilt. Sie wird durch den Rand begrenzt. Diese Grenze zu bestimmen, ist häufig von großer Bedeutung. (Bei welchem Druck platzt der Kessel der Dampflokomotive? - Wie viel Kritik verträgt mein Chef, bevor er mich feuert? - Innerhalb welcher Grenzen gilt das neu formulierte Naturgesetz? - Wie viele Treibhausgase können wir in die Atmosphäre einleiten, bevor das Klima sich grundlegend ändert?)

Die Chaostheorie versucht zu beschreiben, wie es zu den Umbrüchen kommt, wie sie verlaufen und auf welche Weise ein neuer stabiler Zustand entsteht. Die Chaostheorie beschäftigt sich nicht mit Schmetterlingen als Ursache von Naturkatastrophen, sondern mit Systemen.

Von Ordnung zu Chaos zu Ordnung

Übergänge von einem stabilen System zu einem anderen stabilen System verlaufen chaotisch (z.B. Revolutionen). In dieser chaotischen Phase können kleine Einflüsse eine große Wirkung entfalten und den weiteren Verlauf in eine neue Richtung lenken und z.B. darüber entscheiden, welche Teilsysteme (z.B. Personen, Parteien) Zugang zu wichtigen Positionen bekommen.

In einem stabilen System passen sich die Teilsysteme zunehmend an die Gegebenheiten des Gesamtsystems an. Da gerade diese Teilsysteme nach einem Umbruch das neue System bilden, ähnelt das neu gebildete System in weiten Bereichen dem vorherigen. Lebten beispielsweise die Menschen in Unfreiheit, so wird auch das neue System mit hoher Wahrscheinlichkeit ein System der Unfreiheit sein (Beispiel: Russische Revolution).

Nicht nur in der Politik, auch in der Wissenschaft bauen neue Gedankensysteme auf die vorher vorhandenen Gedanken auf. Nach einem Umbruch von einem Gedankensystem zu einem andern (Paradigmenwechsel) bleibt der größte Teil des vorher vorhandenen Gedankensystems erhalten (wie z.B. bei der Relativitätstheorie).

Können sich neue Strukturen durchsetzen, so haben die Teilsysteme (hier: die Menschen) erhebliche Schwierigkeiten, sich an die neuen Gegebenheiten anzupassen. So kommt ein erheblicher Teil der Bevölkerung nach dem Zusammenbruch des Kommunismus in Europa mit den neuen Freiheiten nicht zurecht.

Systemeigenschaften, wie Meinungsfreiheit, müssen erlernt werden. Eine langsame Entwicklung in Richtung Freiheit und Demokratie ist erfolgversprechender als ein abrupter Umbruch. Sind die erforderlichen Systemeigenschaften bereits latent vorhanden und verhindern lediglich die Machtverhältnisse ihre Durchsetzung, so kann ein Umbruch erfolgreich verlaufen (wie z.B. die Nelkenrevolution in Portugal).

Eine wesentlich andere Situation findet man nach Eroberungskriegen, da hier ein fremdes System eindringt und versucht, dem eroberten System seine Systemeigenschaften (Machtstrukturen) gewaltsam überzustülpen.

Chaos und Wirkung

Chaotische Zustände in Systemen schaffen die Voraussetzung für den Wandel, da bereits kleine Änderungen eine große Wirkung haben können. In einem stabilen System beseitigt das Regelsystem Veränderungen, und nach einer kurzen Zeit ist der ursprüngliche Zustand wieder hergestellt. Was nützt einem dann die Möglichkeit der Wahl, wenn alle Wege am Ende doch zu ein und demselben Ergebnis führen? Anders bei chaotischen Systemzustände, denn sie ermöglichen Veränderungen auf allen Ebenen, vom Elementarsystem bis zum Staatensystem. Ich vermute, alle beobachtbaren Wirkungen, auch die Wirkungen in der Physik, beruhen auf chaotischen Gegebenheiten. Dabei ist allerdings zu bedenken, dass eine chaotische Wirkung eine andere chaotische Wirkung aufheben kann. Damit eine Wirkung von Dauer ist, ist ein Mindestmaß an Ordnung nötig.

Bildlich dargestellt, steht man in einem Raum mit mehreren Türen, zwischen denen man sich entscheiden kann.

1. Alle Türen führen in den gleichen Raum:
- Ein Patient kann zwischen mehren unwirksamen Therapien wählen.
- Wahlsystem in Scheindemokratien mit mehreren Blockparteien.
- Veränderungsvorschläge in einer Firma laufen ins Leere.
- Unveränderliche Traditionen
Folge: Frustration, Hoffnungslosigkeit, Verzweiflung, Lethargie.

2. Alle Türen führen in verschiedene Räume:
- Patient kann zwischen unterschiedlich wirksamen Medikamenten mit jeweils anderen Nebenwirkungen wählen.
- Wahl in einer echten Demokratie.
- Verbesserungsvorschläge werden umgesetzt.
Folge: Engagement, persönlicher Einsatz, Risiko, Verantwortung für sein Handeln

116

3. Direkt hinter der geöffneten Tür befinden sich wiederum mehrere Türen und dahinter auch wieder neue Türen.
- Im Verlauf der Erkrankung treten mehrfach Komplikationen auf
- Schwere Naturkatastrophen, die eine Kette von immer neuen Problemen nach sich ziehen
- Chaotische Firmenleitung, die ihre Entscheidungen ständig umwirft
- Kollaps des sozialen Umfelds (Dominoeffekt)
Folgen: Überforderung, Unsicherheit, Verlust der Übersicht, Kontrollverlust

Chaos und Gesetz müssen in einem angemessenen Verhältnis zueinander stehen. Entscheidungen müssen Zeit haben zu wirken, bevor die darauf aufbauende Entscheidung getroffen werden kann. Um sinnvolle Entscheidungen treffen zu können, ist ein Mindestmaß an Ordnung nötig.

Zufall und Wissenschaft
Um Neues zu entdecken, muss man die geregelten Abläufe hinter sich lassen und ins Unbekannte vorstoßen. Beim Ausbrechen aus Regeln öffnet man sich ungeplanten, zufälligen Ereignissen.
Wissenschaftliche Entdeckungen beruhen daher neben Planung und tätiger Arbeit stets auch auf zufälligen Einflüssen. Es gibt Untersuchungen darüber, welchen Einfluss der Zufall auf die wissenschaftliche Arbeit hat. Diese Überlegungen gelten auch für Abenteuer im alltäglichen Leben und für die Evolution.

Wenig Zufall   > Hohe Erfolgsrate für einen geringen Fortschritt.
Viel Zufall   > Geringe Erfolgsrate für einen großen Fortschritt.
                 (hohes Risiko des Scheiterns)

Das Risiko steigt leider wesentlich schneller als der zu erwartende Preis.
"Mut ist gut - Übermut tut selten gut," lautet ein deutsches Sprichwort.
In der Wissenschaft ist es deshalb günstig, sich risikoarm einen sicheren Arbeitsplatz zu verschaffen und dann parallel zur alltäglichen Erwerbsarbeit ein größeres Ziel anzustreben.
In Betrieben ist es günstig, Mitarbeitern neben ihrer Routinearbeit Freiräume für kreative Tätigkeiten zuzubilligen.

2.4 Sprache: Prinzip der Freiheit im Einklang mit dem Gesetz *

Im Anfang war das Wort.
Nach Aristoteles gibt es eine einzige Grundlage, ein einziges Element. Dieses Element ist nach diesem Modell die Information oder, in traditioneller Ausdrucksweise, das Wort. Es ist die Grundlage für alle Substanz, Vorgänge, Handlungen, Gedanken, Gefühle, ... im Universum.
Die Vorgänge der Natur werden in diesem Modell als Interaktion bzw. als Kommunikation von Systemen aufgefasst. Das heißt, die Vorgänge in Physik, Chemie, Biologie und der Gesellschaft werden in diesem Modell als Kommunikation betrachtet.

Über Sprache
- Sprache beruht auf freien Zuordnungen. (Objekt - Ausdruck - Wirkung)
- Sprache hat eine Wirkung.
- Sprache hat ein Ziel.
- Die (angenommene / beobachtete) Wirkung bestimmt die Bedeutung eines Ausdrucks.

- Sprache beruht auf Vereinbarungen. (Wie die Gesetzgebung.)
- Nur geeignete Vereinbarungen sind von Dauer. (Geschichtlichkeit)

- Sprache ist eine innere Eigenschaft von Systemen.
Das System bestimmt die Wirkung und damit die Bedeutung eines Objekts:
- Ändert sich das System, ändert sich die Wirkung
- Ändert sich die Wirkung eines Objekts, so ändert sich das System.

- Ein System kann verschiedene Sprachen gleichzeitig verwenden.
- Jede Sprache entspricht einer Modellvorstellung von der Umwelt.

Kernidentität von
- äußerer Wirkung - innerer Wirkung - äußerer Wirkung
- äußerer Sprache - innerer Sprache - äußerer Sprache
- Wahrnehmung - Bewusstseinszustand - Handlung
- Objekt - Ausdruck - Wirkung

Sprache und Wirkung
Der "Magier" spricht, "Abrakadabra in dem Hut ist ein Hase" und zieht diesen heraus. Alles Quatsch - oder? Nein, nicht alles! Die Vorstellung der Magie, dass Worte oder Gedanken etwas bewirken können, trifft zu. Die Erklärung allerdings, wieso Worte eine Wirkung haben können, ist in der Magie falsch. Das möchte ich mit einem Beispiel verdeutlichen:
Meine Frau sagt, "im Keller ist ein schwerer Korb, den ich hier oben brauche", und schon bewegt sich der Korb nach oben. In der Magie wird die Welt durch die Wirkung geistiger Kräfte erklärt, die nicht mit dem materiellen Ursache-Wirkungsprinzip verbunden sind. Das heißt, der Korb müsste ohne äußeren Antrieb nach oben schweben. Da diese Annahme falsch ist, schleppe ich den Korb hoch. Die Worte meiner Frau haben somit die erwünschte Wirkung erzielt.

Die Wirkung der Sprache beruht auf dem, was wir Mitgefühl nennen, und hängt eng mit der Kernidentität von äußerer und innerer Sprache zusammen:

>> Handlung des Gesprächspartners >>>>
>> Wahrnehmung (äußere Sprache)
>> Bewusstseinszustand (innere Sprache)
>> Handlung (äußere Sprache)
>>>> Wahrnehmung des Gesprächspartners
Deshalb können wir mit Gedanken etwas bewirken (s. Bewusstsein).

Sprache und Ziel

Sprache hat das Ziel, beim Zuhörer etwas zu bewirken. Sie kann ihn beispielsweise dazu bringen, etwas zu tun. (Den Korb hoch tragen.)

In einer Partnerschaft (Symbiose) ermöglicht die Kommunikation das Erreichen von individuellen und gemeinsamen Zielen. Es ist die zentrale Funktion der Sprache. Deshalb kann man Sprache auch als innere Eigenschaft von Gemeinschaften oder Systemen bezeichnen.

Sprache und Freiheit

Freiheit ist die Möglichkeit der Wahl.

Ein Sprecher ist einerseits in der Lage, ein Ziel anzustreben, und andererseits frei, sich nach Belieben auszudrücken, um das Ziel zu erreichen. Sprache verwirklicht das Prinzip der Freiheit in der Praxis und ermöglicht dem Sprechenden die Gedankenfreiheit, die Handlungsfreiheit und die Meinungsfreiheit. Diese Freiheit bricht nicht den Determinismus der Naturgesetze, sondern steht im Einklang mit ihnen. Da Sprache auf Vereinbarungen beruht, treten die Regeln hier in der Form von historischen Ereignissen auf, deren Festlegungen für uns bindend sind. Die Physiker nennen historische Gegebenheiten "Anfangsbedingungen", Sprachwissenschaftler "Vereinbarungen", Theoretiker "Systemeigenschaften" und Soziologen "gesellschaftliche Zwänge". Nicht nur sprachliche Festlegungen wie Wortschatz und Grammatik, sondern auch Naturgesetze können als Anfangsbedingungen aufgefasst werden.

Freie Zuordnung

In der Sprache finden freie Zuordnungen statt, erstens zwischen Objekt und Ausdruck, zweitens zwischen Ausdruck und Handlung (Wirkung). Ein Sprecher ist vom Grundprinzip her frei, sich nach Belieben auszudrücken, um ein angestrebtes Ziel zu erreichen. Diese Freiheit umfasst Wortschatz, Grammatik und den Text als Ganzes. Das ermöglicht es der Sprache, auf einfache Weise eine ganz unterschiedliche Wirkung hervorzurufen. Der geringe Aufwand und die hohe Flexibilität sind Stärken der Sprache.

In verschiedenen Sprachen finden unterschiedliche Zuordnungen statt:

Tabelle 17 Sprachen

Gegenstand	Deutsch	Spanisch	Englisch
(Bild vom Baum)	Baum	árbol	tree
(Bild vom Berg)	Berg	monte	Mountain
(Bild vom Hund)	Hund	perro	dog

Die Wahl der Zuordnungen zwischen Begriffen und Bedeutungen (Semantik) wie auch die der grammatikalischen Strukturen ist prinzipiell beliebig, aber es gibt bei der praktischen Umsetzung Einschränkungen.

Sprache als Modellvorstellung

Jede Sprache entspricht einer Modellvorstellung der für das jeweilige Lebewesen relevanten Umwelt. Das Modell der Sprache entspricht in seinen Eigenschaften den Modellen der Wissenschaft.
Die Zuordnungen müssen sich in das Modell einfügen, dass der Sprache zugrunde liegt.

Fremdsprachen

Der Eichelhäher ist ein im deutschen Wald lebender Vogel. Er wird der Polizist des Waldes genannt. Wenn er seinen Warnruf ausstößt, huschen Eichhörnchen auf den Baum, heben die Rehe ihren Kopf und verstummen die Singvögel. Alle diese Tiere verstehen eine Fremdsprache, die Eichelhähersprache, die sie selber nicht sprechen können.

Man kann den Vorgang auch anders betrachten: Die Tiere bilden eine Gemeinschaft. Mitglieder einer Gemeinschaft haben eigene und gemeinsame Interessen. Sie wollen sich mitteilen und verstanden werden. Die Kommunikation findet also innerhalb der Gemeinschaft statt. Die Eichelhähersprache ist damit Teil der Gemeinschaft und aus dieser Sicht keine Fremdsprache. (Sprache als innere Eigenschaft von Systemen.)

Wenn beide Partner die Fähigkeit zu sprechen und zu hören besitzen, dann besteht ein symmetrisches Verhältnis zwischen ihnen, wenn ein Partner nur sprechen oder nur hören kann, dann ist es unsymmetrisch.

Auch beim Denken kommunizieren verschiedene Hirnteile (Sehzentrum, Hörzentrum, Tastzentrum, ...) miteinander (Fremdsprachen!). Aus Sicht der Person als Ganzes handelt es sich aber um einen inneren Vorgang.
Die Sprachen, die verschiedene Hirnteile miteinander sprechen, sind sehr unterschiedlich. Die meisten davon nehmen wir nicht wahr, aber folgende Sprachfamilien nehmen wir bewusst wahr: Riechen, Fühlen, Hören, Sehen.

Übersetzung

Sprache wirkt bei der Übersetzung, denn bei einer Übersetzung findet eine Veränderung statt, ein Wandel der Wirkung und Wandel der Bedeutung.
Übersetzungsmodule bestehen aus zwei Teilen, die jeweils eine andere Sprache repräsentieren.

Tabelle 18 Übersetzung

Übersetzungsmodul	1. Sprache	2. Sprache
m-RNS	Gensprache (RNS)	Proteinsprache (Eiweiß)
Wörterbuch	Griechisch	Französisch
Lautsprecher	Stromimpulse	Schallwellen
Fotopapier	Licht	Chemie
Ich	"schwerer Korb"	schleppen
Elementarsysteme	*Quanten*information	Information

Im Übersetzungsmodul bilden beide Sprachen eine Einheit. Nach der Übersetzung agieren sie getrennt nach unterschiedlichen Regeln.

Vereinbarung

Die Entstehung und der Erhalt von Sprache beruht auf einer Symbiose. Sie entsteht in mehreren Schritten.

- Der erste Schritt beinhaltet die (vorläufige) Festlegung eines Ausdruckes für ein Objekt durch einen Sprecher. Der Zuhörer erschließt oder errät die Bedeutung des Ausdrucks.
- Der zweite Schritt beruht auf einer (unausgesprochenen) Vereinbarung mit dem Gesprächspartner: Ausdrücke haben dauerhaft die gleiche Bedeutung.
- Die eigentliche Herausbildung der Sprache erfolgt im dritten Schritt. Wenn der Sprecher gezielt Ausdrücke verwendet, um damit das Verhalten des Zuhörers zu beeinflussen, handelt es sich um Sprache im eigentlichen Sinne.
- Dann folgt ein weiterer Schritt: Die Sprache muss sich im Alltag bewähren. Dass bedeutet, sie muss eine passende (gewünschte / evolutionär sinnvolle / der Situation angemessene) Wirkung besitzen. Nur geeignete Vereinbarungen sind von Dauer.
 (Eine Kommunikation zwischen Gesprächspartnern ist nur möglich, wenn beide Gesprächspartner einander verstehen. Dass setzt eine Vorhersagbarkeit des Verhalten des Partners voraus.)

120

Am Beispiel der Sprache der Hormone soll dieser Vorgang verdeutlicht werden.
- Einzeller (Sender) scheiden Urin aus.
- Urin hat als Stoffwechselendprodukt eine chemische Wirkung auf alle Einzeller. Damit können auch andere Einzeller (Empfänger) den ausgeschiedenen Urin riechen.
- Der Empfänger entwickelt ein Verhaltensmodell. Es beruht auf der folgenden Schlussfolgerung: "Wo Urin ausgeschieden wurde, da wurde gefressen. Also ist da Nahrung, da muss ich hin." Diese Schlussfolgerung wird nicht bewusst gezogen, aber sie ist Teil des Modells.
- Der Empfänger schwimmt hin. (Sprache hat eine Wirkung.)
- Der Sender kann nun gezielt das Verhalten des Empfängers beeinflussen, indem er absichtlich Urin ausscheidet. Um absichtlich handeln zu können, muss er ein eigenes Verhaltensmodell entwickeln (Anlocken von Partnern zum Austausch von Genen durch Ausscheidung von Urin).

Entwicklung der eigentlichen Sprache
Die Aussagen eines Stoffwechselproduktes sind weitgehend festgelegt. Im folgenden Schritt werden sie erweitert. Dieser Schritt findet nur im Rahmen eines Zusammenschlusses, einer Symbiose, statt! (Sprache ist eine innere Eigenschaft eines Systems.)
In der Regel löst ein einziger spezifischer Bestandteil des Urins das Verhalten aus. Dieser Stoff kann vom Sender zufällig chemisch verändert werden. Wenn beide Partner der Kommunikation einen Vorteil davon haben, setzt dieses einen wechselseitigen Prozess in Gang: Es kommt zu einer gesteuerten Produktion des geänderten Stoffes und parallel dazu zur Anpassung des Geruches. Dieses ist nun kein Stoffwechselprodukt mehr, sondern ein Hormon. Das Hormon kann weitgehend beliebige Informationen übermitteln. (Sprache) Wenn die Kommunikation Vorteile für beide Partner hat, bleibt sie langfristig erhalten. (Die Sprache der Hormone ist viele Millionen Jahre alt.)

Sprache und Lernen
Alle Schritte der Sprachentwicklung sind in Lernprozesse eingebettet, beruhen aber auf zwei grundlegend unterschiedlichen Lerntypen. Es gibt

- Lernprozesse, die neues Wissen erzeugen,
  und
- Lernprozesse, die Wissen verbreiten.

Die Methoden "Versuch und Irrtum", "Lernen durch Erfolg" und "Lernen durch Denken" erzeugen neues Wissen. (Sie führen zu der Entwicklung neuer Ausdrücke, neuer grammatischer Strukturen oder neuer Aussagen. Auch die Prüfung der Sprache im Alltag unterliegt Lernprozessen dieses Typs.)

Bei den Methoden "Lernen durch Nachahmung" und "Lehren und Lernen" wird vorhandenes Wissen vervielfältigt (Vermehrung). Dazu gehört auch das Wissen, mit welchen Namen Objekte benannt werden. Gemeinsames Wissen ist Voraussetzung für eine gemeinsame Sprache, ein gegenseitiges Verständnis und eine erfolgreiche Kommunikation.

Da das Erlernen und Verwenden von Sprache mit Lernprozessen verbunden ist, wird dabei Wissen angehäuft (Erkenntnis). Und da Sprache eine Wirkung besitzt, erweitern sich dabei die Möglichkeiten, etwas zu bewirken (Innovation).

Sprache entsteht in einem geschichtlichen Prozess. Die festliegenden, erfolgreichen Vereinbarungen besitzen den Charakter von Regeln oder Gesetzen. Diese Regeln können miteinander kombiniert und erweitert werden. Wie in einem Baukastensystem werden dabei immer komplexere Regelsysteme aufgebaut. Die einzelnen Regeln werden nicht zufällig, sondern im Laufe eines Lernprozesses sinnvoll miteinander kombiniert. Die sich daraus entwickelte Sprache besitzt die Eigenschaften eines Modells. Auch die Gesetze der Physik (Naturgesetze) haben sich in einem derartigen Prozess entwickelt.

2.4.1 Sprachentwicklung

2.4.1.1.1 Denken und Sprechen

Wir Menschen können auf sehr unterschiedliche Weise bewusst denken:
- in Form von bildlichen Vorstellungen,
  (kausal - handelndes Denken)
- Mit Hilfe der inneren gesprochenen Sprache,
  (formal - logisches Denken)
- unter Einsatz unserer Emotionen.
  (sozial - wertendes Denken)

Kausal - handelndes Denken

Ein erfahrenen Automechaniker denkt nicht: "Ich greife mit der rechten Hand die Schraube, drehe sie mit der Spitze zu mir und stecke sie von hinten durch das Loch." Nein - er braucht sich nur vorzustellen, wie er die Schraube befestigt.
Diese Form des Denkens in Vorstellungen setzt die Kenntnis der Eigenschaften des Objekts in Raum und Zeit sowie das Wissen um kausale Zusammenhänge z.B. bei motorischen Vorgängen voraus.
Es bildet die Basis für Fortbewegung und den sinnvollen Gebrauch unserer Hände, für die Herstellung und den Gebrauch von Werkzeug und für Handwerk und Technik.

Formal - logisches Denken

Sprache basiert auf einem Regelwerk, das wir Grammatik nennen. Die Grammatik legt z.B. fest, welche Reihenfolge bestimmte Satzglieder haben (Form). Sie legt auch fest, wie Aussagen mit Hilfe von logischen Komponenten (weil, obwohl, und, aber, ist, ist nicht, ist möglicherweise) miteinander verbunden werden.
Diese Form des Denkens baut auf das kausal - handelnde Denken auf. Gegenstände und Handlungen werden Begriffen zugeordnet und ihre Eigenschaften auf diese Begriffe übertragen. Der Satz, "Schraub die Räder fest!", kann eine Menge bewirken. Die Kürze des Satzes zeigt die Stärke des formal - logischen Denkens.

Sozial - wertendes Denken

Sozial - wertendes Denken hat seinen Ursprung in den tierischen Instinkten. Dass Instinkte sinnvolle Handlungen erzeugen, zeigt das Überleben der jeweiligen Tierarten. Das instinktive sozial-wertende Denken basiert auf evolutionär gewonnenen Erfahrungen. Beim Menschen werden die archaischen Gefühle auch von gesellschaftlich erlernten Normen ausgelöst. In diesem Bereich basiert das sozial-wertende Denken auf kulturell erworbenen Erfahrungen. Diese werden mit eigenen, persönlichen Erfahrungen verknüpft. Als soziales Wesen bezieht der Mensch dabei in der Regel seine Mitmenschen mit ein. Um bei seinen Überlegungen deren mögliche Gefühle, Ziele und Gedanken berücksichtigen zu können, setzt er sich gedanklich in den Anderen hinein. Dies ermöglicht nachahmendes Handeln.

Alle drei Formen des Denkens beruhen auf vergangenen Erfahrungen (Gedächtnis, Erbgut), beinhalten eine Zukunftsplanung und gehen Handlungen voraus.

Der evolutionäre Erfolg des Menschen beruht auf hohen Leistungen in allen drei Bereichen. Raben zeigen eine hohe Intelligenz beim praktischen Handeln und eine geringe im sozialen Handeln. Bei Hunden und Delfinen ist es umgekehrt.
Denken ohne Handeln ist weitgehend nutzlos. Parallel zur Intelligenzentwicklung haben Arme und Hände sich deshalb zu Universalwerkzeugen weiterentwickelt.

2.4.1.1.2 Tiersprache und Menschensprache

Tiere reagieren instinktiv, d.h. ein Reiz löst eine festgelegte Reaktion aus:

Reiz		Instinktreaktion
Löwe nähert sich	>-------->	Warnschrei, Flucht

Ein anderes Tier hört den Warnschrei und flieht. In der Tiersprache ersetzt das Signal den Reiz und löst eine Instinkthandlung aus:

Signal		Instinktreaktion
Warnschrei eines Schimpansen	>-------->	Flucht der anderen Schimpansen

Neben akustischen werden auch optische Signale, wie der rote Bauch eines Stichlingsweibchens, eingesetzt:

Signal		Instinktreaktion
Weibchen erscheint mit dickem Bauch	>-------->	Männchen vollführt Zickzacktanz.

Auch Bewegungen, wie der Zickzacktanz eines Stichlingsmännchen, können als Tiersprache aufgefasst werden:

Schlüsselreiz (Signal)		Instinktreaktion
Männchen vollführt Zickzacktanz	>-------->	Weibchen präsentiert dicken Bauch

Sprache und Wirkung

Es zeichnet die Sprache aus, dass eine freie Zuordnung der Bedeutung möglich ist. Jeder beliebige Reiz kann jede beliebige Bedeutung haben. So könnte z.B. ein roter Bauch auch eine Warnung für Konkurrenten sein.

Sprache unterliegt der Schlüssel-Schloß-Truhe-Methode. Der Schlüssel kann jede beliebige Form besitzen, er muss lediglich zum Schloss passen. Biologen sprechen daher von einem "Schlüsselreiz". Bei Tieren können Gerüche, Laute, Farben oder Bewegungen einen Schlüsselreiz darstellen. Schlüsselreize auf Ebene der Zellen und Organe nennt man Hormone, Schlüsselreize auf Ebene der Psyche Emotionen. In einer Truhe können sich, unabhängig von der Art des Schlosses, nahezu beliebige Gegenstände befinden. Entsprechend kann prinzipiell jede Reaktion, zu der das Lebewesen fähig ist, durch einen Schlüsselreiz ausgelöst werden. Und so wie ein Schlüssel verschiedene Truhen öffnen kann, so kann auch ein Schlüsselreiz mehrere unterschiedliche Reaktionen auslösen.

Das entscheidende Kriterium der Sprache ist die Wirkung. Für das Stichlingsmännchen ist es von entscheidender Bedeutung, dass das Weibchen in seinem Nest ihre Eier ablegt, von untergeordneter Bedeutung ist hingegen die Frage, wie er zu diesem Ziel gelangt. Die große Macht der Sprache beruht darauf, dass sie erstens nach der Schlüssel - Schloss - Truhe - Methode nahezu jede mögliche Reaktion auslösen, und zweitens die gewählte Reaktion mit wenig Aufwand durch eine andere Reaktion ersetzen kann.

Vom Instinkt zum freien Willen

Bei den Instinkten gibt es für primitive Tiere keine Wahlmöglichkeit: Die Reaktionen, die von einem Schlüsselreiz auslöst werden, liegen fest.

Fische können eine Entscheidung treffen, wenn mehrere Schlüsselreize gleichzeitig auftreten. Die Entscheidung, auf welchen Reiz reagiert werden soll, könnte in einem Verrechnungsprozess getroffen werden. Sie ist Ausgangspunkt für die Entwicklung des "freien Willens".

Anders als Fische reagieren Säugetiere nicht nur rein instinktiv, sondern sind auch in der Lage, Handlungen zu vollziehen, die auf kausalen Schlüssen basieren. Säugetiere verfügen über Emotionen und ein komplexes Bewusstsein. Sie sind in der Lage, mit Hilfe von Vorstellungen und Emotionen zu denken.

Den Menschen unterscheidet von anderen Säugetieren ein deutlich weiterentwickeltes Denken in Form von abstrakten Vorstellungen (kausal - handelndes Denken). Es ist aber vor allem die menschliche Sprache (formal - logisches Denken), die eine komplexe Kommunikation ermöglicht. Die komplexe Kommunikation lenkt auch die Entwicklung des sozial - wertenden Denkens in neue Bahnen und ist Voraussetzung zur der Herausbildung einer Kultur.

Es spricht einiges dafür, dass im kindlichen Spiel der erste Schritt hin zur menschlichen Sprache gemacht wird:

- Tierkinder kommunizieren im Spiel miteinander, ohne dass Instinktreaktionen ausgelöst werden. (Ein Partner spielt z.B. ein Raubtier, und der andere Partner reagiert spielerisch und nicht instinktiv.) Eine Instinktreaktion wird nur ausgelöst, wenn der Reiz zum jeweiligen Zeitpunkt real vorhanden ist. Die Sprache ermöglicht es uns, über etwas zu sprechen, was nicht vorhanden ist. Auch im Spiel stellen wir uns etwas vor, was nicht vorhanden ist.

- Die menschliche Sprache löst keine Instinkthandlungen aus.

- Beim Spielen muss man sich in seinen Spielpartner hineindenken. Auch Sprechen erfordert die Bildung eines Verhaltens- und Denkmodells des Gesprächspartners.

- Spielen beinhaltet Ausprobieren, Experimentieren, Erschaffen. Das Erfinden von Worten und Sätzen ist Voraussetzung für die Entwicklung einer neuen Sprache.

- Eine besondere Art des Spielens ist das Singen und Musizieren. Singen und Musizieren kann bei den Mitwirkenden gleichartige innere Einstellungen, Gefühle und Gedanken erzeugen. Genau das ist das Ziel einer erfolgreichen Kommunikation.

- Gemeinsames Spielen, Singen, Musizieren baut soziale Beziehungen auf und baut Spannungen ab. (Evolutionär bedeutsam.)

- Die Menschen haben eine verlängerte Kindheit, in der sie spielen. Im Spiel kann gefahrlos, ohne evolutionären Druck experimentiert und gelernt werden. Die im kindlichen Spiel erlernten Fähigkeiten helfen im Erwachsenenalter, Aufgaben zu bewältigen. Dies ist evolutionär bedeutsam.

- Nur die Anlage zum Sprechen ist genetisch festgelegt. Die Sprache muss kulturell erlernt werden.

- Warnschreie und Instinkte beziehen sich jeweils auf eine bestimmte Situation, die menschliche Sprache fügt hingegen Baugruppen zu einer beliebigen Aussage zusammen.

- Beim Spiel von Primaten bilden Mimik, Gestik und Lautäußerungen eine Einheit.

- Das motorische Sprachzentrum beim Menschen heißt Broca-Areal. Es hat sich aus einem Hirnareal entwickelt, dass bei Primaten das Erlernen von Bewegungen durch nachahmendes Handeln ermöglicht. (Das Hirnareal, dass bei Säugetieren für ihre vom Instinkt gesteuerte Tiersprache zuständig ist, wird beim Menschen nicht beim Sprechen verwendet.)

- Das Broca-Areal ist beim Menschen sowohl für die Steuerung der Bewegungen beim Sprechen wie auch der feinmotorischen Bewegungen der Hände zuständig. Motorische und sprachliche Entwicklung sind miteinander verbunden. Die motorische Entwicklung geht der sprachlichen voraus, da Sprache nutzlos ist, wenn sie nicht in der Lage ist, Handlungen auszulösen.

- Sprache entwickelt sich nur dann, wenn sie etwas bewirkt. Im Spiel reagieren die anderen Kinder.

Entwicklungsphasen
Bei der kindlichen Entwicklung kann man folgende Entwicklungsphasen beobachten:

Tabelle 19 Kindliche Entwicklung

Alter (grob geschätzt)	Sozial-emotionale Entwicklung - sozial - wertendes Denken - Sozialverhalten	Senso-motorische Entwicklung - kausal-handelndes Denken und Tun	Sprachliche Entwicklung - formal-logisches Denken - Kommunikation
Vorgeburtlich	Erlebnis von Emotionen, Reaktion auf eigene Emotionen	strampeln: spontan oder als Reaktion; tasten mit den Fingern, saugen an den Fingern. (Begreifen erster Zusammenhänge)	Reaktion auf Geräusche und Klänge Reaktion auf Stimme der Mutter
Geburt	Reaktion auf Hautkontakt und beim Stillen	Reaktion auf optische Reize. Heben des Kopfes in Bauchlage	Atmen, Schreien
6 Wochen	lächeln bei Zuwendung eines beliebigen Gesichts.	Hinwendung auf optische und akustische Reize, Augen folgen bewegten Objekten	Gurren
1/2 Jahr	Nachahmung von Gesichtsausdrücken, Angst vor Fremden (Fremdeln)	Krabbeln, gezieltes Greifen, Beobachtung der Umgebung, Nachahmung, gleichartige Reaktion auf ähnliche Objekte (Erkennen, Klassifizieren)	Lallen, spielerisches Erkunden der eigenen Möglichkeiten, neue Laute zu bilden, Nachahmung
1 Jahr	unterschiedliche Reaktionen auf unterschiedliche Personen	Laufen, Objektvorstellung (Substanz, Dauerhaftigkeit)	Einwort - Äußerungen, Erstes Sprachverständnis (z.B. reagiert das Kind auf den eigenen Namen)
1 1/2 Jahre	einfache Spiele (z.B. Verstecken)	Klettern	Zweiwort-Äußerungen Wortschatz: 10 - 50 Wörter
2 Jahre	Interesse an anderen Kindern, zunehmend ausdauerndes Spielen	einfache Handlungen (Turm aus Bauklötzen bauen, Zuordnung von Formen im Steckspiel) Form, Lage, Menge	Flexionen, Wortstellung, Fragesätze, Verneinungen, Klassifizierungen Wortschatz: 100 - 200 Wörter 1. Fragealter
5 Jahre	spielt mit anderen Kindern, fügt sich in eine Gruppe ein	konkrete Operationen (Basteln), einfache Zeichnungen Mengenvorstellung	komplexe Sprache, umfänglicher Wortschatz: über 2000 Wörter, beherrscht alle üblichen Laute, Zahlenbegriff, Fähigkeit zum Schriftspracherwerb entwickelt sich.
10 Jahre	gefestigtes Wertesystem, ausgereiftes Sozialverhalten	kausales Denken, geplantes und strukturiertes Handeln	ausgereifte Sprache, formale (logische und mathematische) Operationen, (Beherrschung der Schriftsprache)

Grammatik
Sprachentwicklung ist zugleich Modellbildung. Die Sprachentwicklung beginnt mit Zuhören und Beobachten. Die Kinder entwickeln in dieser Zeit ein Verhaltensmodell der Umwelt. Dieses Modell schließt auch eigene Handlungen mit ein.
Dann bilden die Kinder ihre ersten Einwortsätze und beobachten, wie die Umwelt darauf reagiert, und lernen, wann sie sie verwenden sollten. Diese Erfahrungen werden als Assoziationen gespeichert. Die Kinder speichern dabei auch die eigenen Aktivitäten und Beobachtungen. Diese Assoziationen bilden u.a. die Grundlage für die Gruppierung der Worte in Wortarten. Erleichtert wird dies dadurch, dass verschiedene Wortarten mit unterschiedlichen Hirnteilen assoziiert werden (Verben: bewegen / Adjektive: fühlen / Konjunktionen: abstrahieren / ....). Die eigene Sprachproduktion wird mit der Sprache der Eltern verglichen. Ausdrücke, die in ihrer Umgebung nicht verwendet werden, verschwinden.

Die grammatikalische Entwicklung beginnt schon mit den Einwortsätzen, denn Wörter sind Sätze. (Sie haben eine Aussage.)

Dann folgt die Kombination von zwei Einwortsätzen. Diese verändern die Bedeutung der Einwortsätze. Auch in dieser Phase handelt es sich um einen Modellbildungsprozess. Es wird ausprobiert, nachgeahmt, die Wirkung beobachtet und mit den sprachlichen Vorbildern verglichen. Bei der Wortstellung kann man diesen Prozess gut erkennen: In der Regel wird von den Kindern zunächst das Verb an das Ende des Satzes gestellt. Später ändern sie die Reihenfolge der Satzglieder und passen sie der gebräuchlichen Sprache an.

Tiere und Menschen verfügen dem Anschein nach über angeborene logische Strukturen und die Fähigkeit, Kategorien und Muster zu erkennen. Dies ist für die Grammatikentwicklung von Bedeutung. Zugleich deutet aber die Vielfalt der menschlichen Grammatiken und der rasche evolutionäre Verlauf darauf hin, dass es keine spezifischen, angeborenen grammatikalischen Strukturen gibt.

Sprache und Wissenschaft

Die Société de Linguistique de Paris verbot im Jahre 1866 in ihrer Satzung alle Beiträge, die sich mit dem Ursprung der menschlichen Sprache beschäftigen. Es ist aber im Rahmen der Wissenschaft nicht möglich, einen wesentlichen Teilbereich zu verbieten. Folglich hat sich mit diesem Beschluss die Linguistik von der Wissenschaft verabschiedet und konnte in der folgenden Zeit nur noch als eine Sammlung von wissenschaftlichen Teildisziplinen angesehen werden. Auch die Begründung, dass die Vorträge zum Thema Sprachursprung unwissenschaftliche Spekulationen seien, ändert nichts daran. Die Société de Linguistique de Paris hätte im Einklang mit der Wissenschaft Qualitätsstandards erlassen können, um ein angemessenes Niveau sicherzustellen.

Der Beschluss wirkte lange nach. Während die Paläontologen mit Hilfe von wenigen Knochen Stammbäume und Wanderungsbewegungen der Urmenschen aufstellen konnten, gibt es in der Linguistik trotz einer riesigen Materialfülle (5000 - 7500 Sprachen, Millionen von Wörtern) bis heute nur eine begrenzte Anzahl hoffnungsvoller Ansätze. Von der jungen Genforschung ist die Linguistik innerhalb weniger Jahre überholt worden.

Ich habe den Eindruck, dass bis heute Forschungsergebnisse über die Beziehungen der einzelnen Sprachen nicht ausreichend beachtet und reflektiert werden. Deshalb werde ich im Folgenden Argumente aus der Arbeit des umstrittenen und als Pseudowissenschaftler diffamierten Sprachforschers Richard Fester vorstellen. Folgende Thesen sind bedenkenswert:

- Die Menschheitsentwicklung fand nicht kontinuierlich, sondern schubweise statt. (Das deckt sich mit steinzeitlichen Funden.)
- Auch die Sprachentwicklung fand schubweise statt. Jeder technische Entwicklungssprung ging dabei mit einem sprachlichen Entwicklungssprung einher.
- In jeder Entwicklungsphase wurden unterschiedliche Typen von neuen Lautverbindungen (und grammatikalischen Strukturen) verwendet.
- Diese Lautverbindungen findet man noch heute in verschiedenen Sprachen.

Die Behauptung, man könne Festers Thesen nicht überprüfen, ist falsch, denn mit der Statistik besitzen wir ein mächtiges Werkzeug zur Analyse großer Datenmengen. Für Genanalysen wurden verschiedene hilfreiche Methoden entwickelt, die auch hier angewendet werden könnten:
Zunächst müssen Begriffe, die die gleiche Bedeutung besitzen, einander zugeordnet werden, wie es in Übersetzungswörterbüchern gemacht wird.
Einige Begriffe bezeichnen gleiche Objekte, besitzen aber eine unterschiedliche Herkunft. So bezeichnen die Begriffe "Kopf" und "Haupt" im Deutschen zwar den gleichen Körperteil, beziehen sich aber auf unterschiedliche Eigenschaften (der Kopf ist rund und das Haupt ist oben) und stammen von unterschiedlichen Wortstämmen ab. Die beiden Begriffe sind vergleichbar mit analogen Organen in der Biologie wie die Flügel von Vögeln und Fledermäusen. Derartige Zuordnungen erzeugen ein störendes Rauschen in der Statistik und sollten vermieden werden.

Evolution der Sprache

In der Evolution des Menschen können wir mehrere Entwicklungsschübe feststellen. Die Funde der immer besser werdenden Werkzeuge deutet darauf hin, dass sich parallel dazu die Form des Denkens in Vorstellungen (kausal - handelndes Denken) entwickelt hat.

Kulturelle Entwicklungsschübe gingen wahrscheinlich mit dem Erwerb neuer sprachlicher Fähigkeiten einher. So vermutet der Sprachforscher Richard Fester, dass sich der Urwortschatz aller Menschen weltweit von sechs Wortgruppen ableiten läst, die jeweils in einer anderen kulturellen Entwicklungsphase entstanden sind. Diese Wortgruppen führt er auf die folgenden Grundwörtern zurück: BA, KALL, TAL, TAG, OS, ACQ. (Andere Forscher schlagen andere Grundwörter vor. Mit Hilfe von statistischen Untersuchungen sollte diese Frage zu klären sein.)

Beim "Gurren" erzeugen die Babys im Rachen Laute wie aa, ää, e, ga, gu, ka, grrr, är, rrrääa und beim "Lallen" Laute mit den Lippen (oder Zähnen) wie bababa, mamama, bibibib. Die Babies spielen mit ihren Lautbildungen. Sie öffnen den Mund verschieden stark und ändern so die Vokale (mamama - mumumu - mimimi), und sie benutzen die Lippen auf unterschiedliche Weise und ändern so die Konsonanten (mamama - wawawa - bababa).

Schimpansen können Laute erzeugen, die dem kindlichen Gurren und Lallen ähneln, sind aber nicht zu Lautbildungen in der Lage, die den Einwort - Äußerungen der Kleinkinder entsprechen.

Aus dem Grundwort BA können durch Veränderung des Vokals zwölf Worte gebildet werden:
BA - BÄ - BO - BÖ - BU - BÜ - BI - BE - BEI - BAU -BAO - BEU

Wird zusätzlich das B durch die verwandten Lippen-Laute P, W, F, M ersetzt, ergeben sich 48 weitere Wörter:
PA - PÄ - PO - PÖ - PU - PÜ - PI - PE - PEI - PAU -PAO - PEU
WA - WÄ - WO - WÖ - WU - WÜ - WI - WE - WEI - WAU -WAO - WEU
FA - FÄ - FO - FÖ - FU - FÜ - FI - FE - FEI - FAU -FAO - FEU
MA - MÄ - MO - MÖ - MU - MÜ - MI - ME - MEI - MAU -MAO - MEU

Diese Lautverbindungen können vielfältig variiert werden:
Umgedreht: ab, am, im, um, ...
Erweitert: aba, imi, umu, ...
Verdoppelt: BABA, MAMA, PAPA, MIMI, ...

Dies ergibt ca. 200 Wörter. Kleinkinder benutzen für Einwort-Äußerungen bis zu 50 verschiedene Wörter. Sie bezeichnen meist Menschen, Tiere, Dinge. Häufig werden sie begleitend beim Zeigen (da) oder bei Tätigkeiten (ab, an, ...) verwendet.

Werden zwei verschiedene Vokale in einem Wort eingesetzt, so lassen sich etwa 2000 Wörter mit Hilfe der fünf Konsonanten B, P, W, F, M bilden: MAMI, OMI, PAPI, BUBI, BEBI, ...

Die Wörter, die sich aus diesen Grundwörtern ableiten lassen, sollen teilweise schon mehrere Millionen Jahre alt sein und sich in beliebigen Kulturen finden lassen. Sie bezeichnen nach Meinung von Richard Fester das, was dem Menschen besonders nahe oder lebenswichtig ist: Mutter, Vater, Kinder, Wohnung, Nahrung, Jagd, Fischfang, Waffen, Boote, Tätigkeiten des Alltags, Werben um den Partner.

Der nächste kulturelle Schritt, der vor etwa hunderttausend Jahren begann, wird von Fester mit der Wortgruppe, die sich vom Grundwort KAL ableitet, in Verbindung gebracht: Die Menschen versuchten das Geheimnis von Leben und Tod zu verstehen. Viele Forscher vermuten, dass sich zu diesem Zeitpunkt Mutterreligionen entwickelt haben, die an die Wiedergeburt der Seelen glaubten: So wie der Mond wächst, stirbt und wiedergeboren wird, so werden die gestorbenen Vorfahren durch die Mütter wieder geboren.

(Erst im folgenden Kulturschritt mit der Entwicklung der Landwirtschaft erkannten die Menschen nach Fester den Zusammenhang zwischen Zeugung und Geburt. Nun nahmen sie an, dass der Mann seinen Samen in die Frau einpflanzt und diese wie der Mutterboden dessen Samen zur Entwicklung brachte.)

3 Prinzipien als Grundlage der Naturgesetze

Die Erklärung der Welt auf der Grundlage von Prinzipien ermöglicht nicht nur ein Aufeinanderzugehen von Wissenschaft, Philosophie und Religion, sondern auch ein Zusammenfügen der Teilbereiche der Physik.

3.1 Die Physik ist zerbrochen

Albert Einstein hat zwei Theorien entwickelt: Die Quantentheorie und die Relativitätstheorie. Beide Theorien stehen in eklatantem Widerspruch zueinander, und zwar in philosophischer wie auch in physikalischer Hinsicht. Der Bruch verläuft erstaunlicherweise nicht zwischen beiden Theorien, sondern mitten durch die Quantentheorie.

3.1.1   Quantenphysik: Geistiger Hintergrund *

Die Erklärungen für diese Zweiteilung sind je nach philosophischer Richtung sehr unterschiedlich. Es gibt die Kopenhagener Deutung, die Teilchendichte-Deutung, die Materiewellen-Deutung, die Dekohärenz-Deutung, die "Halts-Maul-und-rechne-Deutung" und viele mehr.
Im Anschluss werde ich eine eigene Deutung auf der Basis von Prinzipien vorstellen, bei der auf beiden Seiten des "Bruches" die gleichen Prinzipien und Mechanismen wirken (Kopernikanisches Prinzip / Prinzip der Gleichheit).

Kopenhagener Deutung

Versuch 1: "Schrödingers Katze"
Vorbereitung: In einen Kasten wird eine lebende Katze gesetzt.[16]

Versuchsdurchführung:
Hineinsehen - Deckel zu - warten - Deckel auf - Hineinsehen.

Kopenhagener Deutung / Instrumentalistische Position
Nach Niels Bohr entsprechen die Formeln der Quantenphysik nicht der Realität, es sind lediglich nützliche Hilfsmittel. (= Warnung vor Überinterpretationen!)

- Die Vorgänge der Quantenphysik (z.B. ein radioaktiver Zerfall) unterliegen den Gesetzen des Zufalls. Sie können nicht berechnet werden. So kann lediglich eine Wahrscheinlichkeit angegeben werden, ob innerhalb einer bestimmten Zeit ein Quantenereignis stattfinden könnte, das zum Tode der Katze führen würde.

Kopenhagener Deutung / Wigners Freund / Konstruktivismus
- Solange der Kasten verschlossen ist, befindet sich die Katze in einem nicht festgelegten Zustand: sie ist zugleich lebendig und tot.
- Der Zustand der Katze wird in dem Moment festgelegt, in dem ein vernunftbegabtes Wesen die Katze ansieht. Sie ist dann entweder lebendig oder tot.
- Die Festlegung des Zustandes findet rückwirkend in der Zeit statt: Die Katze ist seit Stunden tot, Leichenstarre ist bereits eingetreten.

---

[16] Neben ihr befindet sich **keine** Apparatur, die die Katze tötet, sobald ein Messgerät den Impuls eines radioaktiven Zerfalls misst. Diese Apparatur ist nicht erforderlich, weil es in der Natur bereits Quantenereignisse gibt, die zum Tode der Katze führen könnten.

Erläuterung der Kopenhagener Deutung aus religiös - idealistischer Sicht
Diese Sicht der Kopenhagener Deutung beruht auf den Vorstellungen des deutschen Idealismus:

- Die Gedanken aller vernunftbegabten Wesen (Menschen) sind Teil des Weltgeistes (Heiliger Geist, Gott). Tiere hingegen nicht.

- Ideen sind real, Materie hingegen nicht. Materie existiert nur in der Vorstellung des Geistes, genauer des Weltgeistes.

- Die Quantenphysik ist der Bereich, in dem der Weltgeist die Idee zu Materie werden lässt.

- Aus dem Auge des Physikers (vernunftbegabten Wesens), der in den Kasten sieht, sieht der Weltgeist in den Kasten. Der Weltgeist entscheidet, ob ein Quantenereignis stattgefunden hat, dass den Tod der Katze zur Folge hat.

- Entscheidet der Weltgeist in diesem Augenblick, dass vor einer Weile ein Quantenereignis stattgefunden hat, so bewirkt dies, dass die Katze tot und entsprechend den Naturgesetzen die Leichenstarre eingetreten ist.

Zum philosophischen Hintergrund
Die Kopenhagener Deutung und damit die Quantenphysik steht in Nachfolge und gleichzeitig im Gegensatz zu den Vorstellungen des irischen Philosophen und Bischofs von Cloyne George Berkley (1685 - 1783). Berkley war überzeugt, dass nur Ideen real sind und Materie lediglich ein Produkt unseres Geistes ist. Die Gegenstände, die wir sehen, gleichen Traumbildern und sind nur dann vorhanden, wenn sie in der Vorstellung von jemandem existieren: "Sein bedeutet wahrgenommen werden."

Zitat 10: George Berkley

Auf die Frage, ob ein Zimmer, dessen Tür wir schließen, noch existiere, antwortete Berkley, dass Gott zu jeder Zeit alles wahrnehme und daher das Zimmer auch dann existiert, wenn wir nicht hinsehen. Schrödingers Katze würde sich somit nach Berkley zu keinem Zeitpunkt in einem Zustand befinden, in dem sie gleichzeitig tot und lebendig ist.

Die Vorstellung der Kopenhagener Deutung, dass es unabhängig von Bewusstsein keine Realität gibt und erst das menschliche Bewusstsein unsere materielle Welt erzeugt, ist der zentrale Gedanke der New Age Bewegung. Bewusstseinserweiterung durch Selbstfindung, Meditation oder bewusstseinserweiternde Drogen haben demnach eine direkte Wirkung auf die Realität.
Konzepte, die die Kopenhagener Deutung auf die Evolutionstheorie übertragen, nehmen an, erst durch Erschaffung des Menschen und seines Bewusstseins habe rückwirkend in der Zeit die Evolution stattgefunden (Entstehung des Lebens, Dinos, Affen usw.).
(Mehr zu dem zugrundeliegenden Gottesmodell "Gott in mir " im Kapitel Religion.)

Erläuterung der Kopenhagener Deutung aus philosophisch - idealistischer Sicht
Die Kopenhagener Deutung wurde säkularisiert:
- Der Weltgeist wurde aus dem Konzept entfernt und durch eine Wahrscheinlichkeitswelle (Idee) ersetzt.
- Auch in diesem Konzept gibt es einen Schwebezustand, der hier durch die Messung festgelegt wird. Hier ist es aber nicht der Blick aus dem Auge eines vernunftbegabten Betrachters, sondern der Kollaps der Wahrscheinlichkeitswelle, der den Schwebezustand beendet.

Erläuterung der Kopenhagener Deutung aus physikalischer Sicht: Dekohärenz-Theorie
Grundlage für diese Vorstellungen ist der Versuch von Physikern, eine Theorie zu entwickeln, die physikalische und nicht religiöse Grundlagen hat.

Das bloße Auftreffen eines Photons auf feste Materie (Streuung) reicht aus, um den Schwebezustand aufzuheben. Eine Beobachtung ist nicht erforderlich. Deshalb wird der Begriff des Messvorganges durch einen Begriff aus der Wellenlehre ersetzt: Dekohärenz. Dieser Begriff soll auch deutlich machen, dass dieser Vorgang nicht von unserem Bewusstsein abhängt.
Schrödingers Katze befindet sich nach dieser Theorie nur kurzzeitig in einem Schwebezustand, da sie als makroskopisches Objekt ständig einer großen Anzahl von Umwelteinflüssen ausgesetzt ist.

Bewertung
Die religiös - idealistische Deutung der Quantenphysik ist aus philosophischer Sicht in sich geschlossen. Der Weltgeist (Heiliger Geist, Gott) entscheidet, was in der Welt passiert, und lässt dies auf dem Wege der Quantenphysik geschehen. Er unterläuft dabei die deterministischen Naturgesetze. Wunder sind demnach möglich. Die Seele des Menschen als Träger des Weltgeistes entscheidet über seine Handlungen. Menschen haben demnach einen echten freien Willen.
Diese Auffassung steht im Widerspruch zu den Erkenntnissen der modernen Biologie, Psychologie und Soziologie. In diesen Bereichen wird davon ausgegangen, dass der Mensch keineswegs völlig frei in seinen Handlungen ist.
Unverständlich in dieser Auslegung der Kopenhagener Deutung ist, warum der Weltgeist sich stets so entscheidet, wie es die Gesetze der Wahrscheinlichkeitsrechnung vorschreiben. (Einstein: "Gott würfelt nicht!")

Zitat 11: Albert Einstein

Gottesbeweise stehen im Konflikt mit dem Grundsatz der Hochachtung vor Gott[17], da im Rahmen des Beweises versucht wird, Gott in ein physikalisches Modell einzufügen. Nach Immanuel Kant sind Gottesbeweise nicht möglich. Auch die Gesetze der Quantenphysik eignen sich nicht für einen Gottesbeweis (spekulatives Ad-hoc-Modell).

In der philosophisch-idealistischen Deutung der Quantenphysik wandeln Ideen sich in Materie. Diese Erklärung ist in sich logisch, aber aus philosophischer Sicht unbefriedigend:
- Dass ein Messgerät den Übergang von Idee zu Materie verursachen soll, ist weder überzeugend noch erklärbar.
- Der Zufall der Quantenphysik bewahrt den Menschen vor einem festliegenden Schicksal. Da der Zufall ebenso Ereignisse festlegt wie Gesetze, ist er nicht geeignet, eine echte Willensfreiheit zu erschaffen.

Die Dekohärenz - Theorie ist eine mechanische Theorie. Sie beruht auf Beobachtungen, ist physikalisch korrekt formuliert, aber unbefriedigend:
- Die Dekohärenz und ihr mathematisches Regelwerk werden in einer sogenannten Ad-hoc-Annahme postuliert.
- Da die Dekohärenz von außen kommen muss, ergeben sich ungelöste Fragen. Was ist mit dem Universum als Ganzem?
- Streuung als physikalische Ursache der Dekohärenz wirkt lokal und ist daher als Erklärung ungeeignet.
- Der Kollaps der Wellenfunktion im Dekohärenz Modell ist ein Fremdkörper im Regelwerk der übrigen Physik (beliebig kleine Auslöser, beliebig kurze Zeit). Alternativ zur Dekohärenz kann man annehmen, dass die Quantenphysik auf nur einer Gleichung beruht, der Schrödingergleichung. Aus dieser einfachen Annahme ergibt sich die ...

---

[17] Chiffre im Sinne des philosophischen Glaubens

... Viele-Geschichten-Hypothese / Viele-Welten-Hypothese

Nach der Kopenhagener Deutung ist Schrödingers Katze im Schwebezustand zugleich lebendig und tot. Der Schwebezustand wird, z.B. durch das Hineinsehen eines vernunftbegabten Wesens, aufgelöst. Eine der beiden Möglichkeiten wird realisiert, die andere nicht.

Bei der Viele-Geschichten-Hypothese werden beide Möglichkeiten realisiert: Es entstehen zwei parallele Geschichten (Welten). In einer Geschichte (Welt) lebt Schrödingers Katze, in der anderen nicht. Anders ausgedrückt, jedes Mal, wenn ein Messgerät ein Quantenereignis misst, entstehen zwei neue Geschichten (Welten).

Nach der Atomhypothese finden in jeder Sekunde unendlich viele Quantenereignissen statt. Einige Vertreter der Viele-Geschichten-Hypothese sind daher der Meinung, dass es unendlich viele Geschichten (Welten) gibt, in denen alles, was überhaupt möglich ist, realisiert ist. Damit wäre es auch möglich, dass sich beispielsweise der Misthaufen eines Bauern spontan in einen Tyrannosaurus Rex verwandelt. Wunder im Sinne von Magie sind nach diesem Modell möglich. Und es gibt auch Welten der Unsterblichkeit, in denen kein Ereignis jemals zum Tode eines Lebewesens geführt hat.

Es ist in dieser Deutung nicht so, dass sich das Universum verdoppelt, sondern das allumfassende Universum befindet sich, von außen betrachtet, in einem Schwebezustand, der alle Möglichkeiten beinhaltet. Befindet man sich innerhalb des Universums, erlebt man nur einen dieser Zustände als real.

In dieser Theorie haben Körper mit einer Masse immer festgelegte Eigenschaften. Schrödingers Katze ist also (in der einen Geschichte / Welt) sofort tot, und nicht erst rückwirkend in der Zeit, wenn der Beobachter hineinsieht.

Zum philosophischen Hintergrund

Die Überlegungen der Viele-Geschichten-Hypothese ähneln den Gedankengängen von Hinduismus und Buddhismus:

Nach hinduistischer und buddhistischer Vorstellung haben sich die einzelnen Individuen (Menschen, Tiere, Pflanzen, Gegenstände) durch Abspaltung von der alles umfassenden Weltseele gebildet. Nach der Viele-Geschichten-Hypothese bewirken die Gesetze der Quantenphysik eine Aufspaltung des Gesamtuniversums in viele Teilwelten. Nach hinduistischer und buddhistischer Vorstellung ist es eine Illusion (Maya) zu glauben, die von uns wahrgenommene Welt sei die Wirklichkeit. Nach der Viele-Geschichten-Hypothese ist unsere Welt nur eine von unendlich vielen Wirklichkeiten. Um die Wirklichkeit zu verstehen, muss man nach hinduistischer und buddhistischer Vorstellung die Weltseele als Ganzes betrachten. Aus Sicht der Viele-Geschichten-Hypothese muss man das Gesamtuniversum dafür von außen beobachten.

Bewertung

Diese Viele-Geschichten-Deutung der Quantenphysik wirft schwerwiegende moralische Fragen auf: Wenn ich mich in einer Welt entscheide, etwas Gutes zu tun, so unterlasse ich es in einer anderen. Moralisches Handeln ist aus einer alle Geschichten / Welten erfassenden Sicht nicht möglich. Philosophisch gesehen wird ein "amoralisches, wissenschaftlich-experimentelles Universum" dargestellt, in dem alles, was möglich ist, ausprobiert wird.

Alle Schlussfolgerungen, die auf unendlich vielen Geschichten / Welten basieren, kann man getrost in den philosophischen Mülleimer werfen (z.B. Dino aus Misthaufen, ewiges Leben), denn Unendlich steht außerhalb der Grenzen der Logik.

Die Viele-Geschichten-Hypothese ist physikalisch korrekt und sogar elegant, aber nicht wissenschaftlich, denn sie macht keine prüfbaren Voraussagen. (So wie die Theorie, dass die Hühner Polka tanzen, wenn der Bauer nicht hinsieht.)

Sind die Formeln der Quantenphysik falsch?

Die angeführten Erklärungen wurden aus den Formeln der Quantenphysik abgeleitet. Viele Physiker vermuten daher, dass die Formeln falsch oder zumindest unvollständig sind. Sie versuchten in theoretischen Diskussionen und einer Vielzahl von Experimenten, Fehler in der Quantenphysik zu finden. Aber immer kam man zu dem gleichen Ergebnis:

Die Formeln der Quantenphysik sind richtig und stimmen mit den Beobachtungen der Experimente überein.

Sind die Formeln der Quantenphysik unvollständig?

Nein, die Grundgleichung der Quantenphysik, die Schroedingergleichung ist (mit hoher Sicherheit) vollständig.

Aber: Sie ist symmetrisch, und es entsteht ein Entscheidungsproblem, für das die Gleichung keine Lösung anbietet (s. Burdians Esel). Deshalb muss sie im Rahmen einer sie umfassenden Theorie betrachtet werden. Die Systemtheorie bietet sich dafür an.

" Halt's Maul und rechne" - Deutung

Die Formeln sind korrekt, die Erklärungsmodelle unsinnig. Also halt's Maul und rechne.
(Diese nicht ganz ernst gemeinte Forderung soll nicht davon abhalten, nach anderen Lösungen zu suchen.)

" Spuk" - Deutung

Albert Einstein sprach wegen der seltsamen Eigenschaften der Quanten von "spukhaften Fernwirkungen". Kein spukendes Schlossgespenst hat jemals den Attacken eines Wissenschaftlers widerstehen können. Ich bin davon überzeugt, bei konsequenter Anwendung des Prinzips der Wissenschaft verschwindet auch dieser Spuk.

" Prinzipien" - Modell / "Symbiose" - Modell

Die Erklärung der *Quanten*physik mit Hilfe von Prinzipien geht mit einer Abänderung der philosophischen Grundlagen einher.

Das traditionelle Modell:
Dualismus von Geist und Materie -> Atomhypothese -> Quantenphysik

wird ersetzt durch ein

wissenschaftliches Modell:
Methodischer Monismus (Kernidentität der Modelle von Geist und Materie) -> Informationstheorie und Elementarsysteme -> *Quanten*physik

Tabelle 20 Wellen-Teilchen-Dualismus

Modellvorstellung	Bewertung
(Ideen) Wellen - Teilchen (Atom) - Dualismus?	Weg damit! Zwei ungeeignete Modelle werden verknüpft.
Prinzip - Prinzip	Drei Modelle, die jeweils ein Verständnis der Zusammenhänge ermöglichen. (Russels Huhn)
Sprache - Sprache	
System - System Problem: unterste Ebene (s.u.)	

Im wissenschaftlichen Modell beschreibt die *Quanten*physik die Vorgänge, in der Informationen (Informationsspeicher und Informationsinhalt) entstehen, sich verändern oder vergehen. Die *Quanten*physik beruht auf dem Prinzip der Wissenschaften und gehorcht damit dem Evolutionsmechanismus:

Freiheit der Wahl - Bewährung in der Praxis - Weitergabe von Erfahrungen

In Worten der *Quanten*physik:
Zufall - Resonanz - kopierbare Information

Prinzipien kann man auf unterschiedliche Weise erfüllen. Deshalb wird dieses prinzipienbasierte Modell durch Ad-hoc-Hypothesen ergänzt.

Kurzdarstellung des darauf aufbauenden Resonanzmodells
Es gibt ein Wechselspiel zwischen *Quanten*informationen (Materie) und Informationen (Substanz):
- *Quanten*informationen (Materie) erzeugen Informationen (Substanzen).
- Informationen wirken auf *Quanten*informationen ein und steuern so diesen Vorgang.
Beide Vorgänge können beobachtet werden.

Anmerkungen:
In der Systemtheorie sorgen Wechselwirkungen für ein Entstehen (Symbiose) und Zerfallen von Systemen.
In der Relativitätstheorie hängen Trägheit und Gravitationskraft von dem Bezugssystem ab. Ein Entstehen und Vergehen von Informationen (Substanzen / Massen) entspricht in der Relativitätstheorie einem lokalen Wechsel des Bezugsystems. (Deutbar als Raumdehnung oder Beschleunigung / Kreisbeschleunigung). Werden die Vorgänge der *Quanten*physik logisch - physikalisch erklärt, dann verschwindet der unüberbrückbare Bruch in der *Quanten*physik und sie steht im Einklang mit der Relativitätstheorie.

Die Probleme der Quantenphysik entstehen durch den Versuch, die Atomhypothese in die Quantenphysik zu integrieren. Hier wird sie durch die Systemtheorie ersetzt. Diese Theorie eignet sich für Modelle, in denen die Eigenschaften und Ereignisse unserer Welt auf Prinzipien beruhen. Die Festlegung der Eigenschaften spielt, anders als in den metaphysischen Deutungen der Quantenphysik, hier nur eine untergeordnete Rolle, denn nur solche Ereignisse, die bestimmten Prinzipien gehorchen, haben eine Wirkung. Die experimentellen Ergebnisse und Gesetze der *Quanten*physik und damit auch die Seltsamkeiten der *Quanten*physik verändern sich dadurch nicht, aber hinter dem Schlossgespenst taucht das Bettlaken auf.

3.1.2   *Atome* sind keine Atome *

Es gehört heute zum Allgemeinwissen, dass die Materie aus *Atomen* aufgebaut ist. Bilder von *Atomen*, die mit einem Elektronenmikroskop oder einem Rastertunnel-Mikroskop aufgenommen wurden, kann man in Büchern betrachten. Ein geschickter Versuchsaufbau macht es sogar möglich, mit den eigenen Augen zu sehen, wie ein einzelnes *Atom* aufleuchtet. Im Chemieunterricht lernen die Schüler, dass es etwa 100 verschiedene *Atom*arten gibt: Eisen*atome*, Gold*atome*, Schwefel*atome*, Sauerstoff*atome* usw. Weiterhin lernen Schüler, wie sich *Atome* miteinander verbinden können, und notieren dies als chemische Gleichungen: Na + Cl -> NaCl.
In einigen Büchern kann man etwas Erstaunliches lesen: Der Physiker Ernst Mach hat noch im Jahre 1900 strikt die Existenz von Atomen geleugnet. Um Ernst Mach zu verstehen, muss man weit in die Vergangenheit zurückgehen.

Anmerkung: Das Wort "Atom" hat zwei verschiedene Bedeutungen. Wird es im Sinne der Chemie verwendet, so wird es im folgenden Text *kursiv* geschrieben, wird es im Sinne der griechischen Philosophen verwendet, so wird die normale Schrift verwendet.

Atome sind unveränderlich und ewig
Nach Demokrit von Abdera (460-370 v. Chr.) sind Atome Ideen und haben folgende Eigenschaften: Sie sind unveränderlich und ewig. Diese Gedanken wurden von Gottfried Wilhelm Leibniz (1664 – 1716) in seiner Monadenlehre aufgenommen. John Dalton (1776 - 1844) hat die Atomlehre des Demokrit auf die Chemie und Paul Dirac (1902 - 1984) auf die Quantenphysik übertragen.

Wenn Atome unveränderliche Ideen sind, wie können sie sich dann mit anderen Atomen verbinden? (Die vielfältigen Probleme der Atomhypothese wurden bereits im alten Griechenland diskutiert.)

Auch Leibniz konnte nicht erklären, wie es möglich sein kann, dass Atome (Monaden) sich miteinander verbinden. Unter anderem deshalb hat sich seine Monadenlehre auch nicht durchgesetzt. Leibniz drückt sich so aus: Atome (Monaden) haben keine Fenster, also keine Verbindung nach außen. (Diese ungelöste Frage entspricht dem Grundproblem des Dualismus, keine Verbindung zwischen Geistigem und Materiellem herstellen zu können.)

Auch John Dalton konnte das Problem nicht lösen. Deshalb legt Daltons Atomhypothese zwar die Grundlage für die Chemie des 19. Jahrhunderts, nicht aber für die des 20. Jahrhunderts.

Im 19. Jahrhundert lautete die Reaktion von Chlor mit Natrium zu Kochsalz: Na + Cl -> NaCl
Damit wird etwas Richtiges beschrieben, denn bei allen chemischen Vorgängen verändert sich der Kern der *Atome* nicht.

Im 20. Jahrhundert lautet die Reaktion von Chlor mit Natrium zu Kochsalz: Na + Cl -> Na$^+$Cl$^-$
Auch hier wird etwas Richtiges beschrieben, denn bei allen chemischen Vorgängen verändern sich die Hüllen der beteiligten *Atome*.

(Das Natrium*atom* gibt ein Elektron an das Chlor*atom* ab. Dadurch werden beide *Atome* elektrisch geladen. Dies wird durch das hochgestellte $^+$ und $^-$ dargestellt. Von nun an tauschen beide *Atome* Teilchen (Photonen und Elektronen) miteinander aus und ziehen einander an.

Nach Demokrit sind Atome unveränderlich und ewig. Die *Atom*hülle erfüllt nicht Demokrits Anforderungen, denn sie ändert sich bei chemischen Reaktionen. Hat nun der *Atom*kern die geforderten Eigenschaften? Nein, denn auch der *Atom*kern kann sich ändern. Dies geschieht bei den Vorgängen des radioaktiven Zerfalls, der Kernfusion und der Kernspaltung.

Der Physiker Ernst Mach, übrigens einer der bedeutendsten Physiker des 19. Jahrhunderts, hatte Recht: Das, was wir heute als *Atome* bezeichnen, sind somit keine "Atome", sondern es sind offene Systeme im Sinne der Systemtheorie:

Offene Systeme
- haben eine Begrenzung nach außen (1)
- stehen in Kontakt mit der Umwelt (2)
- besitzen ein inneres Regelwerk (3)
- haben ähnliche Eigenschaften, wenn sie über ein ähnliches inneres Regelwerk verfügen (4)
- können sich ändern, teilen, fusionieren oder zerfallen (5)
- können sich zu komplexen Systemen zusammenschließen (6)

Alle diese Argumente treffen auf die *Atome* der Chemie zu.

Zu 1: Trifft zu, aber ihre Begrenzung nach außen kann nicht scharf gezogen werden, denn *Atome* unterliegen den Regeln der Heisenbergschen Unschärferelation. Eine scharfe Grenzziehung ist aber auch nicht zwingend für die Stabilität von Systemen erforderlich. (So kann z.B. das System Firma freie Mitarbeiter haben.)
Zu 2: Trifft zu. *Atome* können z.B. Photonen oder Elektronen aufnehmen und abgeben.
Zu 3: Trifft zu. Anziehende und abstoßende Kräfte sorgen nach festliegenden Regeln für die Stabilität des *Atoms*.
Zu 4: Trifft zu. Alle *Atome* eines Elements haben ähnliche Eigenschaften.
Zu 5: Trifft zu. *Atome* ändern sich in chemischen Reaktionen, bei Kernspaltung, Kernfusion und radioaktivem Zerfall.
Zu 6: Trifft zu. Chemische Verbindungen und alle Körper bestehen aus *Atomen*, die sich zusammengeschlossen haben.
Offene Systeme haben, anders als Atome (Monaden), ein Fenster nach außen. Sie stehen in Kontakt mit der Umwelt und reagieren auf sie. Damit sind aber Systeme nicht unveränderlich und ewig, sondern unterliegen einem ständigen Wandel: Sie können sich ändern, wachsen, sich teilen, fusionieren oder zerfallen.

In der Natur gibt es aber kleinere Bausteine als die *Atome* der Chemie (Photonen, Elektronen usw.). Die Atomhypothese bezeichnet sie als Elementarteilchen oder als Quanten (lateinisch Quantum: kleine Menge). Wie ist es bei ihnen? Haben sie die von der Atomhypothese geforderten Eigenschaften?

Sind Quanten Atome oder Systeme?
Der Physiker Albert Einstein, der die *Quanten*hypothese aufgestellt hat, hat über Jahrzehnte hinweg die Quantentheorie bekämpft. Das erscheint auf den ersten Blick erstaunlich, aber die *Quanten*hypothese hatte im Laufe der Zeit einen Wandel durchgemacht und damit ihren Charakter grundlegend verändert.
Einstein wollte mit Hilfe der *Quanten*hypothese ein Rechenwerkzeug zur Bestimmung der wahren *Atom*größe der chemischen Elemente bereitstellen. In der klassischen Thermodynamik wurden die Teilchen als punktförmig betrachtet. Dies führt beispielsweise bei der Osmose zu falschen Vorhersagen. Einstein benutzte genau diesen Unterschied zwischen Vorhersage und Beobachtung, um die Größe der chemischen *Atome* zu bestimmen.

Während ein *Quantum* für Einstein eine gewisse Menge bedeutete, waren für Paul Dirac Quanten punktförmige Atome im Sinne der Atomhypothese. Die Probleme der heutigen Quantenphysik beruhen u.a. auf diesem Bedeutungswandel. Sollte Albert Einstein mit seiner Skepsis am Ende doch Recht behalten? Haben Elektronen und Photonen die Eigenschaften von offenen Systemen? Oder sind Quanten Atome im Sinne der Atomhypothese?

Atomlehre von Paul Dirac
Paul Dirac hat dazu einige interessante Überlegungen angestellt. Seine Überlegungen beginnen wieder bei Demokrit:

Demokrit meinte, wenn Atome dicht an dicht liegen, ist eine Bewegung nicht möglich. Folglich muss zwischen den Atomen ein leerer Raum sein. In diesem Raum bewegen sich die Atome. In Demokrits Modell handelt es sich bei den Atomen um Ideen und bei dem leeren Raum um einen Raum ohne Ideen. Ein Raum ohne Ideen ist aber nicht vorstellbar. (Griechische Philosophen formulierten das so: Das Nichts ist nicht denkbar.)

Paul Dirac (1902 - 1984) hat eine mögliche Lösung für dieses Problem gefunden:
- Atome sind punktförmig.
- Atome liegen dicht an dicht, unendlich dicht. (Es gibt keinen leeren Raum zwischen ihnen.)
- Es gibt viele verschiedene Atomarten.
- Zu jedem Atom (Elementarteilchen) gibt es ein Atom mit entgegengesetzten Eigenschaften (Antiteilchen). Alle Eigenschaften der Antiteilchen müssen denen des Elementarteilchens entgegengesetzt sein.
- An fast jedem Ort liegen alle möglichen Atome (Elementarteilchen und Antiteilchen).
- An einzelnen Orten fehlt ein Atom (z.B. ein Antiteilchen). Dieser Ort hat damit die Eigenschaften des entgegengesetzten Atoms.
- Das fehlende Atom (hier das Antiteilchen) wird von einer benachbarten Stelle ersetzt. Es wandern also "Löcher".
- Atome wandeln sich nicht in andere Atome um, sie tauschen nur ihre Plätze.

Beispiel:
Es fehlt ein Antielektron mit der Ladung +1 und dem Spin +1/2.
Damit wird das am gleichen Ort vorhandene Elektron nicht mehr neutralisiert. Der Ort hat damit die Eigenschaften eines Elektrons: Ladung -1, Spin -1/2.
Der Ort ist kein leerer Raum, denn hier befinden sich das Elektron und viele andere paarweise vorhandenen Atome.
Ergänzung:
- Antiteilchen sind Teilchen, die sich rückwärts in der Zeit bewegen. (Sie müssten sich demnach in beliebigen Kraftfeldern in die entgegengesetzte Richtung bewegen. Dies ist vermutlich nicht der Fall.)
- Atome sind Ideen. Es gibt nur eine Idee des Elektrons und somit nur ein Elektron. Dieses bewegt sich vorwärts und rückwärts durch die Zeit und täuscht die Vielzahl der Elektronen und Antielektronen vor.

Quantenelektrodynamik (QED)
Die ab 1929 entwickelte Quantenelektrodynamik (QED) beruht auf der Atomvorstellung. Sie geht davon aus, dass Licht, Elektronen und alle anderen Elementarteilchen sich wie Teilchen (Atome) verhalten.

Erläuterung der QED - Theorie:
Wenn Licht von einer Lampe in unser Auge fällt, bewegt sich nach der QED nicht ein einzelnes Photon, sondern eine unendlich große Zahl von Atomen aller Art (z.B. Photonen, Elektronen, Antielektronen).
Nach der QED bewegt sich ein Atom (z.B. ein Photon) zu einem beliebigen Punkt und aktiviert dort unendlich viele Atome, die sich in alle Richtungen ausbreiten. Jedes dieser Atome aktiviert wiederum an einem beliebigen Ort unendlich viele Atome usw. usw. (In der QED wird oft vom "Zerfallen" der Teilchen gesprochen. Diese Ausdrucksweise stimmt nicht mit der Atomvorstellung überein.)
Um den Weg des Lichts zu berechnen, müssen sämtliche Vorgänge (unendlich mal unendlich mal unendlich mal, ...) bewertet und addiert werden.
Der Aufbau der Atome ist in der QED etwas anderes, als Demokrit es sich vorgestellt hat: Jedes Atom entspricht einer Uhr, deren Zeiger sich so schnell dreht, wie es der Wellenlänge des Lichts entspricht. Bei der Addition werden die Zeigerstände addiert. (Zwei Zeigerstände, die in die entgegengesetzte Richtung zeigen, heben sich auf.)

136

Bewertung:
(+) In der QED gibt es keinen Welle-Teilchen-Dualismus.
(+) Die QED kann alle Vorgänge der Wellenlehre (Spiegel, Lichtbrechung, Beugung, Interferenzen) erklären.
(+) Im Doppelspalt-Experiment bewegen sich die Informationen des Photons durch beide Spalten. Die Beobachtungsergebnisse können im Rahmen der QED verständlich erklärt werden.
(-) Unendlich mal unendlich man unendlich ... viele Atome bewegen sich. (Logik?)
(!) Antiteilchen bewegen sich rückwärts in der Zeit.
(?) Offene Frage: Bellsche Ungleichung
(?) In diesem Modell werden die unveränderlichen Ideen als bewegliche Zeiger aufgefasst. (Korrekturvorschlag: Das QED - Modell beschreibt keine Atome, sondern Systeme.)

Probleme der Atomvorstellung
Zu den Photonen gibt es keine Antiteilchen.

Gegen Diracs Vorstellung vom Platztausch spricht, dass diese Vorgänge nicht immer gleich ablaufen (CP-Verletzung). Nach der Atomhypothese müssten alle Vorgänge stets gleichartig ablaufen, nach der Systemtheorie nicht.

Atome (Monaden) haben nach Leibniz keine Fenster. Die Atomvorstellung steht nicht im Einklang mit der Annahme, dass Elementarteilchen eine "Ladung" besitzen.

Elektronen haben in Experimenten ein Volumen. Die Atomhypothese erklärt dies mit einer Wolke von unendlich vielen virtuellen Elektronen.

Nach Dirac sind Atome punktförmig und liegen unendlich dicht. Diese Annahme wirft die philosophische Frage auf, wie dann Bewegungen möglich sind (Achilles und die Schildkröte).

Ideen (=Atome) befinden sich mehr oder weniger ungeordnet in einem materiellen Raum und bewegen sich in ihm. Diese Vorstellung ist nur schwer mit der Vorstellung von Platons Reich der Ideen zu vereinbaren.

Atome sind unveränderlich und ewig. Im Rahmen der Atomhypothese kann man zeitliche Abläufe nicht erklären. Die Zeit wird von außen übergestülpt.

Mit der Atomhypothese haben Begriffe wie Unendlich und Nichts (Punktförmig) Eingang in die Physik gefunden. Diese philosophischen Begriffe stehen außerhalb der Logik und sind somit nicht Teil der Wissenschaft.

Materie ohne Information (Geist) ist für uns Menschen nicht vorstellbar. Genauso wenig ist Geist ohne materiellen Bezug für uns Menschen vorstellbar. Somit arbeitet die Atomlehre mit Begriffen, die außerhalb der menschlichen Vorstellung stehen.

Die Atomhypothese löst eine Denksperre aus: Wenn Atome unteilbar und ewig sind, hört man an dieser Stelle auf, weiter zu suchen. Damit endet beim Atom die Wissenschaft.

Die Atomvorstellung ist unwissenschaftlich
Nur Theorien, die vom Ansatz her widerlegbar sind, sind wissenschaftlich. Wendet man die Atomhypothese auf ein bestimmtes Objekt an, wie beispielsweise ein Goldatom, so kann man Aussagen der Atomhypothese prüfen, wie beispielsweise die Aussage, Atome sind punktförmig. (Und feststellen, dass sie nicht punktförmig sind.) So weit, so gut. Jetzt wird die Atomhypothese auf die nächstkleineren Bestandteile, also auf den Kern übertragen und vom Kern auf die Protonen und von den Protonen auf die Quarks. Bei dieser Reihe gibt es prinzipiell kein Ende. Die Atomhypothese ist im Einzelfall durchaus wissenschaftlich, aber im Ganzen gesehen unwiderlegbar und damit unwissenschaftlich. Im Einzelfall wurde sie auf drei Ebenen falsifiziert, und dreimal zeigte sich, dass es sich nicht um Atome, sondern um Systeme im Sinne der Systemtheorie handelt.

Atomvorstellung, Quantenphysik und Magie
In der Magie kann der Geist ohne materielle Ursache eine materielle Wirkung ausüben. Auch nach der Atomhypothese und der auf sie aufbauenden Quantenphysik ist das möglich. Und genau darauf beruhen die philosophischen Probleme der Quantenphysik (Schrödingers Katze, Viele-Geschichten-Hypothese etc.).

Atomvorstellung und Individualität
In der Quantenphysik wird z.B. das Elektron als Atom aufgefasst. Für die Quantenphysik sind Atome Ideen. Alle Elektronen im Universum repräsentieren dieselbe Idee (vergleichbar mit Avataren im Hinduismus). Die Quantenphysik sagt daher: Alle Elektronen im Weltraum sind miteinander identisch. Es handelt sich letztendlich um eine Idee, also auch nur um ein einziges Elektron, das an unterschiedlichen Orten auftritt. Alle Elektronen sind ein Elektron.

Die Systemtheorie hat eine grundlegend andere Vorstellung: Systeme sind Individuen. Jedes System hat seine eigene Geschichte. Kein System gleicht dem anderen bis ins Letzte. Nach der Systemtheorie ist jedes gemessene Elektron ein Elementarsystem, dass den anderen gemessenen Elektronen ähnelt. Es ist aber nicht mit ihnen identisch. Manipulationen an diesem Elektron haben eine andere Wirkung als die Manipulation an anderen Elektronen. (Tulpen ähneln einander, zugleich ist jede Tulpe ein Individuum.)
Im Universalienstreit des Mittelalters ging es um ähnliche Gedankengänge.

3.1.2.1.1   Atom- und Seelenvorstellung

Viele griechische Philosophen nahmen an, dass Geistiges (Idee) unveränderlich und ewig sei, Materielles dagegen veränderlich und vergänglich. Demokrit hat mit seinem Atommodell versucht, beide Ansätze miteinander zu verbinden: Unveränderliche Atome bewegen sich und schaffen so die Bedingungen für die Veränderungen in unserer Welt.

Zarathustra (zwischen dem 11. und 7. Jh. v. Chr.) hat versucht, Veränderliches und Ewiges im Bereich der Religion miteinander in Einklang zu bringen. Die Dynamik entsteht durch den Kampf der guten und bösen kosmischen Mächte gegeneinander. Die Seele jedes Wesens ist unveränderlich und ewig. Bereits bei ihrer Erschaffung entscheidet sie sich für die Seite des Guten oder des Bösen. Im Leben kämpft sie für ihre Seite und nach dem Tode geht sie in das Reich ein, für das sie sich entschieden hat (Himmel oder Hölle).
Diese Lehre ist außerordentlich konsequent: Wenn Seelen unveränderlich sind, dann können sie keine Entwicklung durchlaufen. Aber diese Lehre steht nicht im Einklang mit den Erfahrungen des Alltags. Menschen sind nicht immer gut oder immer böse. Außerdem verändern sie sich im Laufe des Lebens.
(Es gibt unterschiedliche Versionen von Zarathustras Lehren. Einige billigen der menschlichen Seele, wie im Christentum, die Möglichkeit einer Wahl zwischen Gut und Böse zu.)

In der christlichen Vorstellung ist das Leben so etwas wie eine Prüfung für die Seele. Nach dem Tod kommt sie in das Reich, das sie verdient hat. Zentral sind im Christentum die Begriffe Gnade und Umkehr. Diese Begriffe stehen nicht im Einklang mit der Vorstellung einer ewigen, unveränderlichen Seele. Durch die Gnade wird die Seele durch Hilfe von außen gut, bei der Umkehr schafft sie das durch eigene Kraft. Hier bestehen mehr Parallelen zur Systemtheorie als zur Atomhypothese.

Der Glaube an die Seelenwanderung im Hinduismus beruht auf der Vorstellung einer ewigen, unveränderlichen Seele. Im Sanskrit bedeutet Atom soviel wie Seele oder Atem. Die Veränderung ist mit dem Begriff Karma (Sanskrit: Werk, Tat) verbunden. Sie umfasst sowohl den Lebenswillen wie auch die Summe aller (guten und bösen) Handlungen. Das Karma entscheidet darüber, in welcher äußeren, vergänglichen Hülle die Seele wiedergeboren wird (spekulative Ad-hoc-Hypothese, in wesentlichen Punkten ersetzt durch die Vererbungslehre).

Der Buddhismus sieht im Wandel die Ursache für alles Leiden. Daher hat der Buddhismus das Ziel, das Karma, also die Triebkraft für den Wandel, zum Verlöschen zu bringen. Damit wird man wieder Teil der unveränderlichen ewigen Weltseele. (Unverständlich ist, wie es bei einer ewigen, unveränderlichen Weltseele zu Veränderungen, also der Bildung und dem Erhalt des Karmas, kommen kann.)

3.1.3 Die unterste Ebene *

Grundprinzipien:
- Systemtheorie: Systeme bestehen aus Systemen, die aus Systemen bestehen, usw.
- Es gibt keine unendliche Folge von Systemen (infiniter Regress).
- Die einfachsten Systeme besitzen einen Regelkreis und können 1 Bit an Informationen speichern.
- Alle Systeme haben vergleichbare Eigenschaften, auch die auf der untersten Ebene.

Modell:
Auf der untersten Ebene bedingen sich die offenen Systeme wechselseitig: Elementarsysteme.

Anmerkungen:
- In der Systemtheorie ist es möglich, dass zwei Systeme Teil des jeweils anderen sind. So können Vereine wechselseitig Mitglieder des anderen Vereins sein.
(Beispiel: Männergesangsverein, Verein des Frauenchors und Orchesterverein sind jeweils wechselseitig Mitglieder in den beiden anderen Vereinen. Alle drei sind Mitglieder im Verein der freiwilligen Feuerwehr und im Dorferneuerungsverein. Der Dorferneuerungsverein ist Mitglied ...)
Veränderungen in einem Verein haben (mit einer zeitlichen Verzögerung) Auswirkungen auf die anderen Vereine. Neue Mitgliedschaften können eingegangen, bestehende gekündigt werden.
- In der *Quanten*physik werden solche Vorgänge als Resonanz bzw. Verschränkung bezeichnet.
- Bei den *Quanten*-Elementarsystemen ist eine Vielzahl von *Quanten*-Elementarsystemen wechselseitig miteinander verbunden.

Folgerungen:
- Alle Werte eines Systems schwanken und verursachen (raumzeitlich betrachtet) die Welleneigenschaften der Elementarsysteme. Sie sind Grundlage für den Dopplereffekt und die Relativitätstheorie, das Wirkungsquantum und die Unschärferelation, für die elektromagnetischen Wellen und die Gravitationswellen.

- Elementarsysteme zerfallen, neue Elementarsysteme entstehen. Dabei bleiben Informationen wie z.B. Impuls und Drehimpuls erhalten. Diese Informationen befinden sich in den stabilen Teilsystemen des zerfallenen bzw. des neu entstandenen Systems.

Diese Überlegung deutet darauf hin, dass die Grundbausteine unserer Welt (Elektronen, Photonen usw.) keine Atome im Sinne von Demokrit, sondern offene Systeme sind: Elementarsysteme.

Ein Geflecht aus Beziehungen

Es sind Symbiosen, die auf der Basis des Prinzips der Liebe, Materie hervorbringen und erhalten. Im Symbiosemodell besteht die Welt aus einem Geflecht aus Beziehungen: Materie und Raum, Sprache und Gedanken, Organismen und Biotope, um einige zu nennen. Diese Vielfalt hat ihre Wurzeln auf der untersten Ebene. Wenn auf der untersten Ebene Systeme wechselseitig Teil von Systemen sind, so ist "innen" zugleich "außen". Auf dieser Ebene hängt die Bezeichnung für innen und außen vom jeweiligen Standpunkt ab. Das gilt auch für die Begriffe Raum und Materie.
Auf der untersten Ebene gelten die Gesetze der *Quanten*physik. Sie führen die Vielfalt weiter zusammen. Wie weit ist es möglich, die vielfältigen Erscheinungen dieser Welt auf gemeinsame Grundlagen zurückzuführen?

3.2 Wie entstehen Naturgesetze?

Einige Physiker sehen als Grundlage der Welt feststehende wahre, ewige mathematische Gesetze und unveränderliche, ewige Naturgesetze.

Andere Physiker meinen, dass es auf fundamentaler Ebene keine Gesetze gibt. Die Naturgesetze sind beim Urknall aus dem Chaos hervorgegangen und haben sich seitdem nicht verändert.

3.2.1 Prinzipienbasierter Ansatz *

Prinzip der Wahrhaftigkeit
Nach dem Prinzip der Wissenschaft müssen Naturgesetze sich fortwährend bewähren, und zwar in der Praxis. Die Naturgesetze erhalten ihre Eigenschaften auf der Grundlage von Prinzipien durch andauernde Wechselwirkungen von Systemen in einem evolutionären Prozess. Die uns bekannten Naturgesetze haben diese Prüfung bestanden und folgen wichtigen Prinzipien. Ihre Gültigkeit muss aber auch weiterhin wieder und wieder bestätigt werden. (Weil heute vermutlich die gleichen Zustände herrschen, wie vor einigen Milliarden Jahren, gelten vermutlich auch die gleichen Gesetze.)

Naturgesetze entwickeln sich nach dem Mechanismus der Wissenschaften auf der Grundlage des Prinzips der Wahrhaftigkeit. Dieser Mechanismus bringt Naturgesetze, Informationen und Informationsinhalte, Materie (Substanz) und Energie hervor. In der Alltagssprache lautet er:

Freiheit der Wahl - Bewährung in der Praxis - Weitergabe von Erfahrungen

Der Mechanismus der Wissenschaften selektiert an zwei Stellen: Bei Bewährung in der Praxis und bei der Weitergabe von Erfahrungen.

Liebe
In beiden Fällen spielt das Prinzip der Liebe eine zentrale Rolle. Die Elternliebe bei der Weitergabe von Erfahrungen und die Freundschaft bei der Bewährung in der Praxis.
- Es ist die "Elternliebe", die die Substanz hervorbringt, aus der wir bestehen.
- Sie bringt sie aber nicht aus dem "Nichts" hervor, sondern aus einem Zustand, der von "Freundschaft" geprägt ist.

Materie
Dieser Zustand wird nach Aristoteles (384-322 v. Chr.) Materie genannt. In der *Quanten*physik heißt er Wellenfunktion.

Für Aristoteles war die Materie das Ungeformte. Sie ist gestaltlos, unbegrenzt und besitzt keine Eigenschaften. Sie ist nicht wahrnehmbar und kann nur über Schlussfolgerungen erfasst werden. Interessanterweise trifft das, was Aristoteles postuliert hatte, für die Wellenfunktion der *Quanten*physik und die damit verbundenen *Quanten*informationen zu. Die Wellenfunktion tritt nur in den Modellen der *Quanten*physik auf. Sie besitzt keine Eigenschaften, die beobachtet oder gemessen werden können. Nur in Modellen können ihr Gesetzmäßigkeiten zugeschrieben werden.

Für Aristoteles ist die Materie der Urstoff, die Ursache für alles Zufällige. In der *Quanten*physik finden wir echten Zufall.
Die Materie beinhaltet für Aristoteles die Möglichkeit, alles (oder eher vieles?) zu erschaffen (Urelement).

Prinzip des Wandels

Eine Voraussetzung ist erforderlich, dass Naturgesetze, Informationen und Informationsinhalte, Materie und Energie entstehen können: Wandel ist möglich!

Da weitere Voraussetzungen nicht mehr als gegeben angesehen werden müssen, vereinfacht dies das wissenschaftliche und philosophische Weltbild erheblich (Ockhams Rasiermesser).

Wenn die Grundlage unserer Welt der Wandel (gr. kínēsis) ist, dann erzeugt der Wandel die Ruhe (gr. stasis).

Der Evolutionsprozess beruht auf der Möglichkeit des Wandels. Der Evolutionsmechanismus ergibt sich direkt daraus und sorgt dafür, dass sich vergleichsweise stabile, komplexe Strukturen herausbilden:

- Objekte können sich verändern: Mutation

- Die Eigenschaften eines Objekts können seine Stabilität beeinflussen: Selektion

Im Wechselspiel von Mutation und Selektion reichern sich langlebige Objekte an. (Eisen*atome* sollen ungestört eine Lebensdauer von ca. 10 hoch 10 hoch 26 Jahre besitzen.)

Wirkung und das Prinzip der Wissenschaft

Man stelle sich vor, im Zimmer wäre ein schrankgroßer Gegenstand, der mit uns und der uns bekannten Materie keine Wechselwirkungen eingeht. Wir könnten einfach durch ihn hindurchgehen, ja es wäre für uns so, als würde der Körper nicht existieren. (Aussagen darüber, ob es diesen Körper gibt oder nicht gibt, sind nicht wissenschaftlich.)

Und wenn jener Körper mit der uns bekannten Materie Wechselwirkungen eingínge, wir diese aber weder messen noch wahrnehmen würden, können wir keine wissenschaftlichen Aussagen darüber machen, ob es ihn gibt oder nicht. (Vor dem Nachweis des Neutrons hat es zwar begründete Theorien gegeben, dass es existiere, aber bis Messinstrumente für Neutronen entwickelt wurden, war das nicht mehr als eine gut begründete Vermutung.)

Prinzip der Liebe (Freundschaft) - Prinzip der Harmonie

In der materiellen Welt sind nach Heraklit von Ephesus (600 - 540 v. Chr.) Veränderungen möglich: Jeweils entgegengesetzte, gleichwertige Kräfte ringen miteinander. Mal setzt sich die eine durch, mal die andere.

(Die Wirkung einer einzelnen Kraft würde alles zerstören, auf das sie einwirkt, und bei unterschiedlich starken Kräften könnte die starke die schwache auslöschen. Da alle Stoffe, die den ungebremsten Kräften gehorchen, zerstört würden, hätten diese Kräfte keinen Einfluss auf die (übriggebliebene) Materie, aus der das Universum besteht.)

In einer Symbiose von gleichwertigen Kräften besteht ein Wechselspiel der Kräfte, bei dem mal mehr die eine und mal mehr die andere zur Wirkung kommt. (Prinzip der Freundschaft - Prinzip der Harmonie). Physikalisch wird dieser Zustand als Schwingung bezeichnet. Diese Schwingungen sind Ausdruck der einander begrenzenden Kräfte innerhalb von *Quanten*-Elementarsystemen.

- Nur Objekte, in denen ein Gleichgewicht der Kräfte besteht, sind stabil. (Prinzip der Gleichheit vor dem Gesetz.)

Die Systemtheorie beschäftigt sich mit den Wechselwirkungen der beteiligten Kräfte, deren Gesetzmäßigkeiten und Dynamik. In sich selbst regulierenden Systemen halten die wirksamen Kräfte einander im Gleichgewicht. So geartete Systeme sind als Ganzes in sich stabil. (Von der Dynamik zur Statik.)

Die Welt der Möglichkeiten

Die Materie kann nicht beobachtet werden und unser Wissen darüber beruht auf den Beobachtungen der Eigenschaften der Substanz, die sie hervorbringt. Als Materie wird hier der Teilbereich der "Welt der Möglichkeiten" bezeichnet, der unsere Substanz hervorgebracht hat. Dieser Teilbereich folgt Prinzipien und Gesetzen.

Eigenschaften von Materie und Substanz

Materie und Substanz haben die gleichen Grundeigenschaften. Wenn Materie zu einem Teil einer symbiotischen Beziehung wird, spricht man von Substanz. Mit anderen Worten, Substanz ist Materie, die Teil einer Beziehung ist, Substanz ist symbiotische Materie.

In einer Beziehung wirken die Partner aufeinander ein, in einer symbiotischen Partnerschaft stabilisieren sie einander. Physikalische Wirkung, Wahrnehmbarkeit und Stabilität sind die Eigenschaften, die Substanz von Materie unterscheiden. Mit anderen Worten, es sind die Beziehungen, die Substanz von Materie unterscheiden.

Substanz, Energie, Information, Gesetz, Logik, Raum und Zeit werden auf dieser Stufe gemeinsam im Rahmen einer Symbiose von der Materie (*Quanten*information) hervorgebracht.

*Quanten*informationen unterscheiden sich in mehreren Punkten von den alltäglichen Informationen:

Tabelle 21 Materie und Substanz

*Quanten*information (Materie)	Information (Substanz)
*Quanten*informationen als Speicher für Fourier - Paare. (Aus ihnen lassen sich Wahrscheinlichkeiten berechnen.)	Information als Speicher für die "Ordnung" von Wirkungen. (Protropie = negative Entropie)
Kann nicht beobachtet oder gemessen werden. (Kann nur über Schlussfolgerungen erfasst werden.)	Kann beobachtet oder gemessen werden. (Körperlichkeit)
Ununterscheidbarkeit (Abstraktion / Identität)	Unterscheidbarkeit (Individuum / Kernidentität)
Symmetrische Naturgesetze (auch in Bezug auf die Zeit)	Verbindung von symmetrischen Naturgesetzen und unsymmetrischen Ausgangsbedingungen
Folgt nicht den Gesetzen der Relativitätstheorie.	Folgt den Gesetzen der Relativitätstheorie (Lichtgeschwindigkeit als Grenzgeschwindigkeit)
Ist nicht kopierbar.	Ist kopierbar.
Die *Quanten*informationen wirken direkt. Sie erzeugen und zerstören Informationen. Dieser Vorgang findet tatsächlich statt. Der originäre Vorgang ist nicht kopierbar.	Die kopierbaren Informationen wirken indirekt. Sie sind (so wie Spiegel, Filter, Blenden ...) in der Lage, *Quanten*informationen zu verändern. Vergleichbare Aufbauten haben eine vergleichbare Wirkung. (Ursache für Kopierbarkeit.)
Realer Wandel	Induzierter Wandel

*Quanten*information (Materie)	Information (Substanz)
wirkende Dynamik (sich selbst begrenzend)	messbare Dynamik und Statik (gespeicherte Information = Substanz)
wirkende Zeit (Gegenwart ohne Bezug zu Vergangenheit und Zukunft*) (*"Gegenwart" bezeichnet hier einen Zeitraum mit unscharfer Begrenzung.) Unsere alltägliche Zeit entsteht nicht aus der Zeitlosigkeit.	messbare Zeit (Massenphänomen: Gespeicherte Informationen knüpfen eine sinnvolle Beziehung zwischen früher, gleichzeitig, später. Ereignisse, die nicht gleichzeitig stattfinden, werden miteinander verbunden.)
	Zeitpfeil (Prinzip der Elternliebe: Eltern geben ihre Erfahrungen an ihre Kinder weiter. Dieses Prinzip ist, wie auch das Prinzip der Wissenschaften, asymmetrisch in der Zeit. Es ermöglicht Lernen.)
	fließende Zeit (Dynamik + messbare Zeit + Zeitpfeil: Eine Uhr als Maß für eine andere Uhr.)
wirkender Raum ("Hier" ohne Bezug zu einem "Dort"*) (*"Hier" bezeichnet hier einen Raumbereich mit unscharfer Begrenzung.) Unser alltäglicher Raum entsteht nicht aus einem dimensionslosen Punkt.	messbarer Raum (Massenphänomen: Gespeicherte Informationen entsprechen definierten Beziehungen zwischen den einzelnen Objekten (Resonanzraum) und dienen als Maß und als Bezugspunkte.) - Ein leerer Raum ist kein Raum ohne Ideen, sondern ein Raum ohne Beziehungen.
wirkende Materie (Einheit von gegensätzlichen Kräften ohne Bezug zu anderen Kräften*) (*"Kräfte" bezeichnet hier einen Wirkungsbereich mit unscharfer Begrenzung.)	messbare Substanz (Die Wirkung der gespeicherten Information dient als Maß für die Wirkung anderer Kräfte.)
wirkende Mechanismen (Nur Mechanismen, die Prinzipien folgen besitzen eine Wirkung.)	gültige Naturgesetze (nur Substanzen / Informationen, die Gesetzen unterliegen, sind stabil.)
Prädikatenlogik erster Ordnung.	Prädikatenlogik höherer Ordnung. Logische Schleifen, innere Widersprüche.
*Quanten*informationen (Materie) können Symbiosen eingehen und so Informationen (Substanzen) hervorbringen.	messbare Informationen (Substanzen) können letztlich deshalb etwas bewirken, weil sie auf die *Quanten*informationen (Materie) einwirken und sie verändern.
Auf der Ebene der *Quanten*informationen muss stets das Gleichgewicht der sich begrenzenden Kräfte bewahrt bleiben: *Quanten*informationen übertragen Erhaltungssätze.	Auf der Ebene der Informationen muss stets die Stabilität bewahrt bleiben: Informationen übertragen Erfahrungen.
Die Materie hat die Eigenschaft eines Funktionsmodells der Prinzipien der Natur.	Die Substanz hat die Eigenschaft eines Funktionsmodells der Materie. (Alle Systeme sind Modelle ihrer Umgebung.)
Materie: Die miteinander ringenden, gleichwertigen Kräfte werden in der Systemtheorie als *Quanten*-Elementarsystemen betrachtet.	Substanz: Kopierbare Informationsträger werden in der Systemtheorie als Elementarsystem betrachtet.
Informationen besitzen eine Eigen-Wirkung: Informationsspeicher (Substanzen) besitzen deshalb die Eigenschaft einer gewissen Dauerhaftigkeit, weil sie in der Lage sind, Einfluss darauf zu nehmen, dass sich in ihnen die entstehenden und vergehenden Informationen die Waage halten. Dies geschieht durch das Erzeugen eines Resonanzraumes. In ihm bringen die *Quanten*informationen an den richtigen Stellen Informationen (Substanzen) hervor, die wiederum als Resonanzkörper dienen. (Ad-hoc-Hypothese)	
Elementarsysteme bestehen aus Informationen und *Quanten*informationen.	

Experimente

Versuch 1:

Licht wird durch einen Strahlungsteiler geleitet, der rechts senkrecht und links waagerecht polarisiertes Licht durchlässt. Links durchläuft das Licht einen Filter, der die Polarisation um 90° dreht. Dann werden beide Strahlen, die nun die gleiche Polarisation besitzen, miteinander vereinigt und dann durch einen weiteren Filter gelenkt, der die Polarisation wunschgemäß dreht.

Ergebnis: Jedes einzelne Photon des Lichtstrahls besitzt die gewünschte Polarisation.

Fazit: Informationen legen *Quanten*informationen fest.

Annahme: Grundlegende Vorgänge der Physik basieren stets auf einem einzigen Grundmechanismus.

Folgerung: Die *Quanten*informationen werden stets von Informationen festgelegt.

Erweiterung: Durch Veränderung des Versuchaufbaus ist es möglich, die Polarisation der *Quanten*informationen beliebig genau festzulegen oder im Schwebezustand zu belassen. Dann können weitere Aufbauten die Festlegung vornehmen.

Versuch 2:

Licht gelangt auf Fotopapier.

Ergebnis: Ein Bild entsteht.

Fazit: *Quanten*informationen (Licht) erzeugen Informationen (Bild).

Versuch 3:

Zwei Spiegel werden parallel zueinander aufgestellt.

Ergebnis: Die Spiegel werden zusammengedrückt. (Casimirkraft)

Fazit 1: Die Spiegel wirken als Resonanzkörper.

Vermutung 1: Auch spontane Elementarsysteme (virtuelle Teilchen) können als Resonanzkörper wirken.

Fazit 2: Am Spiegel findet eine messbare Wirkung statt.

Vermutung 2: Die Resonanzkörper steuern die Informationsentstehung.

Logik und Resonanz

In der Logik können zwei voneinander unabhängige Annahmen kombiniert werden (Symbiose / Resonanz). Es entsteht eine neue Information. Diese Information steht zwischen den beiden Annahmen, also räumlich betrachtet im Zwischenraum.

Handelt es sich um zwei statische Annahmen, so ergibt sich genau eine mögliche Folgerung. Handelt es sich um zwei veränderliche, dynamische Annahmen, so ergeben sich viele Kombinationsmöglichkeiten, die abhängig von der Dynamik, unterschiedlich wahrscheinlich sind. Eine von ihnen kann verwirklicht werden.

Burdians Esel - Burdians Huhn:

Bei Messungen in der *Quanten*physik gibt es Messungen, bei denen die Messergebnisse eindeutig festliegen. Bei anderen Messungen ergeben sich lediglich Wahrscheinlichkeiten, mit denen ein Ereignis eintritt. Welches der möglichen Ereignissen eintritt, hängt vom Zufall ab. Die Grundgleichung der *Quanten*physik, die Schroedingergleichung, ist symmetrisch und hilft deshalb nicht weiter. Der Symmetriebruch muss von außen kommen.

In der Philosophie wird das Problem Burdians Esel genannt: Ein Esel, der in der Mitte zwischen zwei gleichgroßen Heuhaufen steht, verhungert, weil er sich nicht entscheiden kann, wohin er gehen soll. Im folgenden Gedankenmodell ersetzen wir den Esel durch ein Huhn und die Heuhaufen durch Getreidekörner. Während der Esel unbeweglich dasteht, schwingt der Kopf des Huhns ständig von einer Seite zur anderen. Während der Esel unsymmetrische Haufen benötigt, um eine Wahl zu treffen, reichen für das Huhn symmetrische Haufen aus. Das Huhn ist in der Lage, sich für einen Haufen zu entscheiden, denn sobald der Kopf zur Seite schwingt, ist ein Haufen näher und damit attraktiver.

Der Esel steht in diesem Modell für Atome, das Huhn für dynamische Systeme. Zwei Systeme können wechselseitig einen Symmetriebruch auslösen, zwei Atome dagegen nicht. (Der Keim der Asymmetrie des Universums findet sich somit bereits in der symmetrischen Schroedingergleichung, denn sie beschreibt einen dynamischen Vorgang.)

Eine phasenweise auftretende Asymmetrie kann Wechselwirkungen auslösen, die zu einer sich selbst stabilisierenden Symbiose führen und so den Symmetriebruch aufrechterhalten.

Auch der materielle Resonanzkörper erzeugt einen Symmetriebruch, und zwar grundsätzlich bei jedem *Quanten*ereignis.

Anmerkung: Der Symmetriebruch kommt aus Sicht des Huhns (der *Quanten*funktion) von außen, aber in Bezug auf den Stall (das Labors / das Universums) mit den beiden Körnerhaufen von innen.

Prinzip der Liebe (Elternliebe)

Im Wechselspiel von Mutation und Selektion reichern sich langlebige Objekte an. Die auf dem Prinzip der Elternliebe beruhende Weitergabe von Erfahrungen prägt die Eigenschaften der Objekte. Diese besitzen die Eigenschaften einer Information: Sie haben eine Wirkung, können sich vermehren und unterliegen Gesetzen.

Der Mechanismus der Wissenschaften lautet in den Worten der *Quanten*physik:
Zufall - Resonanz - kopierbare Information

Erläuterung:
- Informationen besitzen eine Fremd-Wirkung: Informationsspeicher (Substanzen) können andere Informationsspeicher (Substanzen) verändern (Wirkung). Dabei kann es vorkommen, dass ein Informationsspeicher einen anderen Informationsspeicher so verändert, dass er ihm selbst gleicht. Mit anderen Worten, der Informationsinhalt kann von einem Informationsspeicher auf einen anderen kopiert werden.
- Wie ein Informationsspeicher einen anderen ändert, kann nach Regeln erfolgen. Dies sichert, anders als der Zufall, die Stabilität. Der Mechanismus der Evolution ist geeignet, Materie und Gesetze hervorzubringen.

Der Mechanismus selektiert bei der Weitergabe von Erfahrungen und bringt kopierbare Informationen hervor. Erfahrungen, die nicht weitergegeben werden, verschwinden mit dem Zerfall des Trägers. (Vermehrung = Lehren und Lernen)

- Von Dauer sind nur Objekte, die Gesetzmäßigkeiten folgen.
- Von Dauer sind nur Objekte, die dem Prinzip der Liebe folgen.

Definition: Basis jeglichen Lebens ist das Prinzip der Liebe. Leben ist da, wo dieses Prinzip herrscht (Symbiose).
Nach dieser Definition "leben" auch Elementarsysteme wie Elektronen, denn sie entstehen im Rahmen einer Symbiose.

Prinzip des Rechts

- Die Art, wie ein Objekt ein anderes ändert, kann nach Regeln erfolgen. (Naturgesetze)

Anmerkungen:
- Nur regelhafte Veränderungen gewährleisten bei Wiederholungen die Stabilität. Der Evolutionsmechanismus bringt aus dem Chaos die Ordnung hervor.
- Regeln, die für Stabilität des Objekts sorgen, bleiben erhalten.
- Der Zufall hat hier die gleiche Bedeutung, wie der Zufall in wissenschaftlichen Experimenten.
- Naturgesetze entstehen lokal. Wir erleben sie in Folge eines Masseneffekts (vergleichbar mit der Temperatur).
- Naturgesetze und Naturkonstanten müssen ständig im evolutionären Prozess bestätigt werden.
- Es ist erklärbar, weshalb Naturgesetze bestimmte Eigenschaften besitzen (Logik, Mathematik, Symmetrie, Erhaltungssätze).

- Man kann den Evolutionsprozess als wissenschaftlichen Erkenntnis- und Innovationsprozess auffassen.
- Elementarsysteme besitzen die Eigenschaften von Funktionsmodellen ihrer Umgebung.
- Bei verschränkten *Quanten*-Elementarsystemen hängen weit entfernte Ereignisse voneinander ab. In der makroskopischen Physik gleichen die Gesetze der Statistik Wirkungen weit entfernter Ereignisse aus, so dass lokale Ereignisse die Wirkung bestimmen. (Schwaches Kausalitätsprinzip)
- Aus Computerspielen wissen wir, dass Ereignisse, die auf verschiedenen Stellen des Bildschirms abgebildet werden, im Computer am gleichen Ort berechnet werden.
- Universumsmodelle, in denen alle Vorgänge (nahezu) an einem Ort ablaufen, sind denkbar. (Computer, Traumzeit, Weltgeist)

Die unterste Ebene

Systeme können sich zusammenschließen und ein gemeinsames System bilden. Die Wechselwirkungen der untergeordneten Systeme bilden die inneren Eigenschaften des übergeordneten Systems. Die äußeren Vorgänge entsprechen den inneren Vorgängen des übergeordneten Systems. Die einfachsten Systeme, die wir beobachten können, sind die Elementarsysteme. Die Bestandteile der Elementarsysteme können nicht beobachtet werden und werden *Quanten*-Elementarsysteme genannt.

Auf der untersten Ebene bestehen *Quanten*-Elementarsysteme wechselseitig aus *Quanten*-Elementarsystemen. Eine Beschreibung der Wechselwirkungen der *Quanten*-Elementarsysteme erklärt zugleich die inneren Eigenschaften eines *Quanten*-Elementarsystems.

(Vereinsmodell: Vereine können wechselseitig Mitglied bei anderen Vereinen sein. Mehrere Vereine können sich zusammenschließen und einen neuen Verein gründen. Vereine können sich in zwei Vereine aufspalten.)

Da es sich hier um einen spiralförmigen Vorgang handelt, ist die Zeit zu berücksichtigen.

Zusammenfassung

Der Evolutionsmechanismus beruht auf der Möglichkeit des Wandels. Er ist nicht aufgesetzt, sondern ergibt sich und sorgt dafür, dass sich vergleichsweise stabile, komplexe Strukturen herausbilden.

1.: Im Wechselspiel von Mutation und Selektion reichern sich langlebige Objekte an. Ihre Stabilität erfordert (Selektion!) ein Wechselspiel von gleichwertigen Kräften.
2.: Damit es zu einer Weitergabe von Erfahrungen kommen kann, müssen (Selektion!) die Objekte die Eigenschaft besitzen, die eigenen Informationen an einen Partner weiterreichen zu können (Resonanz).
In beiden Fällen ist das Einhalten von Regeln für die Stabilität erforderlich (Selektion!).

- Das Prinzip der Wissenschaften ist in der Praxis angewandte Wahrhaftigkeit.
- Die Evolution kann als wissenschaftlicher Erkenntnis- und Innovationsprozess aufgefasst werden.
- Der Zufall tritt dabei weit in den Hintergrund. Er hat hier etwa die gleiche Bedeutung wie der Zufall in den Versuchsreihen der Wissenschaftler. Auf lange Sicht setzen sich Prinzipien durch.
- Die Evolution hat eine Richtung hin zu mehr Wissen (Modelle) und besserer Technik (Innovationen).
- Innovationen sind beispielsweise das Elektron, das Kohlenstoffatom, das Wassermolekül. Dazu gehören aber technische Details wie "Stabilität durch Symmetriebruch".
- Entsteht etwas Neues, so entstehen auch neue Naturgesetze.
- Evolution ist ein andauernder Prozess.
- Naturgesetze unterliegen den Regeln der Geschichtlichkeit.

Des Kaisers neue Kleider

"Wer meint, die Quantenphysik verstanden zu haben, der hat sie nicht verstanden." Solche Aussagen aus dem Munde bedeutender Physiker erzeugen Denkhemmungen und widersprechen dem Gedanken der Wissenschaft.

Tabelle 22 *Quanten*physik

(Angebliche) Seltsamkeiten der *Quanten*physik	Kommentar
Wellen - Teilchen (Atom) - Dualismus?	Weg damit! Zwei ungeeignete Modelle werden verknüpft.
Der Impuls wird nur paketweise abgegeben.	Ja! Typisch für Systeme. Es gibt weder halbe Systeme noch halbe Elefanten.
Rechnungen der *Quanten*physik beruhen auf Schwingungen.	Ja! Typisch für Systeme, die miteinander in Wechselwirkung stehen. Ihre Eigenschaften schwanken wie Schwingungen.
Es tritt Zufall auf.	Ja! Das vereinfacht unser Weltbild erheblich. (Ockhams Rasiermesser)
Die Rechnungen der *Quanten*physik enthalten eine Mischung aus Regeln und Zufall.	Ja! Typisch für Systeme. Ihre Regeln legen die eigenen Reaktionsmöglichkeiten fest. (Freiheitsgrade)
*Quanten*information / Materie	Ja! Für Aristoteles war die Materie das Ungeformte. Sie ist gestaltlos, unbegrenzt und besitzt keine Eigenschaften. Sie ist nicht wahrnehmbar und kann nur über Schlussfolgerungen erfasst werden.
Ununterscheidbarkeit der *Quanten*?	Ja! Ununterscheidbarkeit ist eine typische Eigenschaft von Abstraktionen. *Quanten* sind abstrakte Objekte, die man nicht mit beobachteten materiellen Objekten gleichsetzen kann.
*Quanten*informationen unterliegen nicht der Lichtgeschwindigkeit als Grenzgeschwindigkeit.	Ja! Auch "Lichtgeschwindigkeit" ist eine Eigenschaft.
Punktförmige Photonen?	Nein! Nur in manchen Modellen. (Unsere Erde wird in Modellen als Massepunkt dargestellt und ist nicht punktförmig.)
Ewige Atome?	Nein! Die *Quanten*mechanik beschreibt die Vorgänge, in der Informationen (Informationsspeicher und Informationsinhalt) entstehen, sich verändern oder vergehen.
Realität?	Ja! Definition: "Was liebt, ist real." *Quanten*information: Freundesliebe Information: Elternliebe
Der Beobachter verändert die Messung. (Das Messgerät verändert die Messung.)	Ja! Genau dies ermöglicht eine wechselseitige Einwirkung. Das ist überhaupt der Grund dafür, dass wir etwas bewirken können.
Der Beobachter verändert die Messung.	Korrekt. Aber meine Bedeutung als Beobachter ist, bezogen auf das Universum, verschwindend gering.
Messungen haben eine Wirkung rückwirkend in der Zeit.	Nein! Messungen haben keine Wirkung rückwirkend in der Zeit. Die zweite Messung ändert nicht das Ergebnis der ersten Messung. Die zweite Messung erlaubt es uns lediglich, die vorliegenden Messergebnisse der ersten Messung anders zu interpretieren.
Doppelspaltversuch und Logik?	Ja! Beim Doppelspaltversuch gelangt jeweils eine Vielzahl von spontanen Elementarsystemen durch jeden Spalt. Auf dem Fotopapier bilden sie gemeinsam das Photon (s. Vereinsmodell).
Sind *Quanten*physik und Relativitätstheorie miteinander vereinbar?	Ja! Dem Entstehen und Vergehen von Informationen (Substanzen / Massen) entspricht in der Relativitätstheorie ein lokaler Wechsel des Bezugsystems. (Deutbar als Raumdehnung oder Beschleunigung / Kreisbeschleunigung).

(Angebliche) Seltsamkeiten der *Quantenphysik*	Kommentar
Eigenschaften wie Impuls und Ort bilden eine Einheit.	Ja! Denn Impuls und Raum können aufeinander einwirken. (s. Heraklit)
Superposition	Ja! Vielfalt (biologisch Variation) ist der Ausgangspunkt für den evolutionären Auswahlprozess.
Verschränkung (von zwei Objekten)	Ja! Kommunizierende Systeme bilden eine Einheit. Verbandlungen zerstören die vorhandene Information nicht, sondern verschlüsseln sie und zwar mit Zufallszahlen. Dabei verliert die Information auch ihre Wirkung. Diese Information wird dekodiert, wenn die beiden verschränkten *Quanten* wieder in einem zweiten Strahlenteiler vereinigt werden.

3.2.1.1.1 Molekül-Modelle

Modelle ermöglichen es uns, Zusammenhänge zu verstehen und erfolgreich zu handeln. Deshalb werden für die Arbeit der Chemie verschiedene Modelle von Molekülen und chemischen *Atomen* benutzt. Welche Modelle eignen sich nun für Unterricht und Lehre?

Ein guter Ausgangspunkt ist die eigene Anschauung. So helfen Bilder vom Graphenmolekülen, Pentacenmolekülen oder von Gold*atomen*, die mit dem Rastertunnelmikroskop aufgenommen wurden, eine Vorstellung aufzubauen, die in unser alltägliches (makroskopisches) Weltbild passt. Man kann erkennen, dass Gold*atome* eine Ausdehnung besitzen und nicht punktförmig sind wie die Atome der griechischen Philosophie. Bei den Pentacenmolekülen kann man erkennen, dass die Kohlenstoff*atome* verformbar sind, ineinander übergehen und so eine Verbindung, eine Gemeinschaft eingehen.

Hochauflösende Aufnahmen bestehen aus kleinen Punkten. Diese Punktbilder ermöglichen eine Modellvorstellung zu entwickeln, die zwischen *Quanten*ebene und materieller Ebene liegt. Die Bildhelligkeit der Punktbilder ist ein Modell der quantenmechanischen Wahrscheinlichkeiten. Die Punkte entstehen durch die Überlagerung einer Vielzahl von Messungen der Elektronen und zeigen, wo sie sich materialisiert haben, um gleich darauf wieder in den *Quanten*zustand überzugehen, um daraufhin an einem anderen Ort aufzutauchen (vergl. Orbitalmodelle, s.u. Knochenwachstumsmodell). Abstrakte Modelle, wie die Modelle der Systemtheorie sind geeignet, ein tiefer gehendes Verständnis aufzubauen.

Das Bohr´sche *Atom*modell eignet sich gut dafür, die Grenzen der makroskopischen Modelle für die *Quanten*physik aufzuzeigen.
- Makroskopische Körper, die aus vielen Bestandteilen bestehen, besitzen eine lange Lebensdauer, eine messbare Geschwindigkeit und einen berechenbaren Aufenthaltsort.
Für Elementarsysteme wie Elektronen trifft dies nicht zu:
- Einzelne Elektronen bewegen sich nicht mit Lichtgeschwindigkeit um den Kern, sondern tauchen, unabhängig von Entfernung und Zeit, an Orten auf, die von den Gesetzen der Quantenphysik bestimmt werden. (Dies kann "schneller" sein, als eine Bewegung mit Lichtgeschwindigkeit von Ausgangs- zu Zielpunkt.) Im Durchschnitt bewegen sie sich mit Lichtgeschwindigkeit (Gruppengeschwindigkeit).
- Den Ort, wo sie auftauchen, zeigen die Bilder des Rastertunnelmikroskops und verdeutlichen die Orbitalmodelle.
- Das Auftauchen und Verschwinden der Elektronen unterliegt Regeln: Immer wenn sie beobachtet oder gemessen werden, sind sie kurzzeitig vorhanden.

Wenden wir uns nun makroskopischen Körpern zu.

3.2.2   Bewegung und Wandel *

Wenn eine Billardkugel auf dem Tisch rollt, meinen wir, dass dann die identische Kugel an einem anderen Ort liegt. Dies vermuten wir auch bei dem Stoff einer Gardine, die sich im Wind bewegt. Nach der Atomtheorie liegen identische Atome an einem anderen Ort. Aber ist dies wirklich so?

Prinzip der Einfachheit (Ockhams Rasiermesser)
Nach dem Prinzip der Einfachheit (Ockhams Rasiermesser) laufen grundlegende Vorgänge nur nach einem einzigen Mechanismus ab. Bei der Bewegung sind dies vermutlich die Vorgänge der *Quanten*physik. Sie kann die Materie an einem Orten zerfallen und an einem anderen Ort entstehen lassen ("beamen"). Es ist nicht erforderlich, zusätzlich Bewegungen von materiellen Teilchen anzunehmen.

Wachstumsmodell*:
Knochen wachsen, indem gleichzeitig der vorhandene Knochen aufgelöst und neuer Knochen gebildet wird. Dadurch kann er auch neue Formen bekommen.

Vermutung:
Die einzelnen Fäden einer Gardine werden auf der Ebene der Elementarsysteme ständig gebildet und aufgelöst. Wenn eine Gardine sich im Wind bewegt und verformt, so bilden die Elementarsysteme sich an einem anderen Ort. Dadurch kann die Gardine neue Formen bekommen.

Beschreibung:
Wenn sich eine Gardine im Wind bewegt, so meinen wir, dass die Teile sich bewegen und dass sich dann die identischen Teile an einem anderen Ort befinden. Möglicherweise ist es anders: Es findet ein ständiger Auf- und Abbau der Gardinensubstanz statt.
Solange die Gardine sich nicht bewegt, entsteht unter Einfluss der umgebenden Substanzen (Informationen) etwa an der Stelle, an der grade eben die Substanz vergangen ist, neue Substanz mit gleichartigen Eigenschaften.
Von außen einwirkende Informationen ("Kraftteilchen" genannt) verschieben den Ort der Neuentstehung. Dann wird die Gardine an einem neuen Ort wiederaufgebaut. (Siehe körperliche Kontinuität eines Lebewesens.) Beide Objekte sind nicht vollkommen identisch, aber sie gleichen sich so stark in ihren Eigenschaften, dass man von einer Kernidentität sprechen kann.

Ein Knochen besteht aus festem Kalk. Wenn sich der Knochen an einer Stelle auflöst, geht der Kalk in Lösung. Der Kalk ist immer noch vorhanden, kann aber seine Lage verändern und wird an anderer Stelle dazu verwendet, den Knochen aufzubauen. Dazu wird der gelöste Kalk wieder in festen Kalk umgewandelt.

Analog dazu in der *Quanten*physik: Wenn Informationen gelöscht werden, treten wieder die typischen Eigenschaften der *Quanten*informationen in den Vordergrund. Sie können an einem anderen Ort Informationen hervorbringen. (Siehe "beamen", siehe Achilles´ Schildkröte.)

Im Knochen bildet sich an Orten, an denen hoher Druck herrscht, neue Knochenmasse. Das Knochenwachstum wird vermutlich auf einfache Weise reguliert: Die Anzahl der Druckereignisse wird ständig gezählt und addiert. Ein Zeitzähler (Uhr) subtrahiert regelmäßig einen festliegenden Wert. Überschreitet die Summe einen Grenzwert, so wird neue Knochensubstanz gebildet.
Um das Knochenwachstum in eine gewünschte Richtung zu dirigieren, braucht ein anderes Organ lediglich den Zähler zu verändern. (Dies ist der Grund für die Wirksamkeit von Sprache, denn sie kann den Zähler verändern.) Chemische Substanzen, Hormone genannt, übernehmen diese Aufgabe: Hormonsprache.

*Quanten*informationen erschaffen Substanz. Wie und wo dies geschieht, wird von der vorhandenen Substanz / Information festgelegt. Benötigt wird ein Ereigniszähler, der auf Kontakte (Symbiosen) reagiert. Äußere Einflüsse (Wind) können darauf Einfluss nehmen. Die Impulse der Luftmoleküle besitzen in diesem Modell die Eigenschaften einer Sprache, die den Zählerstand beeinflusst. Damit dieser Vorgang geregelt ablaufen kann, arbeiten die Elementarsysteme wie ein *Quanten*computer.

Quantencomputer

- Benötigen kaum (keine?) Energie
- Software <=> Hardware, beides wandelbar
- Komplexe Probleme sind lösbar
- Schnelligkeit
- Lösung schwer zu finden
- Zufall
    - Erzeugt verschiedene Variationen
    - Nicht deterministisch

Seine volle Leistungsfähigkeit erreicht er aber erst in Kombination mit dem Evolutionsmechanismus.
- Das evolutionäre Ergebnis muss nicht die beste Lösung sein, sondern lediglich ein ausreichend gutes Ergebnis liefern:

    - Kann mit unvollständigen und fehlerhaften Daten umgehen.
    - Umgeht den Gödelschen Unvollständigkeitssatz.

    - Abschätzungen können Rechnungen ersetzen.
    - Umgeht das Halteproblem der Turingmaschine.

    - Verbindet Ethik und Logik über einen parallelen Mechanismus.
    - Umgeht den naturalistischen Fehlschluss (Ableitung von Ethik aus der Logik).

Anmerkung 1:
- Der Evolutionsprozess prüft die Stabilität von Systemen. Die Stabilität eines Systems hängt sowohl von logischem wie auch von ethischem Verhalten im Einzelfall ab. Wir finden hier somit eine Parallelität der Entwicklungen. (Zu bedenken ist, dass im Einzelfall die evolutionären Anforderungen an die Logik wie auch an die Ethik sehr gering sein können. Über lange Zeiträume betrachtet, findet man aber eine Entwicklung in diese Richtung.)

Anmerkung 2:
In der klassischen Philosophie gibt es ein Problem. Da ist auf der einen Seite das klare, geordnete, wahre Reich der Ideen und auf der anderen Seite die chaotische, in sich widersprüchliche Alltagswelt. Dazu einige Gedanken:
 - Auf der *Quanten*ebene gelten die Gesetze der Prädikatenlogik erster Ordnung. Sie sind vollständig und korrekt und bilden keine logischen Schleifen. Sie sind somit nicht "turingmächtig". (Der Aufbau des Universums vom Einfachen, zum Komplexen beruht auf sehr einfachen Strukturen.) Somit sind auf der Ebene, auf der die tatsächlichen Vorgänge ablaufen, keine inneren Widersprüche zu finden.
- Auf der darauf aufbauenden makroskopischen Ebene gelten die Gesetze der Prädikatenlogik höherer Ordnung. Sie ermöglichen logische Schleifen und komplexe logische Folgerungen, die innere Widersprüche ermöglichen. (Wir leben in einer Welt voller Widersprüche.)
- Die Evolution arbeitet nicht mit Endergebnissen, sondern mit den jeweiligen Zwischenergebnissen. Die Zwischenergebnisse ergeben sich aus Rechnungen, Schätzwerten oder beruhen auf dem Zufall. Es ist nicht zwingend erforderlich, dass sie korrekt sind. Dadurch wird, zumindest für die Teilergebnisse, der Gödelsche Unvollständigkeitssatz umgangen.
- Das Gesamtprogramm des Lebens besteht aus Teilprogrammen. Durch den Generationenwechsel kommt es in jeder Generation zu einem Zwangsabbruch der betreffenden Teilprogramme.
Ob sich das Universum als Ganzes in einem infiniten Regress befindet oder zu einem Ende kommt, ist offen.

Es gibt ein Kinderspiel, bei dem zwei Kinder jeweils 20 Bilder von Personen vor sich haben. Jedes Kind wählt eine Person aus. Ziel des Spiels ist es, durch Fragen herauszukriegen, welche Person das andere Kind ausgewählt hat: Hat sie einen Hut? Hat sie eine Brille? usw. Die Kinder drehen die nicht passenden Bilder um, bis nur ein einziges Bild übrigbleibt.

Auch in einem normalen Computer werden Informationen schrittweise reduziert, bis eine Information übrigbleibt. Hier werden sie nicht durch Umdrehen, sondern durch logische Gatter (NAND) reduziert.

In einem Quantencomputer wird der Vorgang in zwei Schritte zerlegt. Er besteht aus zwei Bauteilen, den logischen Gattern und den Messinstrumenten. Zunächst werden alle Möglichkeiten berechnet, ohne die Anzahl der Informationen zu vermindern. Es werden dafür logische Gatter (NOT, CNOT) verwendet, die alle Daten miteinander kombinieren, ohne sie zu löschen. Im zweiten Schritt werden die Daten vermindert. Dies geschieht durch eine Messung. Die Messung erzeugt ein Messergebnis und dient so zugleich der Ein- und Ausgabe der Daten.

3.2.3 Gedankenexperiment: Wie entstehen Materie und Naturgesetze? *

Der Evolutionsprozess beruht auf der Möglichkeit des Wandels. Er ist nicht aufgesetzt, sondern ergibt sich direkt aus den Gesetzen des Wandels. Er sorgt dafür, dass sich vergleichsweise stabile, komplexe Strukturen herausbilden. Hier wird das Modell auf die Physik angewendet, um zu zeigen, auf welche Weise sich stabile Objekte wie Elementarsysteme entwickelt haben könnten.

Im Folgenden werden die von Prinzipien abgeleiteten Überlegungen noch als Gedankenexperimente formuliert:

Gedankenexperiment 1.1: Möglichkeit des Wandels
Grundprinzipien:
- Änderungen sind möglich.

Modell:
- Objekte können sich verändern. (Mutation)

Folgerung:
- Es entstehen unterschiedliche Objekte (Variation)

Gedankenexperiment 1.2: Veränderung und Zeit
Grundprinzipien:
- Die Zeit zwischen zwei aufeinander folgenden Veränderungen kann unterschiedlich lang sein.

Modell:
- Objekte bzw. ihre Eigenschaften können eine lange oder eine kurze Lebensdauer besitzen.

Gedankenexperiment 1.3: Wirkung
Grundprinzipien:
- Informationen besitzen eine Eigen-Wirkung

Modell:
- Die Eigenschaften von Objekten können die Stabilität des Objekts beeinflussen.

Folgerung:
- Nur Objekte, in denen ein Gleichgewicht der Kräfte besteht, sind stabil. (Selektion)

Gedankenexperiment 1.4: Lehren und Lernen
Grundprinzipien:
- Informationen besitzen eine Fremd-Wirkung

Modell:
- Objekte können andere Objekte verändern (Wirkung). Dabei kann es vorkommen, dass ein Objekt ein anderes Objekt so verändert, dass es ihm selbst gleicht. Mit anderen Worten, der Informationsinhalt kann von einem Objekt auf das andere kopiert werden. (Vermehrung = Lehren und Lernen)

Anmerkungen:
- Die Weitergabe des Informationsinhalts hat einen selektiven Charakter.

Folgerung:
- Die selektierten Objekte besitzen die Eigenschaften einer Information.

Gedankenexperiment 1.5: Naturgesetze
Grundprinzipien:
- Informationen besitzen eine Wirkung

Modell:
- Veränderungen können Regeln folgen. (Naturgesetze)

Anmerkungen:
- Nur regelhafte Veränderungen gewährleisten bei Wiederholungen die Stabilität. Der Evolutionsmechanismus bringt aus dem Chaos die Ordnung hervor.
- Regeln, die für Stabilität des Objekts sorgen, bleiben erhalten. (Selektion)
- Naturgesetze entstehen lokal. Wir erleben sie in Folge eines Masseneffekts. (Vergleichbar mit der Temperatur.)
- Naturgesetze und Naturkonstanten müssen ständig im evolutionären Prozess bestätigt werden.
- Das hier vorgestellte Modell kann erklären, weshalb Naturgesetze bestimmte Eigenschaften besitzen (Logik, Mathematik, Symmetrie, Erhaltungssätze).
- Auf Grundlage vorhandener Gesetze entstehen neue Eigenschaften und neue Gesetze.

Gedankenexperiment 1.6: Symbiose
Grundprinzipien:
- Informationen besitzen eine Eigen-Wirkung
- Informationen besitzen eine Fremd-Wirkung

Modell:
- Ein Zusammenschluss von mehreren Objekten in einer Symbiose kann die Lebensdauer der beteiligten Objekte (und ihrer Eigenschaften) erheblich vergrößern (Harmonie / Resonanz /   Symmetriebildung). Von Dauer sind nur Objekte, die dem Prinzip der Liebe folgen.

Anmerkung:
Den Vorgang, wie die Substanz entsteht, kann man, abhängig von den verwendeten Modellen, unterschiedlich deuten:

- im Vereinsmodell als Gründung eines Vereins (s.u.).
- In der Philosophie als Symbiose nach dem Prinzip der Liebe,
- in der Systemtheorie als Wahl nach dem Prinzip der Freiheit,
- in der Informationstheorie als Gesetzgebung,
- in der Erkenntnistheorie als Wahrnehmung,
- in der Evolutionstheorie als wissenschaftlicher Innovations- und Erkenntnisprozess

Hinweis:
Dass, was wir als Substanz bezeichnen, ist in diesem Modell ein Geflecht aus Beziehungen. (Desgleichen der Raum zwischen den Substanzen.)

Gedankenexperiment 1.7: Leben

Grundprinzipien:
- Definition: "Was liebt, das lebt."
- Definition: "Was liebt, ist real."

Modell:
- Elementarsysteme können als eine Lebensform aufgefasst werden.

Erläuterung:
- Symbiosen erzeugen stabile Elementarsysteme.
- Leben ist nicht etwa aus lebloser Materie entstanden, Leben ist Grundprinzip der Natur. Es tritt in vielfältigen Formen auf:

Symbiosen findet man
- zwischen allen Lebewesen eines Biotops (Klimax)
- in Kulturen
- bei Sozialwesen (z.B. Bienenstaat)
- bei Partnerschaften (z.B. Flechte)
- Innerhalb einer Art
- bei Organismen (Vielzeller)
- bei höheren Einzellern (Endosymbiose)
- bei Einzellern
- bei nichtzellulären Lebensform (Chemie / Autokatalyse)
- in den Atomen der Chemie (in Hülle und Kern)
- bei den Elementarsystemen / Substanz (z.B. Photon, Elektron, Proton)
- bei den Quanten-Elementarsystemen / Materie (Gleichgewicht der Kräfte)

3.2.4   Symbiose-Modell

Das Modell der Viele-Welten-Theorie kommt in einem Bereich mit weniger Annahmen aus als das Dekohärenz Modell:
- Es tritt kein Kollaps der Wellenfunktion ein.

Das Dekohärenz Modell kommt in einem anderen Bereich mit weniger Annahmen aus als das Modell der Viele-Welten-Theorie:
- Es gibt neben der beobachtbaren Welt keine weiteren "Welten".

Das Symbiose Modell benötigt weder die eine noch die andere zusätzliche Annahme.

Gedankenexperiment 2.1: Symbiose-Modell (Resonanz-Modell)
Grundprinzipien:
- Prinzip der Einfachheit (Ockhams Rasiermesser)
    - Ein Elementarsystem hat alle Schwingungszustände, die es haben kann
      (physikalisch: "Superposition", biologisch: "Variation").
    - Alle Schwingungszustände sind in unserer Welt vorhanden.
    - Die Schroedingergleichung, die diese Schwingungszustände beschreibt,
      gilt auch nach Eintreten der Resonanz.
- Prinzip der Gleichheit (Kopernikanisches Prinzip)
    - Grundlegende Vorgänge der Physik basieren auf nur einem einzigen
      Grundmechanismus.
    - In beliebigen Bereichen der *Quanten*physik gelten die gleichen Prinzipien.
        - Informationen werden stets von *Quanten*informationen erzeugt.
        - *Quanten*informationen werden stets von Informationen festgelegt.
- Prinzip der Liebe
    - In einer Symbiose wirken beide Partner aufeinander ein (das ist Information).
    - Symbiosen erzeugen Stabilität
        - Resonanz und Symmetriebruch (Ad-hoc-Modell)
- Praxis (Verwendung von bewährten Werkzeugen)
    - Resonanz ist eine typische Welleneigenschaft, für die keine neuen
      Annahmen getroffen werden müssen.
    - Viele Modelle (z.B. Orbitalmodell) verwenden Resonanzen.
- Prinzip vom Verständnis (Russels Huhn)
    - Das Resonanzmodell erklärt, wie kopierbare Informationen entstehen.
    - Das Resonanzmodell erklärt, wie kopierbare Informationen wirken.
- Prinzip der Wissenschaftlichkeit
    - Das Resonanzmodell macht prüfbare Vorhersagen.

Prinzipien-Modell:
In Symbiosen gibt es Wechselwirkungen. Sobald eine Wirkung eintritt, kann man von einer Information sprechen.

Realisierung:
Informationen und *Quanten*informationen wirken wechselseitig aufeinander ein. Auf diesem Wege steuern Informationen und *Quanten*informationen gemeinsam die Neubildung von Informationen.

Ad-hoc-Modell:
Die Substanz (Information) erzeugt einen Resonanzkörper für die *Quanten*information (Materie). Es entstehen Resonanzen, die durch einen Symmetriebruch stabilisiert werden. Diese Resonanzen besitzen die Eigenschaften von Informationen.

Russels Huhn (1)
- Die Wirkung der Informationen auf die *Quanten*informationen kann erklärt werden.
- Die Informationen erzeugen einen unsymmetrischen Resonanzkörper.
- Resonanzen sind selektiv: Nur passende Schwingungen werden verstärkt.
- Resonanzkörper nehmen Energie auf, andere Schwingungen werden gedämpft.
- Schwingungen, die Energie besitzen, können eine Wirkung entwickeln.
- Die Resonanzen zweier Partnersysteme sind (entgegengesetzt) gleich. (n gerade?)
- Symmetriebrüche führen zu Stabilität (Erhaltungssätze / Selektion).
- Resonanz wirkt großräumig und entsteht zeitgleich an vielen Orten im Raum.
- Für die Entwicklung der Resonanz ist ausreichend Zeit vorhanden, da die miteinander in Wechselwirkung tretenden Elementarsysteme gemäß der Unschärfetheorie ein Volumen besitzen.

Russels Huhn (2)
- Da die Informationen und *Quanten*informationen miteinander in Wechselwirkung stehen, können Resonanzen sich wechselseitig innerhalb eines komplexen Systems bilden. (Die Dekohärenz muss von außen kommen.)

Anmerkung:
- Schrödingers Katze befindet sich nach dieser Theorie nicht in einem Schwebezustand, da Resonanz von innen kommen kann.
- Der Kosmos muss für ein Verständnis nicht von außen betrachtet werden.

Prinzip der Wissenschaftlichkeit (Prüfbarkeit)
- Resonanzen und Symmetriebrüche sind physikalisch genau definiert. Elementarsysteme müssen die in diesem Modell beschriebenen Eigenschaften besitzen.
- So sind beispielsweise Resonanzen nicht punktförmig, sondern umfassen einen gewissen Frequenzbereich.
- Resonanzen erzeugen Muster (s. Doppelspaltversuch).

Prinzip der Wissenschaftlichkeit (Beobachtungen)
- Die Beobachtung, dass feste Körper die *Quanten*informationen eindeutig vorhersagbar festlegen können, spricht gegen das Modell der Viele-Welten-Theorie.

Philosophische Überlegungen:
- Moralisches Handeln ist möglich, denn es gibt nur eine Welt (s. Viele-Welten-Modell).
- Keine magischen Eingriffe von außen, sondern Wirkung von Prinzipien.
- Prinzip der Liebe als Grundlage des Seins.
- Menschen sind in diesem Prozess von vernachlässigbarer Bedeutung. (Keine Hybris)
- Materie entsteht in einem konstruktiven Akt (Resonanz) und nicht in einem destruktiven Akt (Dekohärenz).

Religiöse Überlegungen:
- Gottesbilder im Einklang mit Prinzipien (Liebe, Recht, ...) sind mit dem Symbiosemodell vereinbar.
- Gott[18] wird nicht als Magier gesehen. (Hochachtung vor Gott: Verzicht auf problematische Gottesmodelle).
- Unrecht und Leid der Welt ergibt sich aus den Umständen (Theodizee - Problem).

---

[18] Chiffre im Sinne des philosophischen Glaubens

Gedankenexperiment 2.2: Philosophisch - metaphysisches - Modell (Urknall)
Grundprinzipien:
- Prinzip der Einfachheit

Modell:
- Resonanzen können unabhängig voneinander eintreten.

Erläuterung:
- Das von der Schroedingergleichung beschriebene Modell kann mehrere, voneinander unabhängige Resonanzen besitzen. Diese Resonanzen werden als unabhängige Elementarsysteme wahrgenommen. (Unwissenschaftlich! - da nicht experimentell prüfbar.)

Anmerkung:
- Nach diesem Modell könnte ein einziges *Quanten*objekt, dass der Schroedingergleichung unterliegt, danach alle anderen Objekte im Universum hervorgebracht haben (-> Urknall). Aus dem Anfangsobjekt spalten sich weitere *Quanten*objekte ab, die miteinander wechselwirken und weitere *Quanten*objekte hervorbringen. (In der griechischen Philosophie wurde das Verhältnis des "Einen" und des "Vielen" kontrovers diskutiert.)
- Betrachtet man dieses Objekt als Beziehung, so besteht das Universum aus einem Geflecht von Beziehungen.
- Betrachtet man dieses Objekt als Idee, so entstehen aus Variationen dieser Uridee weitere Ideen, die miteinander kombiniert werden und weitere Variationen hervorbringen. Die Vorgänge im Universum können dann als Variationen dieser Uridee angesehen werden.

3.3 Bewusstsein im Rahmen der Physik*

<u>Vermutung:</u>
- Das Bewusstsein kann in die Physik eingeordnet werden.
- Unser Bewusstsein besitzt die Eigenschaften einer Sprache.
- Erleben und Handeln bilden eine Einheit.
- Unsere innere Wahrnehmung hat primär die Funktion, etwas zu erschaffen.
- Erfahrung, Logik und Wille sind Eigenschaften von Informationssystemen.
- Unsere innere Wahrnehmung verbindet sich mit Erfahrung und Logik zum Bewusstsein und lässt den Willen in einer sinnvollen Handlung zur Realität werden.
- Innere Wahrnehmung und äußere Wirkung besitzen auf der *Quanten*ebene eine gemeinsame Wurzel.

Tabelle 23 *Quanten*information und Bewusstsein

Bewusstsein		
Potenz: *Quanten*information (Materie)	**Tat:** Innere Wahrnehmung Äußere Wirkung (Arbeit)	**Erfahrung, Logik und Wille:** Informationen und Systeme (Substanz)
Die *Quanten*informationen wirken direkt. Sie erzeugen Informationen.	Entstehende Information Dateneingabe = Datenausgabe: Tat = Wahrnehmung Wahrnehmung = Tat	Gespeicherte Informationen legen *Quanten*informationen fest. Vergleichbare Systeme haben eine vergleichbare Wirkung. (-> Nerven)
Informationen und *Quanten*informationen erzeugen gemeinsam das Bewusstsein.		

Prinzip der Einfachheit (Ockhams Rasiermesser)
In einigen Deutungen der *Quanten*physik steuert das Bewusstsein die Vorgänge unserer Welt. Diese Überlegung ist nicht abwegig, denn wir Menschen erleben täglich, wie wir mit unserem Bewusstsein unsere Handlungen steuern. In diesen Modellen ist das Bewusstsein aber kein Teil der Physik, sondern der Transzendenz. In dem Modell "Wigners Freund" wird die Steuerung der Vorgänge der Quantenphysik dem Bewusstsein des allwissenden Weltgeistes zugeschrieben, der auf diesem Wege alle Vorgänge der Welt kontrolliert.
Das Model "Wigners Freund" steht im Gegensatz zu dem sonst von unten nach oben komplexer werdenden Aufbau unseres Universums. Nach dem Prinzip der Einfachheit baut sich die Welt aus einfachen Bestandteilen auf.

Modularer Aufbau der Materie:
Wirkung der *Quanten*informationen -> Wirkung der Elementarsysteme -> Wirkung der *Atome* -> Wirkung der Moleküle -> Wirkung der Zellen -> Wirkung des Menschen

Nach dem Gleichheitsprinzip (Kopernikanisches Prinzip) folgt der modulare Aufbau der inneren Wahrnehmung:
Wahrnehmung der *Quanten*informationen -> Wahrnehmung der Elementarsysteme -> Wahrnehmung der *Atome* -> Wahrnehmung der Moleküle -> Wahrnehmung der Zellen -> Wahrnehmung des Menschen

In dem hier vorgestellten Modell ist die Wahrnehmung und das Denken der Menschen sehr komplex und die Wahrnehmung von Elementarsystemen sehr einfach. Es stellt sich die Frage, ob Zellen oder *Atome* überhaupt eine innere Wahrnehmung besitzen. Bevor wir dieser Frage nachgehen, einige ...

... Theorien über das Bewusstsein

Dualismus

Das Bewusstsein ist im Dualismus kein Teil des materiellen Körpers. Der Körper wird von außen gesteuert. Im Model "Wigners Freund" übernimmt der Weltgeist diese Aufgabe, und in anderen Modellen lenkt die körperlose Seele. Weltgeist und Seele agieren unabhängig von den Naturgesetzen. (Daraus abgeleitet: Beseelung, Seelenwanderungen, Besessenheit, Untote, spukende Seelen, gefangene Seelen, Magie)

Monismus

Das Bewusstsein ist im Monismus ein Teil des Individuums und steuert ihn nicht von außen. Körper, Geist und Seele[19] bilden eine Einheit und agieren im Einvernehmen mit den Naturgesetzen. (Daraus abgeleitet: Information, Naturgesetze, Wissenschaft)

Evolutionärer Ansatz

Das Bewusstsein ist hoch komplex. In der Evolution werden komplexe Strukturen nur dann erzeugt und erhalten, wenn sie eine wichtige Funktion besitzen.

Eliminativer Materialismus (1)

Der eliminative Materialismus geht von der Identität von Geist und Materie aus. Er meint, daraus folgern zu können, dass ein Bewusstsein (und eine Seele) nicht für das Funktionieren der Welt erforderlich sei und dass es deshalb als überflüssiger Ballast aus der Wissenschaft entfernt (eliminiert) werden muss.

Anmerkung:
- Die Qualität von Modellen hängt wesentlich davon ab, ob Gedanken konsequent bis zu Ende gedacht werden. Dies ist sowohl beim eliminativen Materialismus wie auch beim eliminativen Idealismus der Fall. Im Dualismus gelingt dies nicht.
- Wissenschaft beruht auf Beobachtungen. Der eliminative Materialismus lehnt mit der eigenen Wahrnehmung nicht eine beliebige Beobachtung ab, sondern genau die Beobachtung, von der sich alle anderen Beobachtungen ableiten.
- Der eliminative Idealismus lehnt mit Verneinung der Alltagswelt letztlich alle Aspekte des Menschseins ab.
(In dem hier vorgestellten Konzept wird nicht von Identität, sondern von Kernidentität ausgegangen. In ihm besitzen sowohl das Bewusstsein wie auch die physikalischen Vorgänge wichtige Funktionen. Beide Bereiche können nicht eliminiert werden. Beide Bereiche besitzen aber eine gemeinsame Wurzel. Dieses Modell ist an der untersten Ebene monistisch und auf den darauf aufbauenden Ebenen pluralistisch.)

Behaviorismus

Nur Vorgänge, die direkt in der äußeren Umwelt beobachtet werden können, bezeichnet der Behaviorismus als wissenschaftlich. Berichte von psychischen Empfindungen könnten auf Lügen beruhen, die vom Wissenschaftler nicht erkannt werden können.

Anmerkung:
Diese Einschätzung trifft nicht zu, denn Lügen können statistisch entlarvt werden:
- So führen beispielsweise Reizungen von bestimmten Hirnbereichen zu gleichartigen Beschreibungen von Gefühlen oder Wahrnehmungen.
- Bei Tests mit Farbtafeln zur Prüfung auf Farbenblindheit korrelieren die Ausfälle des Farbsehens mit Genmutationen.

---

[19] Chiffre im Sinne des philosophischen Glaubens

- Schädigungen von bestimmten Hirnteilen führen zu spezifischen Ausfällen. Die zugehörigen Wahrnehmungen, Gefühle oder motorischen Handlungen treten nicht mehr auf. (Folgerung: Mit dem Tod und der Zerstörung unseres Gehirn verschwindet auch die innere Wahrnehmung des Menschen als Individuum.)

Identitätstheorie: Identität und Kernidentität
Nach Leibniz` Identitätstheorie ist das Kriterium für Identität die Gleichheit der Eigenschaften und damit ihre Ununterscheidbarkeit. Teilaussagen müssen demnach den gleichen Wahrheitswert besitzen.

Zusammengehörige Modelle
Modelle, die sich auf das Gleiche beziehen, können unterschiedlich konstruiert sein. So kommt man sowohl mit einer Landkarte als auch mit einer Wegbeschreibung zum Ziel. Beide müssen nicht in allen Bereichen miteinander identisch sein, sondern lediglich im Kernbereich: "Kernidentität". Zusammengehörige Modelle sind nur eingeschränkt untereinander austauschbar.

(Für unterschiedliche Anforderungen sind unterschiedliche Modelle verschieden geeignet. Deshalb ist ein Wechsel von einem Modell zu einem anderen Modell oft hilfreich oder sogar erforderlich. Dies nutzt auch die Natur. Ein Wechsel der Modelle geht mit einem Wechsel der Sprachen einher.)

Verbundene Modelle
Auch Modelle, die sich auf miteinander verbundene Bereiche beziehen, besitzen eine gemeinsame Kernidentität. (Erläuterung zur Veranschaulichung: Zwei Zahnräder in einer Uhr sind Objekte, die sich unterschiedlich bewegen, beide drehen sich aber synchron mit der Uhrzeit.)

Es stellt sich die Frage, ob Psychologie und Hirnforschung zwei miteinander in Wechselwirkung stehende Bereiche mit gemeinsamen Eigenschaften und einer gemeinsamen Kernidentität beschreiben.

Tabelle 24 Empfindungen sind Informationen

Modelle / Prinzipien	Informationen	Empfindungen
Sprache	Informationen unterliegen dem Prinzip der Sprache.	Gefühle und Gedanken sind die Sprache unseres Gehirns.
	Informationen und Empfindungen sind zwei Sprachen, die ineinander übersetzt werden können. Beide Sprachen beziehen sich auf den gleichen Wahrheitswert, werden aber unterschiedlich interpretiert und besitzen eine unterschiedliche Wirkung.	
Wissenschaftstheorie	Informationen sind Teil von Modellvorstellungen.	Gefühle und Gedanken sind Teil von Modellvorstellungen.
	Beide Modelle beziehen sich auf den gleichen Wahrheitswert, sind aber unterschiedlich konstruiert und besitzen eine unterschiedliche Wirkung.	
Evolutionstheorie	Einfache Informationen entstehen auf der *Quanten*ebene und werden von Ebene zu Ebene komplexer.	Einfache Empfindungen entstehen auf der *Quanten*ebene und werden von Ebene zu Ebene komplexer.
	Informationen und Empfindungen beruhen auf gleichen Prinzipien und besitzen eine gemeinsame Wurzel.	

Systemtheorie	Absicht (Intention): Systeme handeln zielgerichtet. (Zimmertemperatur soll nicht unter 21°C fallen.) Stimmungen: Werte, wie die gewünschte Tiefsttemperatur, können verändert werden. Wahrheitswert: Messfühler vergleichen Sollwert mit Istwert. Verknüpfungen: Systeme können verschiedene Werte miteinander verknüpfen.	Gefühle und Gedanke besitzen - Absichten - Stimmungen - Wahrheitswerte - Verknüpfungen
	Systeme und Bewusstseinsvorgänge besitzen vergleichbare Eigenschaften.	
Einheit der Natur - Kernidentität -	Kein Modell erfasst alles. - Empfindungen und Informationen besitzen viele gleiche Eigenschaften. - Der Kernbereich bezieht sich auf den gleichen Wahrheitswert. - Die Randbereiche unterscheiden sich voneinander. - Die zugrundeliegenden Vorgänge beeinflussen sich wechselseitig.	
Substanz <=> Energie <=> Information <=> Empfindung <=> Geist		

Keine Reduktion, sondern eine Symbiose von Neurophysiologie und Psychologie. Damit sind beide Bereiche evolutionär bedeutsam. Auf der Ebene der *Quanten*information finden Informationen und Empfindungen eine gemeinsame Grundlage.

Tabelle 25 Kernidentität von Wahrnehmung und Information

Modelle / Prinzipien	Informationen	Empfindungen
*Quanten*physik	Grundlage ist die *Quanten*information.	Grundlage ist die *Quanten*information.
	Alle Vorgänge lassen sich letztlich auf die Quantenebene zurückführen. Informationen wirken auf die *Quanten*information ein und beeinflussen so die tatsächlich ablaufenden Vorgänge. Die Resonanz der *Quanten*information erzeugt im Wechselspiel Informationen, die die Elementarsysteme als innere Wahrnehmung erleben.	

Eliminativer Materialismus (2)
Es wird ein weiteres Argument für den eliminativen Materialismus angeführt: Besitzen zwei Magnete, die einander anziehen, ein Bewusstsein? Haben Magnete kein Bewusstsein, so folgt nach dem Gleichheitsprinzip (Kopernikanisches Prinzip), dass auch Menschen kein Bewusstsein besitzen.

Panpsychismus
Im Panpsychismus wird ausgehend von der Beobachtung des eigenen Bewusstseins zunächst auf das Bewusstsein anderer Menschen geschlossen und dann weiter auf das Bewusstsein beliebiger Lebewesen. (Nach dem hier vorgestellten Konzept sind auch Elementarsysteme wie Elektronen Lebewesen.)
Dieses Modell vereinfacht unser Weltbild ganz erheblich. Außerdem ermöglicht es zu zeigen, welche Funktion das Bewusstsein hat.

Tabelle 26 Gefühle beobachten kann ich nur bei mir selber:

	Äußere Beobachtung <=> Innere Wahrnehmung	
Wahrnehmung **Empfindung**	1. Ich beobachte mich und die Umwelt von außen.	2. Ich erlebe von innen.
Steuerung **Handlung**	4. + 5. Ich handele und wirke nach außen.	3. Meine Gedanken steuern von innen meine Handlungen.
Wirkung	Äußere Handlung <=> Innere Steuerung	

Prinzip der Gleichheit (Kopernikanisches Prinzip)
Alle Lebewesen unterliegen gleichen Prinzipien. Ich bin kein Sonderfall, sondern ein typisches Lebewesen. (Diese Annahme vereinfacht unser Weltbild ganz erheblich.)

Tabelle 27 Fühlen und Handeln

Modelle / Prinzipien	Informationen	Empfindungen
Leben	1. Alle Lebewesen haben eine äußere Wahrnehmung (Sinne).	2. Alle Lebewesen haben eine innere Wahrnehmung.
	4. + 5. Alle Lebewesen handeln und wirken nach außen.	3. Bei allen Lebewesen steuern ihre Gedanken von innen ihre Handlungen.
	Äußere Handlung <=> Innere Steuerung	

- Die verschiedenen Teile unseres Gehirns besitzen jeweils ein eigenes Bewusstsein. Die Teile kommunizieren miteinander. Das Bewusstsein anderer Hirnbereiche des eigenen Gehirns kann so wenig wahrgenommen werden wie das anderer Menschen.
- Auch das Ichgefühl beruht auf Fremdbeobachtung. Dies ist möglich, da wir aus vielen Teilen zusammengesetzt sind.
- Handlungen wirken nach außen. Da wir aus vielen Teilen zusammengesetzt sind, können wir auch auf unseren eigenen Körper einwirken.
- Auch Elementarsysteme sind Lebewesen und besitzen eine innere Wahrnehmung.

Eliminativer Materialismus (3)
Es wird noch ein weiteres Argument für den eliminativen Materialismus angeführt: Man kann Logik (Informationsgewinnung, Informationsverarbeitung, Informationsspeicherung) und Willen (Anstreben von Zielen) rein mechanisch erklären, ohne ein Bewusstsein annehmen zu müssen. Dies ist durchaus korrekt, aber die innere Wahrnehmung erfüllt andere Aufgaben.

Funktion der inneren Wahrnehmung
Die primäre Funktion der inneren Wahrnehmung ist die Realisierung, die Hervorbringung, die Erschaffung, die Tat, das Ereignis. (Dieser Prozess läuft auf der Quantenebene ab.)
Die primäre Funktion der inneren Wahrnehmung verbindet sich mit Willen und Logik zu dem, was wir Bewusstsein nennen. (Dies ist erforderlich um Informationen zu erzeugen und stabile Zustände aufrecht zu erhalten.)

Wir können unsere Wahrnehmung steuern und damit gezielt Ereignisse auslösen. Das Bewusstsein ist erforderlich, um den Willen mit Hilfe der Logik in einer Handlung zur Realität werden zu lassen.

Symbiose
Das Bewusstsein entsteht im Rahmen einer Symbiose (keine Elimination möglich) und arbeitet wie ein *Quanten*computer. Die *Quanten*information erzeugt Wahrnehmung und Wirkung, die Information sorgt für eine sinnvolle (Logik) und zielgerichtete (Wille) Steuerung, die auf Erfahrungen (Erinnerung) aufbaut.

Aufbau von unten nach oben

Vermutung:

Die Informationen unserer Nervenzellen wirken über mehrere Zwischenschritte auf die *Quanten*informationen ein. (Bei jedem Übergang findet eine Übersetzung in eine andere Sprache statt.) Auf *Quanten*ebene finden Rechnungen statt, die Informationen hervorbringen. Diesen Vorgang erleben wir als Empfindung.

Die unterste Ebene

Innen ist Außen:

- Die Grundlagen des Bewusstseins werden auf der einfachsten Ebene gelegt. Nach der Systemtheorie ist dies die Ebene der Elementarsysteme. Nimmt man weiterhin an, dass auf der untersten Ebene die Systeme wechselseitig aus anderen Systemen bestehen, so ist auf dieser Ebene, je nach Sichtweise, innen zugleich außen.
- In der *Quanten*physik ist eine Dateneingabe zugleich eine Datenausgabe, eine Wahrnehmung zugleich eine Handlung.

Folgerung:

- Auf der untersten Ebene besteht eine Kernidentität von innerer Einwirkung und äußerer Einwirkung sowie von innerer Wirkung und äußerer Wirkung. Werden diese mit der inneren Wahrnehmung (Bewusstsein) und physikalischer Wirkung (*Quanten*physik) identifiziert, so besitzen alle Systeme eine innere Wahrnehmung.

Ich - Du - Wir

Innere Wahrnehmung und physikalische Wirkung beruhen auf ein und demselben Ereignis, das aus unterschiedlichen Perspektiven betrachtet wird (Relativitätsprinzip). Es wird in zwei verschiedenen Funktionsmodellen in zwei verschiedenen Sprachen unterschiedlich interpretiert und genutzt. Unser Gehirn kombiniert in einer Symbiose beide Funktionsmodelle und nutzt ihre Eigenschaften.

Wenn ein "Ich" zu einem Partner wird, so entsteht im Rahmen der Beziehung etwas Neues. Und wenn viele Beziehungen miteinander kombiniert werden, dann entstehen vielfältige Möglichkeiten. Die neuen Eigenschaften sind in der Beziehung, im "Zwischenraum" gespeichert. Sie beinhalten das, was wir mit Erinnerung, Information, Logik, Planung bezeichnen (s.u.: Zeit und Raum).
Das "Ich" des Menschen ist eigentlich ein "Wir". Unser Bewusstsein entsteht in einer Symbiose. Es benutzt beide, die innere Wahrnehmung und die logisch - physikalische Wirkung. Das "Wir" ist in der Lage, die Einzelerlebnisse seiner "Ich"-Einheiten sprachlich so zu formulieren, dass eine neue Sprache entsteht, die Sprache der Gefühle (rot, blau, warm, salzig, Freude, Töne, Worte, ...). Diese Sprache besitzt festliegende Ausdrücke, die wir erleben.

Von den Quanten zum Bewusstsein: Tanzmodell (spekulativ)

Wenn in Kenia die Massaijäger gemeinsam hüpfen, tanzen und singen, so erzeugen sie ein Gemeinschaftsgefühl. Die Jäger haben dabei ähnliche Empfindungen.

Vergleichbar damit erzeugen Nervenzellen durch gleichzeitige rhythmische Impulse bei den beteiligten Nerven ähnliche innere Zustände und zugleich ein gemeinsames Gefühl. Es ist dieses gemeinsame Gefühl, das wir bewusst wahrnehmen. (Die innere Wahrnehmung entsteht beim Menschen, nach Angaben der Hirnforschung, nicht an einem Punkt in einer Zelle, sondern großräumig.)

Sprachmodell

Im Modell der Sprache sind Gefühle eine Sprache und physikalische Vorgänge eine andere Sprache. Die beiden Sprachen ordnen einem Ereignis zwei unterschiedliche Bedeutungen zu und verarbeiten sie auf unterschiedliche Weise.

Tabelle 28 Bewusstsein als Funktionsmodell

*Quanten*informationen	Eine Symbiose erzeugt Empfindungen, Gedanken und Handlungen	Informationen
Die *Quanten*informationen wirken direkt. Sie erzeugen und zerstören Informationen.	Entstehende Informationen -> innere Wahrnehmung	Entstehende Informationen -> äußere Wirkung
Dieser Vorgang findet tatsächlich statt.	Empfindungen erleben wir tatsächlich.	
	Physikalische Vorgänge lösen Empfindungen aus.	Informationen (Substanzen) können letztlich deshalb etwas bewirken, weil sie auf die *Quanten*informationen einwirken.
wirkende Zeit (Gegenwart)	Gegenwärtigkeit von Gefühlen, Gedanken und Entscheidungen	
	Erinnerungen und Zukunftsplanungen (Sie werden abgerufen und aktuell erlebt.)	fließende Zeit (sinnvolle Beziehung zwischen Vergangenheit, Gegenwart und Zukunft) Materiell in den Nerven gespeicherte Informationen
Mit Hilfe der entstehenden Information wird die *Quanten*information berechnet, die diese Information erzeugt hat.	Bewusstsein als Funktionsmodell	Mit Hilfe der entstehenden Information wird das Elementarsystem berechnet, dass diese Information erzeugt hat.
	Unser Bewusstsein steuert den *Quanten*computer unseres Körpers und erhält die Ergebnisse (Wahrnehmung): Eine Messung dient gleichzeitig der Eingabe und der Ausgabe der Daten eines *Quanten*computers.	
*Quanten*computer arbeitet mit *Quanten*informationen.		Dateneingabe und -ausgabe arbeiten mit Informationen.

Die menschliche Wahrnehmung leitet sich aus den Vorgängen der *Quanten*physik ab. Aber Vorsicht! Zwischen einem Elementarsystem, einem Einzeller, einen Wurm und einem Mensch bestehen gewaltige Unterschiede. Dies gilt selbstverständlich auch für deren Wahrnehmung.

So wie es bei der Evolution von den Elementarsystemen über *Atome*, Moleküle, Zellen, einfache Organismen bis zu den komplexen Organismen Entwicklungsstufen gibt, gibt es jeweils passend dazu auch eine Entwicklung der inneren Wahrnehmung. Die Modelle und die Sprache des zugehörigen Bewusstseins werden Stufe für Stufe komplexer. Die menschliche Sprache bildet sich erst auf einer komplexen Bewusstseinsstufe. (Der Besitz der menschlichen Sprache ist keine Voraussetzung für das Bewusstsein, sondern greift darauf zurück.)

Bewusstsein / Empfindungen / Selbstwahrnehmung

- Der weitaus größte Teil des Denkens wird von uns nicht wahrgenommen. Nur ein winziger Teil, ca. 50 Bit pro Sekunde, erreicht unser Bewusstsein. (Zum Vergleich: Das Auge erzeugt Informationen von ca. 1.000.000 Bit pro Sekunde.)

- Wir können Gefühle und Gedanken anderer Menschen nicht wahrnehmen.
Ich glaube nicht, dass nur ich ein Bewusstsein besitze, sondern im Gegenteil, dass es sich beim Bewusstsein um eine universelle Eigenschaft handelt. Ich glaube, dass Menschen, Tiere, Lebewesen, Hirnabschnitte, alle Systeme (sogar Elektronen) eine innere Wahrnehmung besitzen (Kopernikanisches Prinzip). Der Ausdruck "unbewusst" ist unzutreffend.

- Modellvorstellung: So wie auf einem Computer gleichzeitig viele Programme laufen, so können auch in unserem Körper viele verschiedene Programme ablaufen. Jedes Programm ruft eine eigene Selbstwahrnehmung hervor. Wir erleben nur das Bewusstsein eines einzigen Softwareprogramms, das in erster Linie die Hardware des Großhirns nutzt. Die Aktivitäten der anderen Softwareprogramme bezeichnen wir als Unterbewusstsein. Sie benutzen im wesentlichen andere Hirnteile, wie z.B. das Zwischenhirn. Das Bewusstsein wird nicht durch einzelne Nerven erzeugt und lässt sich nicht an einzelnen Stellen im Gehirn lokalisieren.
(Das Problem des Bewusstseins ist, dass andere es nicht wahrnehmen können. Man stößt daher bei der Frage, ob andere Menschen oder andere Programme / Hirnteile ein Bewusstsein haben, an die Grenze der Wissenschaftlichkeit.)

- Das Bewusstsein lässt sich, wie der Schlaf zeigt, regeln. Im Schlaf werden zum Großteil die selben Hirnregionen und Nervenbahnen wie am Tage benutzt. Modellvorstellung: Die Programme, die in der Nacht laufen, haben, außer in den Traumphasen, keinen Zugang zu unserem Bewusstsein. Auch im Wachzustand können Programme abgeblockt werden. So können gleichförmige Geräusche ausgeblendet werden. Auch bei einer Konzentration auf eine Aufgabe werden andere Wahrnehmungsbereiche gedämpft oder abgeblockt.
Den Schlaf kann man als einen Ruhezustand mit wenigen Bewusstseinseindrücken bezeichnen. Andere Programme können mit Hilfe von Hormonen oder Nervenimpulsen helfen, den Ruhezustand hervorzurufen oder zu beenden.

- Einige Menschen "hören" in ihrem Kopf Stimmen, die sie als fremd empfinden. (Wird auch als Wahnvorstellungen oder Schizophrenie bezeichnet.) Modellvorstellung: Es handelt sich um Programme, die im Körper des Betroffenen ablaufen. Es müsste möglich sein, auch diese Programme abzustellen, so wie man sein eigenes Bewusstsein im Schlaf abstellen kann.

- Empfindungen (Freude, Schmerz, rot, blau) sind die Sprache unseres Bewusstseins. (Unser sehr komplexes Gehirn verfügt über eine hochentwickelte Sprache mit vielfältigen, hochentwickelten Emotionen, die Empfindungen der Einzeller sind dagegen vermutlich recht einfach.)

- Da man mit anderen Systemen sprechen (kommunizieren) kann, kann man etwas über ihre innere Wahrnehmung erfahren.

- Sprache ist das Mittel, mit dem Systeme auf andere Systeme einwirken, um deren innere Eigenschaften zu verändern. So lösen die Worte "dummer Esel" beim Gesprächspartner Nervenaktivitäten und Hormonausschüttungen aus und erzeugen ein Gefühl des Ärgers. Das Bewusstsein ist, wie die Sprache oder wie Computersoftware, etwas Geistiges (Information). (Träger der menschlichen Sprache sind Schallwellen, Träger der Hirnsprache sind Nervenimpulse und Hormone.) Das Mittel der Sprache ist geeignet, Programme zu starten oder zu beenden. Dazu muss man allerdings erst die Sprache verstehen.

- Einem inneren Zustand des Systems "Großhirn" entspricht vermutlich jeweils ein Bewusstseinsinhalt (z.B. der Geschmack "süß"). Ähnliche Systeme mit einem ähnlichen inneren Zustand haben vermutlich einen ähnlichen Bewusstseinsinhalt. (Menschen haben unter gleichartigen Umständen ähnliche Gefühle. Auch die Säugetiere haben in den Hirnbereichen, die für Gefühle wie z.B. Schmerz oder Angst zuständig sind, einen ähnlichen Aufbau wie wir Menschen.)

- In der Systemtheorie bauen die Eigenschaften komplexer Systeme auf den Eigenschaften einfacher Teilsysteme auf. Dies deutet darauf hin, dass auch das menschliche Bewusstsein auf einfachen Prinzipien beruht, die allen Systemen gemein sind.

- Viele *Quanten*ereignisse werden sinnvoll (Sprache) miteinander kombiniert und lösen beispielsweise eine Reaktion in einem Einzeller oder einen Impuls bei einer Nervenzelle aus. Umgekehrt löst ein Nervenimpuls eine Vielzahl von *Quanten*ereignissen aus.

- Empfindungen sind Teil von Modellvorstellungen. Gedanken sind (scheinbar) in uns. Farbeindrücke (scheinbar) außerhalb von uns, Geschmack (scheinbar) im Mund (sinnvolles Modell!) Neurophysiologisch gesehen finden diese Vorgänge im Kopf statt.

- Es ist sinnvoll anzunehmen, dass bei einem Zuhörer vergleichbare Gefühle und Gedanken ausgelöst werden können. (Mitgefühl)
Beispiel: Wenn jemand sich in den Finger schneidet, werden Nervenimpulse ausgelöst, die indirekt das Schmerzgefühl hervorrufen. Auch beim Zuhören werden Nervenimpulse ausgelöst. Es gibt somit keinen prinzipiellen Unterschied.

- Haben Computer menschliche Gefühle? Um die Frage beantworten zu können, stellen wir uns einen mechanischen Computer vor, der lediglich aus Zahnrädern, Ketten und ähnlichem besteht. Auf einem so gebauten Computer könnten (theoretisch) alle Programme laufen, die auf einem normalen PC laufen. Jede Stellung der Zahnräder entspricht jeweils einem Programmzustand mit den entsprechenden Informationen. Könnte nun einer bestimmten Räderstellung das menschliche Gefühl "Freude" und einer anderen Stellung das Gefühl "heiß" entsprechen? Aller Wahrscheinlichkeit nach nicht, denn der mechanische Computer ist nicht Teil einer komplexen Symbiose wie das menschliche Gehirn. Seine innere Wahrnehmung ist vermutlich ausgesprochen einfach. Auch das Montieren weiterer Zahnräder beseitigt diesen Zustand nicht.

3.3.1 Freiheit *

Definition: "Die Möglichkeit der Wahl nennt man Freiheit."

Freiheit beinhaltet zum einen die Möglichkeit, zwischen etwas auswählen zu können, und zum anderen die Fähigkeit, sich entscheiden zu können:
Burdians Esel, der vor zwei gleichgroßen Heuhaufen steht, besitzt die Freiheit der Wahl. Aber um fressen zu können, muss er auch in der Lage sein, diese Freiheit zu nutzen und sich für eine Möglichkeit entscheiden (Symmetriebruch). Schafft der Esel dies nicht, so verhungert er vor den beiden zur Wahl stehenden Heuhaufen.

Ausgangsbedingungen legen fest
Unsymmetrische Ausgangsbedingungen (verschieden große Heuhaufen) können auf der Grundlage von Gesetzen das Entscheidungsproblem lösen. Neue Aktionen leiten sich hier aus den vorhandenen Gegebenheiten ab. In einem deterministischen System kann Neues entstehen, aber dieses Neue lässt sich aus dem Vorhandenen ableiten.

Zufall legt fest
Auch der Zufall ist geeignet, das Entscheidungsproblem zu lösen. Aber der Zufall legt Ereignisse nicht weniger unveränderlich fest als die Naturgesetze. Das zeigen die Gesetze der *Quanten*physik.
Im Spielkasino gilt die Zahl, die gewürfelt wurde. Ist man nicht Herr über den Zufall, nützt einem der Zufall nicht dabei, sich frei zu entscheiden. Schummler umgehen beim Glücksspiel den Zufall. In einem System mit echtem Zufall, wie es die *Quanten*physik postuliert, entsteht etwas Unvorhersehbares, etwas echt Neues.

Chaos und Vielfalt
Chaos schafft nicht Freiheit, sondern Vielfalt (biologisch: Variationen): Vieles (nicht alles) ist möglich. Auswahlmechanismen wie der Mechanismus der Wissenschaften (Evolutionsmechanismus) können nun nach innewohnenden Prinzipien aus der Vielfalt auswählen. Die Zielfestlegung ("Wille") des Mechanismus steckt in seinen Prinzipien.

Freiheit
Ich glaube, ich habe keinen freien Willen, bin aber auch nicht völlig determiniert. Freiheit entsteht nicht auf Ebene der Naturgesetze, Freiheit entsteht auf der Ebene der Prinzipien. Meine Überzeugung beruht auf folgenden Überlegungen:

- Ausgangsbedingungen / Naturgesetze kennen keine Ausnahmen.
- Auch der Zufall schafft Fakten.
aber:
- Prinzipien müssen nur grob eingehalten werden.
- Der evolutionäre Auswahlmechanismus erlaubt es, so oft zu "würfeln", bis das Prinzip erfüllt wird. Dadurch wird die Festlegung des Zufalls im Einzelfall umgangen und man wird "Herr des Zufalls".

Das im Prinzip der Wissenschaften enthaltende Freiheitsprinzip öffnet einen schmalen, unscharfen Freiheitsspalt.

Bei einer Wanderung durch den Deisterwald haben wir uns von einem Würfel führen lassen. Es galten folgende Regeln: An den Kreuzungen wird gewürfelt. Bei 1 und 2 geht man nach links, bei 3 und 4 geradeaus und bei 5 und 6 nach rechts. Ich führte die Gruppe an und blieb an Kreuzungen stehen. Dort würfelte jeweils ein anderer Teilnehmer der Wanderung. (Der Würfel wurde von Teilnehmer zu Teilnehmer weitergegeben.) Wir liefen kreuz und quer, auf breiten Wegen und schmalen Pfaden, über Berg und Tal mitten durch den Wald. Sehr erfreut waren meine Begleiter, als wir an einer Waldgaststätte ankamen und eine erquickliche Pause hatten. Beim Rückweg kamen laute Vorwürfe, wir hätten uns verlaufen, aber der Würfel irrte nicht und führte uns zurück. Hinterher wurde mir der Vorwurf gemacht, ich hätte einen Schummelwürfel verwendet, was aber keineswegs zutraf. Es war ein ganz normaler Würfel. Ich hatte lediglich in einem Wald, in dem ich mich gut auskannte, die Gesetze der Wahrscheinlichkeitsrechnung genutzt. (Lösung im Text versteckt.)

Von der Freiheit zur Unfreiheit

Das Haus, in dem ich wohne, haben meine Eltern nach ihren Wünschen und Plänen bauen lassen. Ich bin nicht frei, nach Belieben in meiner Wohnung hin und her zu laufen, da an verschiedenen Stellen Wände sind. Ich bin gezwungen, die Türen zu verwenden (Türen als "Freiheitsgrade"). Die "freie" Entscheidung meiner Eltern beschränkt meine Bewegungsfreiheit. Nur die Küchentür habe ich vor einigen Jahren versetzt. Wo vorher eine Tür war, ist nun eine Wand. Hier ist es meine eigene Entscheidung, die meine heutige Bewegungsfreiheit einschränkt.

Von der Unfreiheit zur Freiheit

Die Frage, ob ich frei bin, hängt zentral davon ab, wie ich mein "Ich" definiere.

- Für mein individuelles "Ich" im Hier und Jetzt besteht die Welt vor allem aus inneren und äußeren Zwängen. (Wänden)

- Beziehe ich meine eigene Vergangenheit in mein "Ich" mit ein, so ändert sich die Bewertung: Die Küchenwand und auch die damit verbundene Beschränkung der eigenen Bewegungsfreiheit beruht auf meinen eigenen Wünschen und Entscheidungen. (Einschränkend ist zu sagen, dass mein heutiges "Ich" nicht mit allen Entscheidungen, die ich jemals getroffen habe, einverstanden ist. Ich habe in der Vergangenheit etliche logische und soziale Fehler gemacht.)

- Beziehe ich meine Familie in mein "Ich" mit ein, so sehe ich Begrenzung meiner Freiheit durch die Wände im ganzen Haus als Folge unserer familiären Entscheidungen an. Die heutige Einschränkung der Bewegungsfreiheit war erwünscht. (Einschränkend ist zu sagen, dass mein heutiges "Ich" nicht die Verantwortung für alle jemals getroffenen Entscheidungen meiner Familie übernehmen kann.)

Je mehr ich mich als zugehörig betrachte, desto umfassender ist die erlebte Freiheit.

- In der Ganzheit beruhen alle Ausgangsbedingungen auf "eigenen" Entscheidungen. (Augustinus sieht die Möglichkeit zur Freiheit nur in Gott.)

Erfahrung und Freiheit

Beim Lernen aus eigenen oder fremden Erfahrungen erweitern wir unsere Freiheit und schränken sie zugleich ein.
- Die Einschränkung ergibt sich daraus, dass wir lernen, dass bestimmte Handlungsweisen ungeeignet sind, die angestrebten Ziele zu erreichen. Diese Handlungen unterlassen wir in Zukunft.
(Ändern sich die Umstände, können die Erfahrungen ihre Bedeutung verlieren. Es ist daher durchaus sinnvoll, Erlerntes in Frage zu stellen. Ein Beispiel soll dies verdeutlichen: Elefantenbabys bindet man an einem Seil fest, dass sie nicht zerreißen können. Das lernen sie rasch. Für erwachsene Elefanten ist es ein leichtes, solche Seile zu zerreißen. Elefanten, die als Babys gelernt haben, dass die Seile von ihnen nicht zerrissen werden können, versuchen dies als Erwachsene nicht.)

- Die Erweiterung ergibt sich daraus, dass sich durch das erfolgreiche Beschreiten eines Weges neue Möglichkeiten eröffnen, die vorher nicht vorhanden waren. Hilfreiche Erfahrungen und sinnvolle Lernprozesse erweitern stufenweise das Handlungsfeld.

Freiheit und Schicksal

Es ist ein Denkfehler zu meinen, man sei seinem Schicksal hilflos ausgeliefert. Hier werden zwei logische Ebenen unzulässigerweise miteinander vermischt. Das Schicksal ergibt sich aus den eigenen Handlungen, unabhängig davon, ob das Ergebnis von vorneherein feststeht oder nicht. Deshalb ist man (zumindest aus Sicht des Alltagslebens) seines eigenen Glückes Schmied. Gegen ein drohendes Schicksal anzugehen, hat sich schon oft in scheinbar hoffnungslosen Lagen als erfolgreich erwiesen.

Verantwortung als Weg zur Freiheit

Verantwortung für das eigene Handeln zu übernehmen, ist ein Weg zur Freiheit. Schlägt man diesen Weg ein, so wird man zwar nicht frei im Sinne von "nicht determiniert sein" und auch nicht unabhängig von den Naturgesetzen, aber man gewinnt Freiheit gegenüber den Zwängen des alltäglichen Lebens.

Diese Freiheit ist keine Illusion!

Und auf diese Freiheit kommt es im Leben an. (Was nützt die absolute Willensfreiheit jemandem, der im Kerker sitzt?)

Lässt man sich hineinfallen in den Gedanken an das (vermeintliche oder echte) Determiniertsein (Schicksal, Fatalismus), so verliert man die Freiheit im alltäglichen Leben.

Verantwortung und Erfolg

Je mehr Verantwortung wir übernehmen, desto freier und erfolgreicher werden wir. (Erfahrungswert)

Beispiel:
Eine Fabrik entlässt 500 Angestellte.

Erster entlassener Angestellter: Schuld haben die schlechten Manager, die unfähigen Politiker und die miserable Wirtschaft. Da kann man als kleiner Mann gar nichts machen.
Zweiter entlassener Angestellter sucht ernsthaft (Wahrhaftigkeit) die Gründe bei sich selber: Welche Ursachen für meine Entlassung kann ich bei mir finden? (Unzureichende Ausbildung, mangelnde Flexibilität, eigene Fehler, Auftreten, ...) Wie kann ich diese Fehler beheben?
Dritter entlassener Angestellter: Was kann ich jetzt tun? (Unterschriften sammeln, Briefe schreiben, Treffen organisieren, Fortbildungen organisieren, ...)

Während die Zukunft des ersten fremdbestimmt ist, wird sie vom zweiten mitbestimmt. Der dritte ist möglicherweise sogar in der Lage, den Lauf seines Lebens in neue Bahnen zu lenken.

Vermutlich wird der Erste noch sehr lange arbeitslos sein, der Zweite hat deutlich bessere Chancen, einen neuen Arbeitsplatz zu finden. Der Dritte wird durch seine vielen Tätigkeiten und Kontakte wahrscheinlich am schnellsten ins Berufsleben zurückkehren.
Übernahme von Verantwortung für das eigene Leben, besser noch Übernahme von Verantwortung für das eigene Leben und für die Gemeinschaft ist hilfreich für Erfolg im Leben.
Besonders erfolgreich ist die Kombination von Verantwortung und Wahrhaftigkeit (auch gegen sich selbst).

3.4 Raum, Zeit, Substanz

Wir können Zeit, Raum und Substanz immanent definieren. Probleme treten dagegen bei dem Versuch einer metaphysischen Deutung auf.

Raum und Zeit (philosophisches Modell)

Die Definition "was liebt ist real" bildet eine solide Grundlage für eine wissenschaftlich-philosophische Zeitdefinition in einer sich verändernden Welt.

Raum und Zeitraum ergeben sich daraus, dass unsere Welt aus sich ändernden Beziehungen aufgebaut ist. Die Begriffe Raum, Zeit und Substanz beschreiben ein Geflecht aus sich ändernden symbiotischen Beziehungen.

Der Raum und die Zeit, die wir messen, ergeben sich als Massenphänomene aus den Wechselwirkungen vieler Elementarsysteme.

Zeit und Information

Unsere Welt gleicht einer Baustelle. Während des ständigen Auf-, Um- und Abbaus entstehen teilweise komplexe Strukturen. Wie beim Hausbau müssen dabei die einzelnen Arbeitsschritte in der richtigen Reihenfolge ablaufen. Eine Teilarbeit kann nur beginnen, wenn die entsprechenden Voraussetzungen erfüllt sind.
Beschreibt man diesen Vorgang mit den Begriffen Information und Zeit, so beschreibt der Begriff "Zeitpunkt" einen bestimmten (definierbaren) logischen Zustand. So wie ein Bauablaufplan verbindet der "Zeitstrahl" verschiedene logische Zustände miteinander.
In der Logik gibt es geistige Zyklen, die wiederholt ablaufen können (Spirale). Diese Zyklen kann man als "Zeitmaß" verwenden, denn in der Logik gibt es Regeln und Regelmäßigkeiten. Diese logischen Regeln und Regelmäßigkeiten erleben wir als physikalische Gesetze und Rhythmen.

3.4.1   Definition von relevanter Identität, Raum, Zeit, Substanz *

Definitionen im Überblick
- Definition: Ein Objekt ist mit sich selbst identisch (relevante Identität), solange es keiner relevanten Veränderung unterliegt. Was als relevante Änderung aufzufassen ist, wird per Definition festgelegt.

- Definition: Zeit ist das Maß für relevante Veränderungen in der Beziehung zwischen zwei Objekten. Einheit: Bit.

- Definition: Raum ist das Maß für gewichtete relevante Veränderungen in der Beziehung zwischen zwei Objekten. Einheit: gewichtetes Bit.

- Definition: Substanz ist das Maß für die in einer Beziehung zwischen zwei Objekten gespeicherten relevanten Veränderungen. Einheit: gespeicherte Bit.

- Definition: Werden die in einer Beziehung zwischen zwei Objekten gespeicherten Veränderungen auf zwei andere Objekte übertragen, so spricht man von Arbeit.

Anmerkung:
Der Raum, die Zeit und die Substanz, mit der die Physiker arbeiten, beruht auf Massenphänomenen.

Was ist eine relevante Veränderung?

Zeit und Raum sind Kategorien, um Veränderungen zu messen. Spontan würde man vermutlich sagen: Die Zeit ist ein Maß für jede beliebige Änderung, unabhängig davon, was sich verändert. Jede Änderung entspricht einer Zeiteinheit.

Aber es ergibt sich ein Problem: Wenn es zwischen zwei Zuständen Übergangszustände gibt, besteht das Problem, festzulegen, was genau eine Änderung ist. Das bedeutet aber, dass die Zeit, mit der wir arbeiten, nicht ein Maß für jede beliebig kleine Änderung ist, sondern nur für jene Änderungen, die

- von einem Mathematiker in einer Definition ...
oder
- von einem Techniker bei der Konstruktion der Uhr ...
oder
- von einem physikalischen System durch seine Wirkung ...

                     ... als relevante Änderungen festgelegt wurden.

Dadurch sind die Grundeinheiten von Zeit, Raum und Materie nicht punktförmig, sondern besitzen eine Ausdehnung.

Dieses Modell ist angemessen, denn Elementarsysteme sind nicht punktförmig, sondern umfassen jeweils ein Volumen und überlappen einander. Veränderungen finden nicht an einem einzigen mathematischen Punkt statt, sondern umfassen stets einen Bereich, ein Volumen.

Zeit (mathematisches Modell)

Zeit ist das Maß für relevante Veränderungen in der Beziehung zwischen zwei Objekten. Einheit: Bit.

Jede relevante Änderung entspricht einer Zeiteinheit. Die Bits werden addiert, unabhängig davon, ob eine vorherige Veränderung wieder rückgängig gemacht wird oder nicht.

Die mathematische Zeit lässt sich rechnerisch umkehren. Damit lässt sich auch die Vergangenheit mathematisch erfassen. Beide Zeitrichtungen sind mathematisch gleichwertig, es spielt also für die Mathematik keine Rolle, ob man eine Entwicklung von einem "Anfangs"-Zustand zu einem "End"-Zustand betrachtet oder umgekehrt. Was Anfang und was Ende ist, ist in der mathematischen Zeit nicht festgelegt und kann deshalb durch andere Prozesse festgelegt werden (-> Symbiose).

Die Zeiteinheit Bit sagt weder etwas darüber aus, wie lange es von einem Wechsel zum nächsten dauert, noch ob die Wechsel in einem gleichmäßigen Takt stattfinden. Auch dies kann durch andere Prozesse festgelegt werden (-> Relativitätstheorie).

Raum (mathematisches Modell)

Raum ist das Maß für gewichtete relevante Veränderungen in der Beziehung zwischen zwei Objekten. Einheit: gewichtetes Bit.

Bei der Wichtung wird dem Bit ein positives bzw. ein negatives Vorzeichen zugeordnet.

Jede relevante Änderung wird gezählt. Die mit einem Vorzeichen versehenen Bits werden addiert. Während die Einheit "Bit" eine festliegende Richtung besitzt, ist die Einheit "gewichtetes Bit" variabel. Dies führt dazu, dass trotz einer stetigen Addition die Summe der "gewichteten Bits" schwanken kann, oder anders ausgedrückt, dass man sich im Raum gedanklich vor und zurück bewegen kann. Werden die Bits jeweils gleich bewertet, so entspricht dies einer geradlinigen Bewegung.

Die Raumeinheit "gewichtetes Bit" sagt nichts über den absoluten Umfang der Änderung aus. Dies kann durch andere Prozesse festgelegt werden.

Raum und Zeit

Die Einheiten Raum und Zeit dürfen nicht miteinander gleichgesetzt werden, da sie etwas Verschiedenes beschreiben.

Die vierte Raum-Dimension ist nicht die Zeit. Sie ist räumlich. Um sie zu konstruieren, müsste man auf den drei Raumachsen eine weitere Achse zeichnen, die auf jeder der drei anderen Achsen senkrecht steht. Das können wir uns nicht vorstellen, aber man kann damit rechnen.

Substanz (mathematisches Modell)

Substanz ist das Maß für die in einer Beziehung zwischen zwei Objekten gespeicherten relevanten Veränderungen. Einheit: gespeicherte Bit.

Anmerkung:
- Substanz ist gespeicherte Information.
- Die Speicherung erfolgt in einem sogenannten Schwingkreis. (Spirale)
- In einem Schwingkreis herrscht nicht Stillstand, sondern Wandel. Dies erklärt, weshalb Substanz zugleich Energie ist.
- Die Begriffe Information, Substanz und Energie (Arbeit) beziehen sich auf das Gleiche und beschreiben lediglich unterschiedliche Aspekte.

Physikalische Einheiten in Bit

Physikalische Einheiten unterscheiden sich voneinander. In den Bit-Systemen schlägt sich dies in der unterschiedlichen Wichtung der einzelnen Bits nieder. Einheiten können gekürzt werden, wenn die Wichtungen übereinstimmen.

Voneinander unabhängige Einheiten (Zeit, Raum, Energie) werden als Vektorprodukt miteinander verbunden. (Jedes unabhängige Phänomen besitzt seine eigene Dimension im Vektorraum, die daraus ableitbaren Phänomene (wie Kraft oder Leistung) besitzen jeweils einen spezifischen Bereich im Vektorraum.)

Es gibt nicht das eine Bit-System, sondern beliebig viele, die von der jeweiligen Festlegung der relevanten Änderung bestimmt werden.

Tabelle 29 Physikalische Einheiten in Bit

Größe	Einheit	Wichtung	Einheiten in Bit
Relevante Änderung	$[Bit]$		$1[Bit]$
Zeit(-pfeil)	$[Bit_t]$	$w_t = +1 \bullet t$	$|n[Bit]| = |n \bullet w_t\,[Bit_t]|$
Lichtgeschwindigkeit	c_{Bit}		$c_{Bit} = 1[Bit_1 * Bit_t^{-1}]$
Strecke (Bewegung)	$[Bit_1]$	$w_1 = +/- 1$	Summe für alle Vorgänge: $|n[Bit]| = \sum_1^n |n[Bit_1]|$ $|n[Bit_1]| = |\sum_1^n (n \bullet w_1\,[Bit])|$
Raum	$[Bit_{1ij}]$	$w_i = +/- 1 \bullet i$ $w_j = +/- 1 \bullet j$ $w_{1ij} = w_1 \bullet w_i \bullet w_j$	$|a_01 + a_1i + a_2j| = r$ Vektoraddition: $|n[Bit]| = |\sum_1^n r_n\,[Bit_{1ij}]|$ $|n[Bit_{1ij}]| = |\sum_1^n (n \bullet w_{1ij}\,[Bit])|$
Wirkungsquantum	h_{Bit}		$h_{Bit} = 1[Bit_a \bullet Bit_t^{-1}]$
Arbeit / Energie (alle Energieformen)	$[Bit_a]$	$w_a = +/- 1 \bullet a$	$|n[Bit_a]| = |\sum_1^n (n \bullet w_a\,[Bit_t])|$ $\sum_1^n |\,n[Bit_a]\,| = |n[Bit_t]|$
weitere Konstanten	k_{Bit}		$k_{Bit} = 1[Bit_x \bullet Bit_t^y]$

Ein Bit entspricht einer Ja/Nein-Aussage. Welche Frage beantworten die Bit-Einheiten? Nach der hier vorgenommenen Definition von Zeit, Raum, Materie ist es die Frage nach dem Wandel. Wandel - ja - 1 Bit, kein Wandel - nein - 0 Bit. Jede Einheit sagt etwas aus über die Art des Wandels. Kombiniert man mehrere Einheiten wie beispielsweise Raum und Zeit, so kann man Gesetzmäßigkeiten des Wandels erkennen und beschreiben.

Zeit (physikalisches Modell)

- In der Natur sind relevante Änderungen eines physikalischen Systems im Rahmen der Naturgesetze definiert:
Plancksches Wirkungsquantum h = Energie x Zeit = konstant.

- Die Festlegung geschieht auf der Grundlage von Prinzipien, auf der Grundlage von mathematischen Gesetzen und auf der Grundlage von Systemeigenschaften.
- Die kürzeste Zeiteinheit, in der eine beobachtbare Wirkung stattfinden kann, ist $5{,}4 \times 10^{-44}$ sec lang. Man nennt sie die Plancksche Elementarzeit. Kürzere Zeiten sind für uns nicht zugänglich.
Die kleinste Raumlänge ist für Objekte, die eine Wirkung besitzen, $1{,}6 \times 10^{-33}$ cm lang. Man nennt sie die Plancksche Elementarlänge. Kleinere Strecken sind uns nicht zugänglich.

- Die wissenschaftliche Zeit beruht auf Veränderungen, die ein Beobachter wahrnehmen oder messen kann.

- Die Wissenschaft kann keine absoluten Aussagen darüber machen, wie lange es von einem Wechsel zum nächsten dauert. (Nach der Relativitätstheorie hängt dies u.a. von der Geschwindigkeit des Beobachters ab.) Die Festlegung geschieht auf der Grundlage von Prinzipien wie dem Prinzip der Gleichheit, auf der Grundlage von mathematischen Gesetzen wie der Relativitätstheorie und auf der Grundlage von Systemeigenschaften wie bei den *Atom*modellen.

- Die Wissenschaft kann auch keine absoluten Aussagen darüber machen, ob Veränderungen in einem gleichmäßigen Takt stattfinden. Aber die Wissenschaft ist in der Lage, den Ablauf verschiedener Vorgänge miteinander zu vergleichen. Vergleicht man zwei Lichtwellen miteinander, kann man aussagen, ob sie den gleichen Takt besitzen (Interferenzen).
Damit ist man in der Lage, Zeitdauer und Zeittakt sinnvoll festzulegen. In der Physik wählte man früher das Pendel und heute das Licht als Grundlage der gemessenen Zeit. Einheiten: Frequenz einer festgelegten Wellenlänge, Sekunde, Tag, Jahr usw.

- Zeit, wie wir sie erleben, beruht wie die Temperatur auf einem Massenphänomen. (Das physikalische Modell erklärt die Temperatur mit der Bewegung von einer gewaltigen Anzahl von Molekülen.)

Zeit (philosophisches Modell)

Annahme: "Wandel ist möglich."

- Das hier dargestellte philosophische Modell basiert auf den Gesetzen und Grenzen der Logik, den Beobachtungen der Physik und den Erfahrungen des Alltags. Die Begriffe "nichts", "punktförmig", "unendlich" oder "ewig" sind nicht Teil der Logik und werden in diesem Modell nicht verwendet.

- Raum und Zeit erleben wir global. Aber die Relativitätstheorie und die Bellsche Ungleichung deuten darauf hin, dass Raum und Zeit nur lokal existieren, lokal an einer ungeheuren Menge von Orten. Raum und Zeit sind, so wie wir sie erleben, Folgen eines Massenphänomens.
Erläuterung: Ein Mensch wird geboren, lebt und stirbt. Die Menschheit setzt sich aus unglaublich vielen sich überschneidenden Menschenleben zusammen. Auch Elementarsysteme entstehen, bestehen und vergehen. Die Zeit, die wir erleben, ergibt sich als Massenphänomen aus den zeitlichen Abläufen vieler Elementarsysteme. Das, was wir als Realität betrachten, setzt sich als Massenphänomen aus einer großen Zahl von Realitäten zusammen.

- Den Zeitraum der Wirkung bezeichnen wir als Augenblick, als Jetzt.

- Nach den Erfahrungen des Alltagslebens passieren Änderungen meist nicht schlagartig, sondern sie beginnen klein, werden stärker und stärker, nehmen wieder ab und finden ein Ende. Analog dazu wird hier davon ausgegangen, dass die mit Bit bezeichnete Grundeinheit der Zeit die Form eines Wellenberges besitzt: Das „Jetzt", ist noch nicht da, es schwillt langsam an, ist ganz da, schwillt langsam ab und ist nicht mehr da. Die Wellen von „eben" und „jetzt" sind gegeneinander verschoben. Da sich die Wellen von „eben" und „jetzt" teilweise überlagern, hat die „Wirkung" ausreichend Zeit, um sich zu entfalten. Das gleiche gilt für die Wellen von „jetzt" und „gleich".

- Zeit ohne asymmetrischen Zeitpfeil gleicht in vielen Eigenschaften dem Raum. Es ist mathematisch und physikalisch denkbar, dass die gerichteten Vorgänge unseres Universums eingebettet sind in einen größeren Bereich von ungerichteten Vorgängen. Die Annahme, dass Zeit ohne Zeitrichtung die Grundlage unserer gerichteten Zeit bildet, beseitigt etliche der diskutierten philosophischen Widersprüche beim Thema Zeit. Sie entschärft die Frage nach einem Anfang und einem Ende der Zeit.

Die Antwort auf die Frage "Was war vor der Entstehung des Zeitpfeils?" könnte lauten: "Eine Welt ohne Lernprozesse." Möglicherweise ist unser Universum eine Blase, in der ein evolutionärer Erkenntnis- und Innovationsprozess stattfindet in einem Meer aus Vergesslichkeit.

- Die Frage "Was war vor der Entstehung der Zeit?" überschreitet bei einer Betrachtung der Zeit als einer einzigen für das ganze Universum geltenden Einheit den Definitionsrahmen und bringt nur unsinnige Antworten hervor. Ganz anders, wenn man die Zeit als Massenphänomen betrachtet. Bevor und während ich gelebt habe, haben meine Eltern und Großeltern gelebt. Wenn man von einem Anfang und Ende der Zeit sprechen kann, so finden diese möglicherweise nicht abrupt, sondern fließend statt, wie bei einer Party, bei der die Gäste kommen, bleiben, wechseln und gehen. Es gibt viele Anfänge der Zeit und viele Enden.
Zeit beginnt und endet nicht in der Zeitlosigkeit, sondern in der Ungerichtetheit.

Information, Substanz, Raum, Zeit und unsere komplexe Logik ergeben sich aus grundlegenden, einfachen Gegebenheiten auf der Ebene der *Quanten*physik. (s.o.)

- Gibt es einen Bereich (nicht Ort, nicht Zeitraum), an dem Raum und Zeit keine Gültigkeit haben? Einen derartigen Bereich kann ich mir nicht vorstellen, ihn aber auch nicht ausschließen. In der Logik gibt es eine wichtige Erkenntnis, die in diesem Zusammenhang von Bedeutung ist: Werden lediglich negative Aussagen aneinandergereiht, können keine positiven Schlüsse gezogen werden. Über Raumlosigkeit und Zeitlosigkeit sind aber lediglich negative Schlüsse möglich. Vorsicht bei Begriffen wie: punktförmig, dimensionslos, zeitlos, unveränderlich, ewig usw. Sie entstammen dem Gedankensystem des Raum-Zeit-Materie-Modells, dass sie negieren. Auch die menschliche Mathematik und Logik basieren, wie bereits der Buddhismus erkannt hat, auf dem Raum-Zeit-Materie-Modell. Dies gilt meines Erachtens auch für unsere Sinneseindrücke in Wachzustand, Traum oder Drogenrausch, in Ekstase, bei Geisteskrankheiten oder in der Meditation. In allen diesen Bereichen sind Aussagen über Raum- und Zeitlosigkeit mit Vorsicht zu genießen.

Raum und Zeit als Modell
Raum und Zeit sind Teile von Modellvorstellungen, desgleichen die Eigenschaften der Materie (z.B. der Temperatur):
- Die erlebte Temperatur, die erlebte Zeit und der erlebte Raum sind Teile eines im Rahmen der Evolution entwickelten Modells. (Die Evolution ist in ihren Methoden und Auswirkungen ein dem Prinzip der Wissenschaft vergleichbarer Vorgang.)
- Die gemessene Temperatur, die gemessene Zeit und der gemessene Raum sind Teile eines im Rahmen der praktischen Physik entwickelten Modells.
- Die mathematische Temperatur, die mathematische Zeit und der mathematische Raum sind Teile eines anderen, im Rahmen der theoretischen Physik entwickelten Modells.

Wirklichkeit oder Illusion oder Modell?

Gefühlsmäßig setzen wir die wahrgenommene Welt mit der Wirklichkeit gleich. Beim Nachdenken kommen jedoch Zweifel an dieser Vorstellung auf, die dann teilweise sogar in eine genau entgegengesetzte Vorstellung von der Bedeutung unserer Wahrnehmung umschlägt:
Im Platonismus und im Buddhismus gilt nur Ewiges und Unveränderliches als wirklich und wahr. Beide erklären daher die Zeit und alles Veränderliche zu einem Trugbild, zur Illusion.

"Materie", "Temperatur", "Raum" und "Zeit" sind zwar nicht die "Wirklichkeit", nicht "das Ding an sich" (Kant), aber es sind auch keine Trugbilder, es sind Modelle, erfolgreiche Modelle.
Die Ausdrücke "wahr", "richtig", "falsch", "Trugbild", "Illusion" erfassen nicht den Modellcharakter und sollten daher auf Modelle nicht angewendet werden. Modelle erfüllen einen praktischen Zweck, haben aber nicht die Aufgabe, alles und jedes zu erklären. So kann man mit Hilfe eines Globus eine Weltreise planen, aber nicht die Stabilität der Erde testen, indem man ihn fallen lässt. Modelle sind nicht wahr oder unwahr, sondern hilfreich oder nicht hilfreich. Auch ein Globus, an dem Afrika am Südpol aufgeklebt wurde, ist nicht falsch, sondern nur für die Reiseplanung ungeeignet. Vielleicht sollte mit dem Globus gegen den Klimawandel protestiert werden - erfolgreich oder erfolglos.

Wirklichkeit

Wissen wir, wie die "Wirklichkeit" aussieht? Nein, keineswegs. Ein Vergleich mit einem Computerspiel kann dies verdeutlichen: Auf Computerbildschirmen bewegen sich Spielfiguren hin und her. Das eigentliche Spiel läuft aber auf dem Computerchip. Dabei ändern sich im Chip lediglich Zahlen (bzw. Ladungen). Die Lichtschwankungen des Bildschirms, die die Bilder erzeugen, werden erst in einem zweiten Schritt erzeugt. Auch mit abgeschaltetem Bildschirm arbeitet das Programm weiter. Der Bildschirm ist hilfreich, denn er hilft dem Spieler dabei, das Spiel zu gewinnen. Hinter den Bildern auf dem Bildschirm (die keine Trugbilder sind, sondern Zeichnungen, z.B. von Fantasiewesen), steht aber ein anderer Mechanismus, als es den Anschein hat. Auch hinter dem, was wir als Raum erleben, kann ein anderer Mechanismus stecken, als unser angeborenes Raummodell vermuten lässt. Wie die Wirklichkeit aussieht, wissen wir nicht. Wir wissen aber, dass die Evolution unser Gehirn hervorgebracht hat. Die Evolution optimiert nach „Überleben", nicht nach „Wahrheit". Unsere Vorfahren hätten sicher nicht überlebt, wenn ihre Vorstellungen im Widerspruch zur Wirklichkeit gestanden hätten. Möglicherweise reicht eine sehr geringe Übereinstimmung aus, um uns überleben zu lassen. Bei unserem Temperaturgefühl können wir erkennen, wie genau das Modell ist. "Kalt", "warm" und "heiß" sind sehr gute Hilfen, um zu überleben, die Ursache der Temperatur erklärt das Modell nicht. (Das physikalische Modell erklärt die Temperatur mit der Bewegung einer gewaltigen Anzahl von Molekülen.) Der wissenschaftliche Wahrheitsgehalt unseres Temperaturempfindens lautet: "Mit diesem Temperaturgefühl überlebst du eher als ohne dieses Gefühl."
Das evolutionäre Modell erfüllt die Funktion, das Leben zu sichern, ausgezeichnet. Es hat offensichtlich nicht die vorrangige Funktion, die Welt zu erklären.

Modellcharakter von Gefühlen, Vorstellungen und Theorien

Unsere Vorstellungen von „Substanz", "Temperatur", „Raum", „Zeit", „Veränderung" usw., also alle Grundlagen unseres Denkens und Handelns, sind Modelle unseres Gehirns. Die Sprachen, mit denen unser Gehirn die Welt beschreibt, nennen wir Gefühle und Gedanken. So sind das Gefühl des Zeitflusses und unsere Vorstellung von Vergangenheit, Gegenwart und Zukunft Teile eines uns angeborenen Modells. (s.u.)

In anderen Modellen, z.B. in physikalischen Modellen, besitzen diese Begriffe eine grundlegend andere Bedeutung. So haben in der Raumzeit der Relativitätstheorie die Begriffe Vergangenheit, Gegenwart und Zukunft eine andere Bedeutung, sie gelten nicht universell, sondern hängen vom jeweiligen Beobachter ab.

Das Modell der Relativitätstheorie ist nicht besser, sondern anders. Bei der erlebten Zeit steht die (lokale) Wirkung im Mittelpunkt. Das dahinter stehende gefühlsmäßige Modell ermöglicht uns, Handlungen in Raum und Zeit zu planen und durchzuführen.

Der Zeitfluss

In einem Geflecht von sich wandelnden Beziehungen helfen die Begriffe Materie, Raum und Zeit, die Vorgänge in ein logisches Modell einzuordnen. Wir besitzen kein äußeres Maß und müssen mit dem Vorlieb nehmen, was zugänglich ist:
- Wir messen Zeit durch einen Uhrenvergleich und geben an, wie oft eine Uhr im Vergleich zur anderen Uhr tickt. (Da alle Materie dem Wandel unterworfen ist, eignet sich jedes Stück Materie als "Uhr".)
- Wir messen den Raum durch einen Vergleich von einem Raum mit einem anderen.
Hinter der Messung einer Zeit mit Hilfe einer anderen Zeit steht die Eichung der Zeit an logischen bzw. physikalischen Zuständen.

Unser Zeitbegriff beruht, wie unsere Vorstellung von Raum und Materie, auf einem Masseneffekt. Die einzelnen Objekte und ihre Veränderungen erhalten von der Gemeinschaft ihre individuellen Eigenschaften, wie relative Geschwindigkeit, Geburtszeitpunkt, Lebensspanne, Todeszeitpunkt. (Zeit als "Behälter" ergibt sich aus der Zeit als Massenphänomen.)

Das menschliche Gefühl des Zeitflusses kann ansatzweise erklärt werden: Hören, Sehen, Fühlen, Schmecken und eine große Anzahl von anderen Sinneswahrnehmungen prasseln auf uns ein. Bei der menschlichen Wahrnehmung werden Ereignissen, die innerhalb eines gewissen Zeitraums stattfinden, mit der Information "gleichzeitig" versehen. Diese Ereignisse empfinden wir im Augenblick der Wahrnehmung und auch in der Erinnerung als "gleichzeitig".
Sinneswahrnehmungen dauern in der Regel deutlich länger und Nervenimpulse deutlich kürzer, als der als "gleichzeitig" aufgefasste Zeitraum. Es kommt zu einer Überlappung der verschiedenen Informationen, und es entsteht ein Kontinuum und damit das Gefühl eines kontinuierlichen Zeitflusses.

Einige Philosophen haben behauptet, der Zeitfluss könne nicht erklärt werden und sei daher eine Illusion. Der Zeitfluss ist keine Illusion, sondern Teil eines gut funktionierenden, hilfreichen Modells. Er kann im Rahmen des Modells als Masseneffekt erklärt werden.

Blockuniversum

Im Idealismus wird nur Unveränderliches als real bezeichnet. Im Modell des Blockuniversums liegen alle Zustände der Vergangenheit, Gegenwart und Zukunft unveränderlich fest und befinden sich schichtweise übereinander. Wenn wir einen Film sehen, erleben wir den Film, können ihn aber nicht verändern. Unser Bewusstsein erlebt, nach dieser Theorie, analog dazu eine Abfolge des Blockuniversums, ohne es verändern zu können. Unsere aktiven Handlungen beruhen in diesem Modell auf einer Illusion.

Bewertung:
- Unser Universum entwickelt sich (s. Evolution). Wir machen Erfahrungen und lernen dazu. Dies kann das Blockmodell nicht erklären.
- Dieses statische Modell steht weder im Einklang mit der Relativitätstheorie noch mit der *Quanten*physik.

Der Zeitpfeil

"Warum kann man im Raum zum Ausgangspunkt zurückgehen, nicht aber zu einem früheren Zeitpunkt gelangen?"

Diese Frage beruht auf einem Irrtum.

Wir gehen in einen Garten, verlassen ihn und kommen einen Monat später "zurück". Der Garten hat sich verändert. Einige Blüten sind verblüht und andere aufgeblüht. Der heutige Garten ist nicht identisch mit dem früheren Garten. Menschen, deren Ortschaften durch Erdbeben oder Kriege zerstört wurden, haben eine solche Veränderung schmerzlich erfahren. Wir Menschen können weder räumlich noch zeitlich zurückgehen. Wenn hier im Text vom Zeitpfeil gesprochen wird, handelt es sich eigentlich um einen Raum- und Zeitpfeil. Beides ändert sich für uns Menschen unabänderlich.

Anders bei sehr einfachen Konstruktionen. Hier kann ein Zustand eintreten, der genauso schon einmal da war (z.B. bei zwei beweglichen Perlen auf einer Schnur. Die Perlen können sich wieder in einem Zustand befinden, an dem sie sich schon einmal befanden). Die Frage nach einer Wiederholung identischer Zustände ist somit eine Frage der Komplexität und der zur Verfügung stehenden Zeit (s. Thermodynamik).

Tauscht man eine Perle gegen eine andere aus, so ist es nicht mehr möglich, einen früheren Zustand erneut zu erreichen (s. *Quanten*physik). Dieser Vorgang des Entstehens und Vergehens läuft in unserem Universum permanent ab.

Beobachtungen der experimentellen Physik

In der experimentellen Wissenschaft kann man z.B. beim Wachstum einer Blume oder beim radioaktiven Zerfall beobachten, dass die Zeitrichtungen, von der Vergangenheit zur Zukunft und von der Zukunft zur Vergangenheit, sich voneinander unterscheiden. In der Praxis lässt sich die Zeit nicht umkehren (Symmetriebruch).

Es wurde versucht, die Zeitrichtung mit Hilfe von verschiedenen Theorien erklären:
- Thermodynamik
- Systemtheorie
- Bellsche Ungleichung
- Informationstheorie
- Kosmologie

Möglicherweise sind mehrere oder sogar alle Modelle korrekt und beschreiben lediglich unterschiedliche Aspekte.

Zeitpfeil und Naturgesetze

Die fundamentalen Naturgesetze besitzen keine bevorzugte Zeitrichtung: Zeitumkehrinvarianz. Die Zeitrichtung kann deshalb durch andere Prozesse festgelegt werden.

Zeitpfeil und Kosmologie

Das Universum dehnt sich aus. Dies legt möglicherweise die Zeitrichtung fest.

Zeitpfeil und Thermodynamik

Nach dem 2. Hauptsatz der Thermodynamik verlaufen alle physikalischen Prozesse vom Zustand der Ordnung (Protropie) hin zum Zustand der Unordnung (Entropie). Dieser Vorgang bildet, in Kombination mit einem Zustand hoher Ordnung als Anfangsbedingung, die Basis für den Zeitpfeil.

Der 2. Hauptsatz der Thermodynamik ist aber nur eingeschränkt richtig. Korrekt müsste er lauten: Alle physikalischen Prozesse gehorchen den Gesetzen der Wahrscheinlichkeitsrechnung (Statistik). Im Zustand der völligen Unordnung versagt daher der 2. Hauptsatz der Thermodynamik. Im Zustand der Unordnung gleichen sich die beiden Zeitrichtungen. So wie lebende Systeme verhungern können, so vergeht in diesem Modell auch der Zeitpfeil ohne die Nahrung "Ordnung". (Lebewesen "essen" die Nahrung Ordnung in Form von Trägern chemischer Energie, wie z.B. Fett.)

Philosophisch interessant ist die Frage, ob unser Universum aus einem Zustand ohne explizite Zeitrichtung hervorgegangen ist und auch in einem derartigen Zustand enden wird.

Zeitpfeil und Systeme

Alle Systeme (eine Blume, ein Staat, ein Proton usw.) durchlaufen eine Entwicklung: lernen, wachsen, altern, sterben, zerfallen. Hier sind es Strukturen, die, in Kombination mit einem Zustand hoher Ordnung als Anfangsbedingung, den Zeitpfeil aufrecht erhalten. Eine mechanische Armbanduhr diene als Modellsystem. Die Uhr besitzt die Unruh, ein Bauteil, dass mechanisch ein Rückwärtslaufen der Uhr verhindert (Symmetriebruch). Angetrieben wird die Uhr von "Ordnung", die ihr in Form von Energie beim Aufziehen zugeführt wird. Sie bleibt stehen, wenn die nutzbare Ordnung aufgebraucht wurde.

Mechanismen (Evolution) und auch Systeme besitzen unsymmetrische Strukturen, die wie die Unruh einer Uhr den Abläufen eine eindeutige Richtung geben. Der von uns fast nicht wahrnehmbare Vorgang der abnehmenden Ordnung wird durch diese Strukturen in eine gut erkennbare Entwicklung umgesetzt.

Vermutung: Die erlebte Zeitrichtung ergibt sich als Massenphänomen aus der Zeitrichtung der Elementarsysteme. (Systeme als Zeitventile)

Zeitpfeil und Bellsche Ungleichung

Die Bellsche Ungleichung ergibt sich aus den inneren Abläufen der Elementarsysteme. Sie sagt aus, dass sich Vorgänge nicht zeitlich umkehren lassen, und deutet damit darauf hin, dass bereits Elementarsysteme eine Zeitrichtung besitzen. Sie liefert so eine Begründung für die Beobachtungen der experimentellen Physik.

Zeitpfeil und Informationstheorie

Die Asymmetrie des Zeitpfeils ergibt sich aus einer Asymmetrie von
- Lernen und Vergessen (Erkenntnis)
- Entstehen und Vergehen (Sein)
- Schaffen und Vernichten (Tat)

178

3.4.2   Spezielle Relativitätstheorie

Wenn man auf einem Turm steht und auf das Rathaus in der Ferne blickt, ist das Rathaus viel kleiner, als man es aus der Nähe kennt. Ebenso ist vom Rathaus aus gesehen der Turm kleiner. Diese Größenänderung findet also wechselseitig statt. Dann hört man leise die Rathausuhr 12 schlagen. Ein Vergleich von Turmuhr und Rathausuhr zeigt: beide Uhren zeigen die gleiche Zeit an. Von der Wärme des Bratwurstgrills auf dem Rathausmarkt ist auf dem Turm nichts zu spüren.

In der Entfernung ändert sich der Größenmaßstab, die Lautstärke und die Stärke der Strahlungsenergie, nicht aber die Form des Rathauses und nicht der Zeitmaßstab.

Änderungen des Größenmaßstabs in Bezug auf den Abstand kann man mit Hilfe der Trigonometrie berechnen. Mit Hilfe der speziellen Relativitätstheorie kann man Änderungen des Maßstabes, die ein ruhender Beobachter bei bewegten Körpern wahrnimmt, berechnen:

Tabelle 30 Trigonometrie und Relativitätstheorie

Bereich	Was ändert sich?	Was bleibt gleich?
Trigonometrie (Abstand)	Größe (ist kleiner) Lautstärke (ist leiser) Strahlungsenergie (ist geringer)	Form Tonhöhe, Melodie Zeit
Spezielle Relativitätstheorie (Bewegung)	Wellenlänge und Frequenz der Lichtwelle Länge (Körper ist kürzer) Zeit (Uhr läuft langsamer) Masse (ist schwerer) Energie (ist größer) Impuls (ist größer)	Zahl der Wellenberge eines Impulses Breite und Dicke Vierervektor ("Melodie" der Raumzeit)

Wie im obigen Beispiel ist auch in der Relativitätstheorie die Änderung wechselseitig, d.h. bei zwei sich entgegenkommenden Raumschiffen beobachtet jedes diese Änderungen beim anderen: Dessen Raumschiff ist kleiner und dessen Uhren gehen langsamer. Das ist, in der Tat, höchst erstaunlich, genauso, wie das geschrumpfte Rathaus, das wir vom Turm aus sehen. Erstaunlich, aber erklärbar.

Niemand nimmt nun an, dass das Rathaus geschrumpft sei, wenn jemand es vom Turm aus ansieht, und es schrumpft auch nicht, wenn gerade ein Raumschiff darüber wegfliegt und jemand aus dem Fenster sieht. Aber die veränderten Maßstäbe sind keine Illusionen, keine "optischen Täuschungen", sondern wirksame Realität. Die Wirkung der Objekte nimmt mit der Entfernung tatsächlich ab. (Würde es sich nur um eine Täuschung handeln, so könnte man oben auf dem Turm ein Würstchen grillen, wenn auf dem Rathausmarkt ein Grill steht.)

Auch die Relativitätstheorie können wir täglich im Alltag erleben. Wenn ein Fußballspieler gegen den Ball tritt, ändert sich für die Spieler beobachtbar der Impuls des Balls. Das merkt auch der Torwart, wenn er den Ball stoppen will. Die Zunahme des Impulses ist nach der Einsteinformel $E=mc^2$ zugleich eine Massenzunahme. Dass der Ball auch schwerer wird, ist genauso wenig wahrzunehmen, wie die Wärme des Grills auf dem Turm. Dass man Impuls-, aber nicht Massenänderungen wahrnehmen kann, liegt daran, dass bereits ein kleiner Impuls eine beobachtbare Wirkung besitzt. Dagegen benötigt man eine sehr große Masse, um eine beobachtbare Wirkung zu erzielen: Schießt man den Fußball mit einer Kanone, die mit 20000 Tonnen TNT gefüllt ist, so wird der Ball lediglich 1g schwerer. Da dies technisch nicht möglich ist, spüren wir die Massenzunahme im Alltag nicht. Sie findet aber bei jeder Beschleunigung statt. Dies können wir nur indirekt an der Änderung des Impulses spüren.

Zwillingsparadoxon

Temperaturveränderungen haben eine sehr ähnliche Wirkung auf Zeitabläufe wie die Beschleunigung in der Relativitätstheorie, denn chemische Reaktionen laufen bei tieferen Temperaturen langsamer ab:

Eine befruchtete Eizelle (einer Kuh) wird nach der ersten Zellteilung getrennt. Dabei entstehen Zwillinge. Beide entwickeln sich gleich schnell. Dann wird der eine Zwilling abgekühlt und eingefroren. Der andere Zwilling wird ausgetragen und entwickelt sich zu einem Kalb. (Dieser Eingriff wurde bereits mehrfach vorgenommen.)

Die Temperaturänderung bewirkt eine Veränderung der Reaktionsgeschwindigkeit. So lange, wie dieser Zustand anhält, so lange bleibt die Reaktionsgeschwindigkeit sehr gering. Erst wenn die Temperatur sich z.B. nach 5 Jahren verändert, wenn also der eingefrorene Zwilling aufgetaut wird, dann entwickelt er sich normal. Er wird ausgetragen und geboren. Und er ist, wie Geburtsurkunde und Entwicklung zeigen, fünf Jahre jünger als sein Zwillingsbruder.

Bei dem sogenannten Zwillingsparadoxon fliegt einer der beiden Zwillinge im Raumschiff weg, kommt nach 60 Jahren wieder und ist nur wenige Tage gealtert.

Beim Start eines Raumschiffes wird der Raumfahrer beschleunigt. Dadurch verändert er sich. Sein Herz schlägt langsamer, sein Haar wächst langsamer, sein Stoffwechsel arbeitet langsamer (für einen Beobachter auf der Erde). Er selbst merkt nichts von der Veränderung, da seine direkte Umgebung, also das Raumschiff, sich im gleichen Maßstab verändert. Diese Änderung hält so lange an, bis durch das Abbremsen bei der Landung (sog. negative Beschleunigung) die Vorgänge in seinem Körper wieder so schnell ablaufen wie bei seinem Bruder. Der Zwilling aus dem Raumschiff ist weniger gealtert als sein Zwillingsbruder, der zu Hause geblieben ist. Entscheidend ist die Dauer, wie lange die Veränderung angedauert hat (eingefroren bzw. beschleunigt).

Bei der Veränderung, also der Beschleunigung des Zwillings, treten ungeheure Kräfte auf, etwa so wie bei einer Achterbahnfahrt mit 200.000 Kilometer pro Stunde. (Es ist somit keineswegs leicht, Raum und Zeit zu verändern.) Diese Kräfte zerren nur am Zwilling, der durch den Weltraum reist. Nur er wird verändert, nicht aber der Bruder, der zuschaut.

(Theorien lassen sich gefühlsmäßig leichter verstehen, wenn für eine Erklärung auf Begriffe verzichtet wird, bei denen sich das gefühlsmäßige Erleben und die physikalische Festlegung nicht entsprechen. Die Vorstellung, dass Vorgänge aus Sicht des Beobachters langsamer ablaufen, ist emotional leichter zu akzeptieren, als sich eine Veränderung der Zeit vorzustellen, da wir unterschiedliche Geschwindigkeiten aus dem Alltagsleben kennen, Zeitdehnungen dagegen nicht.)

Physikalischer Hintergrund:

Das Standardmaß der Natur für Raum und Zeit ist das Licht. Um die Dauer eines Ereignisses zu messen, muss man die Wellenberge des Lichtes messen, so wie Pendeluhren Pendelschläge, Quarzuhren Schwingungen oder Wasseruhren Wassertropfen "zählen". Lichtuhren "zählen" Wellenberge:

Das Element Cäsium sendet nach einer Anregung Licht aus. Zählt ein Zählwerk 9192631770 Wellenberge, so ist eine Sekunde vergangen. (Dies ist seit 1964 die vorläufige Definition der Sekunde.)

Die Zahl der Wellenberge der Lichtwellen ist, in Verbindung mit der Wellenlänge, gleichzeitig auch der Maßstab für Entfernungen im Raum. Sendet man Licht einer bekannten Wellenlänge von einem Gegenstand zu einem anderen und zählt die Wellenberge, kennt man die Größe des Abstands zwischen beiden Gegenständen.

Die Wellenlängen und damit die Abstände der Wellenberge sind abhängig vom Beobachter. Bewegt der Beobachter sich auf eine Schallquelle zu, wird die Welle verkürzt; bewegt er sich von ihr weg, wird die Welle gedehnt. (Dieser Vorgang kann bei Schallwellen gehört werden. Fährt ein Krankenwagen mit Sirene vorbei, ändert sich der Ton.) Diese Änderung der Wellenlänge nennt man Dopplereffekt. Die Formeln des Dopplereffekts bilden die Grundlage für die Relativitätstheorie.

Bringt man vorn in einem Raumschiff einen Laser an und zählt die Wellenberge bis zum Heck des Raumschiffes, so kommt der ruhende und der bewegte Beobachter auf das selbe Ergebnis: Die Zahl der Wellenberge bleibt in der Relativitätstheorie gleich.

Formeln (mit Erläuterung)
Der Physiker H.A. Lorentz (1853-1928) hat auf Grundlage des Dopplereffekts Gleichungen zur Berechnung der Maßstabsänderungen bei bewegten Körpern aufgestellt:

Tabelle 31 Vierervektor

	bewegter Beobachter		ruhender Beobachter
Breite	y'	=	y
Dicke	z'	=	z
Länge in Bewegungsrichtung	x'	=	$(x-vt)/(1-v^2/c^2)^{-2}$
Zeit	t'	=	$(t-vx/c^2)/(1-v^2/c^2)^{-2}$
Vierervektor ("Melodie" in der Raumzeit)	$x'^2 + y'^2 + z'^2 - c^2t'^2$	=	$x^2 + y^2 + z^2 - c^2t^2$

Diese Gleichungen sind als Lorentz-Transformation bekannt und bilden die Grundlage der Relativitätstheorie von Albert Einstein.

Erläuterung:

y' und y
Die Ausdrücke y' und y bezeichnen die Länge einer Strecke einmal aus Sicht des bewegten Beobachters (y') und einmal aus Sicht des ruhenden Beobachters (y).

$y' = y$ und $z' = z$
Senkrecht zur Bewegungsrichtung findet keine Änderung statt. Die Länge ändert sich nur in Bewegungsrichtung (x).

$x' = (x-vt)$ ... und $t' = (t-vx/c^2)$ ...
In der Formel des Raumes (x') findet man ein t (Zeit) und in der Formel der Zeit (t') findet man ein x (Raum). Das bedeutet, Änderungen von Zeit und Raum finden nicht unabhängig voneinander statt.

$t' = ... x/c^2$ ...
Die Zeit (t') ist mit dem Raum (x) über die Lichtgeschwindigkeit (c) verbunden, genaugenommen mit dem Quadrat der Lichtgeschwindigkeit. Die Lichtgeschwindigkeit ist der zentrale Begriff der Relativitätstheorie.

$(1-v^2/c^2)^{-2}$
Mit steigender Geschwindigkeit v wird dieser Wert kleiner. Bei Lichtgeschwindigkeit (c) erhält er rechnerisch den Wert Null. Das bedeutet, dass Zeit und Länge aus Sicht des ruhenden Beobachters um so kleiner werden, je schneller ein Raumschiff fliegt. Bei Lichtgeschwindigkeit, die aber nicht erreicht werden kann, würde die Zeit stehenbleiben und das Raumschiff hätte aus Sicht der Erdbewohner keine Ausdehnung mehr.

$\omega = \omega_0(1+v/c)/(1-v^2/c^2)^{-2}$
Dies ist die Formel des Doppler-Effekts. Wellen ändern ihre Frequenz (ω), wenn sich Sender (ω_0) und Empfänger (ω) relativ zueinander bewegen. Die Relativitätstheorie geht davon aus, dass Raum, Zeit und Materie die Eigenschaften von Wellen haben. (In Systemen gelten die gleichen Gesetze wie in der Wellenlehre.)

$(1-v^2/c^2)^{-2}$
Dieser Ausdruck des Doppler-Effekts bildet den Kern der Relativitätstheorie. Mit steigender Geschwindigkeit v wird dieser Wert kleiner. Der Abstand der Wellenberge rückt immer näher zusammen.

$x^2 + y^2 + z^2 - (ct)^2$

Die Formel wird Längenquadrat des Vierervektors genannt. Der Vierervektor beschreibt einen Körper in der Raumzeit mit den drei Raumachsen x, y, z und der Zeitachse t.

$x^2 + y^2 + z^2$

Dies ist die Formel für die Oberfläche einer Kugel.

t

Die Kugel dehnt sich so wie ein Luftballon, der aufgeblasen wird, in der Zeit (t) aus.

$-ct$

Dies ist eine Strecke. (Geschwindigkeit mal Zeit gleich Strecke.)
Der "Luftballon" dehnt sich mit Lichtgeschwindigkeit (c) aus. Der Wert ct entspricht dem Radius des Luftballons zum Zeitpunkt t.

x^2

Dies ist eine Fläche (Strecke x mal Strecke x). Auch $(ct)^2$ ist eine Fläche.

$x^2 + y^2 + z^2 - (ct)^2$

Dies ist der Satz des Pythagoras für vier Dimensionen. Es werden drei Flächen addiert und eine Fläche subtrahiert.

$x'^2 + y'^2 + z'^2 - c^2t'^2 = x^2 + y^2 + z^2 - c^2t^2$

Die Formeln für den bewegten und den ruhenden Beobachter sind gleich. Das bedeutet, dass sich das Längenquadrat des Vierervektors als Ganzes bei einer Bewegung nicht ändert, auch wenn sich einzelne Komponenten ändern. So bleibt auch ein Luftballon der selbe Ballon, wenn er beim Aufblasen größer wird.

Raumzeit

Eine verbreitete Veranschaulichung der Raumzeit lautet wie folgt: Man male in eine Vorlage für ein Raum-Zeit-Diagramm ein X mit zwei Pfeilen an den beiden oberen Armen des Buchstaben. Dort wo beide Linien sich treffen ist das "hier und jetzt". Der Bereich oben zwischen den Armen wird mit "absolute Zukunft" und der Bereich unten zwischen den Beinen wird mit "absolute Vergangenheit" beschriftet. Die Bereiche seitlich vom X werden "absolutes anderswo" genannt. Dieser Begriff ersetzt das Wort "gleichzeitig" aus der Alltagsprache.

Die Begriffe "absolut" sind auch in diesem Zusammenhang falsch. Sie führen zu Fehlschlüssen. Die Darstellung ist nicht absolut, sondern bezieht sich auf ein System, das Nachrichten mit Hilfe von Lichtstrahlen austauscht. (Das X symbolisiert zwei Lichtstrahlen die sich kreuzen.) Für ein System, das Nachrichten mit Hilfe von Schallwellen austauscht, sieht das X wesentlich schmaler aus, für ein System, das Nachrichten mit dreifacher Lichtgeschwindigkeit austauscht, ist es breiter.
Nicht nur das Bild, sondern auch die Formeln der Relativitätstheorie müssen an die jeweilige Geschwindigkeit angepasst werden. Deshalb bewegen sich überlichtschnelle Teilchen ganz normal vorwärts durch die Zeit.
Wir leihen Achilles die Flügel von Hermes (um seine Niederlage gegen die Schildkröte wettzumachen) und schicken ihn mit dreifacher Lichtgeschwindigkeit und einem Funken in der Hand von Planet zu Planet. Dort entzündet er jeweils eine Fackel. Von allen Seiten wird er von Raumsonden beobachtet. Wenn die Beobachter die Ausbreitungsgeschwindigkeit des Lichtes berücksichtigen, kommt jeder von ihnen zum Schluss, dass die Fackeln in der korrekten Reihenfolge angezündet wurden. (So wie auch bei Blitz und Donner der Zeitpunkt des Blitzschlages korrekt bestimmt werden kann.)

3.4.3   Urknall und Schwarze Löcher

Was sind Schwarze Löcher?

Man wirft einen Stein hoch. Er fällt herunter. Man wirft stärker, er fliegt höher und fällt wieder zu Boden. Könnte man einen Stein so stark werfen, dass er mit einer Geschwindigkeit von mehr als 11,2 km/s, der Entweichgeschwindigkeit der Erde, nach oben fliegt, so verließe er ihr Gravitationsfeld und würde nicht wieder herunterfallen. Taschenlampen senden Licht mit 300000 km/s aus, folglich verlässt es die Erde. Deshalb ist die Erde aus dem Weltall zu sehen. Bei einem Körper, an dessen Oberfläche die Entweichgeschwindigkeit größer als die Lichtgeschwindigkeit ist, fallen die Photonen (Licht) auf den Körper zurück. Der Körper leuchtet nicht, er ist schwarz. Die Oberfläche eines Körpers, an dem die Gravitationskraft exakt so groß ist wie die Lichtgeschwindigkeit, nennt man Schwarzschild-Radius.

Stehen Schwarze Löcher im Einklang mit Philosophie und Wissenschaft?

Physiker "erzeugen" zunächst Schwarze Löcher in einem Gedankenmodell, aus dem sie die folgenden Schlussfolgerung abgeleitet haben:

- Da Licht das schnellste ist, das wir kennen, verlässt nun „Nichts" mehr das Schwarze Loch.

- Am Schwarzschild-Radius sind Temperatur und Dichte unendlich, die Ausdehnung ist Null, die Zeit bleibt stehen.

- Im Mittelpunkt eines Schwarzen Loches tritt nach den Vorstellungen der Physiker ein Zustand auf, in dem die Gesetze der Logik und der Physik nicht gelten. Sie nennen diesen Zustand eine "Singularität".

- Im Schwarzen Loch zerreißt die Raumzeit. Es entsteht dabei ein Loch in der Raumzeit.

In dem folgenden Gedankenmodell treten keine unendlichen Kräfte auf.

Wie entstehen Schwarze Löcher?

Modell 1

An einer ohne Antrieb im Weltraum schwebenden Station fliegt ein Raumschiff vorbei. Für die Besatzung des Raumschiffes ist die Raumstation gemäß den Regeln der Relativitätstheorie kürzer, schwerer und ihre Uhren laufen langsamer. Nun fliegt ein anderes Raumschiff mit sehr hoher Geschwindigkeit vorbei. Für die Besatzung dieses Raumschiffes ist die Raumstation nach der Relativitätstheorie so schwer, dass es sich für sie um ein Schwarzes Loch handelt. Das bedeutet, sie sehen einen sehr schweren Körper, der die Größe seines Schwarzschild-Radius besitzt (nicht kleiner). Er hat die Strahlungseigenschaften eines schwarzen Körpers. (Von außen ähnelt es, bis auf die große Masse, normaler Materie.)

Wie sieht es nun im Inneren des "Schwarzen Loches" aus? So wie immer, denn für die Bewohner der Station hat sie sich durch den Vorbeiflug des Raumschiffes nicht verändert. Die Bewohner können sich in ihr bewegen und, wenn gewünscht, im Spiegel betrachten.

Fazit:

Schwarze Löcher besitzen, von innen her betrachtet, die Eigenschaften eines ganz normalen Raumes. Bei ihrer Bildung zerreißt die Raumzeit nicht. Im Vergleich Innen - Außen sind die vom Beobachter abhängigen Dehnungen von Raum und Zeit zu berücksichtigen. Das Licht, dass aus den Fenstern der Station scheint, kommt zeitlich stark gedehnt beim schnell vorbei fliegenden Raumschiff an.

Die inneren Eigenschaften der einzelnen Schwarzen Löcher dürften sich eigentlich nicht prinzipiell voneinander unterscheiden. Ich vermute deshalb, alle Schwarzen Löcher besitzen im Inneren einen normalen Raum.

Auch Elementarsysteme könnte man als Schwarze Löcher betrachten. Damit sind sie nicht punktförmig, sondern haben das Volumen ihres Schwarzschild-Radius. (Diese Schlussfolgerung beseitigt viele Unendlichkeiten in den Formeln der Physiker.) Das Mindestvolumen eines Elektrons lässt sich berechnen.

Anmerkung:
Aus Sicht des Beobachters wird bei einer Beschleunigung ein Körper kleiner, bis er den Schwarzschildradius erreicht. Bei einer weiteren Beschleunigung wird er schwerer und damit größer.

Modell 2
Die Gravitationskraft nimmt mit der Entfernung ab. Nähert man sich z.B. der Erde, so wird die Erdanziehung größer und größer. Am größten ist sie aber nicht im Mittelpunkt der Erde, sondern an der Erdoberfläche: Ihre gesamte Masse liegt unter uns und zieht uns nach unten.
Steigt man in ein Bergwerk hinab und dringt in die Erde ein, so zieht der Teil der Erde, der über einem ist, nach oben, und nur noch der Teil der Erde, der unter einem liegt, zieht nach unten. Die Erdanziehungskraft sinkt. Im Mittelpunkt gleichen sich alle Kräfte aus, die Anziehungskraft sinkt rechnerisch gegen Null.
Dementsprechend für Schwarze Löcher: Vom Rand zur Mitte sinkt die Gravitationskraft bis gegen Null.

Unser Modell der Erdanziehung bedarf noch einer kleinen Korrektur: An der Erdoberfläche ist die Erdanziehungskraft etwas geringer, als rechnerisch zu erwarten, da die Luftmassen der Atmosphäre ihr ein wenig entgegenwirken.
Bei den sog. Schwarzen Löchern wird gemäß den Gesetzen der Quantenphysik eine "Atmosphäre" erzeugt (Hawking-Strahlung). Deshalb sinkt vor dem Erreichen des Schwarzschild-Radius die Gravitationskraft.
Aus der Nähe betrachtet, gibt es keinen Schwarzschild-Radius. Das hat zur Folge, dass die Entweichgeschwindigkeit kleiner als die Lichtgeschwindigkeit ist. Das "Schwarze Loch" strahlt Licht und Informationen ab.

Begründung:
Nähert man sich dem Schwarzen Loch, so steigt dessen Gravitationskraft an. Kurz vor dem Schwarzschild-Radius kommt man in den Bereich der Hawking-Strahlung. Diese Strahlung erzeugt Teilchen mit Masse, die nach außen zieht. Je näher man kommt, desto dichter wird sie. Sie nähert sich dem Punkt, an dem sie nahezu die gleiche Dichte hat wie die unter ihr liegende Materie. (Die Dichte ist hier sehr hoch.) Die Gravitationskraft sinkt somit kurz vor dem Schwarzschild-Radius ab.
Es gibt, aus der Nähe betrachtet, keinen Schwarzschild-Radius. Nur aus der Ferne scheint er zu existieren. Damit sind aber Temperatur, Dichte, Ausdehnung und Zeit im Schwarzen Loch endlich. Im Inneren sinkt die Gravitationskraft immer weiter ab. In der Mitte herrscht Schwerelosigkeit. Von außen gesehen, handelt es sich um ein Schwarzes Loch, von innen gesehen, handelt es sich (wie bei Station in Modell 1) um einen ganz normalen Raum.
(Anmerkung: Die Gravitation nimmt bei einer Annäherung an den Rand eines Körpers nur langsam zu. Die Heisenbergsche Unschärferelation, die bei der Hawking-Strahlung von Bedeutung ist, nimmt im Nahbereich sehr stark zu.)

Urknall und Schwarze Löcher

- Gegen die Behauptung, im Urknall sei das Universum aus "Nichts" entstanden, spricht, dass in allen Modellen, aus denen diese Aussage abgeleitet wird, ist vorher etwas vorhanden ist. Die aus diesen Modellen ableitbare Aussage lautet: Im Urknall ist das Universum aus wenig entstanden.

- Nimmt man an, der „Urknall" sei das Innere eines Schwarzen Loches, so bestanden auch beim Urknall stets endliche Temperaturen, Dichte, Ausdehnung und Zeit. Es hat somit auch eine Zeit vor dem Urknall gegeben.

- Frage: Entspricht die als Inflation bezeichnete Ausdehnung des Raumes nach dem Urknall dem Kollaps des Sternes zu einem Schwarzen Loch? Möglicherweise, denn in beiden Fällen dehnt sich die Raumzeit stark aus.

- Die zeitlichen Abläufe innerhalb und außerhalb eines Schwarzen Loches sind sehr verschieden.

- Gibt es zwischen der vom Schwarzes Loch produzierten ausgesprochen großen Unordnung (Entropie) und der hohen Ordnung (Protropie) beim Urknall, einen Zusammenhang? Das Energieerhaltungsgesetz sagt aus, dass in einem abgeschlossenen System die Ordnung stets abnimmt. Geht man davon aus, dass unser Universum nur das Innere eines Schwarzen Loches ist, so kann für die Zeitdauer des Urknalls und unter Berücksichtigung der Hawking-Strahlung unser Universum als offenes System betrachtet werden. Von außen betrachtet, erzeugt ein Schwarzes Loch sehr viel Entropie (Unordnung). Daher wäre es kein Verstoß gegen die Naturgesetze, wenn innen Ordnung entsteht.

- Oder entsteht beim Urknall neuer, leerer Raum und damit ein Bereich hoher Ordnung? Dann wäre das Schwarze Loch sozusagen ein Jungbrunnen für die Ordnung. Die Entstehung von neuem Raum klingt nach einem Verstoß gegen Naturgesetze. Aber vielleicht wird nur vorhandener, nicht nutzbarer Raum durch den Urknall nutzbar:
Die kleinste Raumlänge ist nach den Gesetzen der *Quanten*physik $1,6 \times 10^{-33}$ cm lang (Plancksche Elementarlänge). Kleinere Strecken sind uns nicht zugänglich. Während des Urknalls wird möglicherweise Raum durch den Dopplereffekt gedehnt und gelangt in den uns zugänglichen Bereich. Der „neue" Raum wäre dann nicht neu!

Epochen des Urknalls
$> 10^{15}$K
Oberhalb von 10^{15}K gibt es über den Zustand des Universums nur Spekulationen. (Inflation und anschließend die Bildung von uns noch unbekannten Formen der Materie.)

$< 10^{15}$K
Als die Temperatur unter diese Grenze gefallen war, war das Universum mit sehr vielen unterschiedlichen Teilchen (Systemen) angefüllt: Elektronen, Quarks, Neutrinos, Gluonen, ... und ihre Antiteilchen (Partnersystemen). Ich vermute, dass Quarks sich miteinander zu anderen Quarks vereinigen konnten. Dadurch könnten sich paarweise Protonen und Elektronen gebildet haben.

$< 10^{9}$K
Das Universum kühlte sich ab. Fast alle Teilchen und Antiteilchen vereinigten sich und bildeten einen Lichtstrahl. Protonen und Elektronen konnten sich nicht miteinander vereinigen und blieben übrig.

$< 4 \cdot 10^{3}$K
Bei 4000K bildeten sich Atome: Wasserstoff und Helium. Das dabei entstehende Licht können wir jetzt als „Hintergrundstrahlung" des Universums messen, die heute eine Temperatur von 2,7 °K besitzt.

$< 10^{2}$K
Aus Wasserstoff und Helium entstanden riesige Sterne. Sehr große Sterne sind nur für eine kurze Zeit stabil. Nicht lange nach ihrer Entstehung explodieren sie als „Supernova". Bei dieser Explosion sind die uns bekannten Elemente (Sauerstoff, Kohlenstoff, Eisen, ...) entstanden. Daraus haben sich unsere Sonne und Erde gebildet.

3.4.4   Ordnung und Energie

In vielen Büchern werden Alchemisten als verbohrte Narren dargestellt, die ihr Leben lang erfolglos versuchten, Gold herzustellen. Ihre Idee war einfach: "Wenn es Gold gibt, muss es entstanden sein." Heute wissen wir, dass Gold und andere Elemente in Sternenexplosionen entstehen. Der Grundgedanke war also korrekt, lediglich die Methoden der Alchemisten waren falsch, denn man kann Gold nicht auf chemischem Wege herstellen.

Alchemisten und Physiker hatten eine weitere Idee: "Wenn es Energie und Ordnung gibt, muss diese entstanden sein." Sie haben erfolglos versucht, Maschinen zu entwerfen, die (nur positive) Energie erschaffen sollten:

- Das Perpetuum mobile 1. Art sollte (nur positive) Energie erzeugen.
- Das Perpetuum mobile 2. Art sollte Ordnung erzeugen.

Energie

Die Energie ist eine mathematische Einheit, die ein positives oder ein negatives Vorzeichen tragen kann. Das bekannte Energieerhaltungsgesetz: "Energie kann weder erschaffen noch vernichtet werden" ist nicht richtig und müsste wie folgt umformuliert werden: "Bei einem Prozess entsteht stets gleichviel Energie mit einem positiven Vorzeichen wie mit einem negativen Vorzeichen." (Bei einer Waage, deren Balken auf- und abschwingen geht immer dann, wenn die eine Seite nach oben geht, die andere nach unten. Die Lageenergie nimmt dabei auf einer Seite ab und auf der anderen zu. In der Summe bleibt sie gleich.)

Ein Perpetuum mobile 1. Art, dass im Widerspruch zum Energieerhaltungsgesetz dazu dient, (nur positive) Energie zu erzeugen, wird aus philosophischer Sicht nicht benötigt und ist aus physikalischer Sicht falsch, da es theoretischen Überlegungen und vielfältigen experimentellen Erfahrungen widerspricht.

Ordnung

Das Problem ist nicht die Erschaffung der Energie, sondern die Entstehung der Ordnung. Ein Perpetuum mobile 2. Art, dass im Einklang mit dem Energieerhaltungsgesetz dazu dient, Ordnung zu erzeugen, wird aus philosophischer Sicht dringend gesucht und steht nicht im Widerspruch zu physikalischen Gesetzen. Die theoretische Physik (Statistik, Thermodynamik, Informationstheorie, Unschärferelation) setzt Grenzen, die möglicherweise nicht zu überwinden sind.

Die Frage nach dem Ursprung der Ordnung ist von grundsätzlicher Natur: Gibt es keinen immanenten (physikalischen) Prozess ihrer Entstehung, so müsste die Ordnung auf transzendentem Wege entstanden sein. Es ist aus wissenschaftlicher und philosophischer Sicht daher von großer Bedeutung, sich ernsthaft mit dieser Frage auseinanderzusetzen. Häme über gescheiterte Ansätze (Perpetuum mobile) sind nicht angebracht und widersprechen dem Geist der Wissenschaftlichkeit. Da niemand sich gerne lächerlich macht, hemmt sie die Suche nach einer Lösung.

Beobachtung:
- Es gibt Ordnung.
- Ordnung kann verschwinden.
Fragestellung:
- (Wie) kann Ordnung entstehen?
Vermutung:
Ordnung kann auf Grundlage von Prinzipien im Rahmen eines evolutionären Prozesses entstehen, da Prinzipien "kostenlos" arbeiten. (Ein Beobachter, der einen Regler bedient, dagegen nicht.)

Wie entsteht Ordnung?

Produktion:
- Lokal entsteht nach den Gesetzen des Zufalls die Ordnung ("kostenlos").

Konzentration der Ordnung:
- Bestimmte Ordnungsstrukturen besitzen eine höhere Lebensdauer als andere.
- Mathematisch handelt es sich um eine nachträgliche Auswahl (hier "kostenlos").
- Diese Strukturen können sich zusammenschließen (Symbiose).
- Die zusammengeschlossenen Strukturen besitzen eine höhere Lebensdauer als andere (Anreicherung der Ordnung).

Kosten:
- Symbiosen bringen einen Gewinn für beide Partner (Prinzip der Liebe).
- Mathematisch handelt es sich um ein Nicht-Nullsummen-Spiel, in dem echte Gewinne möglich sind.
- Physikalisch kann man die Symbiosen mit Hilfe von Erhaltungssätzen erklären (z.B. Energieerhaltungsgesetz, Impulserhaltungsgesetz).

Erläuterung:
Ein Photon wandelt sich in ein Elektron und ein Positron um. Erhaltungssätze verhindern, dass sie einzeln zerfallen.

Möglichkeit des Wandels
Änderungen sind möglich.

Der Evolutionsprozess beruht auf der Möglichkeit des Wandels. Er ist nicht aufgesetzt, sondern ergibt sich aus den Gesetzen des Wandels und sorgt dafür, dass sich vergleichsweise stabile, komplexe Strukturen herausbilden:
- Objekte können sich verändern: Mutation
- Die Zeit zwischen zwei aufeinander folgenden Veränderungen kann unterschiedlich lang sein. Mit anderen Worten, Objekte bzw. ihre Eigenschaften können stabil sein oder eine kurze Lebensdauer besitzen: Selektion
- Die Eigenschaften von Objekten können die Stabilität des Objekts beeinflussen. (Informationstheorie: Informationen besitzen eine Wirkung)
- Objekte können andere Objekte verändern (Wirkung). Dabei kann es vorkommen, dass ein Objekt ein anderes Objekt so verändert, dass es ihm selbst gleicht. Mit anderen Worten, der Informationsinhalt kann von einem Objekt auf das andere kopiert werden. (Vermehrung = Lehren und Lernen)
- Wie ein Objekt ein anderes ändert, kann nach Regeln erfolgen. (Naturgesetze, Prinzip von Ursache und Wirkung)
Grundlage des Evolutionsprozesses ist es, dass bestimmte Ordnungsstrukturen länger bestehen bleiben, während andere zerfallen. Dadurch kommt es zu einem Anwachsen der Ordnung.

Ordnung und Information
Information entspricht der Protropie, also der negativen Entropie, umgangssprachlich Ordnung genannt.

Ordnung und Energie
Ordnung ist der universelle Energieträger.
- In der Elektrizitätslehre sind gegensätzliche Ladungen die Energieträger
- In der Wärmelehre betrachtet man die negative Entropie (warm/kalt) als Energieträger.
- In der Gravitationstheorie sind Massen (und Räume) die Energieträger

3.4.4.1.1 Materie/Energie

Den Vorgang des Wandels bezeichnen Physiker mit dem Begriff Arbeit. Energie und Materie sind gespeicherte Arbeit, die etwas verändern, wenn sie freigesetzt werden.

Energie kann ein positives und auch ein negatives Vorzeichen tragen. Manche Physiker nehmen an, die Summe der Energie im Universum könne mit Null angegeben werden. Da unsere Materie physikalisch gesehen Energie ist, wirft dies eine weitere Frage auf: Woraus bestehen wir dann eigentlich? Mögliche Antwort: Aus symbiotischen Beziehungen. (?)

Die Geschichte von den siebzehn Kamelen
Ein Vater hatte drei Söhne. Bevor er starb, sprach er zu ihnen: "Der Älteste soll die Hälfte meiner Kamele bekommen, der Zweitälteste ein Drittel und der Jüngste ein Neuntel." Nachdem er gestorben war, zählten sie die Kamele und stellten fest, dass es siebzehn Tiere waren. Sofort brach ein Streit unter ihnen aus, weil jeder auf den eigenen Vorteil aus war. Glücklicherweise ritt bald darauf ein weiser Mann auf seinem Kamel vorbei, und sie beschlossen, sich seinem Schiedsspruch zu unterwerfen. Sie erzählten ihm die Geschichte, und er überlegte kurz. Dann stellte er sein Kamel neben die siebzehn des Vaters und forderte den ältesten auf, sich seinen Anteil zu nehmen. Der Älteste nahm sich daraufhin neun Kamele, also die Hälfte. Der zweitälteste Bruder nahm sich sechs, also ein Drittel, und der jüngste Bruder zwei, also ein Neuntel. Zu ihrer großen Überraschung stand das Kamel des weisen Mannes immer noch da. Jetzt verstanden die Brüder die Absicht ihres Vaters und beschlossen, sich nicht wieder zu streiten, sondern stets eine einvernehmliche Lösung zu suchen.

Der Begriff der Energie, den die Physiker in ihren Rechnungen verwenden, hat die gleiche Aufgabe, wie das Kamel des weisen Mannes: Energie und Materie sind Hilfsgrößen in unseren physikalischen und auch in unseren angeborenen Modellen. Sie helfen, die Vorgänge des Wandels zu beschreiben, zu berechnen und im Rahmen des Modells zu verstehen. Die in Zahlen ausgedrückte Menge der Energie hilft, eine Aufgabe zu lösen, ohne sich zu ändern. Diese Eigenschaft findet ihren Niederschlag im Energieerhaltungsgesetz. (Aber der weise Mann kann mit seinen Kamelen vorbeikommen, d.h. man kann rechnerisch gleich viel positive wie negative Energie hinzufügen.)

Verbreitete Missverständnisse
- Eine verbreitete Ansicht lautet: In der Quantenphysik leihen sich die virtuellen Teilchen kurzzeitig Energie.
Das Wort "leihen" ist ein ungeeigneter Ausdruck, der einen Verstoß gegen das Energieerhaltungsgesetz andeutet. Korrekt muss es heißen: In der *Quanten*physik entsteht kurzzeitig gleich viel positive wie negative Energie. Die dabei entstehenden spontanen Elementarsysteme rekombinieren und zerfallen rasch, es sei denn, ein Symmetriebruch verhindert den Zerfall.

- Eine andere verbreitete Ansicht lautet: Im Urknall war bereits alle Energie vorhanden. Das ist nicht erforderlich. Erforderlich ist lediglich ein Zustand hoher Ordnung.

Energieumwandlung

Jede Energieform lässt sich in jede andere umwandeln.

Solarzelle: Lichtenergie in elektrische Energie
Blatt: Lichtenergie in chemische Energie (Photosynthese)
Lagerfeuer: Chemische Energie in Wärmeenergie
Bügeleisen: Elektrische Energie in Wärmeenergie

Die Vereinigung jeweils zweier Energieformen zu einer Einheit ist ein Thema der verschiedenen Fachrichtungen der Physik:
1.) Wärmeenergie <=> Bewegungsenergie: Thermodynamik
2.) Schallenergie <=> Bewegungsenergie: Akustik
3.) Energie des Impulses <=> Bewegungsenergie: Mechanik
4.) Elektrische Energie <=> Bewegungsenergie: Elektromagnetismus
5.) Lichtenergie <=> Elektrische Energie: Optik
6.) Chemische Energie <=> Elektrische Energie: Chemie
7.) Massenenergie der Materie <=> Bewegungsenergie: Relativitätstheorie
Die Informationstheorie geht noch einen Schritt weiter und vereinigt das Materielle mit dem Geist (Informationsinhalt):
8.) Masse <=> Energie <=> Informationsinhalt (Geist).
Die Energieumwandlung entspricht in diesem Modell einem Wechsel der verwendeten Sprache durch eine Informationsverarbeitung.

Nach dem Lichtschlauchmodell (s.u.) beruhen alle Vorgänge der Energieumwandlung auf einem einzigen Mechanismus: Licht ändert seine Richtung: Es wird gespiegelt, gebrochen, polarisiert, gedreht usw.
(In diesem Modell ist Licht das Element, aus dem sich alle anderen Elementarsysteme bilden.)

Über Naturgesetze

Ein Naturgesetz beschreibt als Funktion mathematisch das Verhältnis von Ursache und Wirkung.
Kennt man ein Naturgesetz, wie das Gravitationsgesetz, so kann man es anwenden. Um die Wirkung berechnen zu können, muss man die Anfangsbedingungen kennen.
(Beispiel: Misst man die momentane Stellung des Mondes, dann kann man mit Hilfe der Naturgesetze ausrechnen, wo der Mond morgen früh um acht steht.)

Naturgesetze gelten nur in ihrem Definitionsbereich, z.B. für eine bestimmte Geschwindigkeit oder in einem bestimmten Größenbereich. Mit den jeweils vorhandenen Messgeräten kann nur ein Ausschnitt gemessen werden.
Das kann unproblematisch sein, wenn der Definitionsbereich kann mehrere Größenordnungen umfassen. Man spricht dann von selbstähnlichen Systemen (Beispiel: Kleine Wasserwirbel gehorchen den gleichen Gesetzen wie die großen). Oft aber ändern sich die Gesetze in anderen Größenordnungen fundamental. (Beispiel: Bei Bewegung mit fast Lichtgeschwindigkeit treten andere Gesetze in den Vordergrund als bei langsamen Geschwindigkeiten). Die korrekte Festlegung des Definitionsbereichs ist ein bedeutendes Problem in der Wissenschaft.

Es stellt sich die Frage nach den Grenzen des Definitionsbereichs in der Zeit. Seit wann gelten die uns bekannten Naturgesetze? Untersuchungen des radioaktiven Zerfalls von ca. 4,5 Milliarden Jahre alten Gesteinen zeigen, dass wichtige Naturgesetze und Konstanten (c, h, α) sich in dieser Zeit nicht verändert haben.

3.4.5 Messen und Maßeinheiten: System der irdischen Einheiten

SE Version 1.2 - Verbesserungsvorschläge erwünscht!

Das System der irdischen Einheiten (SE) eignet sich für den praktischen Einsatz im Alltag und in der Physik. Um den Spagat zwischen beiden Bereichen zu bewältigen, werden zwei miteinander verbundene Typen von Einheiten eingeführt, die Gebrauchseinheiten und die Eicheinheiten.

Basisregeln

- Neue Einheiten brauchen, um Verwechslungen zu vermeiden, neue Namen. Diese Namen orientieren sich an den Namen der Größen in der international üblichen Verkehrssprache. (Englisch)
- Die Abkürzung einer Eicheinheit besteht stets aus drei kleinen Buchstaben des international üblichen (lateinischen) Alphabets und beginnt mit jeweils einem x. Bei der Gebrauchseinheit wird das x weggelassen.
- In Formeln werden die Abkürzungen der Gebrauchseinheit in Großbuchstaben verwendet.
- Reserviert sind die Buchstaben x, y, z für das Ende der Abkürzungen. Die Abkürzungen der Naturkonstanten enden mit jeweils einem x, das tief gestellt werden kann. Mathematische Konstanten enden jeweils mit einem z. Das y wird für eine spätere Zuordnung zurückgestellt.
- Ein Zahlensystem wird durchgängig verwendet. Da unsere Alltagssprache und unser Ziffernsystem auf dem Dezimalsystem beruht, ist dieses durchgängig zu verwenden.
- Die Einheiten werden bei den dezimalen Vielfachen und Teilern mit den in der Physik üblichen Vorsilben versehen. Bei Vorsilben wird die "short scale" verwendet.
- In allen Bereichen der Physik haben die Maßeinheiten für Gleiches (wie z.B. für Energie) den gleichen Wert.
- Geeignete Naturkonstanten erhalten, wenn möglich, einen neutralen Wert, der die Rechnung nicht beeinflusst, also 0 bei Additionen und 1 bei Multiplikationen.
- Maßeinheiten dürfen herausgekürzt werden, wenn es sich aus dem Sachverhalt ergibt. (Bei einer Dehnung ist Länge durch Länge physikalisch gesehen nicht kürzbar. Dies ist in den Formeln zu berücksichtigen. Für die Berechnung der Größenordnung der Einheiten ist dies aber nicht von Bedeutung und es darf gekürzt werden.)
- Da das System der irdischen Einheiten zusammenhängend (kohärent) ist, lassen sich alle Größen als Produkt der Ausgangseinheit mit den zugehörigen Naturkonstanten darstellen. Damit erhalten sie die folgende Struktur:

$$Z^z \cdot A^a \cdot K^k \cdot L^l \cdot M^m$$

(Z = Zahl, A = Ausgangseinheit (Zeit), K, L, M = Naturkonstanten, z, a, k, l, m = Zahlen als Exponenten.)

- Das Alltagsleben bestimmt die Größenordnung der Gebrauchseinheit. Die Gebrauchseinheit ist ein dezimales Vielfaches der Eicheinheit.

Naturkonstanten

Nur Naturkonstanten, die experimentell sehr genau bestimmt werden können, eignen sich dafür, per Definition festgelegt zu werden.

- Folgende grundlegende Naturkonstanten werden in der Eicheinheit per Definition mit 1 festgelegt: Die Lichtgeschwindigkeit, das Plancksche Wirkungsquantum, die Bolzmann Konstante und die Avogadro Konstante.
- Die Definition der Ladungen orientiert sich am Prinzip der Einfachheit und Gleichheit.
- Die elektromagnetischen Proportionalitätskonstanten werden so gewählt, dass die Maxwellschen Gleichungen eine maximale Symmetrie und Einfachheit bekommen.

Ausgangseinheit

Eine einzige Einheit kann als Ausgangseinheit willkürlich festgelegt werden. In System der irdischen Einheiten ist dies die Zeit:
- Die Zeit ist das Maß für den Wandel. Deshalb ist es sinnvoll, alle Einheiten auf den Zeitmaßstab zurückzuführen.

- Der Tag ist die für den Menschen wichtigste natürliche Zeiteinteilung. Daher bildet die Länge eines durchschnittlichen Sonnentages den Ausgangspunkt für die Definition der Zeit. (Die messtechnische Definition des durchschnittlichen Sonnentages entspricht der Definition im SI-System als 86400 • 9192631770 Schwingungen eines Cäsiumkristalls. Siehe Definition der Sekunde.) Die Eicheinheit der Zeit [xti] wird als dezimaler Bruchteil des durchschnittlichen Sonnentages festgelegt. Ihr Wert soll nahe an der Plankschen Elementarzeit ($\approx 5{,}3906$ E-44 [s]) liegen. Daraus ergibt sich folgende Beziehung: 1[xti] = 8,6400 E-44 [s]

Anmerkungen:
Reformen bieten die Möglichkeit, Fehler zu beseitigen und Verbesserungen einzuführen. In diesem Falle ist dies für die Einheiten und die Formeln möglich. Folgende Regeln gelten daher für dieses System:

- Analoge Phänomene werden analog definiert (z.B. Ladungen).
- Unterschiedliche Einheiten erhalten unterschiedliche Namen.
- Vergleichbare Einheiten erhalten vergleichbare Namen.
- Ungeeignete Bezeichnungen werden in geeignete umbenannt.
- Die Bezeichnung der Pole mit Rechenzeichen ist problematisch. Da die elektromagnetische Kraft eine Einheit bildet, werden die elektrischen Pole für plus in W wie West und für minus in E wie East umbenannt. (Aus e^- wird e_E und aus e^+ wird e_W.)
- Der elektrische Strom läuft, wie Elektronen in Metall, von East (minus) nach West (plus).
(Anmerkung: Der magnetische Nordpol liegt nahe dem geografischen Nordpol und ist, bis zur nächsten Umpolung des Erdmagnetfeldes, zur Zeit ein physikalischer Südpol.)
- Der Bezugspunkt für ein Potential liegt "im Unendlichen". Bei einander abstoßenden Ladungen wird diesem gedachten Punkt das Potential 0 zugeordnet, bei einander anziehenden Ladungen wird dem Potential dieses Punktes die Hilfsgröße P_{max} zugeordnet. Sie fällt bei der Bildung von Potentialdifferenzen weg. Die potentielle Energie ist folglich positiv.
- Lichtenergie wird in den gebräuchlichen Einheiten für Energie angegeben. Die subjektive Lichtstärke Candela ist eine biologische und keine physikalische Einheit.
- Basis für die Wellenlehre ist die Wellenspanne (i.d.R. = 1/2 Wellenlänge). Sie reicht von Knotenpunkt zu Knotenpunkt.

- Winkel werden in dezimalen Bruchteilen oder Vielfachen des Vollwinkels angegeben.
- Winkel leiten sich aus dem Kreisumfang und dem Raumwinkel aus der Kugeloberfläche ab.
- Der Kreisumfang des Einheitskreises wird mit Eins festgelegt und die Kugeloberfläche der Einheitskugel mit Eins.
- Ladungen und Kraftfelder werden in Bezug auf die Kugeloberfläche der Einheitskugel definiert.

Anmerkung:
- Die Frequenz der Kreiswelle ω_n ist gleich der Frequenz der zugehörigen gewöhnlichen Welle ν_n. Die Konstante h quer wird nicht benötigt.

Einige Überlegungen, um auch die Mathematiker zu überzeugen:
- Viele griechische Mathematiker und Philosophen sahen Gerade, Kreis und Kugel als Grundformen an, aus denen alle anderen Formen in der Geometrie abgeleitet werden können. Die Gerade kann aber auch als Bogen eines Kreises mit unendlichem Radius aufgefasst werden. (Krümmung geht gegen Null.) Daraus lassen sich alle geometrischen Formen aus dem Kreis ableiten.
- In der Natur findet man viele kreisförmige Gebilde (z.B. Seifenblasen), aber nur selten einen Durchmesser. In einem endlichen, gekrümmten Universum gibt es letztlich nur Kreisbögen und keine Geraden.
- Nach der Heisenbergschen Unschärferelation besitzt in unserem Universum eine Strecke keine exakt festliegende Länge. Die Unschärferelation gilt sowohl für gerade, wie auch gebogene oder kreisförmige Längen. Die Ober- und Untergrenze für die Zahl π kann man so genau ausrechnen, dass deren Abstand voneinander um Dimensionen kleiner ist als die Unschärfe. Folglich besitzt der Kreis die gleiche Unschärfe und die gleiche physikalische Längeneinheit wie die Einheitsgerade.

Hinweis:
- Es gibt keine einzelnen Ladungen, sondern nur in Wechselwirkung stehende Ladungen. Deshalb tragen Ladungen den Exponenten 0,5.

Tabelle 32 SE - Eicheinheiten

Bezeichnung der Größe	Einheit	Festlegung / Ableitung	SI-Einheit
time, **duration of time**	**xti**	**Festlegung:** $\mathbf{1xti^1 = 1}$ **Sonnentag • 1E- 48**	Zeit t, Zeitdauer Δt $1xti = 8{,}64...E\text{-}44$ s
length constant	**xl_x**	**Festlegung:** $\mathbf{xl_x^1 = 1^1 • xle^1 • xti^{-1}}$	Lichtgeschwindigkeit c $xl_x = c \approx 2{,}99E8\ m{\cdot}s^{-1}$
length	xle	$1xle^1 = 1xti^1 • xl_x[xle • xti^{-1}] =$ $1xle^1 = 1^1 • xti^1 • xl_x^1$	Länge l / m $1xle \approx 2{,}59E\text{-}35$ m
area	xla	$1xla^1 = 1^1 • xti^2 • xl_x^2$	Fläche A / m^2
volume	xlo	$1xlo^1 = 1^1 • xti^3 • xl_x^3$	Volumen V / m^3
velocity	xve	$1xve^1 = 1^1\ xle^1 • xti^{-1} =$ $1^1 • xl_x^1$	Geschwindigkeit v $m{\cdot}s^{-1}$
acceleration	xac	$1xac^1 = 1^1\ xle^1 • xti^{-2} =$ $1^1 • xti^{-1} • xl_x^1$	Beschleunigung a $m{\cdot}s^{-2}$
plane angle	**xap**	$\mathbf{1xap^1 = 1^1 xle^1 • xle^{-1}}$ **Bogen/Vollkreis** **(Dezimalbrüche)**	**Ebener Winkel** $\mathbf{1xpa = 360° = 2\pi\ rad}$ $\mathbf{0{,}5xpa = 180° = \pi\ rad}$
solid angle	**xas**	$\mathbf{1xas^1 = 1^1 xle^2 • xle^{-2}}$ **Kugelkappe/Kugel** **(Dezimalbrüche)**	**Raum-Winkel** $\mathbf{1xsa = 4\pi\ sr}$
angular velocity	xav	$1xva^1 =$ $1^1 • xap^1 • xti^{-1}$	Winkelgeschwindigkeit
unity circle	**xlc**	**Festlegung: Umfang = 1 xle**	**Einheitskreis** Umfang: $1\ xle = (2\pi)^{-1}m$
unity sphere	**xls**	**Festlegung: Oberfläche = 1 xla**	**Einheitskugel** Oberfläche: $1\ xla = (4\pi)^{-1}m^2$
wavespan	**xlw**	**Festlegung:** **Von Knotenpunkt zu Knotenpunkt**	2 Wellenspannen <=> 1 Wellenlänge (i.d.R.)
action	xat	**Festlegung: 1 xat ist ein beliebig definiertes Ereignis**	Ereignis Beispiel: eine Umdrehung
frequency	xfr	**Festlegung: Eine Schwingung ist 1 xat** $1\ xfr^1 = 1^1\ xat^1 • xti^{-1}$	Frequenz f (meist 2 •) 1,16 E43Hz / s^{-1}
circular wave -> unity circle		ω_n <=> ν_n	Kreiswelle im Einheitskreis $\omega_n \neq \nu_n$
work constant	**xw_x**	**Festlegung:** $\mathbf{xw_x^1 = 1xwo^1 • xti^1}$	Plancksche Konstante h $xw_x = h \approx 6{,}626E\text{-}34Js\ /\ kg^1m^2s^{-1}$ $h \neq h_{quer}$
work, light energy	xwo	$1xwo^1 = 1xti^{-1} • xw_x[xwo{\cdot}xti] =$ $1^1 • xti^{-1} • xw_x^1$	Arbeit, Energie W / (E=h•ν) $1xwo \approx 7{,}668\ E+9\ J\ /\ kg^1m^2s^{-2}$
work, amount of heat	xwo	$1xwo^1 = 1xth^1 • xtp^1 =$ $1^1 • xti^{-1} • xw_x^1$	Wärmemenge W $\delta W=dS{\cdot}T$
work, electrical energy	xwo	$1xwo^1 = 1xeq^1 • xep^1 =$ $1^1 • xti^{-1} • xw_x^1$	Elektrische Energie W J / AsV
work, energy of mass	xwo	$1xwo^1 = 1xma^1 • xl_x^2 =$ $1^1 • xti^{-1} • xw_x^1$	Massenenergie W / (E=m•c^2) J / $kg^1m^2s^{-2}$ / Nm
power	xwp	$1xwp^1 = 1xwo^1 • xti^{-1} =$ $1^1 • xti^{-2} • xw_x^1$	Leistung P, Energiestromstärke $1xwp \approx 8{,}88E52\ Js^{-1}\ /\ W$
electrical power	xwp	$1xwp^1 = 1xep^1 • xec^1 =$ $1^1 • xti^{-2} • xw_x^1$	Elektrische Leistung P W=VA
mechanical power	xwp	$1xwp^1 = 1xma^1 • xle^2 • xti^{-3} =$ $1^1 • xti^{-2} • xw_x^1$	Mechanische Leistung P W= kgm^2s^{-3}

192

Bezeichnung der Größe	Einheit	Festlegung / Ableitung	SI-Einheit
temperature constant	xt_x	**Festlegung:** $$1xt_x^1 = 1xtp^1 \cdot 1xwo^{-1}$$	Bolzmann Konstante $xt_x \Leftrightarrow k_B^{-1}$ KJ^{-1} $k_B \approx 1{,}38E\text{-}23$ JK^{-1}
temperature, temperature difference	xtp	**Festlegung: 0xtp = 0K** $1xtp^1 = 1xwo^1 \cdot 1xt_x [xtp \cdot xwo^{-1}] =$ $1^1 \cdot xti^{-1} \cdot xw_x^1 \cdot xt_x^1$	thermodynamische Temperatur T, Temperaturdifferenz ΔT ΔT: $1xtp \approx 1{,}06E\text{-}13K$
heat capacity, entropy	xth	$1xth^1 = xwo^1 \cdot xtp^{-1} =$ $1^1 \cdot xt_x^{-1}$	Wärmekapazität C, Entropie S JK^{-1}/ kg m^{2}s^{-2}t^{-1}
thermal order, protropy, adverse entropy	xto	$1xto^1 = xtp^1 \cdot 1xwo^{-1} =$ $1^1 \cdot xt_x^1$	Protropie, thermische Ordnung -> negative Entropie -S / KJ^{-1}
substance constant; amount of substance	xs_x xsu	**Festlegung: Die Substanzmenge** **1xsu enthält 1Partikel und 1su** **1E 24 Partikel.** $xs_x = 1$ und $s_x = 1^{24}$	Substanzmenge N 1su $\approx$1,664mol. Avogadro Konstante NA (NA=6,0221367e23 Partikel/mol)
force	xfo	$1xfo^1 = 1xwo^1 \cdot xle^{-1} =$ $1^1 \cdot xti^{-2} \cdot xl_x^{-1} \cdot xw_x^1$	$1xfo \approx 2{,}97E44N$
force (acceleration)	xfo	$1xfo^1 = 1xma^1 \cdot xti^{-2} \cdot xle^1 =$ $1^1 \cdot xti^{-2} \cdot xl_x^{-1} \cdot xw_x^1$	Kraft F $_{Beschleunigung}$ kgms^{-2} xma Masse als Energie s.u.
force (gravitation)	xfo	$1xfo^1 = 1xma^2 \cdot xg_x^1 \cdot xla^{-1} =$ $1^1 \cdot xti^{-2} \cdot xl_x^{-1} \cdot xw_x^1$ Bezug: Kugeloberfläche xla	Kraft $_{Gravitation}$ xma Masse als Ladung s.u. xg_x Gravitationskonstante s.u.
gravitational constant	xg_x	**Festlegung:** $$\|xma_{Beschleunigung}\| = \|xma_{Gravitation}\|$$ **Festlegung:** $\|xfo_{Beschleunigung}\| = \|xfo_{Gravitation}\|$ $1[xma^1 \cdot xle^1 \cdot xti^{-2}] = 1[xma^2 \cdot xla^{-1} \cdot xg_x^1]$ $\qquad$ (xg_x: Messwert) $xg_x^1 = 1^1 \cdot xl_x^1 \cdot xw_x^1 \cdot xma^{-2}$ Bezug: Kugeloberfläche xla	Relativitätstheorie Träge Masse = Schwere Masse (kg = kg) Gravitationskonstante G, Y $xg_x^1 \Leftrightarrow$ Y= 6,67E-11 Nm^{2}kg^2 / m^{3}kg^{-1} s^{-2}
electric constant	xe_x	**Festlegung:** $$\|xe_x\| = 1$$ **Festlegung:** $1xfo^1 = 1^1 \cdot xeq^2 \cdot xla^{-1} \cdot xe_x^1$ $xe_x^1 = 1^1 \cdot xl_x^1 \cdot xw_x^1 \cdot xeq^{-2}$ Bezug: Kugeloberfläche xla	elektromagnetische Proportionalitätskonstante Coulomb Gesetz, Elektrostatische Kraft $xe_x^1 \Leftrightarrow k_c \approx 8{,}9$ E9 VmA^{-1}s^{-1} / N^{-1}m^{-2}C^2
magnetic constant	xm_x	**Festlegung:** $$\|xl_x^2 \cdot xe_x^1 \cdot xm_x^1\| = 1$$ $\|xm_x^1\| = \|xl_x^{-2} \cdot xe_x^{-1}\|$ **Festlegung:** $xfo^1 = 1^1 \cdot xmq^2 \cdot xla^{-1} \cdot xl_x^{-2} \cdot xm_x^{-1}$ $xm_x^1 = 1^1 \cdot xl_x^{-3} \cdot xw_x^{-1} \cdot xmq^2$ Anmerkung: Die magnetischen Einheiten werden durch Ersetzen von $xe_x^{0,5}$ durch $xl_x^{-1} \cdot xm_x^{-0,5}$ gebildet und erhalten einen gleichartigen Namen. Die physikalischen Wirkungen können deutlich voneinander abweichen.	elektromagnetische Proportionalitätskonstante: magnetostatisches Kraftgesetz N=(T^2)(m^2)(VsA^{-1}m^{-1})$^{-1}$

Bezeichnung der Größe	Einheit	Festlegung / Ableitung	SI-Einheit
mass (-> energy)	xma	$1xma^1 = 1xwo^1 \cdot xl_x^{-2} =$ $1^1 \cdot xti^{-1} \cdot xl_x^{-2} \cdot xw_x^1$	Masse m als Energie (E= m·c^2) $1xma \approx 8{,}57818$ E-8 kg
gravitational qu-charge	xma	$1xma^1 =$ $1^1 \cdot xl_x^{0,5} \cdot xw_x^{0,5} \cdot xg_x^{-0,5}$	Masse m als Ladung kg Massenmenge kg = N m^{-1}s^2= (Nm^{-1}s)·s
electric qu-charge	xeq	$1xeq^1 =$ $1^1 \cdot xl_x^{0,5} \cdot xw_x^{0,5} \cdot xe_x^{-0,5}$	Elektrische Ladung Q, Elektrischer Fluss / Verschiebungsfluss Ψ ->D 1xeq <=> 4,70E-18C C / As Gauß: statcoul CGS: $g^{0,5}cm^{1,5}s^{-1}$
magnetic qu-charge	xmq	$1xmq^1 =$ $1^1 \cdot xl_x^{1,5} \cdot xw_x^{0,5} \cdot xm_x^{0,5}$	magnetische Polstärke p Magnetischer Fluss Φ, ΦB Magnetische Feldlinien F, φ Spannungsstoß, Vs / V$_m$s /Wb / Tm^2/kgm^{2}s^{-2}A^{-1} CGS: $g^{0,5}cm^{1,5}s^{-1}$ Gesamtzahl der Feldlinien ->B
electric flux	xef	$1xef^1 = 1xeq^{-1} \cdot xwo^1 \cdot xle^1 =$ $1xep^1 \cdot xle^1 =$ $1^1 \cdot xl_x^{0,5} \cdot xw_x^{0,5} \cdot xe_x^{0,5}$	Elektrischer Fluss φ, ΦE Vm / kg · m^3 · s^{-3} · A^{-1} Gesamtzahl der Feldlinien ->E Ladung in einer Kugel <=> Fluss induzierte positive Ladung
magnetic flux	xmf	$1xmf^1 = 1xmq^{-1} \cdot xwo^1 \cdot xle^1 =$ $1xmp^1 \cdot xle^1 =$ $1^1 \cdot xl_x^{-0,5} \cdot xw_x^{0,5} \cdot xm_x^{-0,5}$	A$_m$ · m
electric current	xec	$1xec^1 = 1xeq^1 \cdot xti^{-1} =$ $1^1 \cdot xti^{-1} \cdot xl_x^{0,5} \cdot xw_x^{0,5} \cdot xe_x^{-0,5}$	Elektrische Stromstärke I A Gauß: Statamp CGS: $g^{0,5}cm^{1,5}s^{-2}$
magnetic current magnetomotive force	xmc	$1xmc^1 = 1xmq^1 \cdot xti^{-1} =$ $1^1 \cdot xti^{-1} \cdot xl_x^{1,5} \cdot xw_x^{0,5} \cdot xm_x^{0,5}$	magnetisches Potential, Magnetische Urspannung U$_m$ magnetische Durchflutung Θ ("Amperewindungen", A) V$_m$ CGS: $g^{0,5}cm^{0,5}s^{-1}$
electric potential difference, electromotive force	xep	$1xep^1 = 1xwo^1 \cdot xeq^{-1} =$ $1^1 \cdot xti^{-1} \cdot xl_x^{-0,5} \cdot xw_x^{0,5} \cdot xe_x^{0,5}$	Potentialdifferenz U Elektrische Spannung V / kgm^{2}s^{-2}A^{-1} Gauß: statvolt CGS: $g^{0,5}cm^{0,5}s^{-1}$
magnetic potential difference	xmp	$1xmp^1 = 1xwo^1 \cdot xmq^{-1} =$ $1^1 \cdot xti^{-1} \cdot xl_x^{-1,5} \cdot xw_x^{0,5} \cdot xm_x^{-0,5}$	induzierte Spannung V / A$_m$
electric field strength	xes	$1xes^1 = 1xwo^1 \cdot xle^{-1} \cdot xeq^{-1} =$ $1^1 \cdot xti^{-2} \cdot xl_x^{-1,5} \cdot xw_x^{0,5} \cdot xe_x^{0,5}$	Elektrische Feldstärke E (Elektrostatik) Vm^{-1} / NC^{-1} / kgms^{-3}A^{-1} CGS: $g^{0,5}cm^{-0,5}s^{-1}$
magnetic field strength magnetic flux density, magnetic dipole field	xms	$1xms^1 = 1xwo^1 \cdot xle^{-1} \cdot xmq^{-1} =$ $1^1 \cdot xti^{-2} \cdot xl_x^{-2,5} \cdot xw_x^{0,5} \cdot xm_x^{-0,5}$	Magnetische Feldstärke H (Elektrodynamik) Am^{-1} Gauß: Oe, CGS: $g^{0,5}cm^{-0,5}s^{-1}$ Abweichend davon: Magnetisierung M

Bezeichnung der Größe	Einheit	Festlegung / Ableitung	SI-Einheit
electric field intensity electric surface charge density, electric displacement	xek	$1xek^1 = 1xeq^1 \cdot xle^{-2} =$ $1xee^1 \cdot xes^1 =$ $1^1 \cdot xti^{-2} \cdot xl_x^{-1,5} \cdot xw_x^{0,5} \cdot xe_x^{-0,5}$ Bezug: Kugeloberfläche	Elektrische Flussdichte D, Dielektrische Verschiebung Flächenladungsdichte Cm^{-2} / Asm^{-2} siehe auch Polarisation P Dipolmoment $2,10E57Cm^{-2}$ $D = \epsilon r\, E$
magnetic field intensity	xmk	$1xmk^1 = 1xmq^1 \cdot xle^{-2} =$ $1xmm^1 \cdot xms^1 =$ $1^1 \cdot xti^{-2} \cdot xl_x^{-0,5} \cdot xw_x^{0,5} \cdot xm_x^{0,5}$	Magnetische Flussdichte B, Magnetisches Induktionsfeld T / Vsm^{-2} / $V_m\, s\, m^{-2}$ /$NA^{-1}m^{-1}$ / $kgs^{-2}A^{-1}$ Gauß: G, CGS: $cm^{0,5}g^{1,5}s^{-1}$ $B = \mu r\, H$
electric current density	xej	$1xej^1 = 1xeq^1 \cdot xti^{-1} \cdot xle^{-2} =$ $1^1 \cdot xti^{-3} \cdot xl_x^{-1,5} \cdot xw_x^{0,5} \cdot xe_x^{-0,5}$	Elektrische Stromdichte j Am^{-2} $j = \sigma r\, E$
magnetic current density	xmj	$1xmj^1 = 1xmq^1 \cdot xti^{-1} \cdot xle^{-2} =$ $1^1 \cdot xti^{-3} \cdot xl_x^{-0,5} \cdot xw_x^{0,5} \cdot xm_x^{0,5}$	
electric charge density	xed	$1xed^1 = 1xeq^1 \cdot xle^{-3} =$ $1^1 \cdot xti^{-3} \cdot xl_x^{-2,5} \cdot xw_x^{0,5} \cdot xe_x^{-0,5}$	Elektrische Raumladungsdichte ρ Asm^{-3}
magnetic charge density	xmd	$1xmd^1 = 1xmq^1 \cdot xle^{-3} =$ $1^1 \cdot xti^{-3} \cdot xl_x^{-1,5} \cdot xw_x^{0,5} \cdot xm_x^{0,5}$	? Hypothetische magnetische Monopoldichte bzw. sekundäre magnetische Monopoldichte
electrical conductivity	xee	$1xee^1 = 1xeq^1 \cdot xef^{-1} =$ $1xek^1 \cdot xes^{-1} =$ $1^1 \cdot xe_x^{-1}$	elektrische Feldkonstante ε, Permittivität (Dielektrische Leitfähigkeit) $AsV^{-1}m^{-1}$ / Fm^{-1}
magnetical conductivity, magnetical permeability	xmm	$1xmm^1 = 1xmq^1 \cdot xmf^{-1} =$ $1xmk^1 \cdot xms^{-1} =$ $1^1 \cdot xl_x^2 \cdot xm_x^1$	magnetische Feldkonstante μ, magnetische Permeabilität (auch magnetische Leitfähigkeit) $VsA^{-1}m^{-1}$ / $V_m\, s\, A_m^{-1}\, m^{-1}$ / TmA^{-1} / Hm^{-1} / NA^{-2} / $kg\, mA^{-2}s^{-2}$
Maxwellsche Gleichungen		Inhomogene Maxwellsche Gleichungen: div EK = ED rot MS = $xl_x^{-1} \cdot \partial EK \cdot \partial TI^{-1} + xl_x^{-1} \cdot EJ$ Homogene Maxwellsche Gleichungen: div MK = 0 rot ES = $- xl_x^{-1} \cdot \partial MK \cdot \partial TI^{-1}$ Materialgleichungen: EK = EK(ES,MK) MS = MS(ES,MK) EJ = EJ(ES,MK) Im Vakuum: MS = MK und ES = EK	Heaviside - Lorentz - System C: div D = ρ A: rot H = $1/c \cdot \partial D/\partial t + 1/c \cdot j$ div B = 0 F: rot E = $- 1/c \cdot \partial B/\partial t$ D=D(E,B) H=H(E,B) j=j(E,B) Im Vakuum: H = B und E = D

Zeit (TI, ti)

In der Zeit können auch die traditionellen Begriffe verwendet werden. Um Verwechselungen zu vermeiden beginnen Zeitangaben in diesem System mit der Vorsilbe "Erden".

1 durchschnittlicher Sonnentag: 1 Erdentag [d-ti] = 1 [d] = 86400 [sec]
1/10 durchschnittlicher Sonnentag: 1 Erdenstunde [h-ti] = 2,4 [h]
1/1000 durchschnittlicher Sonnentag: 1 Erdenminute [min-ti] = 1,44 [min]
1/100 000 durchschnittlicher Sonnentag: 1 Erdensekunde [s-ti] = 0,864 [s]

1000 durchschnittliche Erdentage sind 1 Dezimaljahr [j-ti] ≈ 2,74 [a]

Für physikalische Prozesse kann das Dezimaljahr verwendet werden. Das Dezimaljahr beschreibt einen Himmelskörper, der in 1000 Erdentagen einen Stern umkreist. Für den praktischen Alltag und für historische Zwecke ist das Erdenjahr [a-ti] die geeignete und sinnvolle Einheit.

Für astronomische Zwecke bietet sich die Strecke an, die Licht in einem Dezimaljahr zurücklegt, also das dezimale Lichtjahr.

Erdenkalender

Der Erdenkalender orientiert sich an astronomischen Gegebenheiten. Der längste Tag des Jahres (Sommersonnenwende am Nullmeridian auf der Nordhalbkugel) befindet sich in der Mitte (31.Juni) des regulären Erdenjahres.

Ein Kalendertag entspricht der Dauer eines durchschnittlichen Sonnentages, der stets die gleiche Länge besitzt. Schaltsekunden synchronisieren ihn mit der Weltzeit, die die tatsächliche Erdrotation berücksichtigt.

Das Erdenjahr orientiert sich am tropischen Jahr. Es hat die Länge von 365 und in Schaltjahren von 366 Tagen. Es gilt die von-Mädler-Regel, nach der alle vier Jahre ein Schalttag eingeschoben wird, der aber alle 128 Jahre ausfällt. Der Schalttag wird im Erdenkalender auf den letzten Tag des Jahres gelegt.

Die Monate sind in Schaltjahren abwechselnd 30 und 31 Tage lang.

Die sieben gebräuchlichen Wochentage sind unabhängig vom Kalender und bleiben erhalten.

Tabelle 33 Erdenkalender

Winter*	Frühling	Sommer	Herbst
Erden-Januar: 30 Tage	Erden-April: 31 Tage	Erden-Juli: 30 Tage	Erden-Oktober: 31 Tage
Erden-Februar: 31 Tage	Erden-Mai: 30 Tage	Erden-August: 31 Tage	Erden-November: 30 Tage
Erden-März: 30 Tage	Erden-Juni: 31 Tage	Erden-September: 30 Tage	Erden-Dezember: 30/31 Tage

* Meteorologische Jahreszeiten auf der Nordhalbkugel

Um Verwechslungen zu vermeiden, wird das Jahr Eins gegenüber dem Gregorianischen Kalender um neunzigtausend Jahre zurück in die Vergangenheit gelegt. Dadurch treten bei historischen Ereignissen keine negativen Zahlen mehr auf. Es gibt im Erdenkalender ein Jahr Null.

Eichung an einem seltenen oder einmaligen astronomischen Ereignis, das auf einer nachvollziehbaren Bewegungen beruht: z.B. Ende der Sternbedeckung von 45 Capricornus durch Jupiter am 14.08.92009 (4.08.2009)

Feinjustierung am vorhandenen Kalender: 0 Uhr des 01.01.2000 = 0 Uhr des 12.1. 92000

Schaltjahr: 92095 (4-Jahres-Regel), kein Schaltjahr: 92099 (128-Jahres-Regel)

Vorteile des Erdenkalenders

- Der Erdenkalender richtet sich nach astronomischen Gegebenheiten.
- Die nördliche Sommersonnenwende markiert die Mitte des Erdenjahrs.
- Durch die Verwendung von kurzen Ausgleichszeiten springt der Kalender relativ wenig.
- Die Schaltregel ist ausreichend genau.
- Die Kalendermonate sind nahezu gleich lang.
- In den Schaltjahren haben die Quartale die gleiche Länge.
- Die meteorologische Jahreszeiten entsprechen weitgehend den astronomischen Jahreszeiten.
- Die Kalendertage sind fest mit den gezählten Tagen seit Jahresbeginn verbunden.
- Er ist mathematisch korrekt (Jahr null).

Nachteile des Erdenkalenders

- Es gibt Schaltsekunden und Schalttage.
- Die Kalendertage sind gleich lang, die tatsächlichen Tage nicht.
- Die Kalendermonate korrespondieren nicht mit den Mondphasen.
- Die meteorologischen Jahreszeiten sind gleichlang, die tatsächlichen Jahreszeiten nicht.
- Die nördliche Wintersonnenwende und die Tag- und Nachtgleichen schwanken im Datum.
- Die Wochentage wandern.

196

3.5 Analog zu Burdians Impetus

Jean Burdian (1295 - 1358) hat die Impetus-Theorie von der Bewegung entwickelt, mit der er die für unumstößlich geltende Theorie von Aristoteles in Zweifel zog. Obwohl seine Impetus-Theorie nicht korrekt war, hat sie den Weg bereitet für Galileos (1564 - 1642) Abstraktionen und Newtons (1642 - 1726) Gesetze.

Auch die folgenden Theorien sind alles andere als perfekt. Sie haben die Aufgabe, Denkanstöße zu geben.

3.5.1   Atome oder Elementarsysteme?

Gedankenexperiment 4.1: Beobachtbarkeit
Grundprinzipien:
- Wissenschaftliche Modelle beruhen auf Beobachtungen
- Möglichkeit des Wandels
- Symbiosen

Modell:
- Alle Beobachtungen beruhen auf Wechselwirkungen. (Aktion und Reaktion)

Folgerung:
- Unveränderliche Atome besitzen keine Wirkung und haben damit in einem wissenschaftlichen Modell keinen Anspruch auf Realität.
- Elemente erhalten ihre Realität durch Erhaltungssätze, in denen sie sich ändern. Diese Elemente können in anderen Erhaltungssätzen als unveränderlicher Bestandteil auftreten.
- Auch Elemente, die durch eine Verschiebung des Nullpunktes verändert werden können, dürfen in einem wissenschaftlichen Modell verwendet werden (z.B. Energie).

Gedankenexperiment 4.2: Logik
Grundprinzipien:
- Begriffe wie "unendlich", "ewig", "nichts", "absolut" sind nicht Teil der Logik und nicht Grundlage einer wissenschaftlichen Theorie. Sie werden nicht verwendet.

Mathematisches Modell:
Der "Punkt" ist der gedachte Grenzwert einer Kugel mit kleinem Durchmesser.

Physikalisches Modell:
Im Raum-Zeit-Materie-Modell haben auch die kleinsten "Bausteine" der Natur ein Volumen.

Folgerung:
- Die Grundlage unserer Welt bilden nicht punktförmige Atome.
- Man kann Materie nicht beliebig oft ("unendlich mal") teilen.
- Es gibt keinen "leeren" Raum.

Anmerkung:
- In der Infinitesimalrechnung und bei Renommierungen treten keine Unendlichkeiten auf, denn sie werden hier umgangen. Auch Begriffe wie "unzählbar viele" oder "überabzählbar viele" besitzen eine andere Bedeutung als "unendlich" in der Philosophie.
- Das Minkowski - Vakuum erfüllt das ganze Universum. Es besteht aus einer Vielzahl sich vielfach überlappender *Quanten*-Elementarsysteme.

Gedankenexperiment 4.3: Elementarsysteme als unterste Ebene
Fragestellung:
Sind Elementarsysteme (wie z.B. Elektronen) offene Systeme?

Prüfung:
Offene Systeme
- haben eine Begrenzung nach außen. (1)
Trifft zu. Elektronen und Photonen unterliegen den Regeln der Heisenbergschen Unschärferelation, in der es unscharfe Begrenzungen gibt. (Und damit haben sie auch eine räumliche Ausdehnung.)

- stehen in Kontakt mit der Umwelt (2)
Trifft zu. Elementarsysteme (z.B. Elektronen) können mit anderen Elementarsystemen (z.B. Photonen) in Wechselwirkung treten.

- besitzen ein inneres Regelwerk (3)
Trifft zu. Die theoretische Physik erklärt die Entstehung der Elementarsysteme durch spontane Symmetriebrechung. Die dabei auftretenden Formeln können als Regelmechanismus interpretiert werden.
Für ein inneres Regelwerk spricht weiterhin, dass 26 Naturkonstanten exakt den Wert besitzen, der für die Stabilität der Elementarteilchen / Elementarsysteme erforderlich ist. In der Systemtheorie ergibt sich zwingend, dass die Naturkonstanten den korrekten Wert besitzen. Die Atomhypothese muss diese Werte als gegeben hinnehmen. Systeme sind in der Lage, aus eigener Kraft den korrekten Wert anzunehmen.

- Systeme, die über das gleiche innere Regelwerk verfügen, haben ähnliche Eigenschaften (4)
Trifft zu. Alle Sorten von Elementarteilchen / Elementarsystemen haben jeweils gleichartige Eigenschaften. So haben z.B. alle Elektronen die gleiche Ladung. Dass jede Sorte von Elementarteilchen / Elementarsystemen sich stets gleichartig verhält, kann sowohl die Systemtheorie wie auch die Atomhypothese erklären.

- können sich ändern, teilen, fusionieren oder zerfallen (5)
Trifft zu. Nach der Systemtheorie verwandeln sich Elementarsysteme in andere Elementarsysteme. Beispiel: Ein Photon zerfällt in ein Elektron, ein Antielektron, ein Neutrino und ein Antineutrino. (Die Atomhypothese deutet diesen Vorgang anders.)

- können sich zu komplexen Systemen zusammenschließen (6)
Trifft zu. *Atome* bestehen aus Elementarsystemen. Die konsequente Monadenlehre kann diesen Zusammenhang nicht erklären.

Ein Problem bleibt: Systeme bestehen aus Systemen, die aus Systemen bestehen, usw. Wo beginnt es? Was ist die unterste Ebene? Ich halte es für erforderlich, die Anforderungen für offene Systeme noch um zwei weitere Punkte zu erweitern:

Offene Systeme
- bestehen stets aus offenen Systemen (7)
Da die Zerlegung der Systeme in ihre Bestandteil nicht bis ins Unendliche weitergehen kann, folgt daraus:
- Auf der untersten Ebene bedingen sich die Systeme wechselseitig: Elementarsysteme (8).
Trifft vermutlich zu. In der Systemtheorie ist es möglich, dass zwei Systeme jeweils Teil des anderen sind. So können Vereine wechselseitig Mitglieder eines anderen Vereins sein.

Fazit:
Elementarsysteme und nicht Atome bilden die unterste Ebene unserer Materie.

3.5.2   Gravitation

Gedankenexperiment 5.0: Scheinkräfte
Überlegung:
- Nach der Relativitätstheorie verschwinden Trägheitskräfte, wenn sich das Bezugssystem mitbewegt. Trägheitskräfte werden daher als Scheinkräfte bezeichnet. In einem System aus mehreren sich unabhängig voneinander bewegenden Teilchen gibt es kein Bezugssystem, in dem alle Trägheitskräfte verschwinden. Aus Scheinkräften werden echte Kräfte.

Anmerkung:
- Photonengas besitzt eine Masse.
- Masse entsteht durch Interaktionen: Symbiose.

Bewertung:
Anregung zum Grübeln.

Gedankenexperiment 5.1: Photon als Element
Philosophische Grundlage:
Es gibt nur ein einziges Element. Dieses Element hat in unterschiedlichen Modellen unterschiedliche Namen: Information, Wort, Photon, Licht.

Modell:
Alle Elementarsysteme leiten sich vom Photon ab.

Bewertung:
Anregung zum Grübeln.

Gedankenexperiment 5.2: Ruhemasse des Photons
Grundprinzipien:
- Gesetze der *Quanten*physik
- Alle Elementarsysteme, also auch Photonen, haben ein Volumen.

Modell:
Das Photon besitzt im Raum-Zeit-Materie-Modell ein Volumen. Es besitzt die Eigenschaften des Minkowski-Vakuums.

Anmerkung:
- Das Volumen eines Photons ist nicht leer, sondern hat nach den Regeln der *Quanten*physik die Eigenschaften des Minkowski-Vakuums. Die Ruhemasse eines Photons entspricht daher der Nullpunktsenergie des Minkowski-Vakuums. Seine Energie schwankt ständig, so wie Meereswellen mal etwas höher und mal etwas niedriger als der Meeresspiegel sind.

- Photonen bewegen sich mit Lichtgeschwindigkeit und besitzen eine bewegte Masse. Sie ist (rechnerisch) durch Beschleunigung der Ruhemasse entstanden, die der Nullpunktsenergie des Minkowski-Vakuums entspricht.

- Die Ruhemasse eines Photons ist somit nicht Null im Sinne von "Nichts", sondern Null im Sinne von im "Durchschnitt 0".

Bewertung:
Anregung zum Grübeln.

Gedankenexperiment 5.3: Ruhemasse von Elementarteilchen
Grundprinzipien
Grundlegende Vorgänge basieren auf nur einem Mechanismus.

Modell:
Masse entsteht stets durch Beschleunigung.

Anmerkung:
- Objekte, die sich auf spiralförmigen Bahnen bewegen, besitzen eine nun langsamere Durchschnittsgeschwindigkeit und sammeln sich in einem Raumbereich. (Es befinden sich hier nun mehr Objekte pro Raumeinheit.) Objekte, die sich an einem Ort sammeln das kennen wir von der Gravitation.

Folgerung:
- Da das Photon ein Volumen hat, entspricht der zirkularen Polarisation eine Spiralbahn.
- Werden die inneren Bestandteile des Photons zirkular polarisiert, so erhält es eine Ruhemasse.
- Alle Elementarsysteme leiten sich vom Photon ab.

Anmerkung:
- Die Polarisation wird durch die bekannten Kräfte der miteinander in Wechselwirkung stehenden Elementarsysteme erzeugt.
- Im Wellenmodell geschieht dies durch Interferenzen.
- Licht breitet sich stets mit Lichtgeschwindigkeit aus.
- Die Aussage der Relativitätstheorie, "Informationen können sich nicht schneller als mit Lichtgeschwindigkeit ausbreiten", wird abgeändert in "Informationen breiten sich stets mit Lichtgeschwindigkeit aus".

Bewertung:
Anregung zum Grübeln.

Gedankenexperiment 5.4: Lichtschlauchmodell
(Die folgende bildhafte Darstellung soll das Modell vorstellbar machen.)

Darstellung zur Veranschaulichung:
Schnelle Elektronen und Positronen werden in diesem Modell als Schläuche verstanden, deren Wände aus Licht bestehen. Ihre kohärenten Lichtwellen sind zirkular polarisiert. Die Wellenlänge der Kreiswelle ist gleich der Wellenlänge des Lichtes. Dadurch zeigt das Maximum der elektrischen und magnetischen Felder der Lichtwellen stets in die gleiche Richtung. Da die magnetische Kraft stärker als die elektrische Kraft ist, ziehen sich die magnetischen Felder der nebeneinander liegenden Lichtstrahlen gegenseitig an und bilden den Schlauch. Sie erzeugen die Stabilität des Teilchens. Beim Elektron zeigen die negativen elektrischen Felder nach außen, beim Positron die positiven. (Ad-hoc-Hypothese)

Anmerkungen:
- Umgangssprachlich ausgedrückt: Alle Elementarsysteme bestehen aus Licht.
- Spiralförmige, nahezu kreisförmige Vorgänge auf Ebene der Elementarsysteme erscheinen im makroskopischen Bereich als eine langsame Ausbreitung der Informationen oder sogar als stabile, ruhende Informationen.
- Systeme und Partnersysteme ("Antiteilchen") besitzen einen unterschiedlichen inneren Aufbau. Sie erhalten ihre Stabilität durch den Erhalt des Drehimpulses.
- Definition: Alle negativ geladenen Elementarsysteme werden als Systeme und alle positiv geladenen als Partnersysteme bezeichnet. Es gibt im Universum gleich viele Systeme wie Partnersysteme. (Ersetzt die Begriffe Teilchen und Antiteilchen)

200

- Vergleichbar mit den Schalen des Borschen *Atom*modells können mehrere Schläuche ineinander liegen. Orbitale: 1s: Elektron, 2s: Myon, 3s: Tau, 2p: Up-Quark, 3p: Charm-Quark, 4p: Top-Quark. Bei den p-Orbitalen können unterschiedlich viele positive oder negative Ladungen nach außen zeigen (Up-Quark und Down-Quark). Auch d-Orbitale mit Fünftelladungen sind denkbar. Bei den ungeladenen Neutrinos ist die Kreiswelle mehrfach so schnell wie die Wellenlänge des Lichtes. Beim Neutrino wechseln positive und negative Ladung so schnell, dass sich ihre Wirkungen aufheben.
- Zeit kann (lokal) nicht stillstehen.
- Alle Vorgänge der Energieumwandlung werden auf einen einzigen Mechanismus zurückgeführt: Die Bahn des Lichts wird geändert. Es wird abgelenkt oder (zirkular) polarisiert. Jeder dieser Vorgänge, also jede Energieumwandlung, kann als Informationsverarbeitung aufgefasst werden.

 Bewertung:
Anregung zum Grübeln. Sehr fragwürdig.

Gedankenexperiment 5.5: Wellenmauermodell
Grundprinzipien
- Symmetriebruch

Modell:
Gleiche Ladungen der Gravitation ziehen sich an, verschiedene Ladungen stoßen sich ab.

Erläuterung:
- Durch die Bewegung des Photons kommt es zum Symmetriebruch (vorne/hinten). Vor ihm bildet sich eine Wellenmauer (Epi-Gravitationsfeld), hinter ihm breiten sich die Gravitationswellen im Raum aus (Hypo-Gravitationsfeld).
- Das Hypo-Gravitationsfeld breitet sich hinter dem Photon im Raum aus und hat daher einen Effekt auf fremde Massen und zieht diese an.
- Die "Wellenmauer aus Licht" bildet das Photon. Dessen Epi-Gravitationsfeld hat keine Wirkung auf entfernte Massen.
- Ausgehend von der "Wellenmauer" breitet sich die "Bugwelle" des Photons im Raum aus. Sie besteht aus Longitudinalwellen, die in ihrer Summe die sekundäre Transversalwelle des elektromagnetischen Feldes bilden.

Anmerkungen:
- Unendliche, nicht renormierbare Kräfte treten nicht auf.
- Licht ist eine elektro-magnetisch-gravitative Welle.
- In diesem Modell entsteht die gleiche Menge an positiver und negativer Energie:
(Delle <=> Bugwelle und Photon <=> Raum).

Bewertung:
Anregung zum Grübeln. Vermutlich falsch!

3.6 Mathematik zwischen Philosophie und Wissenschaft

Überlegungen zur Frage von Geist und Materie aus Sicht der Mathematik (Idealismus)
Muss nicht das Prinzip von allem, was im Kosmos beobachtet werden kann, wahr sein? Ist Mathematik ein Teil des Reichs der Wahrheit, des Reichs der Ideen? Die Pythagoreer beantworteten für sich diese Frage mit einem Ja. Sie sahen die Mathematik als Teil des Reiches der Ideen an.
Dagegen ist nach Platon die Mathematik der Welt der Ideen ebenso fern wie die Welt der Sinne.

Wenn man wie die Pythagoreer annimmt, dass die Mathematik ein Teil des Reiches der Ideen ist, müssen die Grundannahmen, Axiome genannt, absolut wahr sein und hohen Anforderungen genügen: Axiome sind Sätze, deren Wahrheit unmittelbar einleuchtet und deren Gegenteil nicht vorstellbar ist.
Es gelang den Mathematikern, Sätze zu finden, deren Wahrheit unmittelbar einleuchtete und deren Gegenteil nicht vorstellbar war. Generationen von Mathematiker waren deshalb davon überzeugt, dass wir Menschen aus uns selber heraus, zumindest im Rahmen der Mathematik, die Wahrheit erkennen können.
Ein schöner Traum, der jahrhundertelang währte, aber jäh zerstört wurde, als man feststellte, dass ein Axiom, dass für unzweifelbar wahr gehalten wurde, falsch (unabhängig) ist (Parallelenaxiom). Und wenn aber ein Axiom sich als falsch erweist, so können auch die anderen Axiome, ja die ganze Mathematik falsch sein. Offensichtlich können wir auch im Bereich der Mathematik nicht sicher sein, die Wahrheit zu kennen, ja, wir wissen nicht einmal, ob es sie gibt. Die Frage, ob es die ewig wahre Welt der Ideen gibt, ist eine Glaubensfrage und keine Frage von Mathematik oder Wissenschaft.
Seitdem ist man sich beim Festlegen von Axiomen bewusst, dass man irren kann. Im Prinzip kann man Axiome willkürlich festlegen. Allerdings kann man nur dann sinnvolle Schlüsse ziehen, wenn im darauf aufbauenden Axiomsystem die Gesetze der Logik gelten. Sonst findet man sich bei Alice im Wunderland wieder. Mathematik ist weder Wahrheit noch Beliebigkeit.

Unsere vermeintliche Sicherheit im Reich von Logik und Mathematik wurde noch wesentlich stärker erschüttert, als Kurt Gödel (1906-1978) zwei Unvollständigkeitssätze aufstellte:
1.: In jedem mathematischen oder logischen System findet sich wenigstens eine Aussage, die weder als falsch oder richtig bewiesen werden kann. (Dies steht dem Gedanken von einer Welt der Ideen entgegen, in der jede Aussage prinzipiell immer wahr ist.)
2.: Es ist nicht möglich, innerhalb eines Systems zu beweisen, dass das System keine Widersprüche enthält. (Das steht im Widerspruch zu der Vorstellung einer mathematischen Welt der Ideen, die in sich geschlossen ist.)

Auch Galileo Galilei (1564-1642) hat seine Ansicht zur Bedeutung der Mathematik dargelegt: "Das Buch der Natur ist in mathematischer Sprache geschrieben." Die Sprache der Natur ist aber mehr, denn sie bewirkt etwas: Eiweiße und Gene bauen Zellen, menschliche Gedanken führen zu Handlungen. Die Sprache der Natur hat die Schaffenskraft der materiellen und die Ordnungskraft der geistigen Seite. Der Mathematik fehlt diese Schaffenskraft. (Computerprogramme, die wenigstens virtuell etwas bewirken, kommen der Sprache der Natur näher als mathematische Erklärungen.) Mathematik ist eine menschliche Sprache, die über den Menschen als Handelnden eine Wirkung hat.

Logik und Mathematik zwischen Philosophie und Wissenschaft

Logik als Wissenschaft

Sprechen beginnt mit ganz konkreten Begriffen: „Mama". Logische Aussagen wie „Mama ist im Haus" werden von den Kindern überprüft: Sie gehen hin und schauen nach. Sie prüfen auch ihre Überzeugung. „Papa sagt die Wahrheit". Diese Theorie wird im Laufe der Zeit von „Papa sagt immer die Wahrheit" in „Papa sagt meist die Wahrheit" abgeändert. Die Kinder arbeiten so sorgfältig, dass sie später ihrem Vater an der Nase ansehen können, ob er die Wahrheit sagt.
Das unbewusste Vorgehen der Kinder (heute wie in der Steinzeit) ist im Ansatz durchaus wissenschaftlich und logisch.

Im Altertum wurden klar festgelegte Regeln für logisches, d.h. folgerichtiges, schlüssiges, vernünftiges, gültiges Denken aufgestellt. Das Regelwerk und seine Anwendung bezeichnet man als Logik (griechisch: Kunst des Denkens).

Mathematik als Wissenschaft

Zahlen sind ursprünglich Namen für bestimmte Mengen von Gegenständen. So gesehen, ist eine Zahl nur in Verbindung mit einem Begriff sinnvoll: „Eine Kugel", „fünf Kugeln". Besonders ist dies bei der Null zu beachten: „Keine Kugel" hat eine völlig andere Bedeutung als „Nichts". Korrekterweise muss die Angabe „Zwei Kugeln" mit der Benennung des Ortes und der Zeit verbunden werden: „Zwei Kugeln liegen jetzt im Korb." Auch die Aussage, „Gestern lag keine Kugel im Korb", ist sinnvoll. Werden Zahlen so verstanden, kann man Mathematik als wissenschaftliche Theorie sehen, die überprüfbare Aussagen macht. Die Aussage $2+3=5$ kann ich wieder und wieder prüfen: Ich lege zwei Kugeln in den Korb und danach drei Kugeln dazu. Dann zähle ich die Kugeln im Korb.

$1+1=0$. Jeder "weiß", dass diese Aussage nicht wahr sein kann. Probieren wir es aus: 1 Apfel und noch ein Apfel werden auf den Tisch gelegt und gezählt. Es sind 2 Äpfel. Also $1+1=0$ ist falsch. Als Wissenschaftler erklären wir diese Aussage aber nicht zur unbezweifelbaren Wahrheit, sondern bezeichnen sie als Hypothese.

Wir führen noch ein Experiment durch. Diesmal nehmen wir zwei kohärente Lichtquellen. Wir schalten beide an und sehen helle und dunkle Streifen. Wir betrachten nun einen dunklen Streifen: Schaltet man eine Lampe aus, wird der dunkle Streifen hell. Schaltet man die Lampe wieder an, wird er wieder dunkel. An dieser Stelle ergibt somit die Gleichung: Licht + Licht = Dunkelheit. Ist $1+1=0$ doch richtig?
Ursache für diese seltsame Beobachtung ist die Tatsache, dass Licht Welleneigenschaften hat. Treffen Wellenberg und Wellental aufeinander, so löschen sie sich aus und aus Licht plus Licht wird Dunkelheit. Berechnet wird dies mit Winkelfunktionen (Sinus). Addiert man zwei Winkelfunktionen, so kann das Ergebnis 0 ergeben.

Im Rahmen der Mathematik gibt es verschiedene Welten mit unterschiedlichen Regeln. (Die Additionen der Relativitätstheorie unterliegen wiederum anderen Gesetzen, den Gesetzen des Dopplereffekts. Hier sind 3km/s + 4km/s nicht 7km/s.)

Logik und Mathematik als Modell

Beide, Logik und Mathematik, können als Modelle aufgefasst werden. Jedes Modell besitzt eine eigene Sprache und unterliegt dem Prinzip der Sprache. Häufig ist es möglich, eine Modellvorstellung in eine andere Modellvorstellung zu übersetzen. In der Vergangenheit hat man das mathematische Modell in ein logisches Modell überführt und damit die Mathematik als Teil der Logik betrachtet. Alan Turing hat das logische Modell in ein mathematisches Modell überführt (Turing-Maschine). Damit kann die Logik als Teil der Mathematik betrachtet werden: Logische Verknüpfungen entsprechen Rechenvorgängen.

Logik und Wahrheit

Erst in der Neuzeit begann man, wissenschaftlich über die Wissenschaft nachzudenken. Man nennt dies Metawissenschaft. Die Wissenschaft von der Logik ist eine derartige Metawissenschaft.

Wahrheitsaufgaben dürfen nur von einer höheren Warte aus getroffen werden, der sogenannten Metaebene.
Beispiel:
Schüler: „1+1=2" Lehrer: „Richtig."
Schüler: „2+2=5" Lehrer: „Falsch."
Die Schülerworte nennt man Objektsprache, die Lehrerworte Metasprache.
Was ist, wenn der Lehrer lügt? (Er kann vielleicht den Schüler nicht leiden.) Das entscheidet der Rektor. Und über dem Rektor steht der Schulrat und so weiter und so fort, bis ...., ja, eine höchste Wahrheitsinstanz gibt es in der wissenschaftlichen Logik nicht. Nach Kurt Gödel ist es nicht möglich, innerhalb eines logischen Systems seine Widerspruchsfreiheit zu beweisen.

„Dieser Satz ist falsch."
Eubulides von Milet fand im 4. Jahrhundert v. Chr., dass es sich selbst widersprechende Sätze gibt. Sie werden Antimone genannt.
Antimone können entstehen, wenn Aussagen über sich selbst getroffen werden. In der Metasprache ist man nicht in der Lage zu entscheiden, ob die Aussage richtig ist, aber man kann feststellen, dass sie widersprüchlich (paradox) ist. Der Nach Kurt Gödel enthält jedes vollständige komplexe logische System ein Antimon.

Mathematik ist eine Form der Logik, die eine besondere Schreibweise verwendet. Man kann daher sich selbst widersprechende Sätze auch mathematisch formulieren. Auch in der Mathematik findet man keine höchste Wahrheitsinstanz.

Logik als Philosophie

Die Griechen legten im 6. vorchristlichen Jahrhundert großen Wert auf Genauigkeit bei der Wahl der Wörter und der Exaktheit in der Argumentation. Bevor man sprach, sollte man sich der Bedeutung der Wörter klar sein. (Genaues Beobachten und Messen war ihnen weniger wichtig.)

Die Begriffe „unendlich", "ewig", "immer", "nichts" oder „niemals" sind keine wissenschaftlichen Begriffe. Die Gesetze der menschlichen Logik sind gebunden an Raum und Zeit. Sobald wir versuchen, die dadurch vorgegebenen Grenzen zu überschreiten, bekommen wir Widersprüche. Die Gesetze der Logik sind an ihr Bezugssystem gebunden und führen uns zu relativen Wahrheiten, nicht aber zur absoluten Wahrheit. Ohne Logik können wir aber nicht denken, argumentieren, diskutieren. Die menschliche Logik besitzt die Eigenschaften eines Modells. Wenn man sich ihrer Grenzen bewusst ist, kann man recht gut mit ihr leben.

Mathematik als Philosophie

Wie die Philosophen sahen es auch die griechischen Mathematiker als erforderlich an, die von ihnen verwendeten Begriffe genau zu klären. Ausgehend von realen Gegenständen, wie z.B. einem Ball, überlegten sie, wie sie genau das beschreiben könnten, was für alle Bälle typisch ist. Das Resultat dieser Beschreibung ist ein abstrakter Körper, den sie sich nur im Geiste vorstellen konnten, die Kugel. Alle realen Bälle haben kleine Dellen und sind somit keine echten Kugeln. Die Griechen bauten sich in Gedanken aus Kugeln, Würfeln, Punkten, Kreisen, Geraden, Flächen usw. die „Fantasiewelt" Geometrie auf. Eine andere „Fantasiewelt", die aus Zahlen und Rechenregeln besteht, heißt Algebra. (Viele Philosophen, wie die Pythagoreer, sahen Geometrie und Algebra als einen Teil der Welt der Ideen, also der Welt der ewigen Wahrheiten an. Das Wort Fantasiewelt soll deutlich machen, dass es nur ein Produkt des menschlichen Geistes ist.)

Bauanleitung für eine mathematische Fantasiewelt:

- Begriffe genau festlegen. (Definition)
- Regeln zur Erzeugung und Verknüpfung von Objekten festlegen. (Definition)
- Zusammenhänge, die nicht beweisbar sind, als richtig festlegen. (Axiome)
- Regeln anwenden und Schlüsse ziehen.

(So wie bei einem Computer Programme zugleich Daten sind, sind in einem geschlossenen System die Erzeugungs- und Verknüpfungsregeln zugleich Objekte.)

Zwischen Philosophie und Wissenschaft

Immer, wenn die Möglichkeit besteht, die Ergebnisse der beiden mathematischen „Fantasiewelten" mit Ergebnissen in der realen Welt zu vergleichen, kann man Mathematik als Wissenschaft ansehen. Erfindet man dagegen Regeln, die es in der Natur nicht gibt, so entfällt die Prüfbarkeit, und Mathematik ist als Philosophie anzusehen. Trotz des Ursprunges der Mathematik aus der Natur erstaunt es doch, dass alle physikalischen Gesetze sich mathematisch formulieren lassen. Der griechische Denker Lambichus (gestorben 330 v. Chr.) meinte daher, Mathematik sei „das Prinzip von allem, was im Kosmos beobachtet werden kann". (S.154, Genz)

Wissenschaft in der Philosophie

Wissenschaftlich sind Aussagen, die falsifiziert werden können. Zirkelschlüsse können fehlschlagen, d.h. zu inneren Widersprüchen führen. Zirkelschlüsse bringen somit Wissenschaftlichkeit in die Mathematik und auch in das Reich der Ideen.

Gelingen Zirkelschlüsse, so geben sie einen Hinweis darauf, dass keine inneren Widersprüche vorliegen. In einem geschlossenen System können sie jedoch nicht beweisen, dass dieses überhaupt keine inneren Widersprüche enthält. Auch diese Problematik kennen wir aus der Wissenschaft. Und es gibt noch eine weitere Gemeinsamkeit: Das philosophisch-wissenschaftliche System besteht vermutlich auch nur aus Zirkelschlüssen.

Unendlichkeit, Ewigkeit und Nichts

Die Wissenschaft gibt auf die Frage nach Unendlichkeit, Ewigkeit und Nichts eine klare Antwort:

Sie sind nicht innerhalb unseren Grenzen.
Sie sind für uns nicht erreichbar.
Sie sind nicht fassbar.
Sie sind der Wissenschaft nicht zugänglich.
Sie sind mit menschlicher Logik nicht zu verstehen.
Benutzt man sie wie reale Größen, gerät man in Widersprüche.

Kurz und knapp:

Unendlichkeit? Außerhalb der Logik!
Ewigkeit? Außerhalb der Logik!
Nichts? Außerhalb der Logik!

Null

Der Begriff "Null" hat in der Mathematik viele verschiedene Bedeutungen und sollte nicht mit dem Begriff "Nichts" in der Philosophie gleichgesetzt werden.

Tabelle 34 Bedeutung der Null

Bereich	Bedeutung der Null
Mengenlehre und **Natürliche Zahlen:** Gruppieren und Zählen von Gegen- ständen oder Systemen.	Leermenge { } und Null bedeuten in Verbindung mit Ort, Zeit und Namen des Gegenstandes "kein". Beispiel: Gestern lag kein Apfel im Korb. +0 bedeutet "kein Apfel kommt jetzt dazu" oder "keine Verän- derung"(neutrales Element).
Komplexe Zahlen: Ortsangaben mit Richtungen.	0 auf dem Zahlenstrahl ist eine Ortsangabe wie "Rom". +0 bedeutet "kein Ortswechsel" (neutrales Element).
Logik: Aussagen über Gegebenheiten oder Ereignisse.	0 bedeutet nicht oder kein Beispiel: Der See ist nicht gelb. Im Wasser ist keine gelbe Farbe.

Grundsätzlich andere Bedeutung
Tabelle 35 Bedeutung von Nichts

Religion / Metaphysik: Aussagen über die Transzendenz	Nichts Logische Operationen sind nicht möglich. Rechenoperationen sind nicht möglich. Wissenschaftliche Überlegungen sind nicht möglich.

Unendlich
Der Begriff "Unendlich" hat in der Mathematik viele verschiedene Bedeutungen und sollte nicht mit dem Begriff "Unendlich" in der Philosophie gleichgesetzt werden.

Tabelle 36 Bedeutung von unendlich

Bereich	Bedeutung von unendlich
Infinitesimalrechnung Die Infinitesimalrechnung rechnet mit gewöhnlichen Zahlen.	Die Infinitesimalrechnung umgeht den Begriff unendlich, den sie als Grenzwert angibt und bleibt damit im Rahmen der Logik.
Mengenlehre und **Natürliche Zahlen:** Gruppieren und Zählen von Gegen- ständen oder Systemen.	Bedeutung: Unzählbar viele Gegenstände UvG Beispiel: Sandkörner in der Sahara Rechenoperationen sind möglich: UvG1+UvG2<UvG1 Beispiel: In den Wüsten Taklamakan und Sahara sind zusammen mehr Sandkörner als Sandkörner in der Sahara.
Mengenlehre und **Natürliche Zahlen:** Gruppieren und Zählen von Gegen- ständen oder Systemen.	Bedeutung: Anzahl ohne Begrenzung AOB Mathematisches Zeichen: ∞ Rechenoperationen sind möglich: Rechenregel: $\infty+\infty=\infty$ Bedeutung: AOB + AOB = AOB (nicht mehr) Rechenregel: $\infty\cdot\infty=\infty$ Bedeutung: AOB $\cdot$ AOB < AOB (höhere AOB) (Mathematiker sprechen von einer höheren Unendlichkeit) Rechenregel: $\infty\cdot\infty\cdot\infty\cdot\infty\ldots\cdot\infty=\varepsilon$ Bedeutung: Die höchstmögliche Zahl der Mathematik nennt man ε.

Physik: Erklärung von Vorgängen in der Natur.	Renormierbar nennt der Physiker Formeln, in denen mathematische Unendlichkeiten vorkommen, die aber im folgenden Rechenschritt wieder verschwinden. Renormierbare Formeln sind häufig physikalisch korrekt.
Physik: Erklärung von Vorgängen in der Natur.	Nicht renormierbar nennt der Physiker Formeln, in denen mathematische Unendlichkeiten vorkommen, die nicht entfernt werden können. Nicht renormierbare Formeln deuten auf einen prinzipiellen Denkfehler hin.

Grundsätzlich andere Bedeutung:

Tabelle 37 Bedeutung von "Unendlich"

Religion / Metaphysik: Aussagen über die Transzendenz	Unendlich Logische Operationen sind nicht möglich. Rechenoperationen sind nicht möglich. Wissenschaftliche Überlegungen sind nicht möglich. Nicht renormierbar.

Logik und Dialektik

Die moderne Dialektik beruht auf der Methode von These, Antithese und Synthese.

Das erste Problem der modernen Dialektik ist, dass Antithese und Synthese willkürlich gewählt werden. In Mathematik und Logik besteht aber keine Wahlmöglichkeit! Die Dialektik ist nicht Teil der Logik und damit nicht geeignet für die Wissenschaft.

Das zweite Problem der modernen Dialektik ist, dass ihr simplifizierender Ansatz eine Zwangsläufigkeit suggeriert, die nicht besteht.

Das dritte Problem der modernen Dialektik ist, dass sie einem religiösen Wahrheitssystem entspringt, das säkularisiert wurde. Ein zentraler Glaubenssatz des dialektischen Materialismus lautete: "Die Partei hat immer Recht." Die Dialektik hatte die Aufgabe, diesen Glaubenssatz in allen Situationen zu "beweisen". (Viele Schriften des dialektischen Materialismus haben erhebliche Probleme mit der Wahrhaftigkeit.)

Fazit: Wird die Dialektik in der Wissenschaft zum Prinzip, so gelangt man schnell zu religiös-philosophisch-dogmatischen Aussagen.

Anmerkung: Im alten Griechenland wurde die Dialektik grundsätzlich anders verwendet (s. Zenon 490 - 330 v. Chr.)). Durch die Gegenüberstellung von These und Antithese wird einem bewusst, dass die These nicht einen absoluten, sondern höchstens einen relativen Wahrheitsgehalt besitzt. Die Dialektik diente nicht dazu, Wissen zu erhalten, sondern es in Frage zu stellen und zu relativieren. Nach Arkesilaos von Pitane (316 - 240 v. Chr.) ist es das Ziel der Dialektik, eine Zurückhaltung im Urteil zu erreichen. So angewendet, ist die Dialektik ein wertvolles Handwerkszeug der Philosophen.

Logik und Tautologie

Wenn zwei Begriffe in einer Aussage die gleiche Bedeutung (Synonyme) besitzen, spricht man von Tautologie:

"Was ist, das ist."

Zitat 12: nach Parmenides

Parmenides von Elea (510 - 440 v. Chr.) ging davon aus, dass derartige Aussagen absolut wahr seien.

Die Bedeutung der beiden Wörter "ist" muss aber nicht die gleiche sein (Scheintautologie). Abhängig vom Kontext, in den dieser Satz eingebunden ist, kann die Bedeutung unterschiedlich sein. Dies muss für jeden Kontext einzeln geprüft werden. Faustregel: Da Tautologien inhaltsleer sind, unterscheiden sich die beiden scheinbar synonymen Begriffe umso stärker voneinander, je mehr Aussagen aus ihnen abgeleitet werden.

In der Mathematik wird in der Infinitesimalrechnung mit dem Bruch Null durch Null gearbeitet. (In der Sprache der Mathematik 0/0.) Da beide Nullen unterschiedlich abgeleitet werden können, kann der Wert des Bruches jede mögliche Zahl annehmen. Hier wird der Bedeutungsunterschied genutzt.

Logik und Menschenbild

Protagoras (490 - 411 v. Chr.) wird der folgende Satz zugeschrieben:

"Der Mensch ist das Maß aller Dinge."

Zitat 13: Protagoras nach Platon (in: Wikipedia)

Nach Protagoras können Menschen nicht absolute Wahrheiten erkennen, sondern nur relative. Der Verzicht auf absolute Wahrheiten sollte daher zu einer Bescheidenheit im Urteilen und Denken führen.

Diese Aussage ist sinnvoll bei Stühlen und Tischen, Gesellschaftsregeln und Gesetzen. (Es ist allerdings erforderlich, andere Lebensformen zu berücksichtigen: Tierschutz, artgerechte Haltung, Schutz des Lebensraumes, ...).

In der modernen Philosophie gibt es Tendenzen, die Existenz Gottes zu verneinen und den Menschen an seine Stelle zu setzen. Die Aussage des Protagoras beinhaltet nicht die Vergötzung des Menschen. (Grenzverletzung).

Zahlen

Raum und Zahlen

Warum leben wir in der vierdimensionalen Raumzeit? Warum nicht in einem fünfdimensionalen Raumzeit? Antwort könnte möglicherweise die Mathematik geben.

Komplexen Zahlen

Das Erstaunliche an den komplexen Zahlen ist, dass dabei mit einer Zahl gerechnet wird, die es nicht gibt:
- In Natürlichen und auch in den Reellen Zahlen existiert die Zahl i ($i=\sqrt{-1}$) nicht.

Wie kann nun eine Zahl, die es nicht gibt, dabei helfen, ein mathematisches Problem zu lösen? Interessanterweise ist genau diese Eigenschaft der Schlüssel für die Lösung des Problems:

- Im eindimensionalen Raum existieren die anderen Raumdimensionen nicht.

Um Dimensionen zu konstruieren, die es (in der vorhandenen Dimension) nicht gibt, benötigt man Zahlen, die es (in dem vorhandenen Zahlensystem) nicht gibt. Deshalb kann man mit Hilfe von i einen mehrdimensionalen Raum konstruieren.

Komplexe Zahlen eignen sich zur Verknüpfung von Bereichen, die von voneinander unabhängig sind.

Die Komplexen Zahlen enthalten weitere Zahlen: i (j, k, l, m, ...). Die Zahlen i (j, k, l, m, ...) werden festgelegt mit i•i=-1 (j•j=-1, ...) und mit i•j=k.
Die Komplexen Zahlen sagen aus, in welcher Richtung vom Nullpunkt aus gesehen sich ein bestimmter Punkt befindet: Der Punkt (2,3i) befindet sich 2 nach rechts auf der x Achse und 3 nach oben auf der y Achse. Den Wert (2,3i) bezeichnet man als eine Komplexe Zahl. Die Komplexe Zahl (2,3i,1j) bezeichnet einen Punkt im dreidimensionalen Raum.

Plus und Minus vor einer Zahl haben in der Geometrie die Bedeutung von Richtungen auf dem Zahlenstrahl: -3 bedeutet drei nach links auf der x-Achse. +2i bedeutet zwei nach oben auf der y-Achse.

Eine Multiplikation mit i entspricht der Drehung um 90° nach rechts, mit -i um 90° nach links. (Zueinander senkrechte Richtungen sind in der Geometrie voneinander unabhängig und eignen sich zur Beschreibung von unabhängigen Eigenschaften.)

Jetzt kommt etwas Interessantes:
- Eindimensionale (Reelle) Zahlen lassen sich dividieren:
3:3
- Zweidimensionale (Komplexe) Zahlen lassen sich dividieren:
(2,3i) : (2,3i)
- Vierdimensionale Zahlen (Quaternionen) lassen sich dividieren:
(2,3i,2j,1k) : (2,3i,2j,1k)
- Achtdimensionale Zahlen (Oktionen) lassen sich dividieren:
$(3, 2e1, 2e2, 2e3, 2e4, 2e5, 2e6, 2e7) : (3, 2e1, 2e2, 2e3, 2e_4, 2e_5, 2e_6, 2e_7)$

Aber:
- Komplexe Zahlen aller anderen Dimensionen lassen sich nicht untereinander dividieren!

Nach Albert Einstein bilden die drei Raumdimensionen und die Zeit eine Einheit, die vierdimensionale Raumzeit.

Sind mathematische Gesetze die Ursache dafür, dass wir die Raumzeit vierdimensional wahrnehmen? Liegt dies an der menschlichen Wahrnehmung oder handelt es sich um eine Eigenschaft des Universums?

Anmerkung:
Nach der Theorie, dass Naturgesetze und Materie auf der Basis von Prinzipien entstehen, müssen Gesetze zwingend regelhaft (und nicht chaotisch) sein. Ein-, zwei-, vier- und achtdimensionale Strukturen sind regelhaft. Komplexe Gebilde können aus einfachen Gebilden zusammengesetzt sein (s. Hyperzyklus). Die Stringtheorie vermutet, dass es weitere (evtl. 64) Dimensionen gibt, die aufgerollt sind. Vielleicht trifft für diese aufgerollten Dimensionen besser der Begriff "Oberflächen" zu, um deutlich zu machen, dass sie sekundär aus Baugruppen entstehen.

Wie die Gesetze der vierdimensionalen Quaternionen unser Leben bestimmen, sehen wir bei Drehungen im Raum: Bei zwei aufeinander folgenden Drehungen ist von Bedeutung, welche wir zuerst vornehmen:
- Lege ein Buch vor dich, drehe es nach rechts und dann nach oben: es steht auf der breiten Kante.
- Lege ein Buch vor dich, drehe es nach oben und dann nach rechts: es steht auf der schmalen Kante.
Die Wirklichkeit folgt hier den Rechenregeln der Quaterionen. Auch bei ihnen spielt die Reihenfolge bei einer Rechnung eine Rolle. Hier ist a•b etwas anderes als b•a.

Wenn man Drehungen lediglich auf Flächen vornimmt, so spielt die Reihenfolge keine Rolle. Das entspricht den Rechenregeln der Reellen und der Komplexen Zahlen: Hier spielt, bei einer Multiplikation, die Reihenfolge keine Rolle: $3 \cdot 4 = 4 \cdot 3$.

Die Mathematik der Quaternionen funktioniert zuverlässig und steht im Einklang mit Philosophie und Wirklichkeit.

Bei den Oktionen ergibt zusätzlich $a \cdot (b \cdot c)$ ein anderes Ergebnis als $(a \cdot b) \cdot c$. In der Welt der Oktionen gibt es ein Gesetz weniger als in der Welt der Quaternionen. Dort herrschen physikalische Freiheiten, die uns in unserer vierdimensionalen Raumzeit unbekannt sind. Im Alltag kennen wir das Problem, dass die Reihenfolge von Ereignissen eine wichtige Rolle spielt: Anke trifft auf (Bernd und Carmen), die sich lange kennen oder (Anke und Bernd) kennen sich lange und treffen auf Carmen.

Das vierdimensionale Raum-Zeit-Modell bezieht sich auf unveränderliche Objekte. Wir benötigen weitere Dimensionen, um die Veränderungen der Objekte (Informationen) erfassen zu können. Bestimmen letztlich Gesetze der Oktionen die Grundlagen unserer Welt?

Holographische Zahlen

Es gibt Zahlen, deren Wert exakt feststeht, bei denen wir aber nicht in der Lage sind, sie genau hinzuschreiben. Mathematiker schreiben für diese Zahlen daher Abkürzungen wie π oder e. Da diese Zahlen Ähnlichkeiten mit Hologrammen haben, nenne ich sie holographische Zahlen.
(Zerschneidet man ein normales Photo, ist auf dem linken Teil nur die linke Hälfte des Bildes zu sehen. Bei halbierten Hologrammen sieht man immer noch das ganze Bild, aber es ist unschärfer.)
Auch die holographischen Zahlen können unterschiedlich genau betrachtet werden. So kann die Zahl π als 3 oder als 3,14 oder mit tausend Stellen hinter dem Komma aufgeschrieben werden.
Welche Zahlen sind besser geeignet, unsere Welt zu beschreiben? Einiges spricht für die holographischen Zahlen. So sind die Zahlen auf dem Geodreieck mit relativ breiten Strichen markiert. Das gemessene Ergebnis ist daher keineswegs genau. Folglich wäre ein ungenaues Ergebnis mit ungefähr 1 auch die angemessene Antwort.
In der Algebra spiegelt die Ungenauigkeit die Schwierigkeit wieder, ein Objekt (wie einen Apfel) möglichst exakt definieren zu können.

Wie passen die holographischen Zahlen zu den exakten normalen Zahlen?
Sowohl π wie auch die Ziffer 1 besitzen einen exakt festliegenden Wert. Wir können ihren Wert aber in der Praxis nur ungenau bestimmen. Anders ausgedrückt: Beide tragen eine Information, beide sind in Abstraktionen (Formeln) exakte Werte und beide können in der Anwendung unterschiedlich genau bestimmt werden.

Baukasten Mathematik

Der Aufbau der Mathematik gleicht einem Werkzeugkasten mit hunderten von verschiedenen Werkzeugen. Bei der Arbeit ist es erforderlich, das jeweils geeignete Werkzeug auszuwählen und dieses korrekt einzusetzen. Dafür ist es erforderlich, das auftretende Problem zu erkennen und es ist hilfreich zu wissen, wie die einzelnen Werkzeuge arbeiten. Es gibt einfache Werkzeuge, die eine einzige Aufgabe erfüllen. Bei zusammengesetzten Werkzeugen bilden mehrere einfache Werkzeuge eine Funktionseinheit. Komplexe Werkzeuge bestehen aus mehreren zusammengesetzten Werkzeugen. (Parallelen findet man beim Aufbau von Maschinen und Lebewesen.)

3.7 Chemie und Medizin im Lichte der Prinzipien

Über Alchemie

Die Ziele der Alchemie waren einfach und klar: Ewiges Leben, ewige Jugend, unermesslicher Reichtum. Außerdem wollte man die Welt in ihren Strukturen erkennen und beherrschen. Die angestrebten Ziele sind bis heute die gleichen geblieben.

Für den Alchimisten barg das Elixier der Weisen den Schlüssel zum Erfolg. Es sollte alle Gebrechen und Krankheiten heilen und dem, der es trank, Unsterblichkeit verleihen. Tauchte man einen Stein hinein, so sollte der Stein sich in jeden gewünschten Stoff und somit auch in Gold verwandeln lassen.

Beim Experimentieren erkannten die Alchimisten, dass weder die Stellung von Mond und Sternen, noch das Murmeln von Zaubersprüchen oder andere okkulte Handlungen das Resultat beeinflussten. Mit dieser Erkenntnis wandelte sich die Alchemie zur Chemie und der Alchimist wurde zum Wissenschaftler. Im Bereich der Medizin ist dieser Erkenntnisprozess noch nicht abgeschlossen.

Chemie
Im Laufe des Erkenntnisprozesses fand eine Begriffsklärung statt. So beinhaltete der Elementbegriff der Alchemisten zwei unterschiedliche Einteilungen der Materie:

1.) Die Überzeugung der Alchemisten, dass unsere materielle Welt aus Grundbausteinen aufgebaut ist, teilen mit ihnen die Chemiker. Allerdings gehen diese nicht von vier, sondern von etwa hundert Grundbausteinen aus. Die Grundbausteine der Chemie werden, heute wie damals, Elemente genannt. Die Physiker haben die Materie noch genauer untersucht und sind auf Hunderte von Elementarteilchen gestoßen, das einfachste von ihnen ist das Photon (Licht). Als einzigen Grundbaustein, aus dem die Welt besteht, wird heute die Information betrachtet.

2.) Das, was die Alchemisten als Elemente bezeichnet haben, also Erde, Wasser, Luft und Feuer, nennen die Chemiker heute Aggregatzustände: Fest, flüssig, gasförmig, Plasma. Beispielsweise kann Wasser fest (Eis), flüssig (Meer), gasförmig (Wolke) oder Plasma (Blitz in der Wolke) sein.

Das Erstaunliche bei chemischen Vorgängen ist, dass die beteiligten Elemente immer erhalten bleiben, aber andere Eigenschaften bekommen, die sich teilweise sehr stark voneinander unterscheiden (weißer Zucker löst sich im Tee und ist nicht mehr sichtbar, Eiklar wird beim Kochen weiß, Holz verbrennt,...). Ohne die Kenntnisse der Gesetze der Chemie erscheinen diese Vorgänge wie Magie zu sein.

Medizin

Man hat beobachtet, dass Menschenaffen bei einigen Erkrankungen, z.B. Darmerkrankungen, gezielt bestimmte Pflanzen oder bestimmte Erdarten suchen und fressen. Verschiedene Horden benutzen unterschiedliche Heilpflanzen. Insgesamt hat man bei Schimpansen und Bonobos die Anwendung von fünfunddreißig verschiedenen Heilpflanzen beobachten können. Menschenaffen können offensichtlich einen Zusammenhang zwischen der Pflanze und ihrer Wirkung feststellen und sind vermutlich in der Lage, dieses Wissen zu tradieren.

Bis ins Mittelalter haben die Menschen Wissen über eine große Anzahl von Heilpflanzen und Erdarten gesammelt. Darüber hinaus haben sie gelernt, durch Trocknen, Auskochen, Ausziehen, Mischen usw. die Heilmittel lagerfähig zu machen und ihre Wirkung zu verstärken.

Mit dem Aufkommen der Chemie vor 200 Jahren stieg die Zahl der Stoffe mit einer möglichen Heilwirkung gewaltig an. Die Chemiker versuchten zudem, bekannte Heilmittel leicht zu verändern, um eine andere, möglichst bessere Wirkung zu erzielen. Die Methode blieb weitgehend gleich: Stoff schlucken und beobachten, was passiert.

Parallel zur Heilkunst der Ärzte entwickelten sich religiöse Verfahren, um Gunst und Vergebung Gottes durch Buße, Opfer oder Wallfahrten zu erlangen. Dunkle Mächte versuchte man durch magische Rituale zu bannen oder auszutreiben. Im Mittelalter wurden Krankheiten als Strafe Gottes oder als Werk böser Mächte (Hexenschuss) aufgefasst. Medizinische und religiöse Ansätze mischten sich oft.

Was auch über lange Zeiträume gleichblieb, war das Fehlen von Erklärungen des Sachverhalts. Viele traditionelle Heilverfahren wirken sehr gut, die Erklärung ihrer Wirkungsweise ist aber trotzdem oft nicht richtig. Schon im Altertum gab es wissenschaftliche Ansätze, wie beispielsweise die Erklärung des Blutkreislaufs, aber sie konnten sich lange nicht gegen die jeweils vorherrschenden religiös geprägten Erklärungen durchsetzen.

Schamanismus

Das Denken und Handeln der Schamanen der Naturvölker ist eingebettet in Gedankenwelt und Traditionen ihrer Kultur. Ihre Heilverfahren sind von großer Komplexität. Sie wenden gleichzeitig eine Vielzahl von Methoden an:
- z.T. hochwirksame Medikamente, Gifte und Drogen werden verabreicht.
- Verfahren zur Aktivierung oder Beruhigung des Kranken werden angewendet.
- Psychologische Methoden werden genutzt, um den Patienten von Wirksamkeit und Erfolg der Behandlung zu überzeugen und um ihm Lebensmut zurückzugeben (s. Placebo - Effekt).
- Maßnahmen zur Stärkung der sozialen Gemeinschaft werden vorgenommen.
- Sog. "magische" Rituale werden durchgeführt (z.B. zur vermeintlichen Austreibung von bösen Geistern).
- Der Patient und sein soziales Umfeld wird betracht, untersucht und befragt.
- Der Schamane versetzt sich selber, teilweise unter Einsatz von Drogen, in einen Trancezustand. (Die dabei stattfindende Konzentration auf den Patienten kann die Diagnose erleichtern.)

Diese Methodenvielfalt hat sich als erfolgreich erwiesen, da Krankheiten häufig auf einem Geflecht von Ursachen beruhen. Diese Vielfalt hat allerdings den Nachteil, dass die Wirksamkeit der einzelnen Teilbereiche kaum zu erkennen ist und damit die Verbesserung der einzelnen Heilmethoden erschwert wird. Je größer die Vielfalt der gleichzeitig verwendeten Methoden, desto größer die Gefahr, dass unnötige oder sogar schädliche Verfahren angewendet werden, da sie andere, wirksame Verfahren verdecken.

Auch in der modernen Medizin können die wenigsten Erkrankungen umfassend erklärt und angemessen behandelt werden. Nach Aussagen von Ärzten haben die Patienten in den Arztpraxen ungefähr zu einem Drittel diagnostizierbare Erkrankungen, zu einem Drittel funktionelle Störungen, bei denen keine organischen Störungen gefunden werden können, und zu einem Drittel psychosomatische Erkrankungen. Das bedeutet, nur ein Drittel der Erkrankungen kann mit Medikamenten angemessen behandelt werden. (In den Kliniken liegt der Wert höher.)

Glaube und Aberglaube

Beim echten Glauben glaubt man tatsächlich das, was man zu glauben meint. Aberglaube beruht auf Zwiedenken. Man glaubt an etwas, von dem man gleichzeitig weiß, dass es falsch ist. Vorstellungen, die in der Vergangenheit (oder heutzutage in anderen Kulturen) auf echtem Glauben beruhen, können für unsere modernen Mitbürger Aberglaube sein. Was Glaube und was Aberglaube ist, hängt somit wesentlich von der Einbindung der Glaubensinhalte ins eigene Weltbild ab und ist nicht für alle Zeiten festgelegt.
Beispiel zur Verdeutlichung: Für die Babylonier, die glaubten, Sterne seien Götter, war Astrologie eine wahrhaftige Wissenschaft. (Wenn die Göttin der Liebe (Venus) den Gott des Krieges (Mars) besucht, löst eine Liebesaffäre einen Krieg aus.) In der modernen Wissenschaft, nach der Sterne Materiebrocken sind, gilt Astrologie daher als abergläubischer Unsinn.

Der Schamanismus ist Teil seiner Kultur und eingebettet in eine in sich geschlossene Gedankenwelt. Die traditionellen animistischen Vorstellungen (Wolken weinen, weil sie traurig sind) lassen sich nicht in das wissenschaftliche Weltbild integrieren. Eine Übertragung in eine andere kulturelle Umgebung beinhaltet die Gefahr des Zwiedenkens und der Lüge. Es ist ein schwieriger Prozess, die wertvollen Bestandteile traditioneller Heilverfahren zu erkennen und in die moderne Welt zu übertragen.

Paradigmenwechsel in der Medizin

Seit zweihundert Jahren setzt sich zunehmend die logisch-wissenschaftliche Erklärung von Krankheiten gegen die magisch-mythische durch. Dieser Prozess ist noch nicht abgeschlossen. Und gerade am Ende eines Zeitalters entwickeln die Anhänger der alten Erklärungsformen eine Vielfalt von Ideen:

- Erklärung psychischer Vorgänge durch Magie (z.B. Psychosen als Besessenheit)
- Heilung durch Magie (z.B. heilende Steine, Fernheilung durch Gedanken)
- Verwendung von Primitiv-Methoden zur Erklärung komplexer Zusammenhänge (z.B. Kinäsiologie). Beispiel: Die Muskelspannung gibt Antwort auf jede körperbezogene Frage: „Hast Du einen Lebertumor?" Gibt der Muskel einen Widerstand - „ja", gibt er nach -„nein".")
- Pseudowissenschaftliche Erklärungen (Wirkung von nicht nachweisbaren Kräften oder Zusammenhängen)
- Anwendung pseudowissenschaftlich-technischer Geräte (oft zum Schutz vor den nicht nachweisbaren Kräften)
- Scharlatanerie (Ziel: eigener Reichtum) / (Auch ausgebildete Ärzte, die wider besseres Wissen überflüssige Behandlungen verordnen, sind Scharlatane.)

Häufig verwechselt und sogar gleichgesetzt werden diese Ansätze mit ernsthaften Versuchen, neue Ansätze in der Medizin zu etablieren:

- Erforschung und Behandlung von psychischen und sozialen Ursachen
- Naturheilkunde
- traditionelle Heilverfahren
- Heilverfahren anderer Kulturen wie z.B. Akupunktur
- Klang- und Musiktherapie
- Einwirkung auf Vorstellungen und Einstellungen beim Patienten
- Psychomotorik

Keinesfalls vergessen darf man den Grundsatz: Wissenschaftler achten andere Wissenschaftler! Das gilt auch für Wissenschaftler und Nichtwissenschaftler mit Gedanken, die einem selber skurril, versponnen oder unsinnig vorkommen. Auch falsche Ideen haben oft Fortschritte an unvermuteten Stellen zur Folge gehabt. Nur diejenigen, die ihre Patienten schädigen, müssen gehindert werden, und zwar aus moralischen und nicht aus wissenschaftlichen Gründen.

Heilung - um welchen Preis?

Medizinische Behandlungen haben Risiken und Nebenwirkungen. Diese können körperlicher, aber auch seelischer oder gesellschaftlicher Art sein. Die Behandlung mit Placebos ist bei einer umfassenden Betrachtung durchaus kritisch zu sehen, denn die Grundlage der Behandlung beruht auf einer Lüge (geistige Hygiene!). Weiterhin wird der Patient vom Arzt nicht ernst genommen sondern bevormundet.
Wenn ein Arzt selbst an die Wirkung von an sich unwirksamen Behandlungsmethoden glaubt, lügt er seine Patienten nicht an. Darüber hinaus ist ein doppelter Placeboeffekt größer. Dies gilt aber auch für die gesellschaftlichen Nebenwirkungen: Es werden Behandlungsmethoden etabliert, bei denen die Ursachen der Erkrankung nicht angemessen diagnostiziert und ursächlich behandelt werden. (Das gilt selbstverständlich auch für etliche andere Behandlungsmethoden.)

Die Nebenwirkungen der sogenannten Heilmagie sind vielfältig und tragen in sich u.a. das Risiko, Hexenverbrennungen auszulösen. (Heil- und Schadenszauber bilden eine Einheit.)
Gesundheitsvorsorge ohne Betrug (Placebo), Selbstbetrug und Nebenwirkungen ist möglich, und zwar auch bei funktionellen Störungen und psychosomatischen Erkrankungen: Musik, Kunst, Gespräch, Sport, Psychotherapie, ...

Heil- und Schadensmagie

Wahrheitsbasierte Systeme sind besonders stabil, wenn sie einen dreisten Betrug beinhalten, da die Lüge eine klare Trennung von Anhängern und Gegnern ermöglicht. Dies gilt auch für medizinische Behandlungsmethoden.

Bereits aus der Alchemie des Mittelalters sind viele Beispiele des Betrugs bekannt. Im magischen Bereich wimmelte und wimmelt es auch heutzutage von Lug und Betrug. Nicht funktionierende Zauber sind schlecht für den Ruf und das Geschäft - nicht wirksame Schadenszauber werden durch den Einsatz von wirksamen Giften scheinbar zur Wirkung gebracht (Beispiel Voodoo - Magie). Auch Personen, die Zweifel an magischen Fähigkeiten geäußert haben, konnten und können so mundtot gemacht werden.

Alle Systeme, auch Gedankensysteme, entwickeln rasch ein Eigenleben. Besonders ausgeprägt ist dieses in den Bereichen, die wirkungslos sind, weil hier das Regulativ der Umwelt entfällt. Da es keine magischen Wirkungen gibt, treibt die angebliche Magie eine Vielfalt von seltsamen Blüten: Komplizierte Rituale, komplexe Erklärungsgebäude und ein Geflecht von Insiderwissen und Geheimnissen. Antriebskraft für die Entwicklung sind gruppendynamische Prozesse, die ohne Rücksichtnahme auf die Wirklichkeit ablaufen können. Einige Gruppierungen glauben, mit Hilfe von Verbrechen magische Kräfte erlangen zu können (Blutmagie). In einigen Regionen der Erde werden aus diesem Glauben heraus bei der Durchführung dieser (unwirksamen) Rituale Menschen misshandelt, verstümmelt oder ermordet.

Wichtig erscheint es mir noch, auf den Zusammenhang von Heilmagie und Hexenverbrennungen hinzuweisen. Der Glaube an Heilmagie geht einher mit dem Glauben an Schadensmagie und der Furcht vor bösen Zauberern und Hexen. Als einziges wirksames Mittel aus dieser vermeintlichen Bedrohung wurde und wird vielfach die Tötung der vermeintlichen bösen Magier und Hexen gesehen. Heilmagie, Schadensmagie und Hexenverbrennungen bilden eine Einheit, da sie Teil des gleichen in sich geschlossenen Weltbildes sind. Dieses Weltbild ist mit dem Weltbild der modernen Wissenschaften nicht oder nur auf dem Wege des Selbstbetruges (Zwiedenken) vereinbar.

Wer an Magie glaubt, hat nicht nur falsche Vorstellungen, sondern erlebt eine Welt voller Angst und Erschrecken. Aus dieser unnötigen Angst heraus wurden und werden noch heute unzählige unschuldige Menschen gequält und getötet.
Auch heute, zu Beginn des 21. Jahrhunderts, werden in jedem Jahr mehr als 100 Menschen (Frauen, Männer und Kinder) als angebliche Hexen und Zauberer durch den Lynchmob oder nach Hexenprozessen ermordet und tausende Menschen unter diesem Vorwand verfolgt.

Homöopathie

S. Hahnemann entwickelte um 1796 ein neues Heilverfahren, die Homöopathie. Er hatte drei gute Ideen:
Bei der Suche nach neuen Arzneimitteln schlug er eine neue Richtung vor: Man sollte Stoffe verwenden, welche die gleiche Wirkung haben wie die zu behandelnde Krankheit. Das ist insofern sinnvoll, als sie ja offensichtlich in dem betroffenen Organ wirken. Ob sie zur Behandlung geeignet sind, muss allerdings getestet werden.
In großen Mengen haben fast alle Stoffe eine Giftwirkung. Hahnemann schlug vor, die Dosis zu vermindern. (Solange die Verdünnung nicht zu stark ist, haben auch die homöopathischen Stoffe, wie andere Medikamente, eine chemische Wirkung).
Und er forderte eine sorgfältige Verarbeitung, besonders wichtig war ihm eine gute Mischung durch Schütteln. In der modernen Medizin sind sorgfältige Zubereitung der Medikamente (stundenlanges Rühren) und lange Testreihen (um Vergiftungen zu vermeiden) Standard.

Zu diesem Zeitpunkt stand nicht nur die Medizin, sondern auch ihre Basis, die Chemie in den Anfängen. Die alchemistischen Vorstellungen wurden erst langsam abgelöst. Dass Hahnemann die Homöopathie auf der Basis dieses Gedankengutes erklärte, ist verständlich. Die Vorstellung, dass durch Schütteln die "Heilinformation" der Substanz übertragen wird, gehört wie astrologische Vorstellungen, Elementenlehre, Heilsteine, Amulette, Runenkräfte in diese Gedankenwelt. (Ausdrücklich möchte ich darauf hinweisen, dass das in diesem Text vorgestellte Modell der *Quanten*physik keine Grundlage für die Erklärung Homöopathie darstellt.)

214

Dass die homöopathischen Mittel (hoch potenziert) und verschiedene andere alternative Heilverfahren nach Meinung vieler Naturwissenschaftler vollständig wirkungslos sind, ist für die Wissenschaft eher nebensächlich. Wissenschaftlich gesehen aber ist von entscheidender Bedeutung, dass viele Heilverfahren nicht einer umfänglichen, kritischen Überprüfung nach allgemein akzeptierten Standards unterzogen werden (anerkannte Diagnoseverfahren, Doppeltblindversuche, Statistik, bezogen auf diagnostizierte Krankheiten, ...). Aus Sicht der Ethik ist es unverantwortlich, wenn sich Anhänger von Alternativmethoden dagegen wehren, die Wirkung der Medikamente wissenschaftlich überprüfen zu lassen (desgleichen selbstverständlich auch, wenn Pharmaunternehmen bei der Prüfung schummeln).

Bei funktionellen Störungen und bei psychosomatischen Erkrankungen stehen häufig andere Faktoren als die Wirkung des Medikaments im Vordergrund. Hier ist möglicherweise die Gabe von ungiftigen homöopathischen Medikamenten in Kombination mit der festen Überzeugung des Arztes von der Wirksamkeit seiner Therapie und dem Placeboeffekt erfolgreich (doppelter Placeboeffekt). Dieser Erfolg ist kritisch zu betrachten, denn bei psychosomatischen Erkrankungen sollten vorrangig die psychischen Probleme gelöst werden, was häufig unterbleibt.

Moderne Medizin

Die Untersuchung von Organen, Zellen, Genen und Proteinen gibt uns heute einen kleinen Einblick in die Funktionen des Körpers und ein Verständnis für seine Erkrankungen. Soziologen und Psychologen erweitern ihr praxisorientiertes Wissen. Langsam und mühsam kommt die Wissenschaft voran. Ziel ist ein Verständnis der Vorgänge (Russels Huhn) und eine ursachenbezogene Behandlung.
Die Wirksamkeit von Diagnoseverfahren, Medikamenten und Behandlungen ist zu belegen, und zwar aus moralischen, wissenschaftlichen und wirtschaftlichen Gründen. In der modernen Medizin basieren Wirksamkeitsnachweise auf Mathematik und Wissenschaft.

Mathematik und Wissenschaft
Jeder Patient ist einer Vielzahl von Einflüssen ausgesetzt, von denen einige den Krankheitsverlauf beeinflussen, andere nicht. Mit Hilfe von statistischen Methoden ist es möglich, dieses Geflecht zu entwirren. Erforderlich sind aber ausreichend große Datenmengen. An diesem Punkt scheitern bereits viele Studien.

Die Vielzahl von Einflüssen erschwert es auch Medizinern und Patienten, die Ursache einer Heilung korrekt zu benennen. Und es kommt noch ein weiteres Problem dazu, ein psychologisches: Wir Menschen neigen dazu, Alltägliches zu vergessen und uns Außergewöhnliches zu merken.
Beides ist zu berücksichtigen, wenn Patienten oder Heiler von Erfolgen einer außergewöhnlichen Methode (z.B. durch Magie) berichten. Wenn man nachfragt, kommt man, nach meinen Erfahrungen, oft zu folgendem Ergebnis: 1. Die Beteiligten sagen die Wahrheit. 2. Es gibt weitere Faktoren, die erst nach intensiven Erkundigungen genannt werden. Diese Faktoren sind in der Regel nicht sonderlich bemerkenswert und werden vermutlich deshalb nur wenig beachtet, obwohl sie ursächlich zur Heilung mit beigetragen haben könnten. Die ungewöhnlichen Methoden des Heilers werden dagegen ausführlich beschrieben.
Fallberichte sind als Veranschaulichungen und Denkanstöße ein wichtiges Arbeitsmittel, aber sie besitzen keine Beweiskraft und können in die Irre leiten.

Auch in der Statistik gibt es viele Fallstricke. So eignen sich Statistiken z.B. nicht dafür, eine Ursache - Wirkungsbeziehung zu beweisen. Man konnte im 20. Jahrhundert in Deutschland feststellen dass gleichzeitig die Anzahl der Störche und der Geburten abnahm. Der Schluss, dass Störche Kinder bringen, wie der Volksmund sagt, kann daraus nicht gezogen werden. (Gemeinsame Ursache ist die Industrialisierung.)
Viele Studien beachten nicht die Grenzen der Statistik und sind in ihren Ausdeutungen nicht korrekt.

Wissenschaftlich saubere Studien müssen einer Vielzahl von Anforderungen genügen. Viele Studien benutzen wissenschaftliche Ausdrücke (unabhängig, Doppelblindversuch, randomisierte Kontrollgruppe, reduplizierbar), obwohl sie dem wissenschaftlichen Standard nicht genügen. Einen Hinweis darauf findet man häufig in Metastudien.

4 Modelle als Grundlage unseres Denkens und Handelns

Aus eigenen und fremden Erfahrungen lernen wir zwischen mehr oder minder hilfreichen Denk- und Handlungsweisen zu unterscheiden und auf die als ungeeignet betrachteten zu verzichten. Dadurch erweitern wir stufenweise unsere Handlungsmöglichkeiten. Es ist im Wesentlichen der Verzicht, der zur Erweiterung unseres Handlungsfeldes führt. Je sinnvoller und klarer der Verzicht, desto größer werden unsere Denk- und Handlungsmöglichkeiten.

Tabelle 38 Kriterien

	Bezeichnung	Beschreibung	Prinzip
K2	kopernikanisches Prinzip	Für jeden gelten die gleichen Gesetze, auch für den Beobachter.	Prinzip der Gleichheit (vor dem Gesetz).
K3	Russels Huhn	Modelle sollen Zusammenhänge erklären.	Verständnis (Russels Huhn hat dieses nicht)
K4	Ockhams Rasiermesser	Modelle sollen von möglichst wenigen Annahmen ausgehen, ohne simplifizierend zu sein. (Simplifizierend heißt, etwas zu erklären, ohne das Wesentliche zu berücksichtigen. ->K3)	Prinzip der Einfachheit (auch Sparsamkeitsprinzip der Wissenschaften genannt)
K5	"geprüft"	Modelle sollen sich in der Praxis vielfältig bewähren.	Prinzip der Bewährung (Erfahrung, Wiederholbarkeit)
K6	"wissenschaftlich"	Nur Aussagen, die vom Ansatz her widerlegbar sind, sind wissenschaftlich.	Prinzip der Wahrhaftigkeit

Die Einhaltung eines Kriteriums beinhaltet jeweils einen Verzicht auf Arbeits- und Denkweisen, die als ungeeignet eingestuft werden.

Religion - Philosophie . Wissenschaft

Die Wissenschaft ist ein Teilbereich der Philosophie. Die Abgrenzung der Wissenschaft von der übrigen Philosophie erfolgt durch Selbstbeschränkung. Arbeits- und Denkweisen werden dafür in wissenschaftlich und unwissenschaftlich eingeteilt. Der Begriff "wissenschaftlich" besitzt die Eigenschaften eines Qualitätsmerkmals.

Auch in der Philosophie findet eine Selbstbeschränkung statt. Mindestanforderung für philosophisches Arbeiten ist eine Begründbarkeit, weitergehende Ansätze fordern die Beachtung der Gesetze der Logik. Die Begriffe "begründbar" und "logisch" besitzen die Eigenschaften von Qualitätsmerkmalen.

Die einzelnen Religionen besitzen unterschiedliche Selbstbeschränkungen (z.B. moralische Grundsätze, akzeptierte Methoden, verbindliche Glaubensinhalte). Die Festlegungen einer Religion können so aufgebaut sein, dass sie mit Philosophie und Wissenschaft vereinbar sind, aber auch so, dass sie im Widerspruch zu ihnen stehen. Falls es zu Konflikten kommt, kann es hilfreich sein zu prüfen, ob die Selbstbeschränkungen die Eigenschaften von allgemeinverbindlichen Qualitätsmerkmalen besitzen. Anzustreben ist ein Aufbau, der die Religion, die Philosophie und damit auch die Wissenschaft beinhaltet und über sie hinausgeht, ohne mit ihnen in Konflikt zu geraten.

Eine Weltsicht ohne Selbstbeschränkung könnte man als Gegenstück zu Theologie, Philosophie und Wissenschaft ansehen: Sich einzulassen, geschehen lassen, erleben, akzeptieren.

4.1 Ausgangspunkte *

In Religion, Philosophie, Wissenschaft und auch im Rechtswesen sollte man sich bewusst machen, von welchen Annahmen und Prinzipien man ausgeht, und sich klar werden, welche Folgerungen man daraus ableitet. Die folgende Tabelle ist in der praktischen Arbeit entstanden. So helfen die aufgeführten Namen von Wissenschaftlern und Philosophen beim Wiederfinden von Argumenten. Die aufgeführten Namen spiegeln eine persönliche und keine objektive Bedeutung wieder.

- Grundsätze, die auch Prinzipien (P) genannt werden, leiten unser Denken und Handeln.
- Annahmen, die auch Axiome (A) genannt werden, bilden die Grundlage für Logik, Mathematik und Wissenschaft. Werden andere Axiome verwendet, so entstehen andere Modelle. Die Grundlage für die Wahl der Axiome bildet die Wahl der Prinzipien.
- Kriterien (K) prüfen, ob wichtige Prinzipien berücksichtigt werden.
- Definitionen (D) und Modelle (M) sind gebräuchliche Vorgehensweisen, um Annahmen zu formulieren.
- Mechanismen, die auch systematische Prinzipien (SP) genannt werden, beschreiben aufeinanderfolgende Vorgänge, die eine bestimmte Wirkung besitzen.
- Folgerungen (F) können aus den Annahmen abgeleitet werden.

Annahmen und Folgerungen
Meine erste Annahme lautet: „Ich glaube, dass ich als Mensch nicht in der Lage bin, die Wahrheit zu erkennen." (A1)
Wenn wir die Wahrheit nicht erkennen können, müssen wir uns mit Annahmen begnügen, die falsch sein können. Daher verwende ich für meine Axiome auch nicht den Ausdruck „Ich weiß ...", sondern die Worte „Ich glaube ...". Die Worte „Ich glaube" sollen deutlich machen, dass ich zwar von der Richtigkeit überzeugt, mir aber keineswegs sicher bin.

Tabelle 39 Meine Kriterien (K1), um Aussagen und Handlungen zu prüfen

Für die Religion	Für die Philosophie	Für den Alltag
Hochachtung vor Gott[20]	Wahrhaftigkeit	Prinzip der Wissenschaft
Liebe zu Gott	Liebe + Verständnis (Ethik)	Recht als Prinzip
Religiöse Praxis	Lebenserfahrung	Lebenspraxis
Weisheit		

---

[20] Chiffre im Sinne des philosophischen Glaubens

Ethik (1): Leben

Tabelle 40 Ausgangspunkte

	Meine Annahmen / Überzeugungen	In Anlehnung an	Andere Meinungen
D1 (F)	Ich folgere: Folgende Definition ist angemessen: Basis jeglichen Lebens ist das Prinzip der Liebe. "Leben" ist da, wo dieses Prinzip herrscht (Symbiose). (Die Symbiose ist eine Partnerschaft, bei der jeder Partner aktiv zum Vorteil des anderen Partners tätig ist.)	(Jesus)	technische Definition des Begriffs Leben
P1 (A)	Ich glaube: Alle Lebewesen tragen als Einzelne wie auch in der Gemeinschaft auf der Grundlage des Prinzips der Liebe die Verantwortung für ihr Handeln. Auch mit Berufung auf höhere Mächte kann man sich dieser Verantwortung nicht entledigen. (Prinzip der Verantwortung)	Sokrates, Kant, Humanismus, UNO-Charta der Menschenrechte, Grundgesetz der Bundesrepublik Deutschland, Solidaritätsprinzip, Subsidiaritätsprinzip, Verantwortungsmehrung, (Die Entscheidung, dem Gott der Güte dienen zu wollen).	Prinzip von Befehl und Gehorsam, Diktaturen, religiöse Fanatiker, Schizophrenie (Stimmen im Kopf), Hybris, Moralismus, Nihilisten, Dogmatismus, Relativismus, Gleichgültigkeit

Erkenntnis (1): Wissen und Wahrheit

	Meine Annahmen / Überzeugungen	In Anlehnung an	Andere Meinungen
A1	Ich glaube: Ich bin als Mensch nicht in der Lage, die Wahrheit zu erkennen.	Xenophanes, Sokrates, Arkesilaos von Pitane, Sophisten, Skeptiker, Wilhelm von Ockham, Hume, Pascal, (Kant), Popper , Hans Albert	Stoa, Gnosis, Augustinus, Descartes, (Kant), Leibniz, Husserl, Siddharta Gautama, Nihilisten
F1	Ich folgere: Es gibt kein „Wissen" und somit keinen Zwiespalt zwischen Glauben und Wissen. In Religion, Philosophie, Wissenschaft, Ethik, Recht und im Alltag können wir sowohl Spekulation, Dogma, Lüge als auch das Bemühen um Wahrhaftigkeit finden.	(Martin Luther), Paul Tillich, (Joseph Ratzinger)	(Augustinus), (Siddharta Gautama), (Kant), (Martin Luther), viele Atheisten, Kreationisten
F 1.1	Ich folgere: Gemeinsame Basis für Religion, Philosophie, Ethik, Wissenschaft und Recht ist die Wahrhaftigkeit.	Sokrates, Aristoteles, Siddharta Gautama	Wahrheitssysteme, Diktaturen
D2 (F)	Ich folgere: Folgende Definitionen sind angemessen: Das Prinzip der Wissenschaftlichkeit ist in der Praxis angewandte Wahrhaftigkeit. Das Prinzip des Rechts ist in der Praxis angewandte Ethik (Liebe und Verständnis).	Wissenschaft, Recht	Wissenschaft als Besitz der Wahrheit, Recht als Machtinstrument
F2 (P)	Ich folgere: Der Erfolg der Wissenschaft beruht wesentlich auf der Weitergabe von Erfahrungen. Dabei sollte stets das Prinzip Verantwortung beachtet werden.	Verantwortung in Pädagogik und Wissenschaft. Biologie: Fortpflanzung unterliegt Regeln zum Nutzen der symbiotischen Gemeinschaft	Machtmissbrauch (Wissen ist Macht)

Erkenntnis (2): Wissenschaft

	Meine Annahmen / Überzeugungen	In Anlehnung an	Andere Meinungen
F3	Ich folgere: Die Methoden der Wissenschaft sind wahrheitssuchende Methoden.	Hans Albert	Wahre Sätze
SP1	Ich folgere: Wissenschaft beruht auf dem folgenden Mechanismus: In Worten der Wissenschaft: Aufstellen eines Modells - Prüfung des Modells - Veröffentlichung des Modells In der Alltagssprache: Freiheit der Wahl - Bewährung in der Praxis - Weitergabe von Erfahrungen In Worten der Philosophie: Freiheit - Wahrhaftigkeit - Liebe In Worten der Biologie: Mutation - Selektion - Vermehrung In Worten der *Quanten*physik: Zufall - Resonanz - kopierbare Information	Prinzip der Freiheit - Prinzip der Wahrhaftigkeit - Prinzip der Liebe Voraussetzung: Möglichkeit des Wandels	
SP2	Ich folgere: Der Evolutionsmechanismus ist eine Variante der Mechanismen der Wissenschaft: - Die Mutation entspricht dem Entwickeln eines Modells. - Die Selektion entspricht dem Prüfen des Modells. (Bewährung in der Praxis) - Die Fortpflanzung entspricht der Veröffentlichung. (Weitergabe der Erfahrungen.)	Wissenschaftstheorie, Friedrich Ast: hermeneutische Spirale, Wissenschaft als Generationen überschreitende Symbiose	Evolution als Summe von Zufällen
SP3	Ich folgere: Der Mechanismus der Wissenschaften selektiert an zwei Stellen: Bei Bewährung in der Praxis und bei der Weitergabe von Erfahrungen.	Prinzip der Liebe: - Freundschaft - Elternliebe Symbiosen helfen beim Überleben.	
SP4	Ich folgere: Der Mechanismus der Wissenschaften ist von Bedeutung bei - der Entstehung und dem Erhalt von Naturgesetzen und Materie (Substanz) - der Entstehung des biologischen Lebens und der Entwicklung der Lebewesen - der Entwicklung unserer Wahrnehmung, unseres Fühlens und unseres Denkens - der Entwicklung von Sprachen - der kulturellen Entwicklung	Prinzip der Wissenschaften als schöpferisches Urprinzip der Welt Charles Darwin: Evolutionstheorie Schönheit und Vielfalt in unsere Welt	Schöpfung als magischer Vorgang
F4	Ich folgere: Wissenschaft ist ein künstlerisch - kreativer Prozess, der Modelle (Erkenntnis) und Technik (Innovationen) hervorbringt.	Albert Einstein, Prinzip der Freiheit, Vielfalt und Schönheit in Wissenschaft und Technik, Natur und Biologie, Kunst und Literatur	Wissenschaftliche Erkenntnisse als Wahrheit
F 4.1	Ich folgere: Die Evolution bringt Ähnliches zustande wie die Wissenschaft: Modelle (Erkenntnis) und Technik (Innovationen).	Wissenschaftstheorie, Biologie	Kreationisten

Erkenntnis (3): Modelle

	Meine Annahmen / Überzeugungen	In Anlehnung an	Andere Meinungen
F5	Ich folgere: Modelle sind kreative Erfindungen. Modelle beziehen sich auf eine vom "Erfinder" weitgehend unabhängige Wirklichkeit, aber zugleich beruhen sie auf den Entdeckungen, Erfahrungen, Überzeugungen und älteren Modellvorstellungen des "Erfinders" und beziehen diese mit ein.	Theorie, Metapher, Mythen, (Juri Iwanowitsch Manin); (Konventionalismus: Poincaré); Relevanz und Auswahl; Paradigmen: Thomas Kuhn; Chiffren: Karl Jaspers	Abbild, Trugbild / Illusion, absolute Wahrheit, Idee, freie Fantasie
F 5.1	Ich folgere: Um ein Modell richtig verwenden zu können, ist es wichtig zu verstehen, warum eine Modellvorstellung zutreffen soll. Gute Modelle sind einfach, gut abgesichert, in der Praxis bewährt und begründet. Grenzen in der Anwendung können benannt werden. (Qualitätsstandart)	Prinzip vom Verständnis (Russels Huhn), Prinzip der Einfachheit (Ockhams Rasiermesser) Prinzip der Bewährung (Charles Darwin)	Positivismus

Relativismus: Es gibt keine allgemeinen Kriterien. |
| F 5.2 | Ich folgere: Modelle sind nicht wahr oder unwahr, sondern hilfreich oder nicht hilfreich. | Qualitätsstandart, Positivismus: Auguste Comte | Wahrheit |
| F 5.3 | Ich folgere: Folgende Kriterien sind Qualitätsmerkmale für ein Modell:
- Annahmen leuchten unmittelbar ein
- das Wesentliche wird erfasst
- Einfachheit: So wenig Voraussetzungen wie möglich, ohne simplifizierend zu sein (Ockhams Rasiermesser)
- Innere Widerspruchslosigkeit
- Verständnis (Russells Huhn)
- Wissenschaftlichkeit (Bewährung)
- Konsens
- Ausmaß ("Fruchtbarkeit")
- Exaktheit
- Gleichheit vor dem Gesetz (Kopernikanisches Prinzip)
- praktikabel
- hilfreich | Wissenschaftstheorie | |
| F 4.2 | Ich folgere: Mit der wissenschaftlichen Methode können viele Vorgänge der Natur erkannt, modellhaft beschrieben und erklärt werden. | Heraklit, Aristoteles, Cicero, Wilhelm von Ockham, Galilei, Newton, Ernst Haeckel, Einstein, Popper, Karl Jaspers | "Erleuchtung", "Offenbarung"

(Étienne Tempier) |
| F6 | Ich folgere: Zusammengehörige Modelle besitzen eine gemeinsame Kernidentität. | ((Leibniz)) | Identität |
| | | | |

Erkenntnis (4): Gedankensysteme

	Meine Annahmen / Überzeugungen	In Anlehnung an	Andere Meinungen
F7	Ich folgere: 1. Annahmen sollten auf Prinzipien beruhen. 2. Jede Annahme sollte durch Zirkelschlüsse bestätigt werden. (Ein Gedankensystem, dass nur aus Zirkelschlüssen besteht, ist besser als ein System, dass auf einem Abbruch beruht, aber auch besser als ein System, dass auf einem unendlichen Regress beruht.) 3. Annahme sollten nur vorläufig festgelegt werden, um Verbesserungen zu ermöglichen. 4. Annahmen und Folgerungen, die beanspruchen, Beobachtungen erklären zu können, sollten durch Experimente geprüft werden.	Prinzip der Einfachheit: Ockhams Rasiermesser Zirkelschluss als Qualitätskriterium Wissenschaft als wahrheitssuchende Methode	Münchhausen-Trilemma
F 7.1	Ich folgere: Im geschichtlichen Ablauf werden aus Zirkelschlüssen Zirkelspiralen.	Friedrich Ast: hermeneutische Spirale	
F8	Ich folgere: Schlussfolgerungen setzen die Gültigkeit der Gesetze der Logik voraus.	Pythagoreer, Skeptiker	
F 8.1	Ich folgere: Schlussfolgerungen setzen das Prinzip der Gleichheit voraus, um die Übertragung von Beobachtungen, Modellen und Anwendungen zu ermöglichen.	Kopernikanisches Prinzip als Voraussetzung für wissenschaftliches Arbeiten	
F 8.2	Ich folgere: Prinzipien sind Teil der Ethik und bilden die Grundlage für Logik und Mathematik. Praktisches ethisches Handeln benötigt Regeln. Die Funktion der Prinzipien und Regeln kann logisch erklärt werden.	Parallelität und wechselseitige Einwirkung von Ethik und Logik	Ableitung der Ethik aus der Logik Unabhängigkeit von Ethik und Logik

Wahrnehmung (1): Modelle

	Meine Annahmen / Überzeugungen	**In Anlehnung an**	**Andere Meinungen**
F9 (A)	Ich folgere: Folgende Annahme bietet dem Menschen eine ihm angemessene Ausgangsposition zum Denken: "Die Welt ist so, wie ich sie erlebe." Diese These ist zu prüfen.	Kinder werden zu Erwachsenen: Naiver Realismus als Ausgangshypothese Prinzip der Wissenschaft	
F 9.1	Ich folgere: Menschliche Wahrnehmung, Gefühle, Sprache, Logik, Verständnis, Güte, Liebe, Wahrhaftigkeit, aber auch Hungergefühl und Aggression sind durch evolutionäre Prozesse entstanden.	Haeckel, Konrad Lorenz, Hoimar von Ditfurth, Monod, v. Bertalanffy; Russell, Popper, Chomsky	Augustinus, Scholastiker, Descartes, Spinoza, Kant, Kreationisten
F 9.2	Ich folgere: Wahrnehmung und Logik wurden im Evolutionsprozess lange geprüft und sind somit keine Täuschungen. Unsere Wahrnehmung ist aber nicht die Wirklichkeit und unsere Logik weder die bestmögliche Logik, noch die Wahrheit.	Konrad Lorenz, Hoimar von Ditfurth, Qualitätsstandard für Modelle	Konstruktivismus (keine Prüfung), Logik als Wahrheit, Logik als Illusion
F 5.4	Ich folgere: Modell Die menschliche Wahrnehmung, Selbstwahrnehmung, Logik, Sprache und Gefühle besitzen die Eigenschaften von Modellen. Auch unsere angeborenen Vorstellungen und Empfindungen von Raum, Zeit, Materie, Temperatur usw. entsprechen den Modellvorstellungen der Wissenschaft. Um die Modelle angemessen anwenden zu können, muss man nach ihren Grenzen suchen und sie nur im Rahmen der gefundenen Grenzen verwenden. Dies gilt für unsere eigene Wahrnehmung und auch für die Logik und die Mathematik. (Zirkelschluss)	Hypothetischen Realismus: Immanuel Kant: „Das Ding an sich bleibt uns unbekannt." Wissenschaftstheorie, Methode der Sprache, Russels Huhn	Naiver Realismus: Die Welt ist so, ist wie man sie wahrnimmt Wahrheit: Descartes, Pythagoras Abbildung: Platon Höhlengleichnis Zweifel (Skeptiker): Das Verhältnis von Wahrnehmung und "Ding an sich" ist nicht bestimmbar: Sextus Empiricus, Kant, David Hume, (Kurt Gödel), (Alan Turing) Illusion: Siddharta Gautama, Hinduismus Freie Fantasie: Konstruktivismus Unabhängigkeit von Innenwelt und Außenwelt: Malebranche Parallelität: Leibniz Wahrnehmung erzeugt Außenwelt: George Berkley Solipsismus: Es gibt nur mich

Wahrnehmung (1.1): Modelle

	Meine Annahmen / Überzeugungen	In Anlehnung an	Andere Meinungen
F10	Ich folgere: Das, was wir wahrnehmen, hängt stets von der Technik unserer Sinnesorgane und unseres Hirns (Informationsverarbeitung) sowie von bereits vorhandenen Modellvorstellungen ab.	Interpretation: Aristoteles, Pragmatismus: (Charles Peirce), Psychologie: (Franz Brentano), Phänomenologie: (Edmund Husserl), Karl Jaspers Verstehende Psychologie: Karl Jaspers Hirnforschung: Hoimar von Ditfurth Paradigma: Kuhn	Rationalismus: René Descartes Empirismus: John Locke Behaviorismus: John B. Watson, Frederic Skinner
F 10.1	Ich folgere: Unser „Wissen" um die Welt entspringt unterschiedlichen Quellen: - der eigenen Wahrnehmung - Lebenserfahrung (Bewährung) - lernen von anderen Menschen - dem evolutionären Mechanismus (Bewährung) - nachdenken (Modell, Logik, Sprache) - gefühlsbedingte Folgerungen ...	Modelle	nur denken, nur wahrnehmen, nur fühlen, nur Technik ...

Erkenntnis (5): Naturgesetze

	Meine Annahmen / Überzeugungen	In Anlehnung an	Andere Meinungen
F 5.5	Ich folgere: Der Begriff "Naturgesetz" ist Teil einer Modellvorstellung.	Wissenschafts-theorie	
A2	Ich glaube an das Vorhandensein und die Gültigkeit von Naturgesetzen. (Im Zirkelschluss bestätigt und experimentell untermauert.)	Pythagoreer, Thales von Milet, Demokrit, Newton	Hexenhammer
F11	Ich folgere: Die von uns formulierten Naturgesetze basieren auf philosophischen Grundsätzen (Prinzipien).	Aristoteles, Pythagoreer, Newton, Einstein, Henning Genz	
F12 (P)	Ich folgere: Wichtige Prinzipien sind Freiheit, Wandel, Vielfalt, Individualität, Gleichheit vor dem Gesetz, Ordnung, Beständigkeit, Wahrhaftigkeit, Verständnis, Liebe, Verantwortung, Rechtlichkeit		
SP 5	Ich folgere: Materie (Substanz) und Naturgesetze unterliegen einem Prozess, der dem der Evolution ähnelt: - Systeme sind in der Lage, sich selber Regeln (Gesetze) zu geben. - In einem andauernden Prozess wird die Gültigkeit der Naturgesetze überprüft: Nur solche Systeme sind stabil, die Regeln haben, welche den Prinzipien der Liebe, der Wissenschaftlichkeit und der Verantwortung folgen. - Aus einfachen Gesetzen entwickeln sich komplexe Gesetze. (Zirkelschluss: Logik als Voraussetzung)	Möglichkeit des Wandels, Harmonie bei den Pythagoreern, Kausalgesetz von Leukipp, (Taoismus), Gesetzgebung, Evolutionstheorie, Systemtheorie, Masseneffekte, historische Anfangs-bedingungen, Baukastenmethode	Atomhypothese Ewige Naturgesetze (Die Naturgesetze sind im Urknall entstanden und seitdem gültig)
SP 5.1	Ich folgere: Entstehung und Erhalt von Materie (Substanz) und Naturgesetzen beruhen auf folgendem Mechanismus: Freiheit der Wahl - Bewährung in der Praxis - Weitergabe von Erfahrungen. (Zirkelschluss: Logik als Voraussetzung) Anmerkung: In einem logischen System ist ein Zirkelschluss ein Qualitätsmerkmal.	Prinzip der Freiheit, Prinzip der Wahrhaftigkeit, Prinzip der Liebe sog. schwaches anthropologisches "Prinzip" (wissenschaftlich)	Kant: Kausalität und Induktionsschluss werden ohne Begründung (a priori) vorausgesetzt sog. starkes anthropologisches "Prinzip" (unwissenschaftlich)
F13	Ich folgere: Die Naturgesetze entstehen lokal. Wir erleben sie, wie die Temperatur, als Folge eines Masseneffekts.	Prinzipien	
F 11.1	Ich folgere: Naturgesetze und Materie entstehen in evolutionären Prozessen. Der Zufall tritt dabei weit in den Hintergrund. Er hat hier etwa die gleiche Bedeutung wie der Zufall in den Versuchsreihen der Wissenschaftler. Auf lange Sicht setzen sich Prinzipien durch. Deshalb unterliegen die Naturgesetze philosophischen Grundsätzen (Prinzipien).	Prinzip der Freiheit: Mutation. Prinzip der Wahrhaftigkeit: Selektion. Prinzip der Liebe: Symbiose.	
F 11.2	Ich folgere: Das Vorhandensein und die Gültigkeit von Naturgesetzen, logischen Gesetzen und Prinzipien kann man logisch erklären. Zirkelschluss!	Thales von Milet, Demokrit, Newton	

Biologie (1): Leben

	Meine Annahmen / Überzeugungen	In Anlehnung an	Andere Meinungen
D 1.1 (F)	Ich folgere: Folgende Definition ist angemessen: Was liebt, lebt.		Idealismus
D 3 (F)	Ich folgere: Folgende Definition ist angemessen: Was liebt, ist real.		Idealismus, Atomtheorie, ERP
F 16.2	Ich folgere: Was liebt, nimmt wahr.		
F 23.4	Ich folgere: Was ich liebe, nenne ich "schön" und "wertvoll". Es zu schützen empfinde ich als "gut".	Logik <> Ethik <> Kunst <> Alltagsleben	
F4.2	Ich folgere: Die Begriffe Leben und Lebewesen sind Teil von Modellvorstellungen.	Wissenschaftstheorie	Animismus
F14	Ich folgere: Leben tritt in vielen Formen auf: Elementarsysteme als Lebensform, nichtzelluläre Lebensformen, Einzeller als Lebensform, Art als Lebensform, Partnerschaft als Lebensform, Innere Partnerschaft als Lebensform, Organismus als Lebensform, Sozialwesen als Lebensform, Kultur als Lebensform, alle Lebewesen als Lebensform.	Animismus: Leben als Grundprinzip der Natur	traditionelle Biologie (Animismus: Vermenschlichung der Natur)
F 14.1	Ich folgere: Der Stammbaum der Lebewesen beginnt bei den Elementarsystemen.	Definition von "real" (Animismus) (Evolutionstheorie)	Der Stammbaum der Lebewesen beginnt bei den Einzellern Unabhängige Schöpfungsakte
F 14.1	Ich folgere: In Genen und Zellstrukturen werden Eigenschaften an die Nachkommen weitergegeben.	Genetik	Karmasystem und Seelenwanderung
F 11.3	Ich folgere: Alle lebenden Objekte im Universum bilden ihre Umgebung modellhaft ab. (Jedes Tier, jede Pflanze, jedes Elementarsystem ist ein Funktionsmodell seiner Umwelt.) Die Naturgesetze sind Teil dieser Modelle.	Hoimar von Ditfurth: Vogelflügel die Luft, Augen die Sonne, ... Elektron, Photon	Unabhängigkeit der Objekte und ihrer Eigenschaften von ihrer Umgebung

Physik (1): *Quanten*informationen (Modell)

	Meine Annahmen / Überzeugungen	In Anlehnung an	Andere Meinungen
F 4.3	Ich folgere: Die Formeln der *Quanten*physik sind Teil eines Modells.	Max Planck, Albert Einstein, Niels Bohr, Erwin Schroedinger, Werner Heisinger, John Bell, Richard Feynman, Anton Zeilinger	Überinterpretationen
F 15	Ich folgere: *Quanten*informationen (Materie) bringen Informationen (Substanzen) hervor. Informationen (Substanzen) können etwas bewirken, weil sie auf die *Quanten*informationen (Materie) einwirken und sie verändern.	Prinzipien: Einfachheit, Verständnis, Wissenschaftlichkeit Evolutionsmechanismus	metaphysische Deutungen der Quantenphysik, Dekohärenz
F 15.1	Ich folgere: Informationen besitzen eine Eigenwirkung: Informationsspeicher (Substanzen) besitzen die Eigenschaft einer gewissen Dauerhaftigkeit, denn sie sind in der Lage, Einfluss darauf zu nehmen, dass sich in ihnen die entstehenden und vergehenden Informationen die Waage halten. Dies geschieht durch das Erzeugen eines Resonanzraumes. In ihm bringen die *Quanten*informationen an den richtigen Stellen Informationen (Substanzen) hervor, die wiederum als Resonanzkörper dienen.	*Quanten*computer	Atomvorstellung
F 15.1	Ich folgere: Wenn sich eine Gardine im Wind bewegt, so meinen wir, dass die Teile sich bewegen und dass sich dann die identischen Teile an einem anderen Ort befinden. Vermutlich ist es anders: Es findet auf der Ebene der Elementarsysteme ein ständiger Auf- und Abbau der Gardinensubstanz statt. Solange die Gardine sich nicht bewegt, entsteht unter Einfluss der umgebenden Substanzen (Informationen) etwa an der Stelle, an der grade eben die Substanz vergangen ist, neue Substanz mit gleichartigen Eigenschaften. Von außen einwirkende Informationen ("Kraftteilchen" genannt) verschieben den Ort der Neuentstehung. Dann wird die Gardine an einem neuen Ort wiederaufgebaut. (Siehe körperliche Kontinuität eines Lebewesens.) Beide Objekte sind nicht vollkommen identisch, aber sie gleichen sich so stark in ihren Eigenschaften, dass man von einer Kernidentität sprechen kann.	Orbitalmodelle, Wachstumsmodell, *Quanten*physik, *Quanten*computer, "beamen", Wirkung von Sprache. Nach dem Prinzip der Einfachheit (Ockhams Rasiermesser) laufen grundlegende Vorgänge nur nach einem einzigen Mechanismus ab. Bei der Bewegung sind dies vermutlich die Vorgänge der *Quanten*physik	Atomtheorie, Achilles´ Schildkröte

Wahrnehmung (2): Bewusstsein

	Meine Annahmen / Überzeugungen	In Anlehnung an	Andere Meinungen
F 4.4	Ich folgere: Der Begriff "Bewusstsein" ist Teil einer Modellvorstellung.	Wissenschaftstheorie	viele Seelenvorstellungen
A3	Ich glaube: Systeme benötigen zum Funktionieren eine innere Wahrnehmung, ein "Bewusstsein". (Jeder Informationsaustausch hat einen bewussten Vorgang als Zwischenschritt. Dadurch sind Systeme in der Lage, auf Einflüsse angemessen zu reagieren.)	Panpsychismus, (Schopenhauer: Wille)	eliminativer Materialismus: Paul Churchland, (Idealismus), (Buddhismus), Solipsismus
F16	Ich folgere: Jedes System besitzt eine innere Wahrnehmung. (Auch Elementarsysteme wie Elektronen.)	Ernst Mach, Gleichheitsprinzip (Kopernikanisches Prinzip)	
F 16.1	Ich folgere: - Das Bewusstsein kann in die Physik eingeordnet werden. - Unser Bewusstsein besitzt die Eigenschaften einer Sprache. - Erleben und Handeln bilden eine Einheit. - Unsere innere Wahrnehmung hat primär die Funktion, etwas zu erschaffen. - Erfahrung, Logik und Wille sind Eigenschaften von Informationssystemen. - Unsere innere Wahrnehmung verbindet sich mit Erfahrung und Logik zum Bewusstsein und lässt den Willen in einer sinnvollen Handlung zur Realität werden. - Innere Wahrnehmung und äußere Wirkung besitzen auf der *Quanten*ebene eine gemeinsame Wurzel.	Wissenschaftstheorie	Mythologische Vorstellungen
F17	Ich folgere: Im Universum finden wir einen Aufbau vom Einfachen zum Komplexen.		
F 17.1	Ich folgere: Das Bewusstsein ist modular aufgebaut: Modell 1: Das Bewusstsein des Elementarsystems bildet die Quanteninformation eines einzigen Vorganges der Informationsentstehung ab. Modell 2: Mehrere Modelle Typ 1 werden miteinander verknüpft. Modell 3: Mehrere Modelle Typ 2 werden miteinander verknüpft usw. Modelle und Sprache des zugehörigen Bewusstseins werden Stufe für Stufe komplexer.	Kopernikanisches Prinzip, Baukastenmethode	Kopenhagener Deutung / Wigners Freund Animismus: Vermenschlichung der Natur (z.B. Berge denken wie Menschen)
F 17.2	Ich folgere: Die Informationen unserer Nervenzellen wirken auf die *Quanten*informationen ein. (Übersetzung in eine andere Sprache). Auf *Quanten*ebene finden Rechnungen statt, die Informationen hervorbringen. (Übersetzung in eine andere Sprache). Diesen Vorgang erleben wir als Empfindung.	evolutionäre Bedeutung des Bewusstseins: Wirkung des Bewusstseins, Stuart Hamerof, Sir Roger Penrose	Idealismus, viele Seelenvorstellungen eliminativer Materialismus: Paul Churchland

Wahrnehmung (2.2): Bewusstsein

	Meine Annahmen / Überzeugungen	In Anlehnung an	Andere Meinungen
F 5.1	Ich folgere: Empfindungen sind Sprachen unseres Gehirns. Die Zuordnung von Sinneseindrücken und Emotionen ist nicht zwingend, aber zweckmäßig.	Linguistik, Evolutionstheorie, Modelle	Konstruktivismus, Begriffsrealismus, Ideen
F18	Ich folgere: Symbiosen ermöglichen Handlungen, die einzeln nicht möglich sind (z.B. Teile der Zange). Die neuen Fähigkeiten entstehen auf der Basis des Vorhandenen. Der Unterschied zwischen einfachen und komplexen Systemen ist sehr groß. Dies gilt auch für die Wahrnehmung.	Schwache Form der Emergenz: Neues beruht auf Vorhandenem: Reduktionismus verknüpft mit der Informationstheorie (erklärbar)	Starke Form der Emergenz: Grundsätzlich Neues (nicht erklärbar)
F 18.1	Ich folgere: Ähnliche Systeme haben in der Regel eine ähnliche innere Wahrnehmung.	(Funktionalismus)	
F 18.2	Ich folgere: Gefühle wie Schmerz und Angst unterscheiden sich bei Wirbeltieren nur graduell von den menschlichen Gefühlen.	(Pythagoreer), Hirnforschung, Tierschützer, Konrad Lorenz, Hoimar von Ditfurth	
F 18.3	Ich folgere: Wie das Gehirn, technisch gesehen, Emotionen und Bewusstsein erzeugt, ist nicht bekannt. Es deutet viel darauf hin, dass dabei der Software (Nervenimpulse) eine gleichrangige Rolle zukommt wie der Hardware (Nervenzellen).	Monismus, Hirnforschung, Wirkung von Hormonen und Drogen, Informatik	viele Seelenvorstellungen
F 18.4	Ich folgere: Die verschiedenen Teile unseres Gehirns besitzen jeweils ein eigenes Bewusstsein. Die Teile kommunizieren miteinander.	(Systemtheorie)	
F 18.5	Ich folgere: In unserem Hirn arbeiten viele Programme parallel. Nur ein einziges Programm erleben wir als Bewusstsein. Das Bewusstsein der anderen Programme unseres Hirns und unseres Körpers erleben wir so wenig, wie wir das Bewusstsein von anderen Menschen erleben. Die Programme kommunizieren miteinander und lassen sich (z.B. im Schlaf) herunterfahren.	Informatik, Hirnforschung, ("Stimmen" im Kopf: Eigene Programme werden als fremd betrachtet.)	viele Seelenvorstellungen, "Besessenheit"
F 18.6	Ich folgere: Jede Selbstwahrnehmung beruht auf "gespiegelter" Fremdwahrnehmung. Auch das Ichgefühl beruht auf Fremdbeobachtung. Dies ist möglich, da unser Gehirn aus vielen Teilen zusammengesetzt ist.		
F 17.3	Ich folgere: Nach der Hirnforschung entsteht unser Bewusstsein nicht an einem Ort (Nervenzelle), sondern großräumig im Hirn. Dies wirft die Frage nach dem Bewusstsein einer Kultur auf.	Hirnforschung, "Betriebsklima", (C.G. Jung), Durkheim, Kinomodell, Gottesvorstellung vom "mitfühlenden Gott" (Dietrich Bonhoeffer)	

Erkenntnis (5): Transzendenz und Immanenz

	Meine Annahmen / Überzeugungen	In Anlehnung an	Andere Meinungen
F 4.5	Ich folgere: Unsere Vorstellungen der Diesseitigkeit (Immanenz), Jenseitigkeit (Transzendenz) und von Gott haben die Eigenschaften von Modellen.	Wissenschaftstheorie, (Ludwig Feuerbach)	
D4 (A)	Ich glaube: Folgende Definition ist angemessen: Die Begriffe Transzendenz, Gott, gute Macht, böse Macht, Seele, Sein, Wirklichkeit, Selbst sind Chiffren im Sinne des philosophischen Glaubens.	Sokrates, (Moses Maimonides), (Meister Ekkehart), Karl Jaspers, wissenschaftliches Denken: Sprache als Modell	Magisch - mythisches Denken: Sprache gleich Realität.
F 1.2	Ich folgere aus meiner Unvollkommenheit: Ich kann nicht erkennen, ob es Transzendenz oder Gott gibt.	Protagoras, Demokrit, Wilhelm v. Ockham, Agnostiker, Hobbes, (Nikolaus von Kues) Blaise Pascal, Immanuel Kant	Gottesbeweise, Thomas v. Aquin, Atheisten
F 1.3	Ich folgere: Es gibt viele Hinweise darauf, dass es mehr gibt als dass, was wir überblicken können.	Kurt Gödel, Offene Fragen in Wissenschaft und Philosophie	(Laplace)
A4	Ich glaube an Gott*. (*Chiffre im Sinne des philosophischen Glaubens)	Abraham, Echnaton, Moses, Jesus	Protagoras, Hume, Ludwig Feuerbach, Atheisten
A5	Ich glaube an eine Transzendenz*. ("Metaphysik") (*Chiffre im Sinne des philosophischen Glaubens)	Aristoteles, Siddharta Gautama, Karl Jaspers	(Demokrit), Epikur
F 10.1	Ich folgere: Ich schließe vom eigenen Empfinden auf die Außenwelt und von der Außenwelt schließe ich auf das eigene "Ich".	Kant Relativitätsprinzip, Kopernikanisches Prinzip	(Descartes)
A6	Ich glaube, dass ich bin, - denn ich fühle und denke und verändere mich dabei, - denn ich beobachte, dass ich handle und die Umwelt verändere, - denn ich sehe mich in Handlungen von Mitmenschen wahrgenommen, - denn ich liebe und werde geliebt.	(Augustinus), (Kant), (Descartes), (Husserl), (Kierkegaard), wissenschaftliche Definition von "real", Modelle, Kopernikanisches Prinzip	australische Aborigines, Siddharta Gautama, idealistische Definition von "real", Empirismus: David Hume
F 1.4	Ich folgere: Selbstüberschätzung führt in die Irre (Erkennen, Handeln, eigene Bedeutung, ...)	griechische Philosophen, Humanismus	Hybris, Geniekult
A 6.1	Ich glaube: Es gibt eine von mir weitgehend unabhängige Außenwelt. ("Immanenz")	(Descartes), Kant, hypothetischer Realismus, Modelle, Festlegung der makroskopischen Eigenschaften durch Messinstrumente	Solipsismus, einige Interpretationen der Quantenphysik

Erkenntnis (5.1): Transzendenz und Immanenz

	Meine Annahmen / Überzeugungen	In Anlehnung an	Andere Meinungen
F19	Ich folgere: Die Vorstellung von einer veränderlichen Seele steht im Einklang mit den Gesetzen der Logik.	Umkehr, Gnade, Streben nach Harmonie (Pythagoreer)	Essentialismus: Platon, Die Vorstellung von unveränderlichen und ewigen Ideen und Seelen (Pythagoreer)
F 19.1	Ich folgere: Die Seelenvorstellung von einem Schiff mit Tiefgang steht im Einklang mit der Informationstheorie und der modernen Biologie.	Monismus	Beseelung, Seelenwanderung, Reanimation, Untote, spukende Seelen, Besessenheit
A7	Ich glaube: Jedes Lebewesen oder kein Lebewesen besitzt eine Seele*. (*Chiffre im Sinne des philosophischen Glaubens)	Kopernikanisches Prinzip, Aristoteles: lebendig sein = beseelt sein, (Giordano Bruno)	Nur vernunftbegabte Wesen (Menschen) verfügen über eine Seele. Geniekult
A8	Ich glaube: Jeder Mensch und jedes andere Lebewesen hat als Teil der Schöpfung einen direkten Zugang zum Göttlichen*, ohne dass es einer Vermittlung bedarf. (*Chiffre im Sinne des philosophischen Glaubens)	Siddharta Gautama, Martin Luther, Kopernikanisches Prinzip	Brahmanen, Kastensystem

Erkenntnis (5.2): Transzendenz und Immanenz

	Meine Annahmen / Überzeugungen	In Anlehnung an	Andere Meinungen
A 5.1	Ich glaube: Immanenz (mit Geist und Materie) und Transzendenz sind zwar grundsätzlich verschieden, aber sie stehen im Einklang miteinander.	(Plotin), (Leibniz), Spinoza, Kernidentität	(Plotin), (Leibniz)
F20	Ich folgere: Vorgänge in der Transzendenz stehen im Einklang mit den Naturgesetzen in der Immanenz: In der Welt gibt es keine Magie, keine Gespenster, keine Dämonen.	Spinoza, (Hoimar von Ditfurth)	Hexenhammer
F 20.1	Ich folgere: Die für die Immanenz formulierten Gesetze (Begriffe, Logik, Mathematik, Naturgesetze, Ethik) beanspruchen keine uneingeschränkte Gültigkeit für die Transzendenz.	Karl Jaspers, (Moritz Schlick), (Kurt Gödel), Modelle gelten innerhalb von Grenzen.	Prädestinationslehre, Reinkarnationslehre
F 20.2	Ich folgere: Aus dem Einklang von Immanenz und Transzendenz ergibt sich die Bedeutsamkeit unseres Alltagslebens auch für die Transzendenz.	Monismus	Bedeutungslosigkeit des Alltagslebens im Idealismus
F 20.3	Ich folgere: Die Genetik kann die Weitergabe von Eigenschaften an die nächste Generation erklären. Transzendente Modelle, wie das Karmasystem, werden nicht benötigt.	s. Ockhams Rasiermesser	Seelenwanderung und Karmasystem
F21	Ich folgere: Modelle, die Gott menschliche Eigenschaften zuschreiben und diese ins Unermessliche steigern, verstoßen gegen religiöse Grundsätze und die Gesetze der Logik.	Liebe und Hochachtung gegenüber Gott, Dietrich Bonhoeffer, Gesetze der Logik, Ethik	viele Gottesmodelle : Wissen -> Allwissenheit Macht -> Allmacht, dauerhaft -> ewig, ...
F 21.1	Ich folgere: Zur Erklärung der Vorgänge in unserer Welt benötigt die Wissenschaft nicht das Modell "Gott ist ein allmächtiger Magier".	(Laplace) andere Gottesvorstellungen "Schöpfung" auf der Basis von Prinzipien. Dieses Modell wirft ungelöste moralische Fragen auf.	(Laplace): Ich benötige nicht die Hypothese von einem Schöpfergott. Atheisten: Gott ist eine überflüssige Hypothese. Kleingläubigkeit: Magie, direktes Eingreifen Gottes, Theodizee-problem
F 21.2	Ich folgere: Ein Verzicht auf dieses Modell verändert die religiöse Praxis. Beispiel: Gebete als Nachdenken im Bewusstsein der Anwesenheit Gottes.	Frömmigkeit	Ritualien, die Gottes Handlungen lenken sollen, Religiosität als Mittel zum Zweck (z.B. zur eigenen Erlösung)

Ethik (2): Transzendenz und Immanenz

	Meine Annahmen / Überzeugungen	In Anlehnung an	Andere Meinungen
F22	Ich folgere: Das Prinzip der Liebe ist das Grundprinzip unseres Universums.	Archaisches Wissen	Nihilismus
A 4.1	Ich glaube an einen Gott der Liebe.	Viele religiöse Menschen	"Das ist Wunschdenken."
F 22.1	Ich folgere: Das "Einswerden" mit dem Kosmos setzt nicht Selbstaufgabe, sondern allumfassende Liebe voraus.	Pythagoreer, Prinzip der Liebe, Prinzip des Lebens, Lebenserfahrung	(Buddhismus)
F 22.2	Ich folgere: Schmerz und Leid sind weniger ein Problem des Wandels als vielmehr der Liebe.	Lebenserfahrung	(Siddharta Gautama)
F23	Ich folgere: In unserer Welt sind Gut und Böse menschliche Begriffe.	Lao-Tse: Ying / Yang, Konrad Lorenz, Definitionsprobleme	Zarathustra, Echnaton
F 23.1	Ich folgere: Der evolutionäre Mechanismus ist geeignet, Verhaltensweisen hervorzubringen, die wir als moralisch (gut) bezeichnen.	Konrad Lorenz, Tiere helfen anderen Tieren. Umgeht naturalistischen Fehlschluss: (George E. Moore)	Kreationisten
F 23.2	Ich folgere: Durch die Evolutionstheorie kommt es nicht zu einer Relativierung der Begriffe Gut und Böse, sondern zu einem Verstehen der Zusammenhänge in einem tragischen Konflikt.	Griechische Tragödien	
F 23.3	Ich folgere: In unserer Welt ist das, was wir gut und böse nennen, abhängig von dem jeweiligen Standpunkt. Der eigene Standpunkt hängt wesentlich davon ab, was man liebt.	Prinzip der Liebe	Begriffsrealismus
A 4.2	Ich glaube: Es gibt eine durch und durch gute Macht. (Warnung vor Zwiedenken!	Echnaton, Zarathustra, Augustinus, Prinzip der Hoffnung	Heraklit, Lao-Tse, Prinzipien von Logik und Sprache, "Wunschdenken"
A 4.3	Ich folgere: Eine sehr böse Macht zerstört sich selbst. Ich glaube: Es gibt keine durch und durch böse Macht.	Echnaton, Sokrates, Neuplatonismus, Spinoza	Heraklit, (Lao-Tse), Zarathustra, Augustinus, christliche Gnosis, "Wunschdenken"
F 21.3	Ich folgere: Die Vorstellung einer durch und durch guten oder bösen Macht kann nicht in logischen Folgerungen verwendet werden.	Gesetze der Logik, Chiffren im Sinne des philosophischen Glaubens	Theokratisches Naturrecht, viele Gottesmodelle
F 20.4	Ich folgere: Das Karmasystem steht nicht im Einklang mit der Ethik.	Lebenserfahrung	Verteidiger des Kastensystems

Religion (1): Grundsätze

	Meine Annahmen / Überzeugungen	In Anlehnung an	Andere Meinungen
F24	Ich folgere: Jeder Mensch sollte die Freiheit besitzen, seine Religion selbst wählen zu können.	Zarathustra, Prinzip der Wahrhaftigkeit	Verfolgung von "Abtrünnigen" und "Ungläubigen"
F25	Ich folgere: Der Wunsch, dem Gott der Güte dienen zu wollen, steht mit den formulierten Grundsätzen im Einklang.	Sokrates, Kant, Zarathustra	Die Entscheidung dem mächtigsten Gott dienen zu wollen
F 21.4	Ich folgere: Die menschliche Sprache besitzt Modelleigenschaften. Gesprochene und geschriebene Sprache kann weder mit der Wirklichkeit noch mit der absoluten Wahrheit gleichgesetzt werden.	Wissenschaftstheorie, Nominalismus,	Begriffsrealismus
F 21.5	Ich folgere: Heilige Bücher sind Quellen der Weisheit.	(Erasmus von Rotterdam), (historisch - kritische Bibelforschung), Lernen aus der Geschichte	Heilige Bücher als Quelle der absoluten Wahrheit, ihr Missbrauch als Waffe
A9 (F)	Ich glaube: Die menschlichen Empfindungen haben eine neurobiologische Basis. (Im Zirkelschluss bestätigt)	Monismus (Hirnforschung)	Idealismus, Hinduismus, Buddhismus
F 21.6	Ich folgere: Die menschlichen Empfindungen besitzen Modelleigenschaften. Sie können weder mit der Wirklichkeit noch mit der absoluten Wahrheit gleichgesetzt werden.	Wissenschaftstheorie	
F 21.7	Ich folgere: Spirituelle Erfahrungen sind Erfahrungen, die den Horizont erweitern können.	Hirnforschung, Lebenserfahrung	Mystik: Spirituelle Erfahrungen als Weg zur absoluten Wahrheit, ihr Missbrauch als Waffe
F 21.8	Ich folgere: Idealistische Vorstellungen lassen sich leicht missbrauchen, da ihnen das Regulativ der Logik fehlt und sie die Bedeutsamkeit des Alltagslebens verneinen.	Geschichtliche Erfahrung	
F26	Ich folgere: Qualitätskriterien für Religionen sind Friedfertigkeit, Rechtlichkeit (Menschenrechte, gleiches Recht für alle usw.), Wahrhaftigkeit (Fehlbarkeit, Offenheit), Freiheit (Religionsfreiheit und alltägliche Freiheit), Möglichkeit der individuellen Entwicklung im praktischen Leben.	Religion als Mittel der Sinngebung und Selbstentfaltung	Ausbreitung des Glaubens durch Religionskriege und Zwangsmissionierungen, Religion als Macht- und Unterdrückungsinstrument Allmachtswahn
F 26.1	Ich folgere: Wenn Gewalt als Mittel zur Durchsetzung religiöser Vorstellungen akzeptiert wird, führt dies zwangsläufig wieder und wieder zu Glaubenskriegen. Begleiterscheinungen sind innere Glaubenskonflikte, Zwiedenken und Unwahrhaftigkeit.	Gott der Liebe, Geschichtliche Erfahrung, Sektenbildung	Kriege als sogenannte Gottesurteile
	Positionsbestimmung: Ich sehe mich als ökumenischen Menschen christlicher Tradition. Der ökumenische Gedanke umfasst Menschen aller Religionen und Philosophien, die ähnliche Grundwerte vertreten.	interreligiöser Dialog	Sektierertum

Ethik (3): Recht

	Meine Annahmen / Überzeugungen	In Anlehnung an	Andere Meinungen
P 1.1	Ich glaube: Die Verantwortung für die Ausbildung und der Vollzug des Rechts liegt bei der menschlichen Gemeinschaft.	Protagoras, Prinzip der Verantwortung, (Rationalistisches Naturrecht), Vernunftrecht, Rechtspositivismus, Lebenserfahrung, Zehn Gebote als weiser Rat	sogenannte Gottesurteile, theokratisches Naturrecht, Scharia, ... hat die "Ermächtigung Gottes" zur Durchsetzung der "Göttlichen Weltordnung" mit Hilfe von "Gottes Gesetzen".
P2	Ich glaube: In einem moralischen Rechtssystem müssen bestimmte Grundrechte vorhanden sein.	Pythagoreer, Prinzip der Liebe, angeborener Gerechtigkeitssinn, Sittlichkeit, Naturrecht, Menschenrechte, Tierrechte, Naturschutz, Gemeinwohl, Humanismus	(Machiavelli)
P3	Ich glaube: Recht hat die Aufgabe, ein geordnetes Zusammenleben unter Berücksichtigung der individuellen Rechte für alle Lebewesen anzustreben.	Archelaus, John Locke, Jean Jacques Rousseau: Gesellschafts-vertrag	Anarchie
F27	Ich folgere: Wir haben das Recht, Maßnahmen zu treffen, um Menschen und andere Lebewesen vor Schäden zu bewahren. Wir haben aber kein Recht auf Rache.	Notwehr, Erziehung, Sicherungsverwahrung, Zwang zur Schadensregulierung, Androhung und Vollzug von angemessenen Strafen, angemessene Verteidigung, (Todesstrafe als Notwehr)	Misshandlungen, Folterungen, Verstümmlungen, Todesstrafe, Angriffskriege, Vergeltungsmaßnahmen
F 27.1	Ich folgere: Um Willkür zu vermeiden, ist eine verbindliche Zuordnung von Taten und Strafen erforderlich.	s.o. Aufrechterhaltung der Rechtsordnung	s.o.
F 27.2	Ich folgere: Viele kleine Belohnungen und Strafen sind wesentlich wirksamer als einzelne große, (aber auch aufwendiger).	Tierdressur, Pädagogik, Erziehung, Bewährungshelfer, Diplomatie	Misshandlungen, Folterungen, Verstümmlungen, Todesstrafe, Krieg
F 27.3	Ich folgere: Das Zusammensperren von mehreren Kriminellen fördert die Ausbreitung der Kriminalität.	Einzelzellen, Kontaktverbot mit Kriminellen in der Bewährungszeit	(Recht der Gefangenen auf Kontakte)

Philosophie (1): Logik

	Meine Annahmen / Überzeugungen	In Anlehnung an	Andere Meinungen
P4	Im Zweifelsfall ziehe ich den gesunden Menschenverstand logischen Spitzfindigkeiten vor.	Marktfrauen als höchste Instanz der Philosophie, Verständlichkeit, (Sophisten), Thomas Reid	Elfenbeinturm, Hirnwäsche, ((Sophisten))
F28	Ich folgere: Die Bildung von Begriffspaaren, die einen absoluten Gegensatz ausdrücken sollen, überschreitet die Grenzen der Logik.	Nominalismus, Logik, Prinzip der Wissenschaft, Bedeutsamkeit des Alltagslebens	Begriffsrealismus, Idealismus, Taoismus, moderne Dialektik
F 28.1	Ich folgere: Die folgenden Begriffe bilden keine (prinzipiellen) Gegensätze: Dauerhaftigkeit, Wandel, Geist, Materie, Gut, Böse Mann, Frau u.a.	Logik, Sprache, Nominalismus: William von Ockham	Idealismus, Begriffsrealismus
F 28.2	Ich folgere: Die Verbindung von verschiedenen Gegensatzpaaren ist ein willkürlicher Akt.	Nominalismus, Logik	Idealismus, Taoismus, ewig = wahr = gut
F 28.3	Ich folgere: Die Dialektik ist geeignet, Aussagen in Frage zu stellen, nicht aber, Aussagen zu beweisen.	Dialektik im Altertum	moderne Dialektik

Philosophie (2): Wandel und Realität

	Meine Annahmen / Überzeugungen	In Anlehnung an	Andere Meinungen
A 6.2	Ich glaube: Veränderungen sind möglich.	Heraklit, Demokrit, Leukrit, Lao-Tse, (Siddharta Gautama), *Quanten*physik	Parmenides von Elea Nur Ewiges ist real: Wandel als Illusion
?	Warum gibt es etwas (Wandelbares)? Warum gibt es nicht nichts?	Offene Fragen als Fragen stehen lassen. Martin Heidegger,	Illusion, Schöpfung, Möglichkeitsprinzip: Alles, (!) was möglich ist, gibt es auch
F29	Ich folgere: Wandel ist eine Voraussetzung für Freiheit, Kreativität, Verantwortung und tätige Liebe wie auch für das Leben. Aber auch für Untaten, Tod und Zerstörung.	Homer,: Schicksal, Mut, Ehre	Nur Ewiges ist gut. Siddharta Gautama: Leid
D5 (F)	Ich folgere: Folgende Definition ist aus wissenschaftlicher Sicht sinnvoll: Real ist (ein reales Objekt ist), abhängig vom verwendeten Modell, - was liebt, - was wahrnimmt, - was wirkt, - was veränderlich ist, unabhängig davon, wie lange es Bestand hat. Unveränderliches hat, nach dem Erkenntnisstand der Wissenschaften, keine Wirkung und kann nicht wahrgenommen werden. Es hat für unser Alltagsleben keine Bedeutung. (Zirkelschluss)	Möglichkeit des Wandels, Heraklit, Bedeutsamkeit des Alltagslebens, Schönheit und Liebe in der Natur, Homer: Abenteuer, Mut, Ehre, Schicksal, Schmerz, Trauer, Tod Pythagoreer: Harmonie, Protagoras: Kein Sein ohne Bewusstsein, Gottesmodell: Mitfühlender Gott, Erhaltungsgrößen	Idealismus: "Geistiges ist unveränderlich und ewig, absolut gut und absolut wahr, also real." " Materie unterliegt der Veränderung und ist damit dem Verfall unterworfen. Sie ist verdorben und sündig, nicht wahr, sondern Schein und Illusion." Bedeutungslosigkeit des Alltagslebens. statische Gottesmodelle (ERP)
F30	Ich folgere: Prinzipien, wie z.B. das Prinzip der Liebe, haben keine Wirkung. (Liebe hat eine Wirkung, nicht aber das Prinzip an sich.) Die Vorstellung von ehernen Prinzipien steht deshalb im Einklang mit den Vorgängen des Alltags und den Gesetzen der Logik.	Platons Reich der Ideen als Abstraktion. Aristoteles	Platons Reich der Ideen als handelnde Instanz.

Systemtheorie (1): Zufall und Ordnung

	Meine Annahmen / Überzeugungen	In Anlehnung an	Andere Meinungen
F31	Ich folgere: Ein geordnetes System ist in der Lage, ein anderes System zu ordnen. Es gibt unterschiedlich Formen der Ordnung.	Protropie, Entropie). Leó Szilárd, Léon Brillouin, Rolf Landauer	
F 31.1	Ich folgere: Da bei Zufallsfolgen alle Ergebnisse gleich wahrscheinlich sind, muss von außen festgelegt werden, welche Folge als Ordnung anzunehmen ist. Dies kann nachträglich ein Auswahlmechanismus bestimmen. (Beispiel Thermodynamik: Die Wirkung gleich gerichteter Teilchen bestimmt, was als Ordnung aufzufassen ist.) Die Wahrscheinlichkeit eines geeigneten Ergebnisses ist bei einer nachträglichen Auswahl sehr viel größer als bei einer vorangehenden.	Vielfalt der Entropie: Statistik + evolutionärer Mechanismus, Sprache, Freiheit der Wahl (Würfelspiel Kniffel, Poker) Entstehung nach logarithmischer und Zerfall nach Gaußscher Normalverteilung	Ausschließlich die Gesetze der Statistik auf Basis der Gaußschen Normalverteilung, Maxwellscher Dämon
F 31.2	Ich folgere: Die Ordnung im Universum wird durch immanente Prozesse hervorgebracht.	James Clerk Maxwell	R. Feynman
F 31.3	Ich folgere: - Der Zufall legt Ereignisse genauso unveränderlich fest wie die Naturgesetze. - Der Zufall schafft nicht Freiheit, sondern Vielfalt (biologisch: Variationen). - Auswahlmechanismen, wie der Evolutionsmechanismus, können nach innewohnenden Prinzipien aus der Vielfalt auswählen. - Chaotische Zustände von Systemen schaffen die Voraussetzung für den Wandel, da hier bereits kleine Änderungen eine große Wirkung haben. In einem stabilen System beseitigt das Regelsystem Veränderungen, und nach einer kurzen Zeit ist der ursprüngliche Zustand wieder hergestellt. - Eine zufällige Wirkung kann eine andere zufällige Wirkung aufheben. - Damit eine Wirkung von Dauer ist, ist ein Mindestmaß an Ordnung nötig.	Vieles ist möglich. Die Prinzipien des Wahlmechanismus bestimmen die Zielfestlegung ("Wille"), ((Teleonomie))	Alles ist möglich.
F 31.4	Der Zufall der Quantenphysik bewahrt den Menschen vor einem festliegenden Schicksal. Da der Zufall ebenso wie Gesetze Ereignisse festlegt, ist er nicht geeignet, eine echte Willensfreiheit , zu erschaffen. Aber er lässt dem evolutionären Auswahlmechanismus einen schmalen Spalt.	Freiheitsspalt	Schicksal echte Willensfreiheit

237

Philosophie (3): Freiheit

	Meine Annahmen / Überzeugungen	In Anlehnung an	Andere Meinungen
D6 (F)	Ich folgere: Folgende Definition ist sinnvoll: Die Möglichkeit der Wahl nennt man Freiheit. ,	J. Burdian, Gedankenfreiheit, Handlungsfreiheit, Möglichkeit des Wandels (Freiheit + Wirkung)	Wille (-> innere Ausgangsbedingungen)
A10	Ich glaube: Ich habe keinen freien Willen, bin aber auch nicht völlig determiniert. Meine Überzeugung beruht auf folgenden Überlegungen: - Ausgangsbedingungen / Naturgesetze kennen keine Ausnahmen. - Auch der Zufall schafft Fakten. Aber: - Prinzipien müssen nur grob eingehalten werden. Das im Prinzip der Wissenschaften enthaltene Freiheitsprinzip öffnet einen schmalen, unscharfen Freiheitsspalt. - Der evolutionäre Auswahlmechanismus erlaubt es, so lange zu "würfeln", bis das Prinzip erfüllt wird. Dadurch wird die Festlegung des Zufalls im Einzelfall umgangen, und man wird "Herr des Zufalls."	Karl Jaspers Freiheitsspalt Unschärfetheorie Ausgangsbedingungen	freier Wille: Platon, (Demokrit), Epikur, Justinus, Thomas von Aquin, Descartes, Popper, (Kant), Determinismus: (Demokrit), Stoa, Newton, La Place, Hobbes, Spinoza, Krankheiten wie Tollwut und Zwangsneurosen
F32	Ich folgere: Freiheit entsteht nicht auf der Ebene der Naturgesetze, Freiheit entsteht auf der Ebene der Prinzipien.	Prinzipien	
D7 (F)	Ich folgere: Folgende Definition ist sinnvoll: Zwiedenken bedeutet, an zwei "Wahrheiten" zu glauben, obwohl man sich bewusst ist, dass sie einander widersprechen.	George Orwell , (1984) (Aristoteles: klassische Dialektik) Monismus	(Hegel: moderne Dialektik) Dualismus
E1	Ich meine jeden Tag zu erleben, dass ich einen freien Willen habe. Zwiedenken!!!	Johann Gottlieb Fichte	

Ethik (4): Freiheit und Verantwortung

	Meine Annahmen / Überzeugungen	In Anlehnung an	Andere Meinungen
F 32.1	Ich folgere: Freiheit ohne Verständnis ist chaotisch, Freiheit ohne eigene Werte ist unheilvoll.	Sokrates, Platon, Stoiker, Burdian	
F 32.2	Ich folgere: Verantwortung für das eigene Handeln zu übernehmen, ist ein Weg zu Freiheit. Schlägt man diesen Weg ein, so wird man zwar nicht frei vom Determinismus der Naturgesetze, aber im wesentlichen Maße frei von den Zwängen des alltäglichen Lebens. Diese Freiheit ist keine Illusion! Auf diese Freiheit kommt es an!	Lebenspraxis, Homer, Demokrit, Epikur, (Erasmus von Rotterdam), Kant, Goethe, Schelling, , Karl Jaspers, (Jean-Paul Sartre)	Elfenbeinturm Fatalismus
F 32.3	Ich folgere: Der Freiheitsspalt ist für mein individuelles Ich im Hier und Jetzt sehr schmal. Ich folgere: Je mehr ich als mir zugehörig zu mir betrachte, desto umfassender ist die erlebte Freiheit. (Ausgangsbedingungen werden damit als Folge "eigener" Entscheidungen betrachtet. In der Ganzheit beruhen alle Ausgangsbedingungen auf "eigenen" Entscheidungen.)	Betrachtung des "Ich" der eigenen Kindheit als Teil des heutigen "Ich". "Ich" als "Wir": "Meine Familie", "Meine Vorfahren", "Meine Kultur" .... Augustinus: Freiheit in Gott	Begrenzendes Problem: Verantwortung Spinoza: Auch die Ganzheit unterliegt Gesetzen.
F 32.4	Ich folgere: Da wir nicht wissen, ob es einen freien Willen gibt, sollte dieser nicht die Grundlage eines Rechtssystems sein. Sinnvoll für ein angemessenes Urteil ist die Prüfung der sozial-emotionalen und geistigen Entwicklung des Betroffenen.	Hans Markowitsch	viele Rechtssysteme
F33	Ich folgere: Sprache legt die Grundlage für den von uns erlebten freien Willen, da sie auf dem Prinzip der freien Zuordnung beruht. Sprache verwirklicht so das Prinzip der Freiheit in der Praxis und ermöglicht dem Sprechenden die Gedankenfreiheit, die Handlungsfreiheit und die Meinungsfreiheit. Diese Freiheit bricht nicht den Determinismus der Ausgangsbedingungen und Naturgesetze, sondern steht im Einklang mit ihnen. (Unterschiedliche Ebenen)	Wissenschaft als kreativ-künstlerischer Prozess Naturgesetze entstehen in einem historischen Prozess	

Systemtheorie (2): Sprache

	Meine Annahmen / Überzeugungen	In Anlehnung an	Andere Meinungen
F 4.4	Ich folgere: Sprache ist Teil einer Modellvorstellung.	Wissenschaftstheorie	
SP6	Ich folgere: Die Sprachentstehung beruht auf folgendem Mechanismus: Freiheit der Wahl - Bewährung in der Praxis - Weitergabe von Erfahrungen.	Prinzip der Freiheit, Prinzip der Wahrhaftigkeit, Prinzip der Liebe	
F 33.1	Ich folgere: Folgende Aussagen über Sprache sind sinnvoll: - Sprache beruht auf freien Zuordnungen. (Objekt - Ausdruck - Wirkung) - Sprache hat eine Wirkung. - Sprache hat ein Ziel. - Die (angenommene / beobachtete) Wirkung bestimmt die Bedeutung eines Ausdrucks. - Sprache beruht auf Vereinbarungen. - Neue Vereinbarungen können auf vorhandene aufbauen. (Geschichtlichkeit) - Nur geeignete Vereinbarungen sind von Dauer. - Sprache ist eine innere Eigenschaft von Systemen. - Das System bestimmt die Wirkung und damit die Bedeutung eines Objekts. - Ändert sich das System, ändert sich die Wirkung - Ändert sich die Wirkung, so ändert sich das System. - Ein System kann verschiedene Sprachen gleichzeitig verwenden. - Jede Sprache entspricht einer Modellvorstellung von der Umwelt.	Nominalismus, Linguistik, Freiheit der Wahl, axiomatische Mathematik, Systemtheorie, Evolutionstheorie, Modellbildung, (Noam Chomsky), Claude Shannon, Aristoteles, Peirce, Baukastenprinzip, Ausgangsbedingungen, Strukturalismus: Ferdinand de Saussure, , Wissenschaftstheorie	Begriffsrealismus: Platon, angeborene Ideen: René Descartes
F 33.2	Ich folgere: Alle beobachtbaren Vorgänge können als Interaktion bzw. als Kommunikation von Systemen aufgefasst werden.	Systemtheorie, Informationstheorie, (Ludwig Wittgenstein,)	Sprache ist ausschließlich dem Menschen eigen.
F 33.3	Ich folgere: Den Menschen sind nicht der Wortschatz und die Grammatik, sondern phonetische, grammatikalische und logische Prinzipien angeboren.	Aussagenlogik: (Philon von Megara,), (George Boole,), Noam Chomsky	
F 33.4	Ich folgere: Ausgangspunkt für die Entwicklung einer Sprache ist die Wirkung.	Hoimar von Ditfurth: Hormone	Noam Chomsky
F 33.5	Ich folgere: Sprachentwicklung ist in Lernprozesse eingebettet, die neues Wissen erzeugen oder Wissen verbreiten.	Frederic Fester	

Systemtheorie (3): Information

	Meine Annahmen / Überzeugungen	In Anlehnung an	Andere Meinungen
F34	Ich glaube: Innenwelt und Außenwelt (Geist und Materie) sind dasselbe aus verschiedenen Betrachtungsweisen (Monismus / Kernidentität). Im Zirkelschluss und durch Beobachtungen bestätigt.	Echnaton, Heraklit, Sokrates, Plotin, Spinoza, Neuplatoniker, Ernst Haeckel, Konrad Lorenz, Claude Shannon, Norbert Wiener, Carl Friedrich v. Weizsäcker	Idealisten: Platon, Augustinus, Max Planck, Niels Bohr, Heisenberg, Kurt Gödel, Rationalisten: Descartes, Leibniz, Materialisten: (Demokrit), Epikur, Thomas Hobbes
F 34.1	Ich folgere: Die Relativitätstheorie vereint sinnvoll Energie und Materie: Der Begriff Energie bezeichnet die Fähigkeit einer Substanz, eine andere Substanz zu verändern.	Albert Einstein, Möglichkeit des Wandels	
F 34.2	Ich folgere: Der Informationsbegriff vereint sinnvoll Geist und Materie. Begriffe: - Information (Objekt) - Informationsspeicher (Medium / Substanz / Energie) - Informationsverarbeitung (Kommunikation / Stoffwechsel / Energieumwandlung) - Informationsinhalt (Bedeutung / Nachricht / Wirkung) - Informationsmuster (Ausdruck / Form / Ausgangsbedingungen) - Informationscode (Vereinbarung / Naturgesetz) 1. Informationen (Objekte) können andere Informationen (Objekte) ändern: Informationsverarbeitung (Wirkung). 2. Informationen enthalten ihre Bedeutung im Rahmen einer Symbiose nach dem Prinzip der Liebe: Die Wirkung bestimmt die Bedeutung der Information, also den Informationsinhalt. 3. Informationen ändern sich indirekt. Wenn sich die Umgebung ändert, verändert sich ihre Wirkung und Bedeutung. 4. Es gibt Regeln, wie Informationen andere Informationen ändern. Sie werden in der Informatik "Informationscode" und in der Physik "Naturgesetze" genannt. 5. Diese Regeln kommen nicht von außen, sondern sind als Muster / Form / Ausdruck in den Informationsspeichern (Medium / Substanz) der aufeinander einwirkenden Informationen (Objekte) gespeichert. 6. Diese Regeln sind in einem geschichtlichen Prozess nach dem Prinzip der Sprache entstanden (s.u. booten).	(Ernst Haeckel), Norbert Wiener, Claude Shannon, Carl Friedrich v. Weizsäcker, Rolf Landauer, Substanz ist gespeichertes Wissen Möglichkeit des Wandels, Strukturalismus: Ferdinand de Saussure, Ein Code ist ein Muster. Ausgangsbedingungen, Vereinbarungen	 (Die Form bestimmt die Bedeutung der Information.)

Systemtheorie (3.1): Information

	Meine Annahmen / Überzeugungen	In Anlehnung an	Andere Meinungen
F 34.3	Ich folgere: Informationsinhalte unterliegen zu jedem Zeitpunkt den Naturgesetzen, denen auch ihr materieller Träger (Substanz) unterliegt. Gleichzeitig verfügt die geistige Seite über eine gewisse Unabhängigkeit, da Informationsinhalte die materiellen Träger wechseln können. Bei jedem Wechsel von Träger zu Träger ändern sich auch die Naturgesetze, denen sie unterliegen. Diese Eigenschaft ist für die Beweglichkeit und Lebendigkeit der geistigen Seite verantwortlich. Durch (vielfaches) Kopieren des Informationsinhaltes erhält dieser eine wesentlich längere Lebensdauer als ein einzelner materieller Träger.	Norbert Wiener, Claude Shannon, Richard Dawkin	
F35	Ich folgere: Unsere Materie besteht aus einem einzigen Element, der Information. => Photon - Licht - Substanz - Energie	(Pythagoreer: Zahl)	(Alchemisten: Vier Elemente)
F36	Ich folgere: Die *Quanten*physik beschreibt die Vorgänge, in der Informationen (Informationsspeicher und Informationsinhalt) entstehen, sich verändern oder vergehen.	Anton Zeilinger, Bellsche Ungleichung	ERP-Modell
F 36.1	Ich folgere: Die *Quanten*mechanik beruht auf dem Prinzip der Wissenschaften und gehorcht dem Evolutionsmechanismus: Freiheit der Wahl - Bewährung in der Praxis - Weitergabe von Erfahrungen In Worten der *Quanten*physik: Zufall - Resonanz - kopierbare Information Bei der Weitergabe von Erfahrungen werden kopierbare Informationen selektiert, die eine Wirkung beim Partner hervorrufen (Wahrnehmung / gleiche Sprache / Resonanz).	(angeregt von R. Clifton, J. Bub, H. Halvorson)	
F 36.2	Ich folgere: Den Vorgang, wie Informationen (Objekte) entstehen, kann man abhängig vom verwendeten Modell unterschiedlich deuten: - im Vereinsmodell als Gründung eines Vereins, - in der Informationstheorie als Vereinbarung (Gesetzgebung), - In der Philosophie als Symbiose nach dem Prinzip der Liebe, - in der Erkenntnistheorie als (wechselseitige) Wahrnehmung, - in der Evolutionstheorie als Beginn eines wissenschaftlichen Innovations- und Erkenntnisprozesses.	(Anton Zeilinger), Monismus, Möglichkeit des Wandels, Bellsche Ungleichung	Idealismus, Atomhypothese

Biologie (2): Leben

	Meine Annahmen / Überzeugungen	**In Anlehnung an**	**Andere Meinungen**
SP 1.1	Ich folgere: Evolution beruht auf dem folgenden Mechanismus: Freiheit der Wahl - Bewährung in der Praxis - Weitergabe von Erfahrungen. In Worten der Biologie: Mutation - Selektion - Vermehrung	Prinzip der Freiheit, Prinzip der Wahrhaftigkeit, Prinzip der Liebe	
F37	Ich folgere: Die Methoden der Evolution ergeben sich direkt aus der Möglichkeit des Wandels: - Objekte können sich verändern: Mutation - Die Eigenschaften eines Objekts können seine Stabilität beeinflussen: Selektion - Im Wechselspiel von Mutation und Selektion reichern sich relativ langlebige Objekte an. Der Evolutionsmechanismus ist geeignet, aus chaotisch entstehenden und vergehenden Teilchen Materie und Naturgesetze hervorzubringen.	Möglichkeit des Wandels (Aristoteles: Materie) Münchhausen-Methode: "booten," (Sich an den eigenen Boots-Stiefeln aus dem Sumpf ziehen.)	
F 37.1	Ich folgere: Auch bei der Weitergabe von Erfahrungen findet eine Selektion statt. Deshalb selektiert der Evolutionsmechanismus Objekte mit den Eigenschaften einer Information, also Objekte, die eine Wirkung haben und Gesetzen unterliegen. - Einige Objekte können andere Objekte verändern. Dabei kann es vorkommen, dass ein Objekt ein anderes Objekt so verändert, dass es ihm selbst gleicht. Seine Eigenschaften (Informationsinhalt) werden dabei vervielfältigt. Durch (vielfaches) Kopieren des Informationsinhaltes erhält dieser eine wesentlich längere Lebensdauer als ein einzelner materieller Träger. - Wie ein Objekt ein anderes ändert, kann nach Regeln erfolgen. Dies sichert, anders als der Zufall, die Stabilität.	*Quanten*physik Informationstheorie: Materie = Information Prinzip der Liebe: Lehren und Lernen (Vermehrung) Der Evolutionsmechanismus bringt aus dem Chaos die Ordnung hervor: Naturgesetze	
F 37.2	Ich folgere: Ein Zusammenschluss von mehreren Objekten in einer Symbiose kann die Lebensdauer der beteiligten Objekte (und ihrer Eigenschaften) erheblich vergrößern: - Von Dauer sind nur Objekte, die dem Prinzip der Liebe folgen.	Prinzip der Liebe, Resonanz, Symmetriebildung, Erhaltungsgesetze Leben (s. Definition) Animismus	virtuelle Teilchen / reelle Teilchen leblose Materie

Biologie (2.1): Leben

	Meine Annahmen / Überzeugungen	In Anlehnung an	Andere Meinungen
F 37.3	Ich folgere: Evolution kann als ein Innovations-Prozess aufgefasst werden, bei dem kontinuierliche Entwicklungen mit raschen Veränderungen wechseln. Das evolutionär erlernte "Wissen" wird beispielsweise im Gen und in den Zellstrukturen gespeichert.	Hoimar von Ditfurth, Wirtschaftswissenschaften, "Industrielle Revolution", "Kambrische Explosion"	Kreationisten
F 37.4	Ich folgere: Lebewesen haben sich auf dem Wege der Evolution durch Mutation und Selektion entwickelt.	Charles Darwin (Universalien: Nominalismus)	Kreationisten, (Universalien: Begriffsrealismus)
F 37.5	Ich folgere: Zur Erklärung der Evolution reicht es aus, von Prinzipien auszugehen. Es ist nicht erforderlich, ein Ziel vorauszusetzen.	Ockhams Rasiermesser, Russells Huhn	Entelechie (Aristoteles), Teleologie
F 37.6	Ich folgere: Da die Evolution dem Prinzip der Wissenschaft folgt, strebt sie in eine Richtung. Sie bringt Modelle (Erkenntnis) und Technik (Innovationen) hervor.	(Entelechie: Aristoteles) Teleonomie (Colin Pittendrig)	reiner Zufall
F 37.7	Ich folgere: Die im Gen und in der Zelle gespeicherten Informationen ermöglichen es Lebewesen, ein Ziel anzustreben.	(Entelechie: Aristoteles)	
F 37.8	Ich folgere: Lebewesen können lernen und Erfahrungen vererben. Dies gilt auch für einzelne Zellen. Zellen verfügen über die Möglichkeiten der Gentechnik. Damit besitzen sie die Möglichkeit, aktiv in die Evolution einzugreifen z.B. indem sie die Mutationsrate verändern. Zellen verfügen aber nicht über ein Verständnis der Zusammenhänge und sind daher nicht in der Lage, Entwicklungsziele anzustreben.	Epigenetik, Gentechnik, (Darwin ergänzt um eine Prise Lamarck), angemessene Berücksichtigung der individuellen Fähigkeiten	Entelechie (Aristoteles) Vermenschlichung der Natur
F 37.9	Ich folgere: Über ein transzendentes Ziel (Teleologie) macht die Wissenschaft keine Aussagen.	(Entelechie: Aristoteles)	Auch die Grundprinzipien der Wissenschaft sind zu berücksichtigen

Biologie (2.2): Leben

	Meine Annahmen / Überzeugungen	In Anlehnung an	Andere Meinungen
F38	Ich folgere: Zur Entstehung und zum Erhalt jeder Lebensform müssen die Partner zum wechselseitigen Nutzen zusammenarbeiten (Symbiose). Voraussetzung für die Entstehung des Lebens ist die konsequente Anwendung eines Prinzips, das wir auf emotionaler Ebene "Liebe" nennen.	Systemtheorie, (Charles Darwin), (Max Weber), Modell: Evolution als Berganstieg und Symbiose.	Lebewesen sind sich selbst kopierende Informationsspeicher (Replikatoren).
F 38.1	Ich folgere: Zusammenwirken bedeutet, dass das biologische Leben nicht nur eine, sondern mehrere Wurzeln hat. Vorschlag: - Energie-Stoffwechsel (im Vulkanboden mit Hilfe von Eisensulfit?) - Bildung von Aminosäuren und Proteinen (in ausgetrockneten Tonmineralien?) - Gene / RNA (im Eiswasser?) - Fett-Stoffwechsel (in Gesteinsporen?) - u.a. Unabhängig voneinander entstandene Prozesse finden in einer Symbiose zusammen und verstärken sich wechselseitig (Hyperzyklus).	(Manfred Eigen)	Vitalismus
F 38.2	Ich folgere: Die ersten biologischen Lebensformen könnten in Hohlräumen im Gestein entstanden sein.	Aharon Katchalssky	Vitalismus
F 38.3	Ich folgere: Die Symbiose, die zur Entstehung der nichtzellulären Lebensformen geführt hat, bildet die Grenze zwischen Chemie und Biologie.	Manfred Eigen: Hyperzyklus	Vitalismus
F 38.4	Ich folgere: Der Hyperzyklus kann stofflich als chemische Reaktion und geistig als Informationsverarbeitung aufgefasst werden.	Informationstheorie	
F14	Ich folgere: Leben tritt in vielen Formen auf: Elementarsysteme als Lebensform, Nichtzelluläre Lebensformen, Einzeller als Lebensform, Art als Lebensform, Partnerschaft als Lebensform, Innere Partnerschaft als Lebensform, Organismus als Lebensform, Sozialwesen als Lebensform, Kultur als Lebensform, alle Lebewesen als Lebensform.	Animismus	
F 14.2	Ich folgere: Komplexes Leben entsteht nicht aus toter Materie, sondern aus einfachen Lebensformen.	Animismus	
F 39	Ich folgere: Das Motto eines Virus lautet: "Mein Wissen macht dich mächtig, denn ich transportiere Informationen, die für dich von großem Wert sind." Es gibt beispielsweise - biologische Viren - Computerviren - Gedankenviren Viren können nützlich oder schädlich sein. (Menschenrechte / Antisemitismus)	Mem: Richard Dawkin, Susan Blackmore, Richard Brodie Lüge und Wahrheit	

Systemtheorie (4): (Modell)

	Meine Annahmen / Überzeugungen	In Anlehnung an	Andere Meinungen
F 4.6	Ich folgere: Systeme sind Teil einer Modellvorstellung.	Wissenschaftstheorie	
D8 (F)	Ich folgere: Folgende Definition ist sinnvoll: Offene Systeme - haben eine Begrenzung nach außen - stehen in Kontakt mit der Umwelt - besitzen ein inneres Regelwerk - bestehen stets aus offenen Systemen Die einfachsten Systeme, die wir beobachten können, sind die Elementarsysteme. Die Bestandteile der Elementarsysteme können nicht beobachtet, sondern nur durch Folgerungen erschlossen werden. Sie werden hier *Quanten-*Elementarsysteme genannt. Auf der untersten Ebene bedingen sich die offenen Systeme wechselseitig. Systeme können sich zu komplexen Systemen zusammenschließen. Sie können sich ändern, wachsen, sich teilen, fusionieren oder zerfallen. Wenn sie über ein ähnliches inneres Regelwerk verfügen, haben sie in der Regel gleichartige Eigenschaften.	Ludwig von Bertalanffy, Hermann Haken, "Exemplar"	Monaden: Leibniz
F40	Ich folgere: Die technische Definition von Lebewesen als offene Systeme kann viele Eigenschaften erklären, ist aber nicht das bestmögliche Modell: Lebewesen haben eine Begrenzung, einen Stoffwechsel, wachsen und vermehren sich. Sie können Informationen aufnehmen, speichern, verändern und senden. Sie erhalten ihre innere Ordnung, indem sie angemessen auf innere und äußere Einflüsse reagieren.	Systemtheorie, Erklärung der körperlichen Kontinuität eines Lebewesens	Leibniz, Locke, (Thomas Reid), (Neues Modell: Was liebt, das lebt.)

Physik(2): Elementarsysteme (Modell)

	Meine Annahmen / Überzeugungen	In Anlehnung an	Andere Meinungen
F 41.1	Ich folgere: Diese Aussage ist nicht wissenschaftlich: "Die Grundbausteine unserer materiellen Welt sind unveränderliche und ewige Ideen (Atome)". Ich entscheide mich daher dafür, dieses Modell nicht zu verwenden.	Universalien: Nominalismus, Prinzip der Wissenschaftlichkeit Ernst Mach *Quantum* (kleine Menge) an Energie: Einstein *QED* (Schleifen*quanten*gravitation / Loop - Theorie)	Universalien: Begriffsrealismus, Atome: Demokrit, Giordano Bruno, Dalton, Paul Dirac, Monaden: Leibniz, Quanten: Paul Dirac, Strings / Branen: Kaluza, Klein, Michael Green, John Schwarz, Edward Witten
F41	Ich folgere: Elementarsysteme sind die einfachsten Informationsspeicher und damit die einfachsten Grundbausteine unserer Welt.	Informationstheorie	
F 41.2	Ich folgere: Diese Aussage ist wissenschaftlich: "Die Grundbausteine unserer Welt sind *Quanten*-Elementarsysteme, die wechselseitig aus *Quanten*-Elementarsystemen bestehen."	Prinzip der Wissenschaftlichkeit (s. Karl R. Popper), Vereinsmodell, Spirale	
F 41.3	Ich folgere: Die Modellvorstellung, Systeme bilden die Grundlage unserer Welt, ist vereinbar mit Philosophie und Wissenschaft.	Systemtheorie	Atome, Monaden, Quanten, Wellen, Äther, Strings, Branen
F 41.4	Ich folgere: Das Modell ist zeitabhängig und kann in Gedanken bis zum Urknall zurückverfolgt werden.	Spirale bis zum Urknall / zur Uridee. (Atome als Ideen)	Kreisbewegung
F 41.5	Ich folgere: Systeme (Informationen) können entstehen, sich verändern und vergehen. Damit müssen zur Entstehung des Universums nicht sehr viele Informationen als gegeben postuliert werden. Eine einzige Uridee reicht aus.	Möglichkeit des Wandels, Erhaltungssätze, Ockhams Rasiermesser	Atomhypothese: Atome sind unveränderliche, ewige Ideen
F 41.6	Ich folgere: Bei *Quanten*-Elementarsystemen, die wechselseitig aus *Quanten*-Elementarsystemen bestehen, gibt es, wie im Spiegelkabinett, nur eine begrenzte Anzahl von wirksamen gegenseitigen Beeinflussungen.	Renormierung: echtes Ende, (QED), Spirale bis zum Urknall / zur Uridee.	Renormierung: willkürlicher Abbruch QED: Atomhypothese Kreisbewegung
F 41.7	Ich folgere: Elementarsysteme besitzen eine einzige Information (1 Bit). Sie kann verändert werden: Wird eine neue Information gespeichert, wird die vorhandene Information gelöscht.	Anton Zeilinger	Atomhypothese
F 41.8	Ich folgere: Komplexe Systeme entstehen durch Zusammenschluss von einfachen Systemen.	Systemtheorie	Hinduismus, Buddhismus: Abspaltung vom Ganzen

Physik (2.1): Elementarsysteme (Modell)

	Meine Annahmen / Überzeugungen	In Anlehnung an	Andere Meinungen
F 41.9	Ich folgere: Verschränkte Elementarsysteme können zwei Informationen (2 Bit) tragen. Sie sind wechselseitig verschlüsselt, so dass sie nur gemeinsam (durch zwei Messungen) ausgelesen werden können.	Anton Zeilinger	Atomhypothese
F 41.10	Ich folgere: Systemeigenschaften schwanken. Diese Schwingungen besitzen Eigenschaften, die den Gesetzen der Wellenlehre entsprechen.	Systemtheorie	
F 41.11	Ich folgere: Das QED - Modell erklärt die Eigenschaften des Lichts, ohne einen Welle-Teilchen-Dualismus postulieren zu müssen. Die beobachteten Welleneigenschaften des Lichts ergeben sich aus den internen Schwingungen vieler Elementarsysteme.	QED, Richard Feynman, Masseneffekt s. Qualitätskriterien für Modelle	Welle-Teilchen-Dualismus: Lichtwellen und Lichtatome (Photonen)

Physik (3): *Quanten*theorie (Modell)

	Meine Annahmen / Überzeugungen	In Anlehnung an	Andere Meinungen
(F15)	Ich folgere: *Quanten*informationen (Materie) bringen Informationen (Substanzen) hervor. Informationen (Substanzen) können etwas bewirken, weil sie auf die *Quanten*informationen (Materie) einwirken und sie verändern.	Prinzipien: Einfachheit, Verständnis, Wissenschaftlichkeit Evolutionsmechanismus, Strukturalismus	metaphysische Deutungen der Quantenphysik, Dekohärenz
F 36.3	Ich folgere: Informationen ändern sich indirekt. Wenn sich die Umgebung ändert, verändert sich ihre Wirkung und Bedeutung. Neue Informationen entstehen, wenn ein System einem Objekt eine Aufgabe zuteil.	Prinzip der Liebe, Strukturalismus: Ferdinand de Saussure,	
F42	Ich folgere: Wenn Informationen (Substanzen) sich verändern, verändert sich die Umgebung der *Quanten*informationen (Materie). Damit kann sich indirekt ihre Wirkung verändern.	Prinzip der Liebe, Strukturalismus: Ferdinand de Saussure,	
F 42.1	Kopenhagener Deutung / Symbiose-Modell Ich folgere: - Ein Elementarsystem hat stets alle Schwingungszustände, die es haben kann. (Physikalisch: "Superposition", biologisch: "Variation") - Alle Schwingungszustände sind in unserer Welt vorhanden. - Es tritt kein Kollaps der Wellenfunktion ein. - Nur ein Zustand kommt zur Wirkung. Erläuterung: - Ein Strahlungsteiler als Resonanzkörper unterstützt zwei gegensätzliche Resonanzen, von denen eine verwirklicht wird. - Welche von beiden verwirklicht wird, hängt vom Zufall ab. - Alle anderen Schwingungen bleiben unverändert erhalten. - Das Modell macht prüfbare Vorhersagen z.B. typische Resonanzeigenschaften - Symmetriebrüche führen zu Stabilität (Erhaltungssätze) - Resonanz erzeugt Raum / Materie / Gesetze	Prinzipien: Einfachheit, Verständnis, Wissenschaftlichkeit Evolutionsmechanismus Beobachtung: Der vorherige Zustand wird wiederhergestellt, wenn zwei Strahlungsteiler einen Strahl trennen und wieder vereinigen.	Dekohärenz, metaphysische Deutungen der Quantenphysik: Kopenhagener Deutung / Wigners Freund, Viele-Welten-Hypothese,
F 42.3	Ich folgere: Die *Quanten*physik beschreibt den Vorgang, in dem mit Hilfe des Zufalls Informationen, Materie, Raum, Zeit und Naturgesetze entstehen. Da diese folglich nicht als gegeben angesehen werden müssen, vereinfacht dies das wissenschaftliche und philosophische Weltbild.	Neue Forschung, neue Modelle Ockhams Rasiermesser	„Wer Quantenphysik nicht verrückt findet, hat sie nicht verstanden." lokaler Realismus

Physik (3.1): *Quanten*theorie (Modell)

	Meine Annahmen / Überzeugungen	In Anlehnung an	Andere Meinungen
	Ich folgere: Die Welt ist nicht unabhängig vom Beobachter, aber unsere Bedeutung als Beobachter ist winzig.		Hybris
F 42.3	Ich folgere: Der Vorgang, der im Universum tatsächlich abläuft, ist das Entstehen und Vergehen von Informationen.		
F 42.4	Ich folgere: Die *Quanten*information erzeugt tatsächlich Informationen. Der originäre Vorgang ist nicht kopierbar. Die kopierbaren Informationen wirken indirekt. Sie sind in der Lage, *Quanten*informationen zu verändern (so wie auch Spiegel, Filter, Blenden ...). Vergleichbare Aufbauten haben eine vergleichbare Wirkung. (Ursache für Kopierbarkeit.) Alle Materie kann letztlich deshalb etwas bewirken, weil sie auf die *Quanten*informationen einwirkt und sie verändert. (Unter anderem muss ein materielles Objekt dafür sorgen, dass es erhalten bleibt, d.h. dass sich in ihm entstehende und vergehende Informationen die Waage halten.) Methode: Erzeugen eines Resonanzraumes.	No-cloning-Theorem Präparierung von *Quanten*informationen	
F 42.5	Ich folgere: Informationen besitzen die Eigenschaften eines Modells der *Quanten*informationen.	Prinzip der Wissenschaft	
F 42.6	Ich folgere: Resonanzen können unabhängig voneinander eintreten. - Ein einziges *Quanten*objekt könnte danach alle anderen Objekte im Universum hervorgebracht haben. Aus dem Anfangsobjekt spalten sich weitere *Quanten*objekte ab, die wiederum weitere *Quanten*objekte hervorbringen. - Betrachtet man dieses Objekt als Idee, so entstehen aus Variationen dieser Uridee weitere Ideen, die miteinander kombiniert werden und weitere Variationen hervorbringen.	Urknall, Uridee, Weltgeist	unwissenschaftlich, da nicht experimentell prüfbar.

Physik (4): Objekte, Raum und Zeit (Modell)

	Meine Annahmen / Überzeugungen	In Anlehnung an	Andere Meinungen
F 4.7	Ich folgere: Zeit, Raum und Materie (Substanz), Energie, Information sind Teil von Modellvorstellungen.	Wissenschaftstheorie, Wilhelm Leibniz	Platonismus, Hinduismus, Buddhismus, Kurt Gödel: Illusion, Newton: absolute, wahre und mathematische Zeit Raum und Zeit sind lediglich eine Grundlage der Wahrnehmung: Kant (a priori) Raum und Zeit sind nur in unseren Vorstellungen: Schopenhauer
F 5.2	Ich folgere: Modelle sind nicht wahr oder unwahr, sondern hilfreich oder nicht hilfreich.	Wissenschaftstheorie	Trugbild, Illusion, absolute Wahrheit
F 41.12	Ich folgere: Die Begriffe Raum, Zeit, und Substanz beschreiben ein Geflecht aus sich ändernden symbiotischen Beziehungen.	Systemtheorie	
D9 (F)	Ich folgere: Folgende Definition ist sinnvoll: Ein Objekt ist mit sich selbst identisch (relevante Identität), solange es keiner relevanten Veränderung unterliegt. Was als relevante Änderung aufzufassen ist, wird per Definition festgelegt.	Heraklit, (Universalien: Nominalismus) Information, Wirkung, *Quanten*sprung	Demokrit, Leukrit (Universalien: Begriffsrealismus) Atom
D10 (F)	Ich folgere: Folgende Definition ist sinnvoll: Zeit ist das Maß für relevante Veränderungen in der Beziehung zwischen zwei Objekten. Einheit: Bit. - Zeit als Behälter ergibt sich aus der Zeit als Massenphänomen. Erläuterung: In der Systemtheorie können Objekte bei Wechselwirkungen wechselseitig Teil von anderen Objekten werden und zusammen ein gemeinsames Objekt bilden.	Ernst Mach, Einstein Veränderungen: Heraklit, Aristoteles, Behälter: Newton, "Eigenzeit" In der Relativitätstheorie bedeutet "gleichzeitig", dass Raumbereiche in Wechselwirkung miteinander stehen: "raumartig"	Absolute, wahre, gleichförmige Zeit: Newton, Kant, Kurt Gödel, (Hermann Weyl), Zeit als Kontinuum

Physik (4.1): Objekte, Raum und Zeit (Modell)

	Meine Annahmen / Überzeugungen	**In Anlehnung an**	**Andere Meinungen**
D11 (F)	Ich folgere: Folgende Definition ist sinnvoll: Raum ist das Maß für relevante gewichtete Veränderungen in der Beziehung zwischen zwei Objekten. Einheit: gewichtetes Bit.	Raum als Bereich wechselseitiger Beziehungen: Systemtheorie, Vereinsmodell, kultureller Raum, virtueller Raum im Internet, Abstand (relational): Aristoteles, Gottfried Wilhelm Leibniz, Ernst Mach,	Absoluter, unveränderlicher Raum: Demokrit, (Newton) Leerer Raum als ideenfreier Bereich (griechische Philosophen)
	- Raum als Behälter ergibt sich aus dem Raum als Massenphänomen. Erläuterung: In der Systemtheorie können Objekte bei Wechselwirkungen wechselseitig Teil von anderen Objekten werden und zusammen ein gemeinsames Objekt bilden.	Behälter: Ptolemäus, Kopernikus, Kepler, Galilei, Newton Feld, Topologie Pauli-Prinzip: Bosonen, Fermionen	
D12 (F)	Ich folgere: Folgende Definition ist sinnvoll: Substanz ist das Maß für die in einer Beziehung zwischen zwei Objekten gespeicherten relevanten Veränderungen. Einheit: gespeicherte Bit	Systeme: Schwingkreis Modell: Pendel	
F43	Ich folgere: Die Substanz besitzt die Eigenschaften eines Systems. In diesem Modell ist andauernde wechselseitige Veränderung Substanz. Sie kann als "real" bezeichnet werden.	Systemtheorie, Symbiose	
F 43.1	Ich folgere: Werden die in einer Beziehung zwischen zwei Objekten gespeicherten Veränderungen auf zwei andere Objekte übertragen, so spricht man von Arbeit.	$E=mc^2$	
F 43.2	Ich folgere: Objekten ordnet man entsprechend ihrer Wirkung Eigenschaften zu (z.B. Masse, Ladung). Einheit: gewichtetes Bit.	Möglichkeit des Wandels, Informationstheorie, Systemtheorie	
F 43.3	Ich folgere: Elementarsysteme sind komplexe Objekte, die wechselseitig aus Elementarsystemen bestehen. Die einzelnen Orte sind damit nicht punktförmig, sondern umfassen jeweils ein Volumen. Sie überlappen einander und ergeben so den dreidimensionalen Raum. Veränderungen finden nicht an einem einzigen mathematischen Punkt statt, sondern umfassen stets einen Bereich, ein Volumen.	Systemtheorie	Punktförmige Objekte
F 43.4	Ich folgere: Der Raum hat Objekteigenschaften und Objekte räumliche Eigenschaften.	Heisenbergsches Unschärfetheorem	

Physik (4.2): Objekte, Raum und Zeit (Modell)

	Meine Annahmen / Überzeugungen	In Anlehnung an	Andere Meinungen
F44	Ich folgere: Unsere Vorstellungen von Raum und Zeit sind evolutionär entstanden und haben die Eigenschaften eines Modells. Bei der erlebten Zeit steht die (lokale) Wirkung im Mittelpunkt. Dieses Modell ermöglicht, Handlungen in Raum und Zeit zu planen und durchzuführen.	erlebter Zeitfluss, erlebte Gegenwart, erlebte Zeitrichtung, (Hermann Weyl) Evolutionstheorie	René Descartes, Dualismus
F 44.1	Ich folgere: Was Zeit, Raum, Materie (Substanz), Energie, Information usw. letztendlich ist, kann ich nicht erkennen.	Kant	
F 44.2	Ich folgere: Auch das Gefühl des Zeitflusses und unsere Vorstellung von Vergangenheit (früher als), Gegenwart (gleichzeitig mit) und Zukunft (später als) sind Teil des uns angeborenen Modells.	Eigenzeit, (Kant), Evolutionstheorie,	Eternalismus, Präsentismus
F 44.3	Ich folgere: Die Raumzeit der Relativitätstheorie ist Teil eines anderen Modells als die erlebte Zeit. Die Raumzeit dient dem Vergleich von verschiedenen lokalen Wirkungen miteinander.	Minkowski-Raum als Modell	Minkowski-Raum als Realität, Blockuniversum, Eternalismus
F 43.5	Ich folgere: Eher, gleichzeitig und später sind Begriffe, die nicht universell gelten, sondern vom Beobachter abhängen.	Relativitätstheorie, "raumartig", Hermann Minkowski, Albert Einstein	Präsentismus, universeller Existenzbegriff
F 43.6	Ich folgere: Den Zeitraum der Wirkung bezeichnen wir als Jetzt. Eine Wirkung benötigt eine gewisse Zeit. Das Jetzt besitzt somit eine gewisse Dauer. Die Zeiträume Eben - Jetzt - Gleich überlappen einander.	Aristoteles, Wirkungsquantum, Heisenbergsche Unschärfetheorie	Quantenphysik
F 43.7	Ich folgere: Raum, Zeit und Materie sind so, wie wir sie erleben, Folgen eines Massenphänomens.	(wie z.B. die Temperatur)	Kurt Gödel
F 43.8	Ich folgere: Wenn man von einem Anfang und Ende der Zeit sprechen kann, so finden dieser möglicherweise nicht abrupt, sondern fließend statt, wie bei einer Party, bei der die Gäste kommen, bleiben, wechseln und gehen. Es gibt viele Anfänge der Zeit und viele Enden.	Masseneffekte Zeit beginnt und endet nicht in der Zeitlosigkeit, sondern in der Ungerichtetheit.	
F 43.9	Ich folgere: Es ist mehr als die abnehmende Ordnung in der Thermodynamik, es sind Strukturen, die den Zeitpfeil erzeugen. Der Zeitpfeil ist fundamentaler Bestandteil eines jeden Systems. (Beispiel: Unruh in einer Uhr)	Anfangsbedingungen, (Thermodynamik), *Quanten*physik, Bellsche Ungleichung: John Bell	Dualismus (Thermodynamik), Quantenphysik, ERP
F 43.10	Ich folgere: Die Asymmetrie des Zeitpfeils ergibt sich aus einer Asymmetrie von - Lernen und Vergessen (Erkenntnis) - Entstehen und Vergehen (Sein) - Schaffen und Vernichten (Tat)	Informationstheorie, experimentelle Physik	
F 43.11	Ich folgere: Nach der Bellschen Ungleichung kann der Laplacesche Dämon die Zukunft nicht vorher berechnen.	William James	Pierre Simon Laplace, Blockuniversum, Eternalismus

Physik (5): QED, String (Modelle)

	Meine Annahmen / Überzeugungen	In Anlehnung an	Andere Meinungen
F44	Ich folgere: Die QED beschreibt die Wechselwirkungen offener *Quanten*-Elementarsysteme mit ihrer Umwelt.	Systemtheorie, (QED), (Julian Schwinger), (Richard Feynman)	Atomhypothese, QED, Julian Schwinger, Richard Feynman
F 44.1	Ich folgere: Die Stringtheorien beschreiben die inneren Eigenschaften der offenen *Quanten*-Elementarsysteme.	Systemtheorie, (Stringtheorien) (Kaluza, Klein, Michael Green, John Schwarz, Edward Witten)	Stringtheorien Kaluza, Klein, Michael Green, John Schwarz, Edward Witten
F45	Es folgen nicht zu Ende gedachte Modellentwürfe:		
F 45.1	Ich folgere: Im Lichtschlauchmodell bewegt sich Licht stets mit Lichtgeschwindigkeit. (Ableitung aller Elementarsysteme aus Licht)	Maxwellsche Gleichung, (Higgs Theorie: Umwege)	Higgs Theorie: langsamer
F 45.2	Ich folgere daraus: Licht und Zeit stehen auch in einem Schwarzen Loch nicht still.	Schwarze Löcher als normaler Raum	Singularitäten
F 45.3	Ich folgere: Alle Vorgänge der Energieumwandlung sind auf einen einzigen Mechanismus zurückzuführen: Die Bahn des Lichts wird geändert. Es wird abgelenkt oder (zirkular) polarisiert. Jeder dieser Vorgänge, also jede Energieumwandlung, kann als Informationsverarbeitung aufgefasst werden.	Noerther-Theorem	
F 45.4	Ich folgere: Partnersysteme (Antiteilchen) sind keine Systeme (Teilchen), die sich rückwärts in der Zeit bewegen. Sie unterscheiden sich in ihrem inneren Aufbau voneinander (z.B. innen - außen).	Analog zu Buridans Impetus: Das Lichtschlauchmodell	Atomhypothese, QED Das Lichtschlauchmodell steht mit wichtigen Beobachtungen nicht im Einklang!
F 45.5	Ich folgere: Es ist sinnvoll, das Elektron und alle negativ geladenen Elementarsysteme als Systeme (Teilchen) und alle positiv geladenen als Partnersysteme (Antiteilchen) zu definieren.	Antwort auf die Frage: "Warum gibt es nur Teilchen im Universum?"	
F 45.6	Ich folgere: Licht breitet sich nicht nur in Wasser und Luft, sondern auch im Minkowski-Vakuum mit einer geringeren Geschwindigkeit als der theoretischen Vakumlichtgeschwindigkeit aus.	Keine Unendlichkeiten (z.B. in der Relativitätstheorie)	
F 45.7	Ich folgere: Betrachtet man in einem Modell das Minkowski-Vakuum als ein volumenelastisches Medium, so können sich in ihm (nur) Longitudinalwellen ausbreiten. Die beobachteten Transversalwellen (Licht, Gravitation) sind in diesem Modell sekundäre Wellen.	Christiaan Huygens (Tesla), (Einstein), (Feynman-Graphen)	Michael Faraday, James Clark Maxwell, Einstein Ideenwellen
F 45.8	Ich folgere: Das Wellenmauermodell (Symmetriebruch durch Bewegung) des Photons ist nicht korrekt, aber wissenschaftlich.	Analog zu Buridans Impetus, Prinzip der Wissenschaftlichkeit	Das Modell steht nicht im Einklang mit wichtigen Beobachtungen!

Physik (5.1): QED, String (Modelle)

		Meine Annahmen / Überzeugungen	In Anlehnung an	Andere Meinungen
F	45.9	Ich folgere: Photonen haben die Eigenschaften von Wurmlöchern in der Raumzeit. Lichtquelle und Lichtempfänger befinden sich nahezu an ein- und demselben Ort. Die Verschränkung von Photonen könnte damit im Rahmen der Relativitätstheorie erklärt werden.	Relativitätstheorie, *Quanten*physik,	Raumvorstellung des Alltags
F	45.10	Verschränkung als Informationserhaltungsgesetz?	Noerther-Theorem	

Philosophie (4): Mathematik

		Meine Annahmen / Überzeugungen	In Anlehnung an	Andere Meinungen
F46		Ich folgere: Logik und Mathematik basieren auf den Gesetzen der Physik und sind damit der naturwissenschaftlichen Methode zugängig sind.	Albert Einstein, David Deutsch, Henning Genz, (konstruktivistische Mathematik)	Scholastiker, Descartes, Spinoza, Kant, (axiomatische Mathematik)
F	46.1	Ich folgere: Mathematik ist eine menschliche Sprache, die nur über den Menschen als Handelnden eine Wirkung hat. Sie besitzt die Eigenschaften eines Modells.	Modell	
F	46.2	Ich folgere: Der komplexe Raum ermöglicht eine korrekte Abbildung unseres realen Raumes. Der Punkt (2,3i) befindet sich 2 nach rechts auf der x Achse und 3 nach oben auf der y Achse.	William R. Hamilton, John T. Graves, Arthur Cayley	
F	46.3	Ich folgere: Komplexe Zahlen mit 1,2,4 oder 8 Dimensionen lassen sich dividieren, alle anderen nicht! Sind mathematische Gesetze die Ursache dafür, dass wir die Raumzeit vierdimensional wahrnehmen? Liegt dies an der menschlichen Wahrnehmung oder handelt es sich um eine Eigenschaft des Universums?	William R. Hamilton, John T. Graves, Arthur Cayley	Stringtheorie mit 11 Dimensionen
F	46.4	Ich folgere: Die Infinitesimalrechnung rechnet mit gewöhnlichen Zahlen. Sie umgeht den Begriff unendlich, den sie als Grenzwert angibt, und bleibt damit im Rahmen der Logik.	Logik, Renormierung	Verwendung des Begriffes unendlich, nicht renormierbare Theorien

Überblick (1): Modelle

	Meine Annahmen / Überzeugungen	In Anlehnung an	Andere Meinungen
F 5.5	Ich folgere: Folgende Modelle sind hilfreich, die Welt zu erklären: - Prinzipien / Gesetze: Die Vorgänge unserer Welt beruhen auf Prinzipien, die in Form von (Natur-) Gesetzen auftreten. - Prinzip der Liebe / Leben: Die Vorgänge der Natur werden als Lebensvorgänge auf Grundlage des Prinzips der Liebe aufgefasst. - Prinzip der Wahrhaftigkeit / Wissenschaft: Die Vorgänge der Natur werden als Evolutions-, Erkenntnis-, Modellbildungs- und Innovationsprozesse auf Grundlage des Prinzips der Wissenschaft aufgefasst. - Monismus / Informationstheorie: Die Vorgänge der Natur werden als geistige und materielle Prozesse auf Grundlage des Prinzips der Kernidentität von Geist (Informationsinhalt) und Materie (Substanz) aufgefasst. - Systemtheorie / Sprache: Die Vorgänge der Natur werden als Interaktion bzw. als Kommunikation von Systemen aufgefasst. - Religion / Philosophie: Die Vorgänge der Natur werden anhand einer Vielzahl von Gottesmodellen und Weltbildern auf der Grundlage des philosophischen Glaubens betrachtet.		

Überblick (2): Prinzipien und Annahmen

Tabelle 41 Prinzipien

	Meine Annahmen / Überzeugungen
P1 (A)	Ich glaube: Alle Lebewesen tragen als Einzelne wie auch in der Gemeinschaft auf der Grundlage des Prinzips der Liebe die Verantwortung für ihr Handeln. Auch mit Berufung auf höhere Mächte kann man sich dieser Verantwortung nicht entledigen. (Prinzip der Verantwortung)
P 1.1	Ich glaube: Die Verantwortung für die Ausbildung und der Vollzug des Rechts liegt bei der menschlichen Gemeinschaft.
P2	Ich glaube: In einem moralischen Rechtssystem müssen bestimmte Grundrechte vorhanden sein.
P3	Ich glaube: Recht hat die Aufgabe, ein geordnetes Zusammenleben unter Berücksichtigung der individuellen Rechte für alle Lebewesen zu gewährleisten.
P4	Im Zweifelsfall ziehe ich den gesunden Menschenverstand logischen Spitzfindigkeiten vor.
A1	Ich glaube, dass ich als Mensch nicht in der Lage bin, die Wahrheit zu erkennen.
A2	Ich glaube an das Vorhandensein und die Gültigkeit von Naturgesetzen.
A3	Ich glaube: Systeme benötigen zum Funktionieren eine innere Wahrnehmung, ein "Bewusstsein".
A4	Ich glaube an Gott*. (*Chiffre im Sinne des philosophischen Glaubens)
A 4.1	Ich glaube an einen Gott der Liebe*.
A 4.2	Ich glaube: Es gibt eine durch und durch gute Macht*. (Warnung vor Zwiedenken!)
A 4.3	Ich folgere: Eine durch und durch böse Macht* würde sich selbst zerstören. Ich glaube: Es gibt keine durch und durch böse Macht*.
A5	Ich glaube an eine Transzendenz*. ("Metaphysik")
A6	Ich glaube, dass ich bin. (Selbst*)
A 6.1	Ich glaube: Es gibt eine von mir weitgehend unabhängige Außenwelt*. ("Immanenz")
A 6.2	Ich glaube: Veränderungen sind möglich.
A 5.1	Ich glaube: Immanenz* (mit Geist und Materie) und Transzendenz* sind zwar grundsätzlich verschieden, aber sie stehen im Einklang miteinander.
A7	Ich glaube: Jedes Lebewesen oder kein Lebewesen besitzt eine Seele*.
A8	Ich glaube: Jeder Mensch und jedes andere Lebewesen besitzt als Teil der Schöpfung einen direkten Zugang zum Göttlichen*, ohne dass es einer Vermittlung bedarf.
A9	Ich glaube: Die menschlichen Empfindungen haben eine neurobiologische Basis.
A10	Ich glaube: Ich habe keinen freien Willen, bin aber auch nicht völlig determiniert.
F 4.2	Ich folgere: Mit der wissenschaftlichen Methode können viele Vorgänge der Natur erkannt, modellhaft beschrieben und erklärt werden.
	*Chiffre im Sinne des philosophischen Glaubens

Das gesamte System von Mathematik, Logik, Philosophie und Wissenschaft baut auf vorher festgelegten (oder unausgesprochen vorhandenen) Annahmen auf. Annahmen können einander widersprechen. Es ist in vielen Fällen möglich, derartige Widersprüche mit Hilfe von Zirkelschlüssen aufzudecken. Der Beweis, dass ein Gedankensystem (ein Modell) prinzipiell ohne innere Widersprüche ist, ist nicht möglich.

Andere Annahmen führen zu anderen philosophischen Modellen. Gespräche mit Anhängern eines anderen Gedankensystems sind nicht einfach, besonders wenn zentrale Annahmen voneinander abweichen. Auch bei unterschiedlichen Ansichten sind fruchtbare Gespräche möglich, wenn auf beiden Seiten der Wunsch nach Wahrhaftigkeit besteht.
Für ein tieferes gegenseitiges Verständnis ist es erforderlich, dem Gesprächspartner die gleichen Rechte einzuräumen, die man für sich selbst in Anspruch nimmt. Beispielsweise das Recht, die Sinnfrage zu stellen und nach Antworten auf der Grundlage der eigenen Überzeugungen zu suchen.

Überblick (3): Paradigmenwechsel

Tabelle 42 Paradigmenwechsel

Idealismus, Materialismus, Dualismus	Konzept vom lebendigen Geist
Es gibt nur Geist. *bzw.* Es gibt nur Materie. *bzw.* Geist ist unabhängig von Materie.	Kernidentität von Geist und Materie.
Magie	**Wissenschaft / Informationstheorie**
Welt als Illusion / Mysterium	Modellcharakter der Erkenntnis
Geist lenkt die Materie.	Informationsinhalt (Bedeutung) und Informationsträger (Substanz) bilden eine Einheit. Deshalb hat Sprache eine Wirkung.
Vorstellung: Die Hexe sagt, "der Korb soll hierher," und schon schwebt er herbei.	Beobachtung: Meine Frau sagt, "der Korb soll hierher," und schon schleppe ich ihn heran.
ewige Seelen	**lebendige Seelen**
Geist ist unveränderlich und ewig.	Konzept des lebendigen Geistes.
Vorstellung: Was unveränderlich und ewig ist, ist real.	Definition: Was liebt, ist real.
Die Seele steuert den Körper.	Seele* ist hier ein Ausdruck für die Bedeutung des Individuums in der Transzendenz.
Vorstellung: Die Seele geht in einen leblosen materiellen Körper und beseelt ihn. Nach dem Tode verlässt sie ihn.	Modell: Die Seele* ist Teil aller Lebewesen und verändert sich im Laufe des Lebens, so wie ein Schiff das beim Beladen immer mehr Tiefgang bekommt. (*Chiffre im Sinne des philosophischen Glaubens)
mögliche Erweiterungen: - Menschen, Tiere, Pflanzen, Steine, Sterne können beseelt werden. - Seelenwanderung	mögliche Erweiterung: Alle Lebensformen besitzen eine Wirkung in der Transzendenz.
Animismus / Schamanismus	**Wissenschaft / Biologie**
Vermenschlichung der Natur: Tiere, Pflanzen, Steine, Sterne usw. fühlen, denken und handeln wie Menschen.	Erklärung der Natur: Einfache logische Modelle erklären Beobachtungen. Lebewesen besitzen unterschiedliche Eigenschaften, die teilweise stark von den menschlichen abweichen.
Vorstellung: Die Wolke weint, weil sie traurig ist.	Modell: Es regnet, weil die Temperatur in der Wolke sinkt.
Handlung: Rituale (Gesang, Tanz, Beschwörung), um die Natur zu beschwichtigen.	Handlung: Technik (Handwerk, Werkzeuge, Maschinen, Chemikalien) verändern die Gegebenheiten.
Religion	**Religion**
Karma / Seele	Information
Seelenwanderung	Vererbung der Gene an die Nachkommen.
Aus der alles umfassenden Weltseele spalten sich die individuellen Seelen ab. Ihr Lebenswille (sie stemmen sich gegen das Vergehen) sorgt für ihre Wiedergeburt in einem anderen Körper.	Das Quantenvakuum füllt das Universum aus. Aus ihm entstehen Lebewesen durch Symbiosen nach dem Prinzip der Liebe. Ihre Liebe (sie stemmen sich gegen das Vergehen) sorgt für die Vermehrung ihrer Zellen, Gene und Gedanken. Die Gene wirken im Körper ihrer Kinder, die Gedanken im Körper ihrer Mitmenschen.
Das Ankämpfen gegen den Wandel ist die Ursache allen Leidens.	Die Liebe ist die Ursache des Glücks und des Leids.
Rat: Sich dem Wandel hingeben und nicht dagegen ankämpfen.	Rat: Streben nach einer alles umfassenden Liebe.
Heilige Bücher als Quellen der Wahrheit	Heilige Bücher als Quellen der Weißheit
Gläubigkeit	Frömmigkeit
Sektierertum	Ökumene

Viele traditionelle Vorstellungen beruhen auf sinnvollen Überlegungen, die mit Wunschvorstellungen verknüpft wurden, und erklären sie mit Hilfe von angenommenen Mechanismen, die sich einer Prüfung entziehen.

4.2 "Gottesmodelle"

In der Bibel heißt es ausdrücklich: "Du sollst dir kein Bildnis noch irgend ein Gleichnis machen".

Zitat 14: 2. Moses 20.4 in Lutherbibel 1912

Eine große Stärke der Wissenschaft ist, dass sie nicht gegen dieses Gebot verstößt.

Aber wir Menschen können nicht ohne Vorstellungen auskommen und verstoßen bewusst oder unbewusst gegen dieses Gebot. Damit taucht das Problem auf, dass unsere Modelle gegen religiöse, ethische oder alltägliche Grundprinzipien verstoßen können.

Tabelle 43 Meine Kriterien, um Aussagen und Handlungen zu prüfen

Für die Religion	Für die Philosophie	Für den Alltag
Hochachtung vor Gott[21]	Wahrhaftigkeit	Prinzip der Wissenschaft
Liebe zu Gott	Liebe + Verantwortung (Ethik)	Recht als Prinzip
Religiöse Praxis	Lebenserfahrung	Lebenspraxis
Weisheit		

Anmerkungen:
Liebe zu Gott legt die Grundlage für religiöse Ethik.

Hochachtung vor Gott steht im Einklang mit religiöser Wahrhaftigkeit und beruht auf Liebe und Vertrauen.

Wissenschaftliche Modelle sind Produkte des menschlichen Geistes.
Philosophische Modelle sind Produkte des menschlichen Geistes.
Theologische Modelle sind Produkte des menschlichen Geistes.

Unsere Vorstellungen, Gedankenbilder und Modelle können bewusst reflektiert, klar strukturiert oder auch eher nebulös sein.

Modelle und die in ihnen offen oder versteckt vorhandenen Annahmen können mit den Mitteln der Logik geprüft werden. Dazu gehören auch die Eigenschaften, die Gott in dem jeweiligen Modell zugeschrieben werden. Aussagen über Gott oder die Transzendenz werden nicht vorgenommen.

Religiöse und spirituelle Erfahrungen können mit diesen Kriterien nur sehr eingeschränkt gemessen werden.

Alle Betrachtungen sind subjektiv. Andere Aspekte sind nicht weniger wichtig. Andere Deutungen sind möglich. An einigen Stellen habe ich möglicherweise Fehler gemacht.

---

[21] Chiffre im Sinne des philosophischen Glaubens

Agnostiker

Der Grundsatz der Agnostiker (griechisch: nicht erkennen) lautet: Ich weiß nicht, ob es eine Transzendenz, Gott, Seelen ... gibt.

Religion
Hochachtung vor Gott
Der Agnostiker erkennt die Unbegreiflichkeit Gottes an.

Liebe zu Gott
Nicht erkennbar.

Philosophie
Wahrhaftigkeit
Ja.

Ethik
Der Agnostiker kann sich an den moralischen Grundsätzen der Philosophie orientieren.

Lebenspraxis
Wissenschaft
Steht nicht im Widerspruch zur Wissenschaft.

Recht
Steht nicht im Konflikt zum herrschenden Recht.

Persönliche Wertung:
Der Agnostiker sucht die Wahrheit. Ich ziehe seine Einstellung daher jedem Erklärungsmodell vor, das gegen die oben angeführten Grundsätze verstößt.
Für mich ist aber die Liebe zu Gott ein wichtiger Teil meines Lebens, auf den ich nicht verzichten möchte.

Atheismus

Der Grundsatz des Atheisten lautet: Ich glaube nicht, dass es eine Transzendenz, Gott, Seelen usw. gibt.

Religion
Hochachtung vor Gott
Nein. Im Umgang mit Atheisten habe ich oft Hochmut gegenüber gläubigen Menschen feststellen können.

Liebe zu Gott
Nein. Manche Atheisten haben sogar eine Abneigung gegen Gott, obwohl sie an dessen Existenz nicht glauben.

Philosophie
Wahrhaftigkeit
Ja.
Aber: Einige Atheisten unterliegen dem Irrtum zu meinen, dass sie über Wissen statt über Glauben verfügen.

Ethik
Der Atheist kann sich an den moralischen Grundsätzen der Philosophie orientieren.

Lebenspraxis
Wissenschaft
Steht nicht im Widerspruch zur Wissenschaft, solange nicht behauptet wird, die Nichtexistenz Gottes könne bewiesen werden.

Recht
- Religiöse Gesetzgebung, die Atheismus unter Strafe stellt, steht im Widerspruch zum Menschenrecht.
- Anti-religiöse Gesetzgebung, die Religionsausübung unter Strafe stellt, steht im Widerspruch zum Menschenrecht.

Persönliche Wertung:
Atheismus ist, anders als die Einstellung des Agnostikers, eine Glaubensrichtung. Der Atheismus vieler Menschen hat seinen Ursprung in den Lügen und Verbrechen, die im Namen Gottes begangen wurden und begangen werden.
Bemerkenswert finde ich, dass viele bekennende Atheisten tiefreligiöse Menschen sind. (Das schließe ich zumindest aus ihren Äußerungen.)

Monotheistische Vorstellung (1), Determinismus

Es gibt einen Gott. Er ist allmächtig. Er hat die Welt geschaffen. Die Welt läuft nach seinen Gesetzen ab. Wir haben keinen freien Willen. Gott ist allumfassend, die Welt ist ein Teil Gottes.

Mögliche Ergänzung:
Vor der Geburt und nach dem Tode sind die Seelen im Himmel, der auch ein Teil Gottes ist. Weil die Seelen stets Gottes Willen ausführen, leben sie in ewiger Glückseligkeit.

Religion
Hochachtung vor Gott
Höchste Ehre für den Schöpfer.
Aber wer Gott bestimmte Eigenschaften zuschreibt, versucht, in seiner Vorstellung Gott auf menschliches Maß zu bringen.

Liebe zu Gott
Liebe und Bewunderung für den Schöpfer der Welt.
Aber Leid und Ungerechtigkeit in der Welt lässt an Gott zweifeln.

Philosophie
Wahrhaftigkeit
Ja? Ein auf den ersten Blick schlüssiges Konzept.
Nein, denn es macht Aussagen über etwas, was Menschen nicht erkennen können.
Nein, denn es verwendet Begriffe, die außerhalb des Definitionsbereichs der Logik sind: allmächtig, allumfassend.
An den sich daraus ergebenen Fragen (Leid und Ungerechtigkeit, Teil und sein Ganzes usw.) sind schon Generationen von Theologen gescheitert.

Ethik
Ja? Die Liebe zu Gottes Schöpfung, die sich aus der Liebe zu Gott ergibt, ist ein Ausgangspunkt, moralische Regeln zu erstellen.
Nein, denn dieses Modell entbindet uns scheinbar von unserer Verantwortung. Der Glaube, keinen freien Willen zu haben, kann nach diesem Modell als Begründung dienen, unmoralisch handeln zu dürfen, ohne schuldig zu werden.

Lebenspraxis
Wissenschaft
Steht nicht im Widerspruch zur Wissenschaft.
Aber: Wir wissen nicht, ob es keinen freien Willen gibt.

Recht
Nein! Dieses Modell wurde als Argument verwendet, menschliches Recht abzulehnen. Für einige Verfechter dieses Modells ist jedes Gerichtsverfahren eine Anklage gegen den Schöpfer als letzten Verursacher.

Monotheistische Vorstellung (2), Weltgericht

Es gibt einen Gott. Er ist allmächtig. Er hat die Welt geschaffen. Er hat alle Geschöpfe geschaffen. Gott steht außerhalb der Welt. Den Menschen hat er einen freien Willen gegeben. Die Welt läuft daher nur eingeschränkt nach seinen Gesetzen ab.

Ergänzung:
Nach dem Tode gibt es ein Gericht. Gott entscheidet, wer gut und wer böse war. Er kann nach seinem Ermessen Gnade walten lassen. Die Seelen der guten Menschen kommen in den Himmel und leben in ewiger Glückseligkeit. Die Seelen der bösen Menschen kommen in die Hölle und leben in ewiger Verdammnis.

Religion
Hochachtung vor Gott
Nein. Es handelt sich um eine Ehrfurcht, die vor allem aus der Furcht und weniger aus der Liebe und Verehrung erwachsen ist. (Hochachtung hat eine andere Bedeutung als Ehrfurcht.)

Weiterhin:
Aus diesem Modell wurde willkürlich folgende Aussage abgeleitet: "....... (Name oder Titel) hat die Ermächtigung Gottes zur Durchsetzung der göttlichen Weltordnung mit Hilfe von Gottes Gesetzen." Diese Aussage missachtet die Hochachtung Gottes grob. Und auch die aus diesem Modell abgeleiteten sogenannten Gottesurteile beinhalten einen schweren Verstoß gegen religiöse Grundprinzipien.

Liebe zu Gott
Bewunderung für den Schöpfer unserer Welt.

Aber: Ein menschliches Bild, das des Richters, wird auf Gott übertragen. Als ein solcher Richter straft Gott, nachdem die böse Tat geschehen ist; er verhindert nicht das Leid, dass sie verursacht, wie eine gute Obrigkeit (Aufsichtspflicht) es tun sollte. Leid und Ungerechtigkeit in der Welt finden nach diesem Modell mit Gottes Duldung statt. Weiterhin sind die Bestrafungen, die ihm zugeschrieben werden, meist extrem hoch.

Philosophie
Wahrhaftigkeit
Nein, denn es macht Aussagen über etwas, was Menschen nicht erkennen können, und es verwendet Begriffe, die außerhalb des Definitionsbereichs der Logik sind.

Ethik
Ehrfurcht ist ein wirkungsvoller Zuchtmeister für moralisches Handeln.
Aber: Gute Taten verlieren an Wert, da sie beim Anstreben eines unermesslichen Nutzen geschehen.
In einem ethischen Rechtssystem besteht ein Recht auf Erziehung des Täters, aber kein Recht auf Rache.

Lebenspraxis
Wissenschaft
Steht nicht im Widerspruch zur Wissenschaft.
Aber: Es ist nicht klar, ob es einen freien Willen gibt.

Recht
Der Grundgedanke steht nicht im Konflikt zum herrschenden Recht, aber viele Spielarten tun dies.
- Extrem hohe Strafen sind mit den Menschenrechten nicht vereinbar.
- Das aus diesem Modell abgeleitete theokratische Naturrecht, steht im Konflikt mit den Grundsätzen des herrschenden Rechts und des Prinzips der Verantwortung (für Recht und Gesetz).

Persönliche Wertung:
Die Vorstellung von Gott als Weltrichter löst das Problem der Ungerechtigkeit unserer Welt nur scheinbar.

263

<u>Über Gottesmodelle</u>
Zur Erinnerung: Der Abschnitt "Gottesmodelle" dient dazu, Modelle zu prüfen, und nicht dazu, Aussagen über Gott oder die Transzendenz zu machen.

Die Methode vieler Modelle ist es, Gott menschliche Eigenschaften zuzuschreiben und diese ins Unermessliche zu steigern:

Langlebigkeit	-> Ewigkeit
Wissen	-> Allwissenheit
Fähigkeiten	-> Allmacht
Güte	-> Absolute Güte
Gerechtigkeit	-> Absolute Gerechtigkeit

So aufgebaute Modelle überschreiten die Grenzen der Logik und sind in sich widersprüchlich. Weiterhin beinhalten sie unlösbare moralische Probleme.

Sobald man die Grenzen der Logik überschreitet, sind alle Schlussfolgerungen beliebig. In der Regel werden Gott typisch menschliche Eigenschaften und Handlungs- und Denkweisen zugeschrieben.

Monotheistische Vorstellung (3), Prädestinationslehre

Weil Gott allmächtig und allwissend ist, weiß er schon vor der Erschaffung eines Menschen, ob dieser in Zukunft gut oder böse handeln wird. Deshalb kann die Strafe schon vor der Tat folgen. Den in Zukunft guten Menschen lässt er es gut gehen, die in Zukunft schlechten lässt er schon auf Erden leiden. Die Menschen haben, je nach Ausgestaltung der Lehre, einen freien Willen oder keinen freien Willen.

Religion
Hochachtung vor Gott
Nein!
Die Erfinder dieser Lehre versetzen sich gedanklich in die Position Gottes. Aus dieser Position ziehen sie Schlüsse.

Liebe zu Gott
Nein!
Die Verfechter dieser Lehre malen ein bösartiges Zerrbild Gottes:
- Gott erschafft Wesen, von denen er weiß, dass sie böse sind.
- Ohne es zu verhindern, lässt er zu, dass diese Wesen durch ihr Handeln andere leiden lassen.
- Diese Lehre steht im Widerspruch zu den christlichen Grundsätzen wie Nächstenliebe, Umkehr und Gnade.

Philosophie
Wahrhaftigkeit
Nein!
Der logische Schein dieses Gottesbildes trügt. Es wird gegen Grundsätze der Logik verstoßen: Die Begriffe allmächtig und allwissend sind außerhalb des Definitionsbereichs der Logik. Von der Zukunft wird auf die Vergangenheit geschlossen und wirkt dort. Ursache und Wirkung dürfen aber nicht in der Zeit vertauscht werden.

Ethik
Nein!
Moral: Der Erfolg heiligt die Mittel, denn der Erfolgreiche kommt in den Himmel.

Lebenspraxis
Wissenschaft
Dieses Modell steht im Widerspruch zur Bellschen Ungleichung, die uns Menschen sichere Aussagen über die Zukunft untersagt.

Recht
- Nein! Im Grundgesetz der Bundesrepublik Deutschland heißt es: "Die Menschenwürde ist unantastbar." Gegen diesen Grundsatz wird massiv verstoßen, denn Behinderte, Kranke, Arme, Gescheiterte usw. werden zu verdammten Sündern erklärt.
- In diesem Modell sind die Opfer eines Verbrechens selbst Schuld an ihrem Schicksal, denn es handelt sich um eine Strafe Gottes für ihre Sünden. Damit steht es im Widerspruch zu den Grundlagen unseres Rechts, denn es macht aus Opfern Täter.

Persönliche Wertung:
Dieses Modell ist geeignet, ein Kastenwesen der Erfolgreichen zu begründen und einen mitleidlosen Unrechtsstaat darauf aufzubauen.

Der leidende Gott

Ausgangspunkt ist nicht die Vorstellung von der Allmacht Gottes, sondern sein Leiden mit der Welt. Religion als Mittel, den Bereich der Allmacht Gottes zu erreichen oder Garantien für das Jenseits zu erlangen, wird abgelehnt.

Religion
Hochachtung vor Gott
In Hochachtung vor Gott werden Sanktuarien abgelehnt, wenn sie das Ziel haben, die Allmacht Gottes zu erreichen (Sündenvergebung, Ausschüttung des heiligen Geistes, Maßnahmen zur Sicherung des ewigen Lebens).
Aber es wird das Bild eines machtlosen Gottes erzeugt, der nicht in der Lage ist, das Leiden zu beenden.

Liebe zu Gott
Handelnde, mitfühlende Liebe.
(Dieses "mitfühlende" Modell unterscheidet sich grundlegend von dem mahnend-drohenden "Gott sieht alles!" - Modell.)

Philosophie
Wahrhaftigkeit
Sehr konsequenter Gedankengang, aber auch hier werden Gott Eigenschaften zugeordnet.

Ethik
Im Mittelpunkt steht der Mitmensch.

Lebenspraxis
Wissenschaft
Steht nicht im Widerspruch zur Wissenschaft. Es ist durchaus denkbar, dass eine höhere Ebene an der Wahrnehmung der unteren Ebenen Teilhabe hat.

Recht
Dieses Modell steht nicht im Konflikt zum herrschenden Recht und ergreift Partei für das Opfer.

Persönliche Wertung:
Dieses Modell regt zum Nachdenken über andere Modelle an. Als Welt-Erklärungs-Modell ist es aber unbefriedigend.

Gott ist die Welt (Pantheismus)

Ausgangspunkt für dieses Modells sind Gedanken der griechischen Philosophen zum Verhältnis vom Teil zum Ganzen. Europäische und indische Gelehrte haben die Überlegungen weitergeführt. Sie folgerten: "Das Ganze" ist Gott.

Der Pantheismus ist ein diesseitiges Modell: Das Universum ist Teil Gottes oder sogar identisch mit Gott. Damit ist der Mensch ein Teil Gottes. Freude, die er empfindet, empfindet Gott mit, Schmerzen, die er erleidet, erleidet Gott mit. Gedanken sind durchaus eigene Gedanken des Menschen, aber Bestandteil des Ganzen.

Religion
Hochachtung vor Gott
Ja. Es handelt sich um Hochachtung angesichts von Vielfalt, Größe und Ordnung des Universums. Diese Hochachtung erstreckt sich aber nicht auf die Teile.

Liebe zu Gott
Ja. Und in diesem Modell ist Gott im wahrsten Sinne des Wortes mitfühlend.
Aber zu den Teilen haben wir ein ambivalentes Verhältnis.

Philosophie
Wahrhaftigkeit
Es werden weder Aussagen über die Transzendenz gemacht, noch spezifische Eigenschaften Gottes definiert. Wenn bei dem Modell der Modellcharakter beachtet wird, steht es im Einklang mit der Philosophie.

Ethik
Da alle Emotionen, Gedanken, Worte und Handlungen in Gott geschehen, haben sie alle eine Bedeutung. Der Pantheismus bietet eine gute Grundlage für moralisches Denken und Handeln.

Lebenspraxis
Wissenschaft
Steht nicht im Widerspruch zur Wissenschaft.
Aus wissenschaftlicher Sicht stellt sich insbesondere die Frage, ob ein kosmisches Bewusstsein möglich ist. Es ist in der Systemtheorie vorstellbar, dass komplexe Systeme die Wahrnehmungen der Teilsysteme mitempfinden können.

Recht
Steht nicht im Widerspruch zum herrschenden Recht.

Persönliche Wertung:
Der Pantheismus steht in Einklang mit Philosophie und Wissenschaft. Deshalb war er bei vielen Philosophen recht beliebt.
Viele religiöse Menschen bevorzugen Modelle, in denen die Welt als Gottes Schöpfung betrachtet wird.

Dualistische Vorstellung: Gute und böse Gottheiten

Es gibt zwei Gottheiten, eine gute, wahrhaftige, moralische und eine böse, verlogene, unmoralische. Ihrer beider Macht ist begrenzt. Beide stehen im Kampf miteinander. Der Ausgang ist noch unentschieden.

Die Menschen haben einen freien Willen. Sie können sich für die eine oder die andere Gottheit entscheiden und kämpfen stellvertretend für die Gottheiten auf der Erde.

Mögliche Ergänzung:
Seelen sind unveränderlich und ewig. Im Augenblick ihrer Erschaffung entscheiden sie sich für die gute oder die böse Seite. Nach dem Tode gehen die Seelen in das Reich der Gottheit, für die sie sich entschieden haben.

Religion
Hochachtung vor Gott
Die gewählte Gottheit wird verehrt.
Aber: Das menschliche Bild, dass Könige ihre Soldaten miteinander kämpfen lassen, wird auf Gott übertragen.

Liebe zu Gott
Der Liebe zu einer Gottheit steht Hass auf die andere gegenüber.

Philosophie
Wahrhaftigkeit
Das System ist in sich schlüssig. Es scheint auch das Böse in der Welt zu erklären. Aber das Böse in unserer Welt ist ganz anders als in diesem Modell. Absoluter Hass und Bosheit richten sich auch gegen den Hassenden selbst. Er vernichtet sich und seine eigene Gemeinschaft. Daher ist die Existenz eines nur und durch und durch bösen Wesens nicht vorstellbar. Bei vielen Handlungen ist es außerdem eine Frage des Standpunktes, ob sie als gut oder böse bezeichnet werden, und häufig beinhalten sie beide Aspekte. Somit geht die Erklärung des Bösen an der Wirklichkeit vorbei.

Ethik
Nein. Der religiös begründete Hass erlaubt es, mit Hass und Gewalt gegen andere Menschen vorzugehen, die vermeintlich der anderen Gottheit dienen. Die dualistische Vorstellung steht im Widerspruch zu den philosophischen Moralgrundsätzen.

Lebenspraxis
Wissenschaft
Steht nicht im Widerspruch zur den Naturwissenschaften, wohl aber zu den Geisteswissenschaften (Psychologie, Soziologie), denn Menschen handeln anders, als dieses Modell aussagt.

Recht
In diesem Modell ist menschliches Recht, sofern es gerecht ausgeübt wird, Teil des Kampfes der guten Gottheit und steht damit im Einklang zum herrschenden Recht.
Allerdings steht es im Konflikt zum herrschenden Recht, wenn zur Bekämpfung der bösen Seite alle Mittel erlaubt werden.
Auch die Vorstellung, dass Menschen, die Verbrechen begangen haben, immer böse sind, steht im Gegensatz zur heutigen Rechtsvorstellung.
In Religionskriegen pflegen beide Seiten zu glauben, für eine gute Sache zu kämpfen. Aus dieser Überzeugung heraus wurden und werden viele Kriegsverbrechen begangen.

Persönliche Wertung:
Die dualistische (dual griechisch: zweiheitlich) Vorstellung löst die Probleme von Gut und Böse nur scheinbar. Sie ist unter moralischen, religiösen und juristischen Gesichtspunkten abzulehnen.

Anmerkungen:
Das Schachspiel symbolisiert den Kampf Gut gegen Böse. Die unterschiedlichen Eigenschaften von Gut und Böse werden dabei nicht berücksichtigt, denn sie kämpfen mit den gleichen Methoden für (angeblich) unterschiedliche Ziele. Eigentlich müsste sich die gute Seite bei der Verteidigung darauf beschränken, die Angriffsfähigkeit des Angreifers dauerhaft zu begrenzen.

Beim Anstreben eines Ziels gibt es ein Problem: Wir Menschen sind leicht manipulierbar und geben uns gern der Illusion hin, etwas für einen guten Zweck zu tun: So haben Kommunisten für die Partei und Nationalsozialisten für den Führer ihr Leben geopfert oder Verbrechen gegen die Menschlichkeit begangen.

Häufig durchschaut man auch die Zusammenhänge nicht und sollte auch deshalb sehr zurückhaltend bei dem sein, was man tut:
- Der italienische Ministerpräsident und Vorsitzende der Christdemokraten Aldo Moro wurde von den kommunistischen Roten Brigaden im Namen der Gerechtigkeit entführt und ermordet. Die Täter wussten nicht, in wessen Auftrag sie letztlich handelten. Aldo Moro hatte ernsthaft damit begonnen, kriminelle Strukturen in der Christdemokratischen Partei und im Staat zu bekämpfen. Es waren vermutlich Christdemokraten, die die Tat planten und die Roten Brigaden dazu verleiteten, sie auszuführen.
- Es deutet viel darauf hin, dass die RAF, die gern das Wort Freiheit verwendet hat, von der Stasi gelenkt wurde. Ob indirekt auch westliche Geheimdienste Einfluss auf ihr Handeln hatten, ist unbekannt.
- Die Attentäter vom 11. September handelten aus sehr selbstsüchtigen Gründen: Sie machten es, um dadurch, wie sie (fälschlicherweise) meinten, nach ihrem Tode als Märtyrer in Gottes Paradies einzugehen. Es wurde die Vermutung geäußert, dass sie vom CIA mit Hilfe ihres (ehemaligen?) Agenten Bin Laden, gelenkt wurden. Wenn man dem Gedankengang der Attentäter folgt, stellt sich die Frage, in wessen Reich, also in das Reich welches Gottes sie eingehen. Dabei ist auch zu bedenken, dass in den dadurch ausgelösten Kriegen in Afghanistan und im Irak eine große Zahl von Menschen, insbesondere viele Moslems, gestorben sind.
- Palästinenser sollten vor einem Selbstmordattentat darüber nachdenken, wohin sie nach dem Tode kommen, wenn der israelische Geheimdienst Mossad die Fäden im Hintergrund zieht. (Was, rein theoretisch, möglich ist.)

Fanatismus

Religiöse Fanatiker orientieren sich an dem, was sie als Gottes Wille zu erkennen glauben. Das geht soweit, dass manche zur Durchsetzung dessen, was sie als Gottes Wille interpretieren, alle Erfolg versprechenden Mittel einsetzen zu dürfen glauben, alle Mittel bis hin zu Gewalt, Folter, Mord, Selbstmord oder Krieg.

Irdisches Leid bekommt einen anderen Stellenwert:

Leiden oder sterben Angehörige des eigenen Glaubens im Glaubenskampf, so ist das gut, denn Gott wird sie, nach Meinung der Fanatiker, für ihr Leiden belohnen.

Leiden oder sterben Angehörige anderer Glaubensrichtungen, so ist das gut, denn Gott will, nach Meinung der Fanatiker, dass sie leiden.

Religion
Liebe zu Gott

Im Zentrum des Fanatikers steht die Liebe zu sich selbst. Er tut alles, um für sich ewigen Lohn zu erhalten. Von Gott zeichnet der Fanatiker ein bösartiges Zerrbild.

Hochachtung vor Gott

Im Zentrum des Fanatikers steht er selbst und nicht Gott. Gottes Wille wird so interpretiert, wie es dem Fanatiker gefällt. Seine verbrecherischen Handlungen im Namen Gottes sind die entsetzlichste Form der Gotteslästerung.

Philosophie
Wahrhaftigkeit

Der Fanatiker zeichnet ein Gottesbild nach eigenen Vorstellungen und erklärt sie für sich selbst zur Wahrheit. Er belügt sich selbst.

Der Glaube, im Himmel aufgenommen zu werden, wenn man im Namen Gottes anderen Menschen Leid zufügt, ist mit Sicherheit ein Irrglaube.

Ethik

Die Handlungen des Fanatikers sind unmoralisch und verbrecherisch.

Lebenspraxis
Wissenschaft

Aristoteles, der Arzt war, nannte religiösen Fanatismus eine Geisteskrankheit. Heutige Wissenschaftler sind der Meinung, dass diese Krankheit durch eine Art Virus, einen geistigen Virus, ausgelöst wird. Verbreitet wird der geistige Virus durch Massenmedien, Predigten und im Gespräch. Labile Menschen machen sich diese Gedankengänge zu eigen. Besonders anfällig sind sie, wenn sie durch das Erleben von Leid und Ungerechtigkeit in ihren moralischen Grundwerten erschüttert wurden. Besitzen sie zudem bestimmte Anlagen (Geltungswahn, Todessehnsucht, Hass auf andere Menschen, Aggressivität, Sadismus usw.) so bricht die „Viruskrankheit" aus.

Dieser Virus wird bewusst von Menschen verbreitet, die sich davon einen Vorteil versprechen. Zu beachten ist, dass vielfach auch die Gegenseite mit einer Variation des Virus infiziert wird.

Zu verordnende Medizin:

Bewusst machen, dass Güte, Gnade, Menschlichkeit und Liebe Grundlage von Religion und Ethik sind.

Wohlstand, Recht und Demokratie bieten Fanatismus weniger Boden.

Recht

Die Handlungen des Fanatikers stehen im eklatanten Widerspruch zum herrschenden Recht.

Persönliche Wertung:

Religiöser Fanatismus steht im Widerspruch zu den Grundsätzen von Religion, Ethik, Wissenschaft und Recht.

Fanatiker lassen sich leicht instrumentalisieren. Fanatiker dienen, wenn sie ihren Auftrag ausführen, anderen Kräften, als sie annehmen. Ihre Auftraggeber müssen lediglich vorgeben, im Sinne Gottes zu sprechen. Sie verfolgen eigene Machtinteressen oder dienen feindlichen Geheimdiensten usw. Die Fanatiker wissen letztendlich meist gar nicht, wem sie dienen.

Polytheistische Vorstellung

Es gibt eine Vielzahl von Gottheiten mit einer Vielzahl von Fähigkeiten und Charaktereigenschaften.

Mögliche Ergänzung:
Hinter der Vielfalt steht ein einheitliches Prinzip, die alles umfassende Weltseele (hinduistisch: Brahman). Sie umfasst alle Erscheinungsformen (Inkarnationen): Sämtliche Götter, Menschen, Tiere, Pflanzen, Gestirne, Gesteine, Gegenstände usw.

Weitere Ergänzung:
Alle diese Erscheinungsformen sind nicht die Wirklichkeit, sondern nur Produkte unserer Vorstellungen.

Religion
Hochachtung und Liebe zu Gott
Im Polytheismus hat man zu den Gottheiten ein ähnliches Verhältnis wie zu den Menschen: Einige werden geliebt und verehrt, andere verachtet oder gehasst und die meisten ignoriert.

Philosophie
Wahrhaftigkeit
Wahrhaftigkeit findet man bei den einfachen Gläubigen, aber nicht bei den religiösen Denkern. Nicht wahrhaftig ist es, wenn die geistige Elite das einfache Volk in Vorstellungen lässt, die sie für sich selbst verwirft.

Ethik
Das moralische Spektrum ist so breit wie die Anzahl der Gottheiten.

Lebenspraxis
Wissenschaft
Das Grundprinzip des Polytheismus steht nicht im Widerspruch zur Wissenschaft, sofern den Gottheiten keine magischen Fähigkeiten zugeschrieben werden. Dies ist aber im religiösen Alltag die Regel. Darum steht der praktizierte Polytheismus im Widerspruch zu den Wissenschaften.

Recht
Das Grundprinzip des Polytheismus steht nicht im Widerspruch zum herrschenden Recht, wohl aber verschiedene religiöse Praktiken (z.B. Menschenopfer, Witwenverbrennungen, Kastensystem).

Persönliche Wertung:
Auf den ersten Blick kann der Polytheismus die Welt in all ihrer Vielfalt besser erklären als der Monotheismus. So bereitet es dem Polytheismus beispielsweise keine Schwierigkeiten, Begründungen für das Vorhandensein von Gut und Böse zu geben. Aber grundlegende Fragen werden nur vordergründig gelöst und durch den Verweis auf gute und böse Gottheiten verschleiert.

Der nahe Gott (1)

Natürliche Vorgänge werden auf Gott hin gedeutet: Eine riesige Überflutung, Mauern stürzen bei einem Erdbeben ein, Zugvögel fallen erschöpft vom Himmel usw. Diese Vorgänge werden als von Gott her, als Ausdruck seines Willens, gedeutet.

Religion
Hochachtung vor Gott
Die Deutungen werden durchaus in Hochachtung vor Gott vorgenommen. Aber Gott werden Charaktereigenschaften zugewiesen und Gründe für sein Handeln unterstellt. Und diese (sehr menschlichen) Gründe zeichnen häufig ein problematisches Gottesbild, das man teilweise sogar als Gotteslästerung auffassen könnte.

Liebe zu Gott
Die Deutungen werden (meist) in Liebe zu Gott vorgenommen.

Philosophie
Wahrhaftigkeit
Es wird eine Verbindung hergestellt zwischen dem Verhalten der Menschen und Naturereignissen. Wir deuten Zusammenhänge, die wir nicht verstehen. Wahrhaftig ist die Aussage: Wir kennen transzendente Ursachen nicht.

Ethik
Wunsch: Die Bösen werden bestraft, die Guten belohnt.

Lebenspraxis
Wissenschaft
Die Wissenschaft untersucht nur Ursache und Wirkung in unserer Welt und macht keine Aussagen zu möglichen transzendenten Ursachen.
Die Deutung steht nicht im Widerspruch zur Wissenschaft, wenn keine Verletzung der Naturgesetze stattfinden. Dies ist aber häufig der Fall.

Recht
Aus Sicht des heutigen Rechts stellt sich die Frage, ob die angeblichen Strafen im angemessenen Verhältnis zu den begangenen Verfehlungen stehen.

Persönliche Wertung:
Mit "Kleingläubigkeit" bezeichne ich die Einstellung, zu meinen, man sei verpflichtet, an Wunder im Sinne von Magie glauben zu müssen.
Man kann die Welt als Gottes Werk betrachten, ohne auf vordergründige Erklärungen zurückgreifen zu müssen. Ausgangspunkt dazu sind nicht einzelne Ereignisse, sondern Prinzipien.

Der nahe Gott (2)

Unnatürliche Vorgänge, die im Widerspruch zu den Erfahrungen des Alltags bzw. den Naturgesetzen stehen, werden beschrieben, als Wunder bezeichnet und als Gottes direktes Eingreifen in die Natur gedeutet.

Religion
Hochachtung vor Gott
Nein!
Gott als Magier!
Aus dem Bestreben heraus, Gott größer zu machen, macht man ihn kleiner.

Liebe zu Gott
Liebe ohne Vertrauen. ("Wunder" müssen Gottes Macht beweisen.)

Philosophie
Wahrhaftigkeit
Nein!
Die Menschen der heutigen Zeit wissen um die Bedeutung der Naturgesetze. Wider besseres Wissen wird die Gültigkeit der Naturgesetze für außer Kraft gesetzt erklärt.

Lebenspraxis
Wissenschaft
Nein!
Die Gemeinschaft der Wissenschaftler lehnt jeden Einfluss aus der Transzendenz, die einen Verstoß gegen die Naturgesetze voraussetzt, ab. Auch Wunder, im Sinne von Magie, sind mit Naturgesetzen nicht vereinbar.

Ethik
Wirft die Frage auf, wieso Gott trotz seiner Macht die Ungerechtigkeit in der Welt duldet.

Recht
Problem: Unterlassene Hilfeleistung.

Persönliche Wertung:
Es widerspricht zwar meiner Überzeugung, dass sich ein Verstoß gegen die Naturgesetze ereignet haben soll, doch liebe ich die Naturgesetze nicht. Dass aber Gott zu einem Magier erklärt wird, ist für mich inakzeptabel.

Gott in mir

Ausgangspunkt ist die mystische Suche nach dem göttlichen Funken in sich selbst (Gnosis). Die Erkenntnis Gottes wird hier als Weg zur Erlösung angesehen. Diese Suche kann bis ins Extrem geführt werden. Dies führt zu folgendem Gedankengang:

Ich denke mich höher und höher, bis ich am Ende bei Gott angekommen bin. Ich bin bei Gott. Nun denke ich mich wieder herunter zu meinem Ich: Da ich nicht fähig bin, mich zur Unendlichkeit, zu Gott hoch zu denken, muss es etwas anderes sein, was in mir denkt: Gottes Geist. Mir wird klar: Gott ist Ich - Ich bin Gott. (-> Absoluter Idealismus)

Religion
Hochachtung vor Gott
Ein seltsames Gemisch aus Hochachtung - man verzichtet darauf, selber zu denken, und Hochmut - man glaubt, Gott zu sein.

Liebe zu Gott
Man beginnt bei sich und endet bei sich. Fazit: Man liebt sich.

Philosophie
Dieses Modell steht in Verbindung mit den Vorstellungen der Solipsisten und dem Modell Wiggerts Freund.

Wahrhaftigkeit
Gedanken und Wirklichkeit werden gleichgesetzt. Das ist typisch für magisch-mythisches Denken und widerspricht der Erfahrung.

Ethik
Gefahr 1:
Da Gottes Geist in einem denkt, trifft er auch die Entscheidungen und trägt die Verantwortung. Man ist verantwortungslos.

Gefahr 2:
Aus dem Schluss, selbst Gott zu sein, wird Anspruch auf Macht und Gehorsam abgeleitet (Hybris). Im daraus abgeleiteten Geniekult sind die Menschen nicht gleichwertig (Übermenschen und Untermenschen).

Lebenspraxis
Wissenschaft
Die Gemeinschaft der Wissenschaftler lehnt jeden Einfluss aus der Transzendenz, der einen Verstoß gegen die Naturgesetze voraussetzt, ab. Dies gilt auch für das Eingreifen einer transzendenten Macht in den Stoffwechsel des Gehirns.

Recht
Diese Vorstellung führt leicht zum Verlassen der Rechtsstaatlichkeit. (Gleichheit vor dem Gesetz)

Persönliche Wertung:
Steht zu allen Bereichen im Widerspruch.

Gott bei mir

Man denkt und trifft Entscheidungen in der Gewissheit von Gottes Nähe.

Religion
Hochachtung vor Gott
Man bemüht sich um Hochachtung im Denken.

Liebe zu Gott
Die Liebe zu Gott ist der Ausgangspunkt, seine Nähe zu suchen.

Philosophie
Wahrhaftigkeit
Es werden keine Aussagen über Gott gemacht.
Die Vorstellung von Gottes Nähe stärkt das Verlangen nach Wahrhaftigkeit.

Ethik
Man übernimmt die Verantwortung für seine Entscheidungen.
Aus Liebe zu Gott und seinem Werk sucht man Hass und Zorn zu dämpfen und Milde und Gnade walten zu lassen.

Lebenspraxis
Wissenschaft
Steht nicht im Widerspruch zur Wissenschaft.

Recht
Steht nicht im Konflikt zum herrschenden Recht.

Persönliche Wertung:
Steht zu keinem Bereich im Widerspruch.

Anmerkung:
Persönlicher Gott oder Gott als Prinzip?
Karl Jaspers weist darauf hin, dass das Höchste, was der Mensch sich vorstellen kann, ein Individuum ist. Das spricht für eine individuelle Gottesvorstellung. Diese Vorstellung ist aber mit der Gefahr verbunden, menschliche Eigenschaften, seien sie positiv oder negativ, auf Gott zu übertragen.

Der verborgene Gott

Gott ist weder abwesend noch greifbar, er ist uns verborgen.

Religion
Hochachtung vor Gott
Ja.

Liebe zu Gott
Ja, eine sehr geistige Liebe.

Philosophie
Wahrhaftigkeit
Dieses Modell steht im Einklang mit der Philosophie, indem es keine Aussagen über Gott macht.

Ethik
Dem Menschen fällt die Verantwortung für sein Denken und Handeln zu. Seine moralischen Werte und Regeln bestimmt er selbst.
In Hochachtung zu Gott sucht man, Recht walten zu lassen.

Lebenspraxis
Wissenschaft
Dieses Modell steht im Einklang mit der Gültigkeit der Naturgesetze und den Prinzipien der Wissenschaft.

Recht
In diesem Bereich treten keine Probleme auf.

Persönliche Wertung:
Dies ist ein sehr sprödes Gottesmodell. Trotzdem haben sich bedeutende tiefreligiöse Denker intensiv mit diesem Modell auseinandergesetzt.
Viele Gläubige wünschen sich aber klare Richtlinien für ihr Denken und Handeln. Auch vermissen sie die Wärme der Gottesnähe anderer Modelle.

Der offenbarte Gott

Gott ist verborgen. Er offenbart sich den Menschen, um ihnen den richtigen Weg zu weisen.

Hinweis:
Ereignisse, Worte, Handlungen, Träume, Gedanken und vieles mehr wurden und werden von Menschen als Zeichen Gottes, also als Offenbarungen, angesehen.
Etliche berichten von ihren Erfahrungen, die gedeutet wurden. Die verschiedenen Deutungen unterscheiden sich teilweise wesentlich voneinander.

Religion
Hochachtung vor Gott
Religiöse Erlebnisse wie auch ihr Miterleben in der Überlieferung können eine tiefe Hochachtung hervorrufen.
Andererseits wurde aber auch aus Offenbarungen der Schluss gezogen, sicheres Wissen über Gott, seinen Willen und seine Absichten zu besitzen.

Liebe zu Gott
Auch innerhalb eines Offenbarungsglaubens findet man das ganze Spektrum von Liebe zu Gott über Eigenliebe bis zu Gewalt, Hass, Krieg und Mord im Namen Gottes.

Philosophie
Wahrhaftigkeit
Mit diesem Modell hat die Philosophie große Schwierigkeiten. Es gibt vier Problembereiche:

Erstens die Offenbarung selbst:
- echte Offenbarung oder Selbsttäuschung?
- echter Prophet oder Lügenprophet?
- richtige Deutung, Fehldeutung oder bewusst falsche Deutung?
Die Philosophie sieht keine Möglichkeiten, objektiv festzustellen, ob es tatsächlich Offenbarungen gibt.
In den Religionen wurde festgelegt, wer ein echter und wer kein Prophet ist (Kanonisierung). Die verschiedenen Religionen haben verschiedene Propheten. Dies führte zu Streit und Krieg zwischen den Religionen.

Zweitens ihr Absolutheitsanspruch:
- Gegen anerkannte Offenbarungen wird kein Widerspruch geduldet und keine Gegenargumente akzeptiert.
- Es kann nicht aus Fehlern gelernt werden.

Drittens ihre Verbreitung:
- Echte Überzeugung oder Zwangsmissionierung?
Historisch gesehen, wurden sehr viele Menschen zwangsmissioniert.
- Glaube oder Scheinglaube?
Innerhalb vieler Religionsgemeinschaften besteht ein erheblicher Druck, bestimmte Glaubensinhalte öffentlich anzuerkennen (Ausschluss aus der Gemeinschaft, Entzug der Existenzgrundlagen, Todesdrohungen usw.).

Ethik
Viertens ihre Wirkung:
- Trennen oder verbinden Offenbarungen die Religionen?
- Toleranz oder Intoleranz?
- Religionsfriede oder Religionskriege?

Lebenspraxis

Wissenschaft

- Der Absolutheitsanspruch des Offenbarungsglaubens steht im Widerspruch zum Prinzip der Wissenschaft.
- Offenbarungen können im Widerspruch zu den Naturgesetzen stehen.

Recht

- Ein durch Offenbarungen für alle Zeiten festgelegtes Recht steht im Widerspruch zu dem Prinzip der Verantwortung, hier der Verantwortung der Gemeinschaft für ihre Gesetze.
- Viele offenbarte Gesetze stehen im Konflikt zum herrschenden Recht, wie beispielsweise zu den Menschenrechten und dem Völkerrecht. Trotzdem werden sie mit dem Anspruch auf absolute Geltung durchgesetzt.
- Rechtssysteme, die auf Offenbarungen beruhen, sind nicht lernfähig und können nicht an gesellschaftliche Veränderungen angepasst werden.
- Prinzipielle Gründe sprechen dagegen, dass es dauerhaft möglich ist, die Einheit des Glaubens mit Gewalt durchzusetzen, und auch in der Praxis ist der Versuch vielfach gescheitert (Schisma, Reformation, Islam).
Unterschiedliche Ansichten führen offen oder verdeckt zur Sektenbildung. Wird Gewalt als Mittel zur Durchsetzung religiöser Vorstellungen akzeptiert, führt dieser Ansatz zwangsläufig wieder und wieder zu Glaubenskriegen.

Persönliche Wertung:

Ich maße mir nicht an, über einzelne Propheten zu urteilen.

Der philosophische Glaube

Begriffe und bildhafte Ausgestaltungen der Transzendenz werden nicht wörtlich, sondern nur als Chiffre genommen, da wörtliches Verständnis an der eigentlichen Bedeutung vorbeigeht. Die Erkenntnis, dass kein menschlicher Begriff die Transzendenz erfasst, führt zu folgendem Verfahren:

Zu einer zentralen Glaubensaussage sucht man andere Begriffe und Assoziationen aus dem Umfeld des Ausgangsbegriffes. So erhält man ein "Begriffsfeld."

Zitat 15: Karl Jaspers S. 260

Man weiß, dass jeder einzelne Begriff und jede einzelne Assoziation für sich unzutreffend ist, hofft aber, dass das Begriffsfeld den Begriff weniger stark festlegt und eingrenzt und so angemessener für Aussagen über die Transzendenz ist, als ein einzelner Begriff. Verzichtet man auf Begriffe, so verzichtet man auf Aussagen über die Transzendenz. Versucht man einen einzelnen Begriff wörtlich zu nehmen, so erhält man unangemessene oder sogar falsche Aussagen über die Transzendenz. Karl Jaspers sagt daher, Chiffren seien in der Schwebe. Dies verhindert eine Verfestigung und trügerische Sicherung des Gedankensystems.

Religion
Hochachtung vor Gott
Ja! Ehrt Gott, vermeidet bewusst, ein Bild zu machen.

Liebe zu Gott
Ja. Es ist eine sehr spröde Liebe.

Philosophie
Wahrhaftigkeit
Sucht die Wahrheit.

Ethik
Bietet moralische Grundlagen.

Lebenspraxis
Wissenschaft
Steht nicht im Widerspruch zur Wissenschaft.

Recht
Steht nicht im Konflikt zum herrschenden Recht.

Persönliche Wertung:
Der philosophische Glaube versucht, die philosophische Forderung nach Wahrhaftigkeit, die religiöse Forderung nach Bildlosigkeit und das alltägliche Bedürfnis nach Vorstellungen in Einklang zu bringen.
Die Chiffren sind spröde.

Gott als Gesetzgeber (Deismus)

Mit seiner Vernunft erkennt der Mensch, dass es einen Schöpfer gibt. Er hat die Welt und ihre Gesetze erschaffen. Seitdem läuft die Welt nach den von ihm geschaffenen Naturgesetzen ab. Konfessionen spielen für den Deismus keine Rolle. Dogmen werden überdacht. Heilige Bücher werden historisch-kritisch untersucht. Auch die Geschichte der Religionen wird nach historisch-kritischen Gesichtspunkten beurteilt. Grundlage für die Ethik ist die Vernunft.

Religion
Hochachtung vor Gott
Ja, aber das Modell weist Gott seine Rolle in der Welt zu.

Liebe zu Gott
Ist möglich.
Problem: Gefühllosigkeit der Naturgesetze.

Philosophie
Wahrhaftigkeit
Wird angestrebt, aber es werden Aussagen gemacht über etwas, das wir nicht erkennen können.

Ethik
Die Vernunft dient als Grundlage für moralisches Handeln.

Lebenspraxis
Wissenschaft
Steht nicht im Widerspruch zur Wissenschaft.
Möglicherweise sind Prinzipien und nicht Gesetze die Grundlage unserer physikalischen Welt. (Systeme sind in der Lage, sich selber Regeln (Gesetze) zu geben.)

Recht
Steht nicht im Konflikt zum herrschenden Recht.

Persönliche Wertung:
Der Deismus hat das Ziel, Religionskriege zu verhindern, in Europa erfolgreich verwirklicht. Er hat Gutes bewirkt, ist aber religiös und philosophisch unbefriedigend.

Die Welt - eine Maschine?

Das Universum ist nichts anderes als eine Maschine, die mit exakter Genauigkeit abläuft. Der freie Wille des Menschen ist nur eine Illusion. Es gibt keine Transzendenz.

Religion
Hochachtung vor Gott
Gott wird für dieses Modell nicht benötigt.

Liebe zu Gott
Nicht vorhanden.

Philosophie
Wahrhaftigkeit
Die Welt wird aus sich selbst erklärt. Der Mathematiker Kurt Gödel hat gezeigt, dass man ein System nicht aus sich selbst heraus ableiten kann, ohne logische Widersprüche ausschließen zu können. Zweifel an diesem Modell sind angebracht.

Ethik
Aus diesem Modell kann man keine moralischen Grundsätze ableiten.

Lebenspraxis
Wissenschaft
Steht nicht im Widerspruch zur Wissenschaft. Ist aber auch nicht aus der Wissenschaft ableitbar.

Recht
Recht als Regelwerk einer Maschine.

Persönliche Wertung:
Auch dieses Modell ist ein Glaubensmodell. Es ist aus religiöser, philosophischer und wissenschaftlicher Sicht unbefriedigend.

Moderne Vorstellungen

Wissenschaftler verschiedener Fachrichtungen haben versucht, jeweils aus ihren Fachkenntnissen heraus die Welt zu erklären:

- Thermodynamiker: "Gott ist Energie."

- Kernforscher: "Ist Gott ein Teilchen?"

- Genetiker: "Es ist verlockend, die Frage zu stellen, ob diese gewundene Zuckerkette mit Perlen aus Purin- und Pyrimidinbasen in Wirklichkeit Gott ist."

Zitat 16: James Watson (in: Mc Vittie; Epigenetik, 2006, S. 5)

- Astronom: Die Frage nach der mysteriösen Dunklen Energie wirft die Frage auf: "Ist Gott Nichts?"

- Kosmologe: Unser Universum ist das Innere eines Schwarzen Loches, dessen Eigenschaften Gott festgelegt hat. (Diese Überlegung ist verbunden mit dem Vorschlag, Kosmologen könnten auch Schwarze Löcher erschaffen und deren Eigenschaften nach ihrem Belieben festlegen.)

- Informatiker: Die Welt ist ein Computer, den Gott programmiert hat (etwa so, wie menschliche Informatiker virtuelle Welten erschaffen).

- Quantenphysiker: Gott erschafft die Welt durch Beobachtung, indem er Quanten Eigenschaften gibt.

Religion
Hochachtung vor Gott
Nein.

Liebe zu Gott
Nein

Philosophie
Wahrhaftigkeit
Durchaus, aber kein Blick über den Tellerrand des Faches hinweg.

Ethik
Nein. (Ethik auf Ebene der Computerspiele).

Lebenspraxis
Wissenschaft
Die Basis all dieser Modelle ist wissenschaftlich korrekt, aber dennoch haben sie sich weit von der Wissenschaft entfernt.

Recht
Aus diesen Modellen kann man keine juristischen Grundsätze ableiten.

Persönliche Wertung:
Die Modelle machen deutlich, dass fachwissenschaftliche Detailkenntnisse nicht ausreichen, die Welt zu erklären.

Überlegungen zur Trinität

Gott ist Vater, Sohn und Heiliger Geist.

Persönliche Wertung:
Vor etwa 2000 Jahren stand das sich ausbreitende Christentum vor dem Problem, drei völlig unterschiedliche Weltsichten miteinander in Einklang zu bringen: Die alttestamentarischen Vorstellungen der Bibel (Vater), die Gedanken der neuen Christengemeinde (Sohn) und die Überlegungen der griechischen Philosophen (Reich der Ideen / Heiliger Geist). Der Erfolg des Christentums beruht wesentlich auf der Zusammenführung dieser unterschiedlichen Weltsichten.

Eine wörtliche Interpretation dieses Teils des christlichen Glaubensbekenntnisses entspricht weder den Intentionen dieses Modells, noch ist es in sich selber schlüssig. Ein Problem der wörtlichen Interpretation ist, dass die Kreuzigung ihre Bedeutung verliert. Weiterhin ist der häufig gemachte Vorwurf, das Modell beinhalte den Glauben an viele Götter, bei einer wörtlichen Interpretation des Modells zu bedenken.

Dieses Gottesmodell hat die Nachteile aller drei Teilmodelle, und weitere kommen hinzu. Der Versuch der Zerlegung Gottes in Teilbereiche entspricht den Methoden der Wissenschaft. Man beachte: Die Wissenschaft dient dazu, die Naturgesetze zu erkennen, um sich die Materie untertan zu machen.

Gottesbeweise

Es reicht uns Menschen nicht, Modelle zu entwerfen, sondern wir wollen Beweise.
Das Modell ist Ausgangspunkt des Beweises. Es kann ein Modell des Elektrons, aber auch ein Gottesmodell sein.
Um den Beweis des Elektrons zu führen, musste man in einem (Gedanken)-Experiment mit dem Elektron umgehen, es bewegen, lenken und messen. Man muss es zwingen, etwas zu tun, das man will.
Nach dem erfolgreichen Beweis beherrscht man das Elektron, man kann es nun benutzen, um beispielsweise eine Bildröhre zu bauen.

Es ist nicht möglich, Gott zu beweisen, weil wir nicht in der Lage sind, Gott zu beherrschen. Der Umkehrschluss, dass es Gott nicht gibt, weil wir ihn nicht beherrschen können, ist unlogisch. (Beweise, dass es Gott nicht gibt, laufen letztendlich auf diese Aussage hinaus.)

Diese Überlegungen haben praktische Folgen: Magische Handlungen in der Religion, die das Ziel haben, Gott zu lenken oder zu beherrschen, sind nutzlos.

Aus religiösen Gründen ist es daher erfreulich, dass u.a. Emanuel Kant und Konrad Lorenz bewiesen haben, dass Gottesbeweise nicht möglich sind. Die gestellten Fragen bleiben in der Philosophie aber weiterhin in der Diskussion. Es gibt viele offene Fragen: Gibt es einen Anfang? Woher kommt die Ordnung im Universum? Was ist Materie? Was sind Gefühle und Gedanken? usw.

Historischer Bezug

Ein historischer Rückblick, der Vorgeschichte, Entstehungsweise (Meinungsfreiheit?), Alternativen (welche?) und Durchsetzung (Gewalt?) beleuchtet, kann bei der Einordnung von Vorstellungen helfen. Dies gilt für Modelle, Gottesmodelle, Glaubensfestlegungen, aber auch im wissenschaftlichen, politischen und kulturellem Bereich sowie vielem mehr.

Begriffsklärung: Seele

Nach christlicher Auffassung wurde die "Seele" von Gott geschaffen und ist unsterblich. Sie ist das wahre Ich eines Menschen und besitzt einen freien Willen. Die Seele ist der Ort unseres Fühlens, Wollens und Denkens. Die Seele ist transzendent und unterliegt nicht den Naturgesetzen. Sie kann nicht wissenschaftlich erforscht werden.

Der Geist im Sinne von "Psyche" ist diesseitig und unterliegt den Naturgesetzen. Für die Psychologie sind Fühlen, Wollen und Denken die Produkte des menschlichen Hirns und unterliegen den Naturgesetzen.

Nach hinduistischer Auffassung ist die "Weltseele" eine Bezeichnung für die letzte, allumfassende Wirklichkeit. Die unveränderliche, individuelle Seele eines Lebewesens (hinduistisch: Atman) wird als Abspaltung von der unveränderlichen, allumfassenden Weltseele (hinduistisch: Brahman) angesehen.

Nach buddhistischer Auffassung gibt es nur die ewige und unveränderliche Weltseele, individuelle Seelen gibt es nicht.

Der "diesseitige Weltgeist" ist die Summe des Wissens unserer Zeit. An diesem Wissen hat jeder Mensch teil. (Ich trage die Gedanken von Abraham, Sokrates, Jesus, Newton, meiner Eltern und vieler anderer in mir. Auf diese Gedanken bin ich stolz, denn sie sind nun Teil von mir.)

Seelenwanderung

Jedes Lebewesen hat eine Seele. Nach dem Tode wandert die Seele in ein anderes Lebewesen. Gute und böse Taten werden in einem Anhängsel der Seele, dem Karma, miteinander verrechnet und gespeichert. Das Karma bestimmt das Schicksal des Lebewesens. Bei einem schlechten Karma wird man als Wurm geboren, mit einem guten Karma als Mensch und bei einem sehr guten Karma als Gott. Bettler und Krüppel waren in ihrem letzten Leben böse.

Religion
Hochachtung vor Gott
? Götter sind gleichberechtigter Teil der Seelenwanderung.

Liebe zu Gott
? Es gibt viele Götter, einige liebt man, andere nicht.

Philosophie
Wahrhaftigkeit
Wir stellen die Frage: "Was war vor meiner Geburt und was ist nach meinem Tod?"
- Diese Frage wird im Rahmen von Raum und Zeit gestellt und ist in dieser Form eine Frage der Immanenz (Diesseitigkeit). In der Immanenz kann man nur Teilbereiche beantworten. So kann die Genetik die Vererbung von Eigenschaften erklären.
- Bei dem Versuch, diese Frage in der Transzendenz zu beantworten, wird das Raum-Zeit-Materie-Modell außerhalb seines Gültigkeitsbereiches angewendet. Dabei entstehen, nach den Gesetzen der Logik, lediglich Scheinlösungen.
- Dieses Modell geht noch ein Stück darüber hinaus, denn es werden konkrete Aussagen über Transzendenz und Ewigkeit gemacht und genaue Mechanismen beschrieben, ja diese werden sogar zur Wahrheit erklärt.

Ethik
Nein!
In diesem Seelenmodell ist alles absolut gerecht. Auch die Auswirkungen von Verbrechen sind gerecht. Diese absolute Gerechtigkeit vernichtet irdische Gerechtigkeit.
In der Praxis eignet sich dieses System hervorragend, um Unterdrückung zu rechtfertigen: Kastensystem.

Lebenspraxis
Wissenschaft
Viele Wissenschaftler gehen davon aus, dass Seelenwanderung nicht im Einklang mit den Naturgesetzen steht:
Das "Beseelen" der leblosen Materie gemäß dem Karmasystem und das Wirken der transzendenten Seele auf Materie, Energie, Information, Gedanken und Emotionen erfordern einen Verstoß gegen die Naturgesetze.

Recht
Das Grundprinzip steht nicht im Widerspruch zum herrschenden Recht, ihre praktische Umsetzung schon.

Persönliche Wertung:
Dieses Modell löst das Problem der Ungerechtigkeit unserer Welt nur scheinbar und ist die Basis für ein religiös problematisches, philosophisch nicht haltbares, im Konflikt zur Wissenschaft stehendes System.
Die Kombination von Vergänglichkeit (Tod) und Ewigkeit (Seelenwanderung) führt zu einer beängstigenden Weltanschauung.

Buddhismus

Es gibt eine alles umfassende Weltseele (Dharmakaya), an der jedes Lebewesen teil hat. Die Vorstellung, dass es "Ich", ein "Selbst" gibt, ist nur eine Illusion (Maya). Diese Illusion führt zur scheinbaren Abspaltung der individuellen Seele von der Weltseele. Für ihre Individualität zahlt sie einen hohen Preis: Sie ist dem Werden und Vergehen der Seelenwanderung unterworfen. Siddharta Gautama Shakyamuni (560 v. Chr. - 480 v. Chr.) sah in der Vergänglichkeit alles Irdischen den Ursprung allen Leidens. Denn liebt man etwas, so ist es traurig und schmerzvoll, dass es vergehen wird. Man leidet um so mehr, je mehr man versucht, das festzuhalten, was, wie alles in der Welt, vergänglich ist.

Ursache für die Wiedergeburten ist der Lebenswille (Karma). Siddharta Gautama, der an die Seelenwanderung glaubte, suchte eine Möglichkeit nach einem echten, endgültigen Verlöschen (Nirvana): Verschwindet der Wunsch, wiedergeboren zu werden, so geht nach dem Tod die individuelle Seele in die Weltseele ein und wird nicht mehr als Individuum wiedergeboren. Dafür ist es erforderlich, die absolute Wahrheit zu erkennen, also erleuchtet zu werden. (Siddharta Gautama wird auch als Buddha, das bedeutet "der Erleuchtete", bezeichnet.)

Religion
Hochachtung vor Gott
(Gott spielt im Buddhismus keine Rolle.)
Religiöse Wahrhaftigkeit wird gefordert: Der achtteilige Weg
(rechte Anschauung, rechtes Wollen, rechtes Reden, rechtes Tun, rechtes Leben, rechtes Sterben, rechtes Gedenken, rechtes sich Versenken in der Meditation).

Liebe zu Gott
(Gott spielt im Buddhismus keine Rolle.)
Liebe und Barmherzigkeit stehen im Mittelpunkt des religiösen Lebens, denn der Ausgangspunkt des Buddhismus ist das Mitleiden mit allen Lebensformen.

Philosophie
Wahrhaftigkeit
Der Buddhismus zerfällt in zwei Teile, die einander diametral gegenüberstehen, Wahrhaftigkeit und Wahrheit:
- Der achtteilige Weg fordert Wahrhaftigkeit.

- Der Buddhismus lehrt, dass es dem Menschen möglich ist, erleuchtet zu werden. In Moment der Erleuchtung bekommt man Zugang zur absoluten Wahrheit. Aber gerade die Überzeugung, im Besitz der absoluten Wahrheit zu sein, verhindert ein weiteres Bemühen um die Wahrheit.
- Die Vorstellungen von Karma, Wiedergeburt und Nirvana werden zur Wahrheit erklärt. (Adhoc - Modell)
- Der Buddhismus lehnt die Gültigkeit der Logik ab, setzt sie aber trotzdem ein. (Zwiedenken)

Ethik
Der Buddhismus zerfällt in zwei Teile, die einander diametral gegenüberstehen, Lebenspraxis und ihre Bedeutungslosigkeit:
- Siddharta Gautama hat eine große Zahl von moralischen Regeln formuliert. Diese stehen aber unabhängig neben seiner Lehre und ergeben sich nicht aus ihr. Der achtteilige Weg bietet moralische Grundlagen für eigenes Handeln.
- Der Buddhismus ist die einzige Religion, die sich ohne Gewaltanwendung ausgebreitet hat.
- Die Lebenswelt ist eine bedeutungslose Illusion.

Lebenspraxis

Wissenschaft

Die Wissenschaft stimmt darin mit dem Buddhismus überein, dass man weder mit Hilfe der Logik noch auf wissenschaftlichem Wege zur absoluten Wahrheit gelangen kann. Im Gegensatz zur Wissenschaft geht der Buddhismus aber davon aus, dass der Mensch (z.B. durch Meditation) zur absoluten Wahrheit gelangen kann. Diese Gegenüberstellung führt zu einer Abwertung sowohl der Wissenschaft wie auch der Logik und verhindert ein echtes Miteinander.

Grundlage des Buddhismus sind die religiösen Vorstellungen von der Seelenwanderung. Viele Wissenschaftler (insbesondere Mediziner und Biologen) gehen davon aus, dass die Seelenwanderung einen Verstoß gegen Naturgesetze beinhaltet und nicht zur Erklärung biologischer Vorgänge benötigt wird (s. Vererbungslehre).

Recht

Steht nicht im Widerspruch zum herrschenden Recht, sondern legt eine solide Grundlage.

Persönliche Wertung:

Eine religiös und philosophisch in sich geschlossene Vorstellung, die allerdings ein widersprüchliches Verhältnis zur Logik hat und in Konflikt mit der Wissenschaft steht. Ethisches Handeln lässt sich daraus nicht ableiten und wird aufgepfropft (achtteiliger Weg).

Der praktische Buddhismus hat eine tiefe ethische Dimension, die man kaum überschätzen kann. Die Vorstellung von einem Nirvana ohne die Liebe Gottes ist für mich erschreckend.

Parallelen zur Systemtheorie und Biologie

In der Biologie finden, den Gesetzen der Systemtheorie entsprechend, Zusammenschlüsse zum gegenseitigen Nutzen statt. Dieses Grundprinzip, das man umgangssprachlich Liebe nennt, ist auch für Entstehung und Erhalt des Lebens verantwortlich. Hier beruht der Zusammenschluss zu einem größeren Ganzen nicht auf dem Prinzip der Selbstaufgabe, sondern auf dem Prinzip der Liebe.

Bei einer Symbiose muss man seinen individuellen Egoismus deutlich vermindern. Hier bestehen Parallelen, aber auch Differenzen zum Buddhismus: Um mit der Weltseele zu verschmelzen, muss der Wille aufgegeben werden, als Individuum wiedergeboren zu werden.

Ziel von Systemen ist das Erreichen eines Zustandes von innerer und äußerer Harmonie, der auch das Werden und Vergehen beinhaltet. Der Buddhismus strebt hingegen einen Zustand der Dauerhaftigkeit ohne Wandel an.

Parallelen zur Systemtheorie und Medizin

Der Buddhismus versucht das Leiden für immer zu beenden, indem man den Willen zur Wiedergeburt ablegt.

Die Systemtheorie betrachtet Freude und Leiden als Mittel zum Zweck und als Lebenshilfe und nicht als grundsätzlich gut oder schlecht. Gefühle helfen dem System "Mensch", abzuwägen und die richtige Entscheidung zu treffen. Freunde, Medizin, Psychotherapie, Sozialhilfe usw. bekämpfen in der Lebenspraxis momentanes, übermäßig starkes bzw. nutzloses Leiden.

Heilige Bücher verkünden die Wahrheit.

Annahme: Das heilige Buch verkündet Wort für Wort die Wahrheit.

Religion
Hochachtung vor Gott
Menschen wollen auf einer Stufe mit Gott stehen. Das Buch soll helfen, im Bereich der Wahrheit dies Ziel teilweise zu erreichen.

Liebe zu Gott
Möglich, aber nicht gewiss.

Philosophie
Wahrhaftigkeit
Nein, Selbstbetrug. Wir können nicht über die Wahrheit verfügen.
Im geschichtlichen Rückblick kann man erkennen, dass die Ausdeutung ein und desselben Textes sich im Laufe der Zeit geändert hat, wie sie auch von der religiösen Ausrichtung des Lesers abhängt. Ob diese der Intention der Verfasser entsprachen, ist fraglich.

Ethik
Mit Berufung auf den Wahrheitsgehalt heiliger Bücher wurden in der Vergangenheit oft Verbrechen gerechtfertigt, und immer wieder wurden Gläubige dazu aufgefordert, Taten zu begehen, bei denen es sich eindeutig um Straftaten handelt.

Lebenspraxis
Wissenschaft
Bücher sind Produkte des menschlichen Geistes. Er ist nicht in der Lage, Wissen über die Transzendenz zu gewinnen.
Zwischen den Aussagen der heiligen Bücher und dem geschichtlichen Ablauf sieht die "historisch-kritische" Forschung viele Differenzen.

Recht
Viele Gesetze, die mit Berufung auf heilige Bücher erlassen wurden, stehen im Widerspruch zum herrschenden Recht. Eine Berufung des Rechts auf heilige Bücher entzieht dem Menschen die Verantwortung für die Gesetzgebung und damit auch die Verantwortung für Fehler in der Gesetzgebung.

Persönliche Wertung:
Diese Art der Verwendung der Heiligen Bücher verleitet zum Missbrauch und verstößt gegen religiöse, philosophische und wissenschaftliche Grundsätze. Sie hat viel Leid verursacht.

Geschichtlicher Ausblick:
Mohammed (540-632) kam beim Studium der Bibel zu der Überzeugung, dass sich einige Texte widersprechen. Daraus zog er den Schluss, dass einige Texte vom Satan verändert wurden.
Salman Rushdie kam 1988 beim Studium des Korans zu der Überzeugung, dass sich einige Verse widersprechen. Er fragte sich, ob einige Verse vom Satan verändert wurden.
Auch die Veden, heilige Schriften der Hindus, sind umstritten. So lehnte Vhardamana (+447 v. Chr.), der Begründer des Jainismus, ihre Autorität ab.

Heilige Bücher als Quelle der Weisheit

Die bedeutenden heiligen Bücher sind Bücher der Weisheit. Sie wurden von Menschen geschrieben, die Gottes Wirken in den Vorgängen des Lebens und der Geschichte gespürt und über sie nachgedacht haben.

Religion
Hochachtung vor Gott
In Kenntnis seiner Beschränktheit bemühen sich Schreiber und Leser um ein Denken und Handeln im Sinne Gottes.

Liebe zu Gott
Schreiber und Leser handeln aus Liebe zu Gott.

Philosophie
Wahrhaftigkeit
Der Leser muss die Gedanken des heiligen Buches selbsttätig verarbeiten. Er bemüht sich, wahrhaftig zu sein, um Gottes Willen zu erkennen.

Ethik
Tiefe Gedanken eines heiligen Buches sind ein guter Ausgangspunkt für moralisches Handeln. Die Verantwortung für sein Handeln trägt jeder für sich.

Lebenspraxis
Wissenschaft
Steht nicht im Widerspruch zur Wissenschaft.

Recht
Steht nicht im Widerspruch zum herrschenden Recht. Die Weisheit der heiligen Bücher hat in der Vergangenheit viele Anstöße gegeben, das Rechtssystem zu verbessern.

Persönliche Wertung:
Diese Auffassung ermöglicht es, angemessen mit heiligen Büchern umzugehen. Auch die heiligen Bücher anderer Religionen können als Quelle der Weisheit herangezogen werden, ohne die eigene Konfession aufzugeben.

5 Ausklang

Im Zoo werden die Gehege von Gazellen zunächst mit einem für sie unüberwindlichen Zaun umgeben. Die Gazellen versuchen wieder und wieder, den Zaun zu überwinden, bis sie aufgeben. Nachdem sie sich an die Grenze gewöhnt und diese verinnerlicht haben, wird der Zaun entfernt. Obwohl es nun ein Leichtes wäre, in die Freiheit zu laufen, verlassen sie nicht ihr Gehege.

Auch wir Menschen haben geistige Grenzen, die es lediglich in unserem Kopf gibt. Besonders häufig findet man sie im sozialen Bereich, aber auch in Wissenschaft, Philosophie und Religion. Es schwierig, aber durchaus möglich, die eigenen Grenzen zu überwinden, und es kommt auch immer mal wieder vor, dass eine Gazelle das Weite sucht.

Kontakt:

Post: Klaus Fröhlich, ALS, Paracelsusweg 12, 30655 Hannover, Deutschland

Email: froehlich@als-hannover.de

5.1 Gedankensplitter

- Nicht zwischen Religion, Philosophie und Wissenschaft verläuft ein Graben, sondern zwischen wahrhaftig und nicht wahrhaftig, zwischen dogmatisch und nicht dogmatisch, fanatisch und nicht fanatisch, machtbesessen und nicht machtbesessen usw.

- Die Trennlinie verläuft weniger vertikal zwischen den verschiedenen Religionen, als horizontal innerhalb der einzelnen Religion. Durch Abschottung nach außen ist es den einzelnen Menschen oft kaum möglich, dies zu erkennen.

- Wenn verschiedene Religionen aufeinander zugehen, erkennt man, dass man in wesentlichen Punkten übereinstimmt, und man erkennt, dass man von den anderen vieles lernen kann. Wie erfolgreich dieses Vorgehen sein kann, sieht man an der Bibel. In ihr findet man Gedanken, die auf der Vereinigung von Elohim-Anhängern und Jehowa-Anhängern zu einer gemeinsamen Religion beruhen. Das gibt Hoffnung auf ein friedliches Zusammengehen der Religionen.

- Es gibt einen wirksameren Schutz gegen einen Atomschlag als das Konzept der gegenseitigen Vernichtung im Angriffsfall: Freundschaft! Die Atommächte Russland und USA sollten vorrangig und gezielt auf eine echte Freundschaft hinarbeiten. Frankreich und Deutschland haben dies trotz einer wesentlich schwierigeren Ausgangslage erreicht. Beide Länder sind Gewinner. Im Leben ist Freundschaft das, auf das man sich verlassen kann. Echte Freundschaft schafft echte Sicherheit.

- Funktionierende Auslösemechanismen werden zwangsläufig aktiviert, wenn die Zeitdauer lange ausreichend groß ist. (Mathematisch beweisbar, hat fast den Rang eines Naturgesetzes)
Nötig ist:
Strikte Durchsetzung des Atomwaffensperrvertrages
Strikte Einhaltung des Atomteststopps
Keine Forschung, Entwicklung und Lagerung von chemischen und biologischen Waffen.
Verminderung der Zahl der Länder, die über Massenvernichtungswaffen verfügen.
Verminderung aller Massenvernichtungswaffen in den verbleibenden Ländern auf eine sehr geringe Anzahl.
Langfristig übernehmen die Vereinten Nationen (UNO) die Kontrolle über alle Massenvernichtungswaffen.

- Eine strikte Trennung von Staat und Religion vermindert den Missbrauch der Religion.

- Wohlstand, Recht und Demokratie sind der beste Schutz vor Fanatikern.

- Natur und Geschichte zeigen den Weg, der zum Ziel führt: Evolution statt Revolution. Nach Revolutionen stellt sich meist ein ähnliches System ein wie vorher.

- Wer einem Schwachen hilft, ist (wird) stark. (Gesellschaften, die für die Schwachen sorgen, sind stark und bleiben stark.)

- Aufstieg und Niedergang einer Zivilisation am Beispiel des Römischen Reiches:
1.) Durch Ausbreitung der kulturellen Kontakte steigt Wissen und Können stark an. Handwerk blüht auf. 2.) Industrialisierung, starke Arbeitsteilung: Angelernte verrichten Teilaufgaben, Zahl der Fachleute nimmt ab. 3.) Weiträumiger Handel und Verlagerung der Produktion in Billiglohnländer. Es gibt in vielen Gebieten niemanden mehr, der die Technik beherrscht. 4.) Dann: Kriege und Zerfall des Reiches. Unterbrechung der Handelsbeziehungen und Konkurse. 5.) kultureller Zusammenbruch.

- Im Geniekult ist ein Genie nicht etwa ein besonders intelligenter Mensch, sondern ein besonders geeignetes Medium, dass den Weltgeist besonders gut empfangen kann. Der IQ des Genies kann demnach dem Wert einer Antenne, also dem IQ eines Metallstabes entsprechen.

- Wahrhaftigkeit z.B. ist ein solider Ausgangspunkt für die Erklärung unserer Umwelt: Sie begrenzt die Wahrheit auf ein menschliches Maß. Aber Wahrhaftigkeit ist auch gefährlich, denn sie führt zu neuen Erkenntnissen. Wahrhaftigkeit ohne Verantwortung führt ins Verderben. Wahrhaftigkeit verbunden mit Verantwortung führt zur Weisheit.

- Das sog. anthropologische "Prinzip" ist kein Prinzip.

- Reise durchs Universum
    > In Gedanken (ohne Geschwindigkeitsbegrenzung): Wenn man auf der kugelförmigen Erde nach Westen geht, kommt man aus Osten zum Ausgangspunkt. Analog dazu im Universum (Kugel in der vierten Raumdimension). In welche Richtung man auch geht, man kommt aus der entgegengesetzten Richtung wieder an.
    > Mit Fastlichtgeschwindigkeit: Als Fahrradfahrer kann man Fußgänger einholen, nicht aber Autos und bei unserer Reise die nahen Sterne, aber nicht die fernen, denn durch die Raumdehnung bewegen diese Himmelskörper sich ab einer gewissen Entfernung schneller von einem weg, als man reist. Am Rande zu diesem Bereich wird der Abstand zwischen den Körpern größer und größer und geht ins Minkowskivakuum über.
    > Mit Lichtgeschwindigkeit: Reisezeit und Abstand zum Reiseziel gehen gegen Null (s. Wurmlöcher).

- Sind die Maxwellschen Gleichungen sekundäre Gleichungen? Gibt es eine primäre Gleichung, in der elektrische und magnetische Kraft die gleichen Eigenschaften besitzen, die Eigenschaften der magnetischen Kraft? Quelle = Ziel (im Licht symmetrisch, im Elektron unsymmetrisch).

- Bei der "Geburt" physikalischer Modelle fand die Taufe zu dem Zeitpunkt statt, als der Kopf des Kindes zu sehen war. Später stellte sich heraus, dass der Name mit dem Geschlecht des Kindes nicht übereinstimmte. So bei Magnetpolen, elektrischen Ladungen, Stromrichtung, dem Element Sauerstoff.

- Im Periodensystem der Elemente PSE fehlt am Anfang ein Element. Es ist in der Tabelle vor dem Wasserstoff und über dem Helium einzufügen als Element Nr. 0. Die Eigenschaften kann man durch Rückwärtszählen bestimmen: Element Nr. 2, das Helium hat zwei Elektronen, zwei Protonen und eine variable Zahl von Neutronen. Element Nr. 1, das Wasserstoff hat drei Elektronen, drei Protonen und eine variable Zahl von Neutronen. Element Nr. 0 hat null Elektronen, null Protonen und eine variable Zahl von Neutronen. Element Nr. 0 ist das Neutron bzw. als Isotop einer Ansammlung von Neutronen. Neutronensterne sind ein Isotop des Elements. Neutronengas hat Edelgaseigenschaften.

- Nicht nur Kamele, sondern auch Menschen können Wasser riechen. Genauer gesagt, nicht den Stoff H_2O, sondern die im Wasser gelösten Stoffe (Ententeich, Abwassergraben, Meerwasser, Brunnen, Gebirgsbach, ...)-

- Eigene Beobachtung: Ein Jagdhund rennt auf ein Eichhörnchen zu, und das Eichhörnchen rettet sich auf einen Baum. Dann schnüffelt der Hund mit erhobenem Schwanz am Baumstamm. Plötzlich rennt das Eichhörnchen den Baumstamm hinten hinab, läuft vor dem Hund am Boden zum nächsten Baum und klettert hinauf. Der Jagdhund macht einen großen Satz zum anderen Baum und springt wütend bellend am Baum hoch. Oben sitzt das Eichhörnchen und keckert laut. Tiere können lachen.

- Noch eine eigene Beobachtung: Zwischen Jugendlichen im Alter zwischen 14 und 16 Jahren kam es zu einem heftigen Streit. Beim Zusammentreffen in einer der nächsten Pausen trug die Hauptbeschuldigte ein Kindergartenkind auf dem Arm. In der darauf folgenden Pause trugen alle vier Hauptbeteiligten jeweils ein Kindergartenkind auf dem Arm. (Nach mehreren klärenden Gesprächen wurden der Streit gelöst und sie waren wieder "beste" Freunde.) Weder vorher noch hinterher habe ich einen der vier Jugendlichen ein Kind tragen sehen.

- Die Größe von flugfähigen Tieren wird nicht durch technische Grenzen festgelegt, sondern durch die erforderliche Nahrungsmenge.

- Mimikry bei Menschen: Hinter einer Angst einflößenden Kleidung verbergen sich oft harmlose, nette Menschen.

- Gegen Mafia, Diktatur, Terrorismus: Recht, Mut, Liebe.

- Im Buch "1984" von George Orwell besitzen die Fernseher eine Kamera, um alle Menschen zu überwachen. Viele Laptops und Handys besitzt Kamera und Mikrophon. Diese sollten einen mechanischen Schalter besitzen, mit denen man sie ausschalten kann. (Notfalls sollte der Schalter gesetzlich vorgeschrieben sein.)

- Logik und doppelte Verneinung: "Nicht" kann unterschiedliche Bedeutungen besitzen, denn es kann unterschiedliche Gründe dafür geben, dass etwas nicht zutrifft. Dies kann dazu führen, dass das eine "Nicht" nicht das andere "Nicht" aufhebt, sondern dass beide die Grundaussage aus unterschiedlichen Gründen ablehnen und die Verneinungen damit erhalten bleiben (s. Argumentation von Parmenides von Elea!). Wenn man beide "Nicht" mit einem "Weil" begründet und beide Begründungen übereinstimmen, kann man wohl davon ausgehen, dass sie sich gegenseitig aufheben.

- Die Zahl $i = \sqrt{-1}$ existiert in unserem Zahlensystem der Reellen Zahlen nicht. Da in der ersten Dimension die zweite Dimension nicht existiert, kann i zur Berechnung einer zweidimensionalen Fläche benutzt werden (s. Freiheitsgrade). Wozu könnte eine Zahl, die in keinem Zahlensystem existiert (Lenz-Gohde-Zahl), nützlich sein?

- Gedanken zum Sinn des Lebens: Was ist sinnvoll? Es ist sinnvoll, sich lieben zu lassen und zu lieben. Es ist sinnvoll, teilzuhaben an Erfahrungen anderer, und es ist sinnvoll, eigene Erfahrungen zu machen und diese weiterzugeben. Es ist sinnvoll, sich an Natur und Kunst zu erfreuen und selbst schaffend oder pflegend tätig zu werden. Es ist sinnvoll, gute Gesetze zu beachten und schlechte Gesetze zu verbessern. Es ist sinnvoll, sich am Leben zu erfreuen und dazu beizutragen, dass andere das Leben genießen können, usw. Jeder kann / sollte / muss seinen eigenen Weg finden. Jeder kann sich höhere Ziele setzen, wenn er mit den bisherigen nicht zufrieden ist.

- Gedanken zum Sinn des Lebens: Die Vorgänge im Universum sind mit Sinn gefüllt. Die Welt ist nicht sinnlos. Stufenweise bilden kleinere sinnvolle Einheiten eine größere.

- Klares Denken - klares Sprechen! Wer etwas verstanden hat, kann dies auch verständlich mitteilen. Hinter verschwommenen Formulierungen steckt in Wissenschaft und Philosophie in der Regel kein mystisches Geheimnis, sondern lediglich Unverständnis oder Schaumschlägerei.

- Systeme können durch innewohnende Lügen stabilisiert werden. Möglicherweise benötigt man eine dreiste Lebenslüge, um überleben zu können.

- Evolution schleppt unnützes und schädliches Krimskrams mit sich herum. Dies gilt auch für wissenschaftliche Theorien.

- Es gibt viele Bücher, die sich mit Wissenschaft beschäftigen. Diese Bücher haben meist entweder das Niveau von Fachbüchern oder von Kinderbüchern. Dazwischen klafft häufig eine große Lücke.

- Zutat für Philosophiebücher, um ihre Bekömmlichkeit zu erhöhen: Das Kochrezept!
Hannöverscher Fadennudelpudding: Man koche 0,5 l Milch mit 70g Zucker auf und streue 170g feine Fadennudeln hinein. Unter ständigem Umrühren kochen, bis die Masse sich vom Topf löst. (Nicht zu trocken werden lassen.) Das Eigelb von 4 Eiern mit 100g Zucker schaumig rühren. Dann das Abgeriebene einer Zitrone und 130 g geriebene Mandeln dazugeben. Anschließend mit den Nudeln mischen. Das Eiklar der 4 Eiern aufschlagen und vorsichtig den Eierschnee unterheben. In eine Pudding oder Topfkuchenform (mit Deckel) geben und 2 Stunden im Wasserbad kochen. Mit Vanillesoße servieren.

- Wer ein Modell entwickelt hat, geht verständlicherweise davon aus, dass dies korrekt sind, und verteidigt es hartnäckig mit logisch klingenden Worten. Nichtsdestoweniger kann es falsch sein. Dies trifft auch für die in diesem Buch vorgestellten Gedankengänge zu. Aber das ist nicht so schlimm, denn das Entscheidende in Büchern sind nicht die Gedanken, die in dem Buch stehen (passiv), sondern die, die der Leser hat (aktiv).

Tabelle 44 Alchemistisches Rezept ("Abschrift")

Rezept zur Herstellung von

Gold

Processus Universalis

Fuege ohne Furcht bei Vollmond einem Quantum Vampirtraenen reichlich Morgentau zu, bis ebenda die Wahrheit sich zeiget. Banne alsdann den Geist mit dem dreifach destillierten Licht des Mondes. Nimm einen eisernen Tiegel und treibe aus den Geist mit zermahlenen Drachenknochen. Nur die Flamme eines Irrlichtes kann das Geheimnis freisetzen. Im Glanze des Elfenstaubes entstehet deroda die Tinktur der Weisen. Reinige die Tinktur mit dem Aether des Himmels. Tauche hinein ein wertloses Metall und eoibso wird es herfuer bringen den Stein der Weisen. Im Lichte der fallenden Sterne sei nun pures Gold.

Rotenburg anno Domino 1543

Hieronymus Brand

P.S.
Nur dem Reinen wird es gelingen, die Tinktur der Weisen zu erschaffen.

Alchemie als Thema des Chemieunterrichts

Experiment zur Goldherstellung

Abschrift erstellen
Da sich das Original in einer geheim gehaltenen Bibliothek befindet, ist es angemessen, eine würdige Abschrift anzufertigen.

Material: Pergament (Butterbrotpapier), Tee, Teekanne, Teetasse, Füller mit schwarzer Tinte, Kerze, Streichhölzer, Öl, evtl. Siegel und Siegelwachs, evtl. Parfüm, z.B. Moschus.

Erstellung: Das Pergament wird mit den aufgebrühten Teeblättern gefärbt. Das Papier lässt man trocknen und trinkt eine Tasse Tee. Dann sucht man in Kalligrafiebüchern oder in Seiten von mittelalterlichen Büchern (im Internet zu finden) eine geeignete Schriftart aus. Das getrocknete Papier wird beschriftet, zerknittert und gefaltet. Da es vor Jahren in der Bibliothek gebrannt hat, wird der Rand angebrannt. Möglicherweise befindet sich auch im Text ein kleines Loch. Vorsicht, es verbrennt leicht zuviel! Wachs, Öl und Parfüm darauf tropfen und das Pergament mit einem Siegel versehen. Angemessen ist die Aufbewahrung in einem alten Buch, aus dem es (versehentlich) herausfallen kann.

Versuchsdurchführung

Material: Schutzbrille, Kompass, 4 Kerzen mit Halter, 3 kleine Erlenmeyerkolben mit Stopfen, 2 Bechergläser 100 ml, 2 Porzellanschälchen, Glasstab, Eisen - Tablett, Dreifuß, Drahtnetz, 2 Eisentiegel, Tiegelzange, Löffel, Gasbrenner, Feueranzünder, Pipette, Beschriftung für Aufbewahrungsgefäße. Chemikalien: Spiritus, Phenolphtalein, Seifenlauge, Essig, Natriumkarbonat, Eosin, Kupferchlorid, Eisenpulver, Kupfersulfatlösung, Nagel, Schwarzpulver. (Chemikalien sind z.T. gesundheitsschädlich, brennbar, explosiv)

Vorbereitung:

A.) **Vampirtränen** (Ich nehme Fledermaustränen, importiert aus Südamerika)
Alternative: Man kann auch Spiritus mit einigen Tropfen Phenolphtalein nehmen.
Aufbewahrung: Erlenmeyerkolben mit Stopfen

B.) **Morgentau** auf Maiglöckchen bei Vollmond gesammelt. (Ich habe mir extra den Wecker gestellt und mit einer Pipette Tropfen für Tropfen gesammelt). Tau ist Ausgangsbasis für die alchemistische Umwandlung!
Alternative: Spiritus mit reichlich Seifenlauge
Aufbewahrung: Erlenmeyerkolben mit Stopfen

C.) **Dreifach destilliertes Mondlicht** (Herstellung darf nicht verraten werden!)
Alternative: Essig
Aufbewahrung: Erlenmeyerkolben mit Stopfen

D.) **Drachenknochen** (Ich nehme zerstoßene Dinosaurierknochen)
Alternative: Ein Haufen Natriumkarbonat, unter dem sich eine Spatelspitze roter Farbstoff (Eosin) befindet.
Aufbewahrung: Becherglas, 100 ml

E.) **zerstoßenes Irrlicht** (Habe ich im Dunkelmoor gefangen)
Alternative: Kupferchlorid
Aufbewahrung: Porzellanschale

F.) **Elfenstaub** (Gibt es in einem Laden in der hannöverschen Altstadt)
Alternative: Eisenpulver
Aufbewahrung: Porzellanschale

G.) **Äther des Himmels** (Ist nicht einfach zu bekommen, aber ich kenne da jemanden bei der ESA).
Alternative: Kupfersulfatlösung (Bei Darbietungen vor Königen oder Fürsten stets AgCl verwenden!)
Aufbewahrung: Becherglas, 100 ml

H.) **Eisenklumpen** (vom Schmied)
Alternative: Langer Nagel, nicht rostig und fettfrei
Aufbewahrung: zerknüllte Zeitung

I.) **gefallene Sterne** (Meteorit, zermahlen)
Alternative: 1 Teelöffel Schwarzpulver (explosiv!)
Aufbewahrung: Eisentiegel

Versuche: Schutzbrillen aufsetzen!

Vampirtränen: Erlenmeyerkolben zeigen (farblos) und ins Becherglas gießen und in die Mitte des Tisches stellen. In allen vier Himmelsrichtungen eine Kerze aufstellen und entzünden: "Elemente, wir rufen euch! Kraft des Feuers, Weisheit des Wassers, Liebe der Erde und Freude der Luft!"

Morgentau auf Maiglöckchen bei Vollmond gesammelt:
Zweiten Erlenmeyerkolben´ zeigen (farblos) zugeben und dabei murmeln: "Verita - Wahrheit zeige dich." Es entsteht ein blutroter Geist.

Dreifach destilliertes **Mondlicht**:
Inhalt des dritten Erlenmeyerkolben mit einem Glasstab 7x linksherum und 3x rechtsherum umrühren und dann dazugeben: "Securitas - Banne den Geist mit Mondlicht." Die Flüssigkeit wird farblos.

Drachenknochen:
Eisentablett, Dreifuß, Drahtnetz, Tiegel aufbauen und das Becherglas mit den Drachenknochen in den Tiegel stellen. Dann die farblose Flüssigkeit dazugeben. Es entsteht ein blutroter Schaum.

Zerstoßenes Irrlicht: Inhalt des Tiegels anzünden und dabei erhitzen. Mit der linken Hand das zerstoßene Irrlicht in die Flamme werfen: "Flamme, setze das Geheimnis frei."

Elfenstaub: Mit der rechten Hand den Elfenstaub in die Flamme werfen.

Äther des Himmels: Drei Tropfen der entstandenen Flüssigkeit in das Becherglas mit dem Äther des Himmels geben. (bläuliche Färbung) Die restliche Flüssigkeit für eine weitere Verwendung beiseite stellen. (Haltbarkeit: 9 Neumonde)

Eisenklumpen: Nagel zur Hälfte in die Flüssigkeit stelle und warten. Dabei werden (für Uneingeweihte) unverständliche Beschwörungsformeln gemurmelt.

Gefallene Sterne: Tiegel mit dem Pulver auf den Dreifuß stellen und vorsichtig mit dem Gasbrenner anzünden. (Explosiv! - Schutzbrille!) Dabei murmeln "Mutare - Eisen zu Gold." Dann den Goldklumpen aus der Flüssigkeit nehmen.

Unterrichtliche Verwertung
Unterrichtsgespräch über die angebliche Wirksamkeit von Zaubersprüchen, über die These, dass es eine Ursubstanz gebe, aus der sich alles herstellen lasse, Über Elemente und Atome, über Denkweise der Alchemisten und über vieles andere mehr.

5.2 Literaturempfehlungen

Hoimar von Ditfurth: Der Geist fiel nicht vom Himmel

Dies Buch beschreibt die Evolution des Denkens mit vielen anschaulichen Beispielen. Man erfährt nebenbei vieles über Evolution, Zellbiologie, Verhaltensforschung, Psychologie und vieles mehr. Kurz: Spannend, informativ, verständlich, vielfältig, usw.

Empfehlung: Sofort kaufen!

Ditfurth, Hoimar v. Der Geist fiel nicht vom Himmel, Hamburg 1976, Hoffmann uns Campe Verlag, ISBN 3-455-08967-4

Henning Genz: Wie die Naturgesetze Wirklichkeit schaffen.

Dieses Buch erklärt mit klaren Worten die Grundlagen der Naturwissenschaften. Die Zusammenhänge sind nicht immer einfach, aber sie werden immer wieder mit interessanten und verständlichen Beispielen veranschaulicht.

Empfehlung für an der Wissenschaft Interessierte: Kaufen!

Genz, Henning, Wie die Naturgesetze Wirklichkeit schaffen. München, Wien 2002, Hanser Verlag, ISBN 3-446-20145-9

Bekennender Epigone
Ich habe mich in den vergangenen Jahrzehnten bemüht, möglichst viele der relevanten Gedankengänge zu den hier behandelten Themenbereichen kennenzulernen. Wenn in diesem Text Argumente vorgetragen werden, die zuvor von anderen geäußert wurden, dann beziehen sich meine Überlegungen vermutlich darauf.
So war ich vor einigen Jahren stolz auf einer (vermeintlich) von mir eigenständig entwickelten Definition. (Zwei Kreise mit dem gleichen Mittelpunkt besitzen einen gleichen Abstand der Kreislinien. Mit steigendem Radius sinkt die Krümmung. Es entstehen parallele Geraden als Grenzwert.) Enttäuscht war ich, als ich feststellte, dass Peter Ramus bereits 1569 eine entsprechende Definition aufgestellt hatte. Die zweite Enttäuschung kam, als ich feststellte, dass diese Definition in einem Buch stand, dass ich längere Zeit zuvor gelesen hatte. Ich habe keine bewusste Erinnerung daran, bin mir aber sicher, dass ich sie gelesen haben muss.
Im Laufe der Zeit habe ich gelernt, dass es ein gutes Zeichen ist, wenn man herausfindet, dass bedeutende Denker zuvor gleichen Gedankengängen folgten wie man selber. Es ist ein starker Hinweis darauf, dass man sich auf einem guten Weg befindet. Darüber hinaus findet man in ihren Texten Hilfen, wie man weitergehen könnte. (Im Beispiel: Der Punkt als der Grenzwert einer Kugel.)

5.2.1 Literaturhinweise

Anmerkung: Auch die im Kapitel "Ausgangspunkte" genannten Namen sind Teil des Literaturhinweises.

Aichelin, Helmut, Liedke, Gerhard (Hrsg.) (1981) *Naturwissenschaft und Theologie*, Neukirchen-Vluyn

Bild der Wissenschaft: alle Artikel seit 1977

Bührke, Thomas (9/2000) Meilensteine aus 100 Jahre Quantenphysik in *Bild der Wissenschaft*, DVA,

Capra, Fritjof (1997) *Das Tao der Physik*, München, Knauer Verlag, ISBN 3-426-77324-4

Ditfurth, Hoimar von (1972) *Im Anfang war der Wasserstoff*, Hamburg

Ditfurth, Hoimar von (1976) *Der Geist fiel nicht vom Himmel*, Hamburg, Hoffmann und Campe Verlag, ISBN 3-455-08967-4

Du Bois-Reymond, Emil (1872) *Über die Grenzen des Naturerkennens*

Einstein, Podolsky, Rosen (1935) Can quantum-mechanical description of physical reality be considered complete?, *Phys. Rev.* 47 (1935), S. 777 - 780

Faraday, Michael (1979) *Naturgeschichte einer Kerze*, Bad Salzdetfurth

Fester, Richard; König, Marie; Jonas, Doris; Jonas, David (1980) *Weib und Macht*, Frankfurt am Main, Fischer, ISBN 3-596-23716-5

Feynman, Richard P. (1992) *QED*, München, Piper Verlag, ISBN 3-492-21562-9

Feynman, Richard P. (2002) *Sechs physikalische Fingerübungungen*, München, Piper Verlag, ISBN 3-492-04665-7

Feynman, Richard P. (2004) *Physikalische Fingerübungen für Fortgeschrittene*, München, Piper Verlag ISBN 3-492-0525-5

Fock, Weber (1968) neubearbeitet von Friedrich Bergmann, Karl Kolde, Walter Möller, *Physik* Frankfurt/Main, Hamburg

Fröhlich, Kai-Uwe (1993) *Struktur und Funktion des Zellcyclusproteins CDC48p und verwandter Proteine aus Hefe und Säugern*, Tübingen

Genz, Henning (1994) *Die Entdeckung des Nichts*, München Wien, rororo ISBN 3-499-60729-8

Genz, Henning (1996) *Wie die Zeit in die Welt kam*, München Wien, rororo ISBN 3-499-60731-X

Genz, Henning (2002) *Wie die Naturgesetze Wirklichkeit schaffen*. München, Wien, Hanser Verlag, ISBN 3-446-20145-9

Gericke, Helmuth (1990) *Mathematik in Antike, Orient und Abendland*, Heidelberg Fourierverlag, ISBN 3-925037-64-0

Gerthsen, Kneser und Vogel (1977) *Physik*, Berlin Heidelberg New York, Zitat S. 135

Ginsburg, Herbert; Opper, Sylvia, *Piagets Theorie der geistigen Entwicklung*, Weinsberg, Klett/Cola, ISBN 3-608-93042-6

Jaspers, Karl (2000) *Was ist der Mensch?* München, Piper, ISBN 3-492-04166-3

Lozenz, Konrad (1977) *Die Rückseite des Spiegels*, München, dtv, ISBN 3-492-02160-3

Mc Vittie, Brona, Epigenetik 2006, epigenome, 2006

Müller, Thomas (2001) *Gravitation und Quantenphysik - Einige Aspekte der Unvereinbarkeit beider Theorien*, Tübingen

Orthbrandt, Eberhard (19??) *Geschichte der großen Philosophen*, Hanau

Orwell, George (1948) *1984*, London

Physik Journal: alle Artikel seit 2005

Ruth, Wolfgang (1975) *Freie Elektronen und Ionen*, Diesterweg / Salle Verlag, Frankfurt a. M.

Spektrum der Wissenschaft: verschiedene Artikel seit 1980

Stokes, Philip (2004); *Philosophen*, London 2000, Bindlach 2004 ISBN 3-8112-2214-7

Szagun, Gisela(1980); *Sprachentwicklung beim Kind*, München - Wien - Baltimore, Urban und Schwarzberg, ISBN 3-541-09491-5

... und andere Texte

5.2.2　Internetseiten

Ansmann, Gerrit; Was einem normalerweise nicht über natürliche Einheiten verraten wird, Bonn 2009, http://www.uni-bonn.de/~gansmann/Seite/uni/Einheiten.pdf (18.4.2012)

Bezold, Matthias; Quantencomputer, Buckenhof 2012, http://www.quantencomputer.de/

BIPM; Paris 2012, http://www.bipm.org (18.4.2012)

Dragon, Norbert; Geometrie der Relativitätstheorie, Hannover 2005, http://www.itp.uni- hannover.de/˜dragon. (18.4.2012)

Embacher, Franz (2000) EPR-Paradoxon und Bellsche Ungleichung http://homepage.univie.ac.at/franz.embacher/Quantentheorie/EPR/ (18.4.2012)

Esowatch.com; http://www.esowatch.com/ge/ (18.4.2012)

Gottwein, Egon; Lexikon der Antike, http://www.gottwein.de/index.php (18.4.2012)

Hacker, Vogel (2000) Grundlagen der Teilchenphysik, Erlangen: http://www.physik.uni-erlangen.de/Didaktik/Grundl_d_TPh/titelseite.html (18.4.2012)

Lüdde, Hans Jürgen, Rühl, Thorsten; Elektrodynamik - Skript zur Vorlesung, Frankfurt a.M. http://th.physik.uni-frankfurt.de/~luedde/E-Skript/Elektrodynamik/Edyn-new.pdf (18.4.2012)

Möller, Peter; Philosophielexikon Philolex Berlin 1998-2011, http://www.philolex.de/philolex.htm (18.4.2012)

Pauen, Michael; Mythen des Materialismus, 1996, http://www.pauen.net/Mythen.rft (18.4.2012)

Pilz, Enrico, Sprache und Gehirn, 2006, http://www.enricopilz.de/studium.html (18.4.2012)

Schlemm, Annette; Annettes Philosophenstübchen, 1996/98, http://www.thur.de/philo/ (18.4.2012)

Wikipedia, die freie Enzyklopädie, http://de.wikipedia.org/wiki/Hauptseite (18.4.2012)

... und andere Texte

5.2.3　Zitatnachweis

5.2.4 Verzeichnis der Tabellen

5.2.5 Stichwortverzeichnis

Tabelle 45: Stichwortverzeichnis